教育部高职高专规划教材

室内环境与检测

李　新　主编

赵芸平　石建屏　副主编

化学工业出版社
教材出版中心
·北京·

本书在引入室内环境、健康住宅基本概念的基础上，以室内各种环境的质量、特性、检测、评价、控制为主线，系统介绍了室内空气环境、室内热湿环境、室内声环境、室内光环境的基本知识和基本检测技能。本书以室内空气环境与检测为重点，详细介绍了室内空气质量的概念、室内空气污染的特点、室内空气污染物的来源、室内空气污染物对健康的危害、室内空气污染物的采样与检测方法、室内空气环境质量的评价、室内空气环境污染的控制措施。本书具有内容丰富，知识新颖，实用性强等特点。

本书为高职高专院校建筑装饰工程技术专业的教材，可作为建筑以及环境类专业的教学参考书，同时也可作为相关行业的工程技术人员、企业管理人员、岗位技术工人的培训教材。

图书在版编目（CIP）数据

室内环境与检测/李新主编. —北京：化学工业出版社，2006.6（2024.2重印）

教育部高职高专规划教材

ISBN 978-7-5025-8859-5

Ⅰ. 室… Ⅱ. 李… Ⅲ. 居住环境-环境监测-高等学校：技术学院-教材 Ⅳ. X83

中国版本图书馆 CIP 数据核字（2006）第 071012 号

| 责任编辑：王文峡 | 文字编辑：刘莉珺 |
| 责任校对：于志岩 | 装帧设计：郑小红 |

出版发行：化学工业出版社　教材出版中心（北京市东城区青年湖南街 13 号　邮政编码 100011）
印　　装：北京盛通数码印刷有限公司
787mm×1092mm　1/16　印张 16½　字数 417 千字　2024 年 2 月北京第 1 版第 13 次印刷

购书咨询：010-64518888　　　　　　售后服务：010-64518899
网　　址：http://www.cip.com.cn
凡购买本书，如有缺损质量问题，本社销售中心负责调换。

定　　价：40.00 元

序

　　全国建材职业教育教学指导委员会组织行业内职业技术院校数百位骨干教师，在对有关企业的生产经营、技术水平、管理模式及人才结构等变化后情况进行深入调研的基础上，经过几年的努力，规划开发了材料工程技术和建筑装饰技术两个专业的系列教材。这些教材的编写过程含有课程开发和教材改革双重任务，在规划之初，该委员会就明确提出课程综合化和教材内容必须贴近岗位工作需要的目标要求，使这两个专业的课程结构和教材内容结构都具有较大的改进和较多的创意。

　　在当前和今后的一个时期，我国高职教育的课程和教材建设要为我国走新型工业化道路、调整经济结构和转变增长方式服务，以更好地适应于生产、管理、服务第一线高素质技术、管理、操作人才的培养。我国高职教育的课程和教材建设当前面临着新的产业情况、就业情况和生源情况等多因素的挑战，从产业方面分析，要十分关注如下三大变革对高职课程和教材所提出的新要求。

　　① 产业结构和产业链的变革。它涉及专业和课程结构的拓展和调整。

　　② 产业技术升级和生产方式的变革。它涉及课程种类和课程内容的更新，涉及学生知识能力结构和学习方式的改变。

　　③ 劳动组织方式和职业活动方式的变革。"扁平化劳动组织方式的出现"；"学习型组织和终身学习体系逐步形成"；"多学科知识和能力的复合运用"；"操作人员对生产全过程和企业全局的责任观念"；"职业活动过程中合作方式的普遍开展"。它们同样涉及课程内容结构的更新与调整，还涉及非专业能力的培养途径、培养方法、学业的考核与认定等许多新领域的改革和创新。

　　建筑材料行业的变化层出不穷，传统的硅酸盐材料工业生产广泛采用了新工艺，普遍引入计算机集散控制技术，装备水平发生根本性变化；行业之间的相互渗透急剧增加，新技术创新过程中学科之间的融通加快，又催生出多种多样的新型材料，材料功能获得不断扩展，被广泛应用于建筑业、汽车制造业、航天航空业、石油化工业和信息产业，尤其是建筑装饰业，是融合工学、美学、材料科学及环境科学于一体的新兴服务业，有着十分广阔的市场前景，它带动材料工业的加速发展，而每当一种新的装饰材料问世，又会带来装饰施工工艺的更新；随着材料市场化程度的提高，在产品的检测、物流等领域又形成新的职业岗位，使材料行业的产业链相应延长，并对从业人员的知识能力结构提出了新的要求。

　　然而传统的材料类专业课程模式和教材内容，明显滞后于上述各种变化。在以学科为本的教学模式应用于高职教育教学过程中，出现了如下两个明显的"脱节"。一是以学科为本的知识结构与职业活动过程所应用的知识结构脱节；二是以学科为本的理论体系与职业活动的能力体系脱节。为了改变这种脱节和滞后的被动局面，全国建材职业教育教学指导委员会组织开展了这一次的课程和教材开发工作，编写出版了该系列教材。其间，曾得到西门子分析仪器技术服务中心的技术指导，使这批教材更适应于职业教育与培训的需要，更具有现代技术特色。随着该系列教材被相关院校日益广泛地使用，我国高职高专系统的材料工程技术和建筑装饰技术两个专业的教学工作将出现新的局面，其教学水平和教学质量也将登上一个新的台阶。

中国职业技术教育学会副会长

学术委员会主任

高职高专教育教学指导委员会主任

杨金土　教授

2005 年 11 月 20 日

前　言

居室是人类生活和工作的主要场所，室内环境质量对人类的身体健康和工作效率有着重要影响，提供健康、舒适的室内环境是现代住宅建设的根本宗旨。良好的室内环境应是一个能为大多数室内成员认可的舒适的热湿环境、光环境、声环境，同时也能够为室内人员提供新鲜宜人、激发活力并且对健康无负面影响的高品质空气，以满足人体舒适和健康的需要。

随着社会的进步、经济的发展和人民生活水平的提高，百姓购房、居室装修已经成为新的消费热点。人们已不再只满足于拥有住房，而是要求一个舒适、优美、典雅的居住环境，以致室内装饰装修越来越普及，也使有机合成材料以及新颖设备用具得到广泛应用。然而，各种材料所释放出来的大量有害物质严重污染了室内环境，出现了与此相关的"病态建筑综合征"，对人们的身体健康造成极大的威胁。由于室内空气污染所引起的室内空气质量问题，已经成为人们关注的焦点。人们迫切地希望现在的居室不仅安全、美观、舒适，而且还要健康，因此，健康住宅无疑是今后我国城市建设中可持续发展的目标和方向。

本教材是为满足高职高专院校建筑装饰工程技术专业应用型人才培养的需要，是根据 2004 年 10 月在太原召开的全国建材高职高专院校规划教材编写会议精神及审定通过的教材编写大纲编写而成。本教材主要作为高职高专院校建筑装饰工程技术专业的专业课用书，可作为建筑以及环境类专业的教学参考书，也可作为相关行业的工程技术人员、企业管理人员、岗位技术工人的培训教材。

本教材包含了建筑、环境、材料、生理及心理等多门学科的内容，是一门跨学科的综合性技术课程；注重专业素质和应用能力的培养，反映当前室内环境与检测的发展现状和水平。教材编写时着重体现了高等职业技术教育的特点：基本理论知识以够用为原则，有机地综合多学科知识，力求内容精练；注重职业工作能力培养，理论知识与技能训练相结合，具有可操作性；采用最新的国家标准和规范，重点介绍常用的检测方法和仪器；突出室内环境与装饰设计、材料使用之间的关系，具有一定的先进性、科学性和实用性。

本教材在引入室内环境、健康住宅基本概念的基础上，以室内各种环境的质量、特性、检测、评价、控制为主线，系统介绍了室内空气环境、室内热湿环境、室内声环境、室内光环境的基本知识和基本技能；以室内空气环境与检测为重点，详细介绍了室内空气质量的概念、室内空气污染的特点、室内空气污染物的来源、室内空气污染物对健康的危害、室内空气污染物的采样与检测方法、室内空气环境质量的评价、室内空气环境污染的控制措施。

本教材由绵阳职业技术学院李新担任主编；全书共 10 章，第 1 章、第 3 章、第 8 章由绵阳职业技术学院李新编写；第 2 章、第 4 章、第 9 章由唐山学院专科教育部赵芸平编写；第 5 章、第 6 章及实验由绵阳职业技术学院石建屏编写；第 7 章、第 10 章由唐山市建筑工程质量监督检验站孙玉良编写；全书由李新统稿和整理。

在编写过程中，全国建材职业教育教学指导委员会主任周功亚对本书的编写给予了很大的鼓励和支持，在此表示衷心感谢！最后向为本书编写提供大量参考文献和资料的作者表示真挚的谢意！本书的出版得到了化学工业出版社的大力支持，在此一并致谢！

由于作者的水平所限，书中难免存在不足之处，敬请读者给予批评指正。

编者

2006 年 3 月

目　录

1

室内环境概论

本章摘要

本章主要介绍室内环境的基本概念、功能要求、研究内容，室内环境质量的定义以及监测、评价和控制方法，绿色建筑与健康住宅的含义及特点。主要掌握室内环境、室内环境质量、绿色建筑与健康住宅的基本概念，理解室内环境的功能要求、绿色建筑与健康住宅的要求及特点，了解室内环境的研究内容以及室内环境质量监测、评价、控制的意义，了解本课程的性质、任务及要求。

1.1 室内环境

1.1.1 环境

1.1.1.1 人类环境

环境是相对于一定中心事物而言的，与某一中心事物相关的周围事物的集合就称为这一中心事物的环境。中心事物是环境最主要的属性，代表了环境服务的对象和重点，是环境的主体。与中心事物相关的周围事物就是环境客体，这些客体可以是物质的，也可以是非物质的。环境范围的大小取决于主体的影响力，存在着有效影响半径。

环境基本类型，按照环境的主体可以分为人类环境、生物环境等；按照环境的客体可以分为自然环境、人工环境等；按照环境的范围大小可以分为室内环境、建筑环境、城市环境、地球环境等。在不同的领域里，环境也有着不同的主体、客体以及范围，环境的构成存在明显差别，例如，社会环境、小区环境、办公环境、学习环境、生产环境等，都有着各自特定的主体。

在生态学中，环境的主体是生物，生物周围相关事物的集合称为生物环境。而在环境学中，环境有别于其他生物的环境，是指以人类为中心的外部世界，即人类赖以生存和发展的各种因素的综合体，称为人类环境。也就是说，人类环境其主体是人类，客体是人类周边的相关事物。人类环境是一个极其复杂的、互相影响和制约的综合体，周围环境中的其他生物和非生物的相关事物被视为环境要素，与人类息息相关。

1.1.1.2 自然环境

根据环境特征和功能的差别，将人类环境划分为自然环境和人工环境（图 1-1）。自然环境就是指环绕于人类周围各种自然要素的总和，是人类生存和发展所必需的自然条件和自然资源。即地球上的空气、阳光、水、土壤、矿物、岩石和生物等，构成人类生活和生产活动的大气环境、水环境、土壤环境、地质环境、生物环境等自然世界。人类是地球自然环境发展到一定阶段的产物，自然环境又是人类产生、生存和发展的物质基础。自然环境不但为

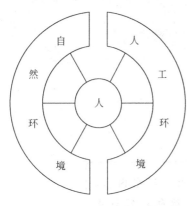

图 1-1 人类的环境

人类提供了生存、发展的空间，提供了生命的支持系统，还为人类的生活和生产活动提供了食物、矿产、能源等物质资源，因此人类的一切活动都和自然环境密不可分。随着科学技术水平的进步，人类活动的影响范围越来越大，已经冲出了生物圈，深至岩石圈内部，远及外太空。因此，人类自然环境就几乎包含了以太阳、地球和月球为主要内容的自然界的一切事物。

人类环境有别于其他生物的环境，最主要的差别在于人类环境的主体是具有复杂精神世界和智力活动的人。在人类环境中，除了人类生存的自然环境以外，人类可以有意识地规范自身的行为、改造客体世界，通过智力活动创造出人工物品以及其他自然界本身不能自发形成的事物。所以，人类环境的范围要大得多，除自然环境以外，还包括人类通过劳动创造的人工环境，如城市、住房、工厂、火车、潜艇、航天飞机、社会、文化、经济、伦理等。

1.1.1.3 人工环境

从远古至今，人类为了满足自身的需求，创造了丰富多彩、堪比自然界鬼斧神工的人工事物。人工环境就是在自然的基础上经过人类的带有目的的创造性的劳动所形成的，是人类精神文明和物质文明发展的标志，随着人类文明的演进而不断地丰富和发展。

人工环境包括社会环境和物理环境。社会环境是指人类的社会制度等上层建筑和生产关系，包括社会的经济基础、城乡结构以及同各种社会制度相适应的政治、经济、法律、宗教、文化、艺术、卫生、哲学的观念和机构等。物理环境是指人类为了满足生产及生活需要，在自然物质的基础上，通过人类长期有意识的劳动而创造出来的人工环境，从地表以下的矿井，深海航行的潜艇，水面的船只、舰艇，地面上的城市、乡村，空中的飞行器，乃至太空舱等，都是典型的人工物理环境，各自具有独特的结构和功能，满足人类多样化的需求。

相对于漫长的自然演化历史而言，人工环境出现的时间非常短，但是在这很短的时间内，人工环境得到了非常迅速的发展和极大的丰富，并且正在以更快的速度发展着。随着人类驾驭客观规律能力的提高，人类影响环境的力度不断增强，范围逐渐扩大。如今，从地壳内部、大洋深处到地球表面、九天苍穹，都有人类活动的痕迹。

1.1.2 室内环境

1.1.2.1 室内环境的定义

城市环境是地球环境的一部分，除了构成城市的物理环境外，它还包括人类活动所形成的社会环境。在城市物理环境中建筑是城市环境的重要组成部分，建筑环境包含了室内环境以及环绕建筑的室外环境，直接影响人类生活和工作的主要是建筑中的室内环境。

所谓的室内环境，是相对于室外环境而言的，是指采用天然材料或人工材料围隔而成的小空间，与外界大环境相对分隔而成的人工小环境。这里所说的室内并不局限于人们居住的空间，而是包括日常工作生活的所有室内空间，包括办公室、会议室、教室、医院诊疗室、旅馆、影剧院、图书馆、商店、体育场馆、健身房、舞厅、候车候机室等各种室内公共场所，以及民航飞机、汽车、客运列车等相对封闭的各种交通工具内。广义上讲，室内环境应包括室内的工作场所和生产场所。

自古以来，人类为了生存和发展，创造出了抵御降雨、大风、寒冷、炎热及敌人的居身之处。最初为了防身而已，后来开始利用窗户自然采光、通风换气，巧妙地利用自然获得舒适的生活环境。随着社会经济的发展、科学技术的进步和生活水平的提高，人们对高质量居住条件包括对室内各种舒适环境的要求越来越高。居室的功能已不仅仅是遮风避雨，更重要的是为人类提供良好的工作与学习环境以及优雅舒适的休憩之地。室内环境是人类接触最频繁、最密切的环境之一，现代人平均80%～90%的时间是在室内度过的，因此，室内环境质量的优劣对人类的身体健康和工作效率有着重要影响。

1.1.2.2 室内环境的功能要求

建筑的功能是在自然环境不能保证令人满意的条件下，创造一个小环境来满足居住者的安全与健康以及生活、生产过程的需要，因此从建筑出现开始，"建筑"和"室内环境"这两个概念就是不可分割的。从躲避自然环境对人身的侵袭开始，随着人类的文明进步，人们对建筑物的要求不断提高，至今人们希望建筑室内环境能满足的要求包括：

① 安全性　能够抵御飓风、暴雨、地震等各种自然灾害所引起的危害或人为的侵害；

② 功能性　满足居住、办公、营业、生产等不同需要的使用功能；

③ 舒适性　保证居住者在建筑内的健康和舒适；

④ 美观性　要有亲和感，反映当时人们的文化追求。

所以说建筑物应满足安全、健康、舒适、工作快捷的要求。而不同类型的建筑有不同的主要功能要求，比如住宅、影剧院、商场、办公楼等建筑对健康、舒适的要求比较高，生物实验室、制药厂、集成电路车间、演播室等则有严格保证工艺过程的环境要求。还有一些建筑是既要保证工艺要求，又要保证舒适性要求，例如舞台、体育赛场、手术室等，以及各种有人的生产场所。

除了使用前人的设计经验来创造和改善自己的居住环境以外，随着科学技术的不断进步，人们开始主动地创造受控的室内环境。20世纪初，能够实现全年运行的空调系统首次在美国建成，这标志着人们可以不受室外气候的影响，在室内自由地创造出能满足人类生活和工作所需要的物理环境。空调技术的发展使得各种非常规建筑物的人造空间如车、船、飞机、航天器内的环境都能够随心所欲地得到控制，也促进了这些相关产业的飞速发展。

1.1.2.3 室内环境的研究内容

室内环境是一门反映人—建筑—自然环境三者之间关系的科学，主要研究建筑内的空间环境，包括空气环境、热湿环境、光环境、声环境。其主要内容如下。

（1）室内空气环境　室内空气环境是整个建筑室内环境中最重要的部分。主要描述室内空气污染物对室内空气品质的影响，进而讨论室内空气品质的概念、影响因素、评价方法与控制方法，重点讨论室内空气环境监测方案的设计、室内空气样品的采集以及室内空气污染物的检测方法。

（2）室内热湿环境　室内热湿环境在建筑室内环境中具有重要的作用。主要讨论室内热湿环境的物理因素及其变化规律；室内热湿环境与人体生理和心理感受的关系；室内热舒适环境及其影响因素；室内热湿环境的评价及其评价方法；室内热湿环境的温湿度控制与检测。

（3）室内声环境　主要描述建筑室内声环境中声音与噪声的基本概念、度量、特性，从人的听觉生理特性出发，讨论人对噪声的反应与评价，从声音的传播与衰减规律出发，讨论控制环境噪声与振动的基本原理与方法。

（4）室内光环境　在描述建筑室内光环境的基本度量、材料的光学特性、人的视觉生理特性等基础上，讨论室内天然光特性、影响因素、评价方法、设计基础，重点讨论影响人工光环境质量的照明光源与灯具的形式，描述人工光环境的评价方法与工作照明的设计基础。

1.2 室内环境质量

1.2.1 室内环境质量的重要性

1.2.1.1 室内环境问题的产生和发展

环境质量一般指在一个具体的环境中，环境的总体或环境的某些要素对人类的生存繁衍及社会经济发展的适宜程度。人类通过生产和消费活动对环境质量产生影响，反过来环境质量的变化又将影响到人类生活和经济发展。

室内环境是人们生活和工作中最重要的环境。良好的室内环境应是一个能为大多数室内成员认可的舒适的热湿环境、光环境、声环境和电磁环境，同时也能够为室内人员提供新鲜怡人、激发活力并且对健康无负面影响的高品质空气，以满足人体舒适和健康的需要。

在室内环境中，室内空气质量是最重要的一个方面。一个人在缺少食物和水的环境下，可以生存相当长的时间，但是如果缺少空气，5min 之内就会窒息死亡。这就是说，当人们面临着空气污染时，没有时间等待，也没有别的选择。据世界卫生组织统计，在现代社会中，80% 的人类疾病都与空气污染有关。

空气污染可以分为室外空气污染和室内空气污染两类。第二次世界大战结束后，随着全球工业化进程的加快，室外空气污染在世界上得到了广泛的重视，但是，室内空气污染却一直未能引起人们的注意。进入 20 世纪 70 年代以来，由于有机合成材料在室内装饰装修以及设备用具方面的广泛应用，致使挥发性有机化合物（volatile organic compound，VOC）大量散发，严重恶化了室内空气质量（indoor air quality，IAQ）。再加上为了节能，建筑物的密闭性不断提高，相应地减少了室内外空气的交换量，于是在世界范围先后出现了由于室内空气污染引起的各种疾病，被统称为"病态建筑综合征"（sick building syndrome，SBS）。从发展趋势看，室内空气污染引起的健康问题呈日益严重之势，越来越为公众所关注，致使室内空气质量的研究成为当前建筑室内环境学领域内的一个热点。

1.2.1.2 室内环境质量的重要性

目前，室内空气质量状况不尽如人意，室内污染程度比室外严重，病态建筑综合征案例增多，室内空气质量的重要性和迫切性日显突出，已经引起全球各国政府、公众和研究人员的高度重视。这主要是由于以下几方面的原因。

（1）室内环境是人们接触最频繁、最密切的环境。在现代社会中，人们至少有 80% 以上的时间是在室内度过的，与室内空气污染物的接触时间远远大于室外。因此，室内空气品质的优劣能够直接关系到每个人的健康。

（2）室内空气中污染物的种类和来源日趋增多。由于人们生活水平的提高，家用燃料的消耗量、食用油的使用量、烹调菜肴的种类和数量等都在不断地增加。另外，随着工业生产的发展，大量挥发出有害物质的建筑材料、装饰材料、人造板家具等产品不断地进入室内。这都使得人们在室内接触的有害物质的种类和数量比以往明显增多。据统计，至今已发现的室内空气中的污染物就有 3000 多种。

（3）建筑物密封程度的增加，使得室内污染物不易扩散，增加了室内人群与污染物的接触机会。随着世界能源的日趋紧张，包括发达国家在内的许多国家都十分重视节约能源，因此，许多建筑物都被设计和建造得非常密闭，以防室外过冷或过热的空气影响到室内的适宜温度。这就严重影响了室内的通风换气，使得室内的污染物不能及时排出室外，在室内造成大量的聚积，并使得室外的新鲜空气不能正常地进入室内，从而严重地恶化了室内空气品质，对人体健康造成极大的危害。

1.2.2 室内环境质量的检测

室内环境检测是对建筑物室内空气、热、声、光环境参数的测量，室内空间环境参数主要由空气品质、温度、湿度、照度、声压级等参数组成，围绕这些参数的建筑室内环境设计有通风换气、采暖空调、隔热保温、采光照明、隔声防振等。因此，室内环境检测可以为具有不同功能的建筑物进行室内环境质量评价、室内污染治理与控制、室内装饰装修设计等工作提供依据。

室内环境检测主要是通过采样和分析手段，掌握室内环境中有害物质的来源、组分、数量、转化和消长规律，它是以消除污染物的危害、改善室内环境质量和保护居民健康为目的的。

室内环境检测工作按检测目的可分为室内污染源检测、室内空气质量检测和特定目的检测三大类。

1.2.2.1 室内污染源检测

这种检测主要通过调查，了解室内存在哪些污染源，然后检测各种污染源向室内环境释放哪些污染物，各种污染物以什么样的方式、强度和规律从污染源向室内释放出来，以及由各个污染源所造成的室内空气污染程度。为控制室内空气污染，保护人体健康，2001 年 11 月国家建设部颁布了《民用建筑工程室内环境污染控制规范》，12 月国家质量监督检验检疫总局颁布了《室内装饰装修材料中有害物质限量》，包括人造板及其制品、溶剂型木器涂料、内墙涂料、胶黏剂、木家具、壁纸、聚氯乙烯卷材地板、地毯、地毯衬垫、地毯胶黏剂和混凝土外加剂以及建筑材料放射性核素等十种。污染源种类不同，检测方法也不完全相同，应按照上述规范和标准所规定的室内建筑和装饰装修材料中的有害物质限量的检验方法和具体操作。

1.2.2.2 室内空气质量检测

室内空气质量检测是以室内空气质量标准为依据，检测的对象不是污染源，而是某一特定的房间或场所内的环境空气，目的是了解和掌握室内环境空气污染状况（种类、水平、变化规律），对室内空气质量是否超过标准和是否有损人体健康进行评价。通过长期监测，逐步积累资料也为制定和修改环境质量标准及相关法规提供了依据。检测项目主要根据室内空气质量标准和相关法规，也可根据调查研究内容而定。室内空气污染物有一氧化碳（CO）、二氧化碳（CO_2）、二氧化硫（SO_2）、二氧化氮（NO_2）、臭氧（O_3）、可吸入颗粒物（PM_{10}）、氨（NH_3）、甲醛（HCHO）、苯（C_6H_6）及苯系物、总挥发性有机化合物（TVOC）、苯并芘、细菌、氡及其子体等；室内热环境参数有湿度、温度、风速和新风量等。

在进行空气质量检测时，首先要对室内外环境状况和污染源进行实地调查，根据目的确定监测方案，然后根据有关标准方法进行布点、采样和测定，填写各种调查和监测表格，并按室内空气质量标准和相关法规，应用所得到的检测结果对室内空气质量进行评价，出具检测和评价报告。在进行室内空气质量检测时，有一个非常重要的问题，就是如何取得能反应实际状况并有代表性的测定结果。这就需要对采样点、采样时间、采样效率、气象条件、现场情况以及采样方法、检测方法、检测仪器等进行设计，制定出比较完善的监测方案，而且在方案实施时，要有从采样到报出结果实现全过程的质量保证体系。

1.2.2.3 特定目的检测

除了室内污染源和室内空气质量检测之外，根据某一特定目的而要求的检测内容很多，这里以改善室内空气质量所采取的各种措施，如通风、换气措施和空气净化器的效果评价检测为例来说明这类检测的目的和方法。以评价空气污染对人体健康影响为目的的个体接触量检测也属于这类检测。

(1) 通风、换气措施效果的评价检测　通风、换气措施效果的评价检测常用空气交换率 (air change rate) 或换气次数来表示。新风量是指在门窗关闭的状况下单位时间内由空调系统通道、房间的缝隙进入室内的空气体积，单位为 m^3/h。空气交换率是室内与室外空气交换的速率，用单位时间内通过特定空间的空气体积与该空间体积之比表示，单位为次/小时 (次/h)。

(2) 空气净化器性能评价检测　评价净化器的性能常用洁净空气量 (clean air delivery rate, CADR) 表示，单位为 m^3/h 或 m^3/min。空气净化器的洁净空气量 (CADR)，是对净化的某一特定污染物来说的。空气净化器对不同污染物净化能力不同，所对应的洁净空气量也不一样。所以评价空气净化器的性能时，应根据空气净化器能净化哪几种污染物，分别测定对各种污染物的洁净空气量。

1.2.3　室内环境质量的评价

环境质量评价是对环境的优劣所进行的一种定量描述，即按照一定的评价标准和评价方法对一定区域范围内的环境质量进行说明、评定和预测。因此要确定某地的环境质量必须进行环境质量评价，环境质量定量的判断是环境质量评价的结果。环境质量评价要明确回答该特定区域内环境是否受到污染和破坏，程度如何；区域内何处环境质量最差，污染最严重，何处环境质量最好、污染较轻；造成污染严重的原因何在，并定量说明环境质量的现状和发展趋势。

室内环境质量评价是认识室内环境的一种科学方法，是随着人们对室内环境重要性认识的不断加深所提出的新概念。在评价室内环境质量时，一般采用量化检测和主观调查结合的手段，即采用客观评价和主观评价相结合的方法。

1.2.3.1　客观评价

客观评价是指直接测量室内污染物浓度来定量评价室内空气质量的方法。一般先认定评价因子，再进行检测和分析。对所取得的大量测定数据进行数理统计，求得具有科学性和代表性的统计值。选用适宜的评价模式，计算室内环境质量指数，据此来判断环境质量的优劣。由于涉及到的低浓度污染物太多，不可能样样都测，需要选择具有代表性的污染物作为评价因子，以全面、公正地反映室内环境质量的动态，此外还要求这些作为评价因子的污染物长期存在、稳定、容易测到，且测试成本低廉。

我国室外空气质量的评价因子有 SO_2、NO_2、PM_{10}。室内空气质量的评价因子可分为：烟雾评价因子，有 CO、PM_{10}、NO_2 和 SO_2；在以人为主要污染源的场合中，CO_2 可以作为室内生物污染程度的评价因子，也可作为反映室内通风情况的评价因子；HCHO、VOC、Rn 浓度是评价建筑材料释放物对室内空气污染的主要因子；另外，以室内细菌总数作为室内空气细菌学的评价因子，也反映了室内人员密度、活动强度和通风状况。加上温度、相对湿度、风速作为背景测定指标，能够全面地、定量地反映室内环境质量。一般情况下，客观评价选用二氧化碳、一氧化碳、甲醛、可吸入颗粒物，加上温度、相对湿度、风速、照度及其噪声等 12 个指标，全面、定量地反映室内环境。当然，上述评价指标可以根据具体评价对象适当增减。

1.2.3.2　主观评价

主观评价主要是通过对室内人员的询问得到的，即利用人体的感觉器官对环境进行描述与评价工作。室内人员对环境接受与否是属于评判性评价，对室内空气感受程度则属于描述性评价。

人被认为是测量室内空气质量的最敏感的仪器。利用这种评价方法，不仅可以评定室内空气质量的等级，而且也能够验证建筑物内是否存在着病态建筑综合征的诱发因素。但是，作为一种以人的感觉为测定手段（人对环境的评价）或为测定对象（环境对人的影响）的方法，误差是不可避免的。由于人与人的嗅觉适应性不同以及对不同的污染物的适应程度不一定相同，在室内的人员和来访者对室内空气质量的感受程度经常不一致。另外，有时候利用人们的不满作为改进和评价建筑物性能的依据，也是非常模糊的，因为人们的不满常常是抱怨头痛、疲乏，或不喜欢室内家具、墙壁的颜色等，很难弄清楚什么是不满意的真正原因。

室内环境质量评价按时间不同又可分为影响评价和现状评价。影响评价是指拟建项目对环境的影响评价，根据目前的环境条件、社会条件及其发展状况，采用预测的方法对未来某一时间的室内空气质量进行评定。现状评价是指对现在的环境质量状况进行评价，根据最近的环境检测结果和污染调查资料，对室内空气质量的变化及现状进行评定。

随着生活水平的不断提高，人们逐渐认识到室内环境空气质量评价的重要性，室内环境的检测与评价成为重要的工作内容。室内环境预评价起到了防患于未然的作用，在装修施工开始前，就采取措施避免使用不恰当的设计方案、建筑材料和施工工艺，来确保装修工程完成后有一个良好的室内环境质量。

1.2.4 室内环境质量的控制

室内环境质量的控制主要可以通过三种途径实现，即污染源控制、通风和室内空气净化。毫无疑问，消除或减少室内污染源是改善室内空气质量、提高舒适性的最经济有效的途径，在可能的情况下应优先考虑。

1.2.4.1 污染源控制

污染源控制是指从源头着手避免或减少污染物的产生，或利用屏障设施隔离污染物，不让其进入室内环境。室内空气污染源控制作为减轻室内空气污染的主要措施具有普遍意义，适宜的污染源控制方法因污染源和污染物性质而异。

(1) 避免或减少室内污染源　从理论上讲，用无污染或低污染的材料取代高污染材料，避免或减少室内空气污染物产生的设计和维护方案，是最理想的室内空气污染控制方法。例如，新建或改建楼房时，应尽可能停止使用产生石棉粉尘的石棉板和产生甲醛的脲醛泡沫塑料。使用原木木材、软木胶合板和装饰板，而不用刨花板、硬木胶合板、中强度纤维板等，可减少室内甲醛散发量。集中供热、用电取暖和做饭，或配备性能可靠的通风系统，可避免燃烧烟气进入室内环境。良好的建筑设计可以减少来自室外的汽车尾气污染；正确选址或使用透气性差的建筑材料，可避免或减少氡进入室内；正确选择涂料及家具，例如，用水基漆替代油基漆，可以避免或减少挥发性有机化合物进入室内。

(2) 室内污染源的处理　对于已经存在的室内空气污染源，应在摸清污染源特性及其对室内环境的影响方式的基础上，采用撤出室内、封闭或隔离等措施，防止散发的污染物进入室内环境。例如，对于暴露于环境的碎石棉，可通过喷涂密封胶的方法将其严密封闭，其成本远低于彻底清除。在有霉类污染的建筑物中应清除霉变的建筑材料和家具陈设。对于新的刨花板和硬木胶合板之类散发大量甲醛的木制品，可在其表面覆盖甲醛吸收剂。这些材料老化后，可涂覆虫胶漆，阻止水分进入树脂，从而抑制甲醛释放。

(3) 绿色建材　建筑材料（包括装饰材料和家具材料等）是造成室内空气污染的主要原因之一。众多挥发性有机化合物普遍存在于各类建筑材料中，另一方面，由于空气调节设备的大量使用，导致室内与室外的空气交换量大大减少，建筑材料释放的污染物不能及时排至室外，而被积聚在室内，于是造成更严重的室内空气污染。

所谓绿色建材是指对人体和周边环境无害的健康型、环保型、安全型建筑材料。绿色装修产业的发展是一种利用现代科学技术来改善人与居住环境关系、建材与居住环境关系的持续过程。发达国家十分注重对绿色建材的研究和开发。早在 1989 年，欧共体就规定了建筑材料不得释放有害气体和含有危害人体健康和恶化卫生条件的成分。美国、加拿大、日本等也就建筑材料对室内空气的影响进行了全面、系统的研究，并制订了有关法规。同时，经过这些国家的努力，不少装饰材料在环保、安全方面也已取得了明显的进步。

1.2.4.2 通风控制

通风则是借助自然作用力或机械作用力将不符合卫生标准的污浊空气排至室外或排至空气净化系统，同时，将新鲜空气或经过净化的空气送入室内。把前者称为排风，把后者称为送风。按照工作动力的差异，通风方法可分为：自然通风和机械通风。前者是利用室外风力造成的风压或室内外温度差产生的热压进行通风换气；而后者则依靠机械动力（如风机风压）进行通风换气。按照通风换气涉及范围的不同，又可将通风方法分为局部通风和全面通风，局部通风只作用于室内局部地点，而全面通风则是对整个控制空间进行通风换气，通常情况下，前者所需通风量远小于后者。

1.2.4.3 净化处理

室内空气净化则是指借助特定的净化设备收集室内空气污染物、将其净化后循环回到室内或排至室外。

为保证大气环境质量，保护操作工人的身体健康，以及维护生产设备的正常运行，空气净化被广泛用于控制工业污染源产生的空气污染物。对办公大楼、学校、商业设施和住宅等非工业场所产生的空气污染物进行净化的历史并不长。与净化工业污染物相类似，非工业场所室内空气净化也走过了先关注气溶胶状态污染物，然后是气溶胶状态污染物和气体状态污染物兼顾的过程。这一方面反映出净化气溶胶状态污染物的相对容易性；另一方面也反映了人们对于空气污染物及其危害的认识过程，与工业场所不同的是非工业场所的室内空气污染物浓度通常很低，而且净化后的空气大多循环使用。

1.3 绿色建筑

1.3.1 室内空气质量的研究与发展

1.3.1.1 室内空气质量的定义

室内空气质量（IAQ）的定义在最近的 20 多年内经历了许多的变化。最初，人们把室内空气质量几乎等价为一系列污染物浓度的指标。近年来，随着人们对室内空气质量认识的加深，人们发现这种纯客观的定义已不能完全涵盖室内空气质量的内容，因此，又出现了许多新的室内空气质量的定义。

在 1989 年的国际室内空气质量研讨会上，丹麦技术大学教授 P. O. Fanger 提出：质量反映了人们要求的程度，如果人们对空气满意，就是高品质；反之，就是低品质。而英国的建筑设备工程师学会（Chartered Institute of Building Services Engineers，CIBSE）则认为：少于 50% 的人能察觉到任何气味，少于 20% 的人感觉不舒服，少于 10% 的人感觉到黏膜刺激，并且少于 5% 的人在不足 2% 的时间内感到烦躁，则可认为此时的 IAQ 是可以接受的。以上两种定义都将 IAQ 完全变成了人们的主观感受。

关于室内空气质量定义的飞跃出现在最近几年。美国供暖制冷及空调工程师学会（American Society of Heating，Refrigerating and Air-conditioning Engineers，ASHRAE）颁布的标准 ASHRAE 62—1989《满足可接受室内空气品质的通风要求》将室内空气品质定义为：良好的室内空气品质应该是"空气中没有已知的污染物达到公认的权威机构所确定的有害浓度指标，并且处于这种空气中的绝大多数人（≥80％）对此没有表示不满意"。这一定义体现了人们认识上的飞跃，它把客观评价和主观评价结合起来。不久，该组织在其修订版ASHRAE 62—1989R 中，又提出了可接受的室内空气品质（acceptable indoor air quality）和感官可接受的室内空气品质（acceptable perceived indoor air quality）等概念。

可接受的室内空气品质　在居住或工作环境内，绝大多数的人没有对空气表示不满意；同时空气内含有已知污染物的浓度足以严重威胁人体健康的可能性不大。

感官可接受的室内空气品质　在居住或工作环境内，绝大多数的人没有因为气味或刺激性而表示不满意。它是达到可接受的室内空气品质的必要而非充分条件。

由于室内空气中有些气体，如氡、一氧化碳等没有气味，对人也没有刺激作用，不会被人感受到，但对人的危害却很大，因而仅用感官可接受的室内空气品质是不够的，必须同时引入可接受的室内空气品质。

相对于其他定义，ASHRAE 62—1989R 中对室内空气品质的描述最明显的变化是它涵盖了客观指标和人的主观感受两个方面的内容，比较科学和合理。因此，尽管当前各国学者对室内空气质量的定义仍存在着一定的偏差，但基本上都认同 ASHRAE 62—1989R 中提出的这个定义。

1.3.1.2　室内空气质量研究的进展

虽然"室内空气质量"是一个比较新的名词，但有关室内空气质量的问题却存在已久，早在人类开始建造房屋用来遮风避雨的时候就已经出现。

早期关于室内空气品质的工作主要涉及工业建筑内工作人员职业病的预防，例如，散发大量石棉粉尘的工业建筑内工作人员职业病的预防。工业建筑内空气污染的特点是污染物浓度较高，人们的认识、处理和预防措施都比较直接和相对容易。

另外一类建筑是非工业建筑，包括住宅、办公室、学校教室、商场等公共建筑。20 世纪 70 年代全球性的石油危机爆发以后，为节省建筑能源消耗，空调建筑中普遍减少室外空气的供应量，因而不足以稀释在室内积聚的空气污染物，故出现了大量有关"病态建筑综合征"的报道。自此以后，公众对非工业建筑室内污染物的影响越来越关注。

"病态建筑综合征"是由于在恶劣的室内空气品质的环境中居民健康和舒适的一种不良反应，它表现为一系列相关非特异性症状。研究表明，恶劣的室内空气质量会使室内工作人员的生产力受到影响，具体表现为高缺勤率及工作效率降低等现象。

在非工业建筑中，由于居民是长期暴露于多种低浓度的空气污染物中，和工业建筑中高浓度污染物相比，人们的认识、研究、政府指定法律和采取的措施方面都有很大的不同。随着对室内空气质量的研究不断深入，不仅可以避免室内空气污染的发生，而且即使在出现了室内空气污染的情况下，人们也能够正确地处理。

1.3.2　病态建筑

根据世界卫生组织的定义，健康是指"身体、精神及社会福利完全处于最佳健康状态，而不单只是并无染上疾病或虚弱"。愈来愈多的科学证据显示，不良的室内空气品质与一系列健康问题和不适有关。这些毛病包括呼吸道和感觉器官的不适，全身无力，有的甚至可以危害人的生命。由不良的室内空气品质带来的健康问题一般可分为以下两大类：病态建筑综合征和建筑并发症。

1.3.2.1　病态建筑综合征

（1）"病态建筑综合征"及其症状　"病态建筑综合征（SBS）"通常是指因使用某指定建筑而产生的一系列相关非特定症状的统称。不良的室内空气品质，再加上工作所带来的社会心理的压力，使得生活在某些建筑内的人容易感染"病态建筑综合征"。"病态建筑综合征"的有关症状如下：眼睛不适、鼻腔及咽喉干燥、全身无力、容易疲劳、经常发生精神性头痛、记忆力减退、胸部郁闷、间歇性皮肤发痒并出现疹子、头痛、嗜睡、难于集中精神和烦躁等现象。但当患者离开该建筑时，其症状便会有所缓和，有的甚至会完全消失。

（2）"病态建筑综合征"的诊断基准 对于"病态建筑综合征"，有两种广泛采用且相似的诊断基准：一种出现较早，来自丹麦的 L. Molhave 博士，并被世界卫生组织所采用；另一种出现较晚，来自欧洲室内空气质量及其健康影响联合行动组织。

L. Molhave 博士/世界卫生组织基准 绝大多数室内活动者主诉有症状；在建筑物或其中部分，发现症状尤其频繁；建筑物中的主诉症状不超过下列五类，感觉性刺激症，神经系统和全身症状，皮肤刺激症，非特异性过敏反应和嗅觉与味觉异常；其他症状，如上呼吸道刺激症，内脏症状并不多见；症状与暴露因素及室内活动者敏感水平没有可被鉴定的病因学联系。

欧洲室内空气质量及其健康影响联合行动组织基准 该建筑中大多数室内活动者必须有反应；所观察的症状和反应属于以下两组，急性心理学和感觉反应（皮肤和黏膜感觉性刺激症；全身不适，头痛和反应能力下降；非特异性过敏反应，皮肤干燥感和主诉嗅觉或味觉异常），心理学反应（工作能力下降，旷工旷课；关心初级卫生保健和主动改善室内环境）；眼、鼻咽部的刺激症状必须为主要症状；系统症状（如胃肠道）并不多见；症状与单一暴露因素间没有可被鉴定的病因学联系。

（3）"病态建筑综合征"的起因 导致"病态建筑综合征"的原因多种多样，其中，不良的室内空气品质是一个非常重要的因素，它可以直接诱发"病态建筑物综合征"。

室内存在着各种各样的室内空气污染源，首先最主要的是建筑装修材料，包括砖石、土壤等基本建材，以及各种填料、涂料、板材等装饰材料，它们能产生各种有害有机物、无机物，主要包括甲醛、苯系物以及放射性氡。其次是室内设备和用品在使用过程中释放出来的有害气体，如复印机等带静电装置的设备产生的臭氧，燃料燃烧及烹调食物过程中产生的烟气，使用清洁剂、杀虫剂等所产生的有机化学污染物。再次是人体自身的新陈代谢及人类活动的挥发成分，夏天易出汗，会把皮肤中的污物带入空气中；冬天空气干燥，人体会生成较多的皮屑和头屑；入夜安睡后卧室里充满了二氧化碳的酸气。

上述污染物在室内空气中的含量通常是很低的，但如果逐渐积累，形成一种积聚效应，就会诱发"病态建筑综合征"。

（4）空调与"病态建筑综合征" 相对于自然通风的建筑来说，"病态建筑综合征"似乎在安装有空调的建筑内出现的机会较大。原因如下。

① 自 20 世纪 70 年代全球能源危机以来，人们为了节能，普遍提高了建筑物的密闭性并降低了新风量标准，这就使本来就不足的新风稀释室内污染物的功能更是不堪重负，导致大量有害气体在室内积蓄。

② 一些空调系统可能设置不当，这使得某些局部地区的有害气体可以通过空调系统散播至建筑的每一角落。

③ 室内空气经反复过滤后，空气离子的浓度发生了改变，负氧离子数目显著减少而正离子过多，从而影响了空气的清洁度和人体正常的生理活动。

④ 空调系统内的环境很适宜真菌、细菌和病毒等病原微生物的孳生和繁殖。

⑤ 空调系统可造成室内外环境条件（包括气温、湿度、气流和辐射等）相差悬殊，易使人感冒；室内干燥，易刺激人的鼻腔、咽喉黏膜而降低人体抗感染能力；常用循环空气造成室内外空气交换减少，空气污浊使疾病易于传播。

⑥ 空调房间内自然采光和照明往往不足，也使得室内的细菌、病毒和真菌等病原体容易存活，威胁人体健康。

据有关专家统计，在有空调的密闭室内 5~6h 后，室内氧气下降 13.2%，大肠杆菌升高 1.2%，红色霉菌升高 1.11%，白喉杆菌升高 0.5%，其他呼吸道有害细菌均有不同程度的增加。正是长期处在这种环境中工作生活的人，往往会不知不觉地感染上"病态建筑综合征"。

（5）"病态建筑综合征"的危害 虽然"病态建筑综合征"不会危害生命或导致永久性伤残，这种病症对受影响的建筑内居民，以及他们所工作的机构均有着重大的影响。"病态建筑综合征"往往会导致较低的工作效率和较高的缺勤率，并会导致员工的流失率增加。此外，公司需要增拨更多资源来解决有关的投诉，而且劳资关系会变得较差。

1.3.2.2 建筑并发症

根据欧洲室内空气质量及其健康影响联合行动组织的定义，"建筑并发症"（building related illness，BRI）是指特异性因素已经得到鉴定，并具有一致临床表现的症状。这些特异的因素包括过敏源、感染源、特异的空气污染物和特定的环境条件（例如空气温度和湿度）。"建筑并发症"包括多种不同的疾病：过敏性反应、军团杆菌病、石棉肺等。经临床诊断，这些疾病的起因都与建筑内空气污染物有关，都可以准确地归咎于特定或确证的成因。

（1）过敏性反应 过敏性反应根据诱发的原因不同，可以分为以下几类。

① 由若干品种的真菌所引致的过敏性局部急性肺炎；

② 对甲醛的过敏性反应；

③ 由尘螨引起的哮喘。

（2）军团杆菌病 军团杆菌病是由嗜肺军团杆菌引起的以肺炎为主的急性感染性疾病，有时可发生暴发性流行。军团杆菌病的病原菌主要来自土壤和污水，由空气传播，自呼吸道侵入人体内。

军团杆菌病有两种临床表现，一种以发热、咳嗽和肺部炎症为主，称为军团杆菌病；另一种病情较轻，主要为发热、头痛和肌肉疼痛等，无肺部炎症，称为庞提阿克热，是由毒性较低的病菌所致。

军团杆菌在自来水中可存活 1 年左右，在蒸馏水中可存活 2~4 个月，通常，在土壤和河水中可分离出病菌。军团杆菌可以生活在空调系统的冷水及加湿器、喷雾器内，并通过带水的漂浮物或细水滴的形成，从空气传播军团杆菌病。

军团杆菌病呈世界性分布，一年四季都可发作，但以夏秋两季多见，暴发性流行也大多见于夏秋两季。大约有 1%~5% 的军团杆菌受袭者可发病。在所有肺炎病例中，军团杆菌肺炎约占 3%~4%，但是，在住院的感染肺炎病人中，军团杆菌肺炎占 20% 以上。中老年人和幼儿易感染军团杆菌病，另外，男性明显多于女性。长期吸烟是军团杆菌病发病的一个诱因，患有血液病、恶性肿瘤、肾脏病、糖尿病、慢性酒精中毒和肺气肿等免疫力低下的疾病者和使用免疫抑制剂，如激素治疗者，容易发生军团杆菌感染。据血清流行病学调查，在正常人群中 1%~2% 的人血清中存在军团杆菌特殊抗体，这说明军团杆菌可引起亚临床型感染。

军团杆菌病发病急骤，高热伴寒战，恶心呕吐，有时伴腹痛与水样腹泻，2~3d 后出现干咳，胸痛，偶带血丝，但很少有脓性痰。重者还有气急、呼吸困难和意识障碍。病死率约 15%。年龄大、有免疫低下等疾病者病死率高，主要死于呼吸衰竭、休克与急性肾功能衰竭。如能及早做痰液、气管内吸取物的细菌培养和直接荧光抗体染色检查病原体可获早期诊断。军团杆菌病如果能早期使用红霉素或利福平治疗，则有显著疗效。此外，加强支持疗法，对症治疗和增加营养，充分休息，保持液体和电解质平衡，适时使用人工呼吸器，抗休克或血液透析疗法均为重要措施。

到目前为止，军团杆菌病尚无有效预防措施，但是，如果加强空调器的供水系统、湿润器和喷雾器等的卫生管理与消毒工作，对减少军团杆菌病的暴发流行可以起到一定的作用。

1.3.3　健康住宅

人的一生有三分之二的时间是在室内度过的，而其中大部分时间又是在家中度过，因而室内环境质量的优劣与人的生活息息相关，直接关系到人的健康。所以，人们便提出了一个健康住宅的概念。

1.3.3.1　健康住宅的含义

健康住宅有以下几方面的含义。

（1）物理因素

① 住宅的位置选择合理，平面设计方便适用，在日照、间距符合规定的情况下，提高容积率（建筑面积/占地面积）。

② 墙体保温，围护结构达50%的节能标准，外观、外墙涂料、建材应能体现现代风格和时代要求。

③ 通风窗应具备热交换、隔绝噪声、防尘效果优越等功能。

④ 住宅应装修到位，简约，以避免二次装修所造成的污染。

⑤ 声、热、光、水系列量化指标，有宜人的环境质量和良好的室内空气质量。

（2）与环境友好和亲和性　住户充分享受阳光、空气、水等大自然的高清新性，使人们在室内尽可能多地享有日光的沐浴，呼吸清新的空气，饮用完全符合卫生标准的水。人与自然和谐共存。

（3）环境保护　住宅排放废物、垃圾分类收集，以便于回收和重复利用，对周围环境产生的噪声进行有效的防护，并进行中水的回用，如将中水用于灌溉、冲洗厕所等。

（4）健康行为　小区开发模式以建筑生态为宗旨，设有医疗保健机构、老少皆宜的运动场，不仅身体健康，而且心理健康，重视精神文明建设，邻里助人为乐、和睦相处。

（5）体现可持续发展　住宅环境和设计的理念以坚持可持续发展为主旋律，主要有以下三点。

① 减少地球、自然、环境负荷的影响，节约资源、减少污染，既节能又有利于环境保护；

② 建造宜人、舒适的居住环境；

③ 与周围生态环境融合，资源要为人所用。

（6）生态绿化　有宜人的绿化和景观，保留地方特色，体现节能、节地、保护生态的原则。

（7）配套设施　垃圾进行分类处理，自行车、汽车各置其位。

1.3.3.2　健康住宅的要求

根据世界卫生组织（WHO）的定义，"健康住宅"就是指能使居住者"在身体上、精神上、社会上完全处于良好状态的住宅"，其宗旨是为了使居住在其中的人们获得幸福和安康。

（1）健康住宅的一般要求　具体来说，"健康住宅"有以下几个方面的一般要求。

① 可以引起过敏症的化学物质的浓度很低；

② 尽可能不使用容易挥发出化学物质的胶合板、墙体装饰材料等；

③ 设有性能良好的换气设备，能及时将室内污染物质排出室外，特别是对高气密性、

高隔热性的住宅来说，必须采用具有风管的中央换气系统，进行定时换气，保持室内清新的空气；

④ 在厨房灶具或吸烟处，要设置局部排气设备；

⑤ 起居室、卧室、厨房、厕所、走廊、浴室等处的温度要全年保持在 17～27℃ 之间；

⑥ 室内的湿度全年保持在 40%～70% 之间；

⑦ 二氧化碳浓度要低于 $1000\mu L/L$；

⑧ 悬浮粉尘浓度要低于 $0.15mg/m^3$；

⑨ 噪声要小于 50dB（分贝）；

⑩ 每天的日照要确保在 3h 以上；

⑪ 要设置有足够亮度的照明设备；

⑫ 住宅应具有足够的抗自然灾害的能力；

⑬ 具有足够的人均建筑面积；

⑭ 住宅要便于保护老年人和残疾人。

（2）对特殊建筑的要求

① 高层建筑 随着科学技术的进步，住宅不断向空中发展，高层建筑越来越多，其在住宅中的比例也越来越大。因此，专家们特意从日照、采光、室内净高、微小气候及空气清新度等五个方面对高层建筑住宅提出了以下要求。

a. 太阳光可以杀灭空气中的微生物，提高机体的免疫力 专家认为，为了维护人体健康和正常发育，居室日照时间每天必须在 3h 以上。

b. 采光 是指住宅内能够得到的自然光线，一般窗户的有效面积和房间地面面积的比例应大于 1∶15。

c. 室内净高不得低于 2.8m 这个标准是"民用建筑设计定额"规定的。对居住者而言，适宜的净高给人以良好的空间感，净高过低会使人感到压抑。实验表明，当居室净高低于 2.55m 时，室内二氧化碳浓度较高，对室内空气质量有明显影响。

d. 微小气候。要使居室卫生保持良好的状况，一般要求冬天室温不低于 12℃，夏天不高于 30℃；室内相对湿度不大于 65%；夏天风速不小于 0.15m/s，冬天不大于 0.3m/s。

e. 空气清新度 空气清新度是指居室内空气中某些有害气体、代谢物质、飘尘和细菌总数不能超过一定的含量，这些有害气体主要有二氧化碳、二氧化硫、氡、甲醛、苯、挥发性有机物等。

除上述五条基本标准外，对高层建筑住宅还应包括诸如照明、隔离、防潮、防止射线等方面的要求。

② 儿童房间 与成年人相比，由于儿童正处于长身体的阶段，他们的呼吸量按体重比成人高 50%，另外，儿童有 80% 的时间是在室内生活，因此，他们比成年人更容易受到室内空气污染的危害。

世界卫生组织宣布：全世界每年有 10 万人因为室内空气污染而死于哮喘病，而其中 35% 为儿童。另外，英国的"全球环境变化问题"研究小组认为：环境污染使人类，特别是儿童的智力大大降低！这就是说，无论从儿童的身体还是智力发育看，室内环境污染对儿童的危害不容忽视。

根据国家的有关规定，对于儿童房间，有以下几方面的健康要求。

a. 二氧化碳 小于 0.1%。二氧化碳是判断室内空气质量的综合性间接指标，如浓度增高，可使儿童感到恶心、头疼等不适。

b. 一氧化碳 小于 $5mg/m^3$。一氧化碳是室内空气中最为常见的有毒气体，容易损伤儿童的神经细胞,对儿童成长极为有害。

c. 细菌　总数小于 10 个/m³。儿童正处于生长发育阶段,免疫力比较低,要做好房间的杀菌和消毒。

d. 气温　儿童的体温调节能力差,夏季室温应控制在 28℃ 以下,冬季室温应在 18℃ 以上,但要注意空调对儿童身体的影响,合理使用。

e. 相对湿度　应保证在 30%～70% 之间,湿度过低,容易造成儿童的呼吸道损害;过高则不利于汗液的蒸发,使儿童身体不适。

f. 空气流动　在保证通风换气的前提下,气流不应大于 0.3m/s,过大则使儿童有冷感。

g. 采光照明　儿童在书写时,房间光线要分布均匀,无强烈眩光,桌面照度应不小于 100lx (1lx=1lm/m²)。

h. 噪声　噪声对儿童脑力活动影响极大,一方面分散儿童在学习活动时的注意力,另一方面,长时间接触噪声可造成儿童心理紧张,影响身心健康。因此,儿童房间的噪声应控制在 50dB 以下。

1.3.3.3　绿色建筑

绿色建筑是综合运用当代建筑学、生态学及其他现代科学技术的成果,把建筑建造成一个小的生态系统,为人类提供生机盎然、自然气息浓厚、方便舒适并节省能源、没有污染的使用环境。这里所讲的"绿色"并非一般意义的立体绿化、屋顶花园,而是对环境无害的一种标志,是指这种建筑能够在不损害生态环境的前提下,提高人们的生活质量及保障当代与后代的环境质量。其"绿色"的本质是物质系统的首尾相连、无废无污、高效和谐、开发式闭合性良性循环。通过建立起建筑物内外的自然空气、水分、能源及其他各种物资的循环系统,来进行绿色建筑的设计,并赋予建筑物以生态学的文化和艺术内涵。

生态环境保护专家们一般又称绿色建筑为环境共生建筑。绿色建筑在设计和建造上都具有独特的特点:

① 这种建筑对所处的地理条件有特殊的要求,土壤中不应存在有害的物质,地温相宜,水质纯净,地磁适中;

② 绿色建筑通常采用天然材料,如木材、树皮、竹子、石头、石灰来建造,对这些建筑材料还必须进行检验处理,以确保无毒无害,具有隔热保温功能、防水透气功能,有利于实行供暖、供热水一体化,以提高热效率和充分节能,在炎热地区还应减少户外高温向户内传递;

③ 绿色建筑将根据所处地理环境的具体情况而设置太阳能装置或风力装置等,以充分利用环境提供的天然再生能源,达到减少污染又节能的目的;

④ 绿色建筑内尽量减少废物的排放。

"绿色建筑"(或"生态建筑"、"可持续建筑")的概念可归纳如下:

① 建筑物的环境要有洁净的空气、水源与土壤;

② 建筑物能够有效地使用水、能源、材料和其他资源;

③ 能回收并重复使用资源;

④ 建筑物的朝向、体形与室内空间布置合理;

⑤ 尽量保持和开辟绿地,在建筑物周围种植树木,以改善景观,保持生态平衡;

⑥ 重视室内空气质量,一些"病态建筑"就是由于油漆、地毯、胶合板、涂料及胶黏剂等含有挥发性物质造成对室内空气的污染;

⑦ 积极保护建筑物附近有价值的古代文化或建筑遗址;

⑧ 建筑造价与使用运行管理费用经济合理。

总之，绿色建筑归纳起来就是"资源有效利用"（resource efficient building）的建筑。有人把绿色建筑归结为具备"4R"的建筑，即"reduce"，减少建筑材料、各种资源和不可再生能源的使用；"renewable"，利用可再生能源和材料；"recycle"，利用回收材料，设置废物回收系统；"reuse"，在结构允许的条件下重新使用旧材料。因此，绿色建筑是资源和能源有效利用，保护环境，亲和自然，舒适、健康和安全的建筑。

1.3.3.4　绿色建材

（1）绿色建材的概念　绿色建材指采用清洁生产技术，少用天然资源的能源，大量使用工业或城市固体废物生产的无毒害、无污染、有利于人体健康的建筑材料。它是对人体、周边环境无害的健康、环保、安全（消防）型建筑材料，属"绿色产品"大概念中的一个分支概念，国际上也称之为生态建材、健康建材和环保建材。1992年，国际学术界明确提出绿色材料的定义，即绿色材料是指在原料采取、产品制造、使用或者再循环以及废料处理等环节中对地球环境负荷为最小、有利于人类健康的材料，也称之为"环境调和材料"。绿色建材就是绿色材料中的一大类。

从广义上讲，绿色建材不是单独的建材品种，而是对建材"健康、环保、安全"属性的评价，包括对生产原料、生产过程、施工过程、使用过程和废物处置五大环节的分项评价和综合评价。绿色建材的基本功能除作为建筑材料的基本实用性外，就在于维护人体健康、保护环境。

（2）绿色建材的基本特征　与传统建材相比，绿色建材可归纳出以下五个方面的基本特征。

① 其生产所用原料尽可能少用天然资源，大量使用尾矿、废渣、垃圾、废液等废物；

② 采用低能耗制造工艺和不污染环境的生产技术；

③ 在产品配制或生产过程中，不使用甲醛、卤化物溶剂或芳香族碳氢化合物，产品中不得含有汞及其化合物，不得用含铅、镉、铬及其化合物的颜料和添加剂；

④ 产品的设计是以改善生活环境、提高生活质量为宗旨，即产品不仅不损害人体健康而且应有益于人体健康，产品具有多功能化，如抗菌、灭菌、防霉、除臭、隔热、阻燃、防火、调温、调湿、消声、消磁、防射线、抗静电等；

⑤ 产品可循环或回收再生利用，无污染环境的废物。

1.4　"室内环境与检测"课程的性质、任务和要求

1.4.1　课程的性质

①"室内环境与检测"是建筑装饰工程技术专业一门重要的专业课。

②"室内环境与检测"是一门包含了建筑学、环境学、材料学及生理学、心理学等多门学科的内容，跨学科的综合性技术课程。

室内环境与检测的特点：内容具有多样性，各环节相对的独立性，应用的广泛性。因而，它是一门以人为对象，检测、评价、控制与设计室内空间物理环境的学科，包含了环境技术和环境艺术领域，体现了多学科交叉的鲜明特点，是一门跨学科的边缘科学。

1.4.2　课程的任务

使学生了解人与室内环境的相互关系，以及室内环境对人的生理、心理和行为的影响，理解人对室内环境在各个方面的要求，并掌握必备的室内环境检测、评价、控制与设计技术基础。

室内环境与检测包括：室内空气环境、室内热湿环境、室内光环境、室内声环境四部分。

本课程系统介绍了室内空气、热湿、光、声环境等基本概念；分析各种环境要素对室内人群健康、舒适的影响；提出控制、改善室内环境质量的途径；阐述室内环境质量检测的方法。课程以室内空气环境与检测为重点，详细介绍室内空气质量的定义、标准及评价方法，室内空气污染物的来源、危害及控制方法，详细阐述室内空气中有机物、无机物、可吸入颗粒、细菌总数、氡污染物的采样和检测方法。

1.4.3 课程的要求

① 了解人类生活和生产过程需要什么样的室内外环境；

② 了解各种内外因素是如何影响人工微环境的；

③ 掌握改变或控制人工微环境的基本方法和手段。

针对第一个任务，需要从人类在自然界长期进化过程中形成的生理特点出发，了解热、声、光、空气质量等物理环境因素（即不包括美学、文化等主观因素在内的环境因素）对人的健康、舒适的影响，了解人到底应该需要什么样的微环境。此外还有了解特定的工艺过程需要何种人工微环境。

针对第二个任务，要了解外部自然环境的特点和气象参数的变化规律，掌握这些外部因素对建筑室内环境各种参数的影响；掌握人类生活与生产过程中热量、湿量、空气污染物等产生的规律以及对建筑室内环境形成的作用。

针对第三个任务，要了解建筑室内环境中热、空气质量、声、光等环境因素控制的基本原理、基本方法和手段。根据使用功能的不同，从使用者的角度出发，研究微环境中温度、湿度、气流组织的分布、空气品质、采光性能、照明、噪声和音响效果等及其相互间组合后产生的效果，并对此做出科学的评价，为营造一个满足要求的人工微环境提供理论依据。

习题与思考题

1. 何谓室内环境？室内环境的功能要求和研究内容有哪些？

2. 室内环境质量检测和评价的方法有哪些？

3. 什么叫"病态建筑综合征"？

4. 何谓健康住宅？健康住宅有何要求？

5. 何谓绿色建筑？绿色建筑有何特点？

6. 什么叫"4R"的建筑？

7. 什么叫绿色建材？绿色建材有何特点？

2

室内空气污染

本章摘要

　　本章主要介绍了室内空气质量的定义，室内空气污染的特征，室内空气污染物的种类及其来源等内容。重点理解和掌握室内空气质量的概念，以及室内空气污染物的来源。

2.1　室内空气质量

　　人类为了生存需要不断地与外界环境进行物质交换，据统计，一个健康成年人一天需要从外界摄取食物约 1～2kg，水约 2～3L，空气约 12～15m³。由此可见，空气质量对人体健康的意义非常重要，而人的一生大约有 70%～90% 的时间是在室内度过的。因此，室内空气质量的优劣直接影响人们的身体健康和生活工作质量。

　　国外从 20 世纪 80 年代开始，在一些发达国家的报纸杂志上便频繁出现 SBS、BRI 和 MCS 三个英文缩写，它们分别代表着与室内空气污染有关的三种疾病名称，即病态建筑综合征（SBS）、建筑并发症（BRI）和化学物质过敏症（MCS）。室内空气质量问题已成为引人关注的话题之一。我国的《室内空气质量标准》（GB/T 18883—2002）已于 2003 年 3 月 1 日起正式开始实施，要求室内空气应无毒、无害、无异常的臭味，并对室内环境指标以及共 19 种有毒、有害物质进行了限量。

2.1.1　室内空气质量的定义

　　人们对室内空气质量的认识经历了从无到有、由浅入深、从客观到主观的一系列发展过程。最初，人们把室内空气质量几乎等价为污染物浓度的指标，近年来，人们认识到纯客观的定义已不能完全涵盖室内空气质量的全部内容，因此，对室内空气质量进行了新的诠释和发展，其定义已包含了主观感觉的内容。

　　在 1989 年室内空气质量讨论会上，丹麦哥本哈根大学教授 P. O. Fanger 提出：质量反映了满足人们要求的程度，如果人们对空气满意，就是高质量，反之，就是低质量。英国的建筑设备工程师学会（CIBSE）认为：少于 50% 的人能察觉到任何气味，少于 20% 的人感觉不舒服，少于 10% 的人感觉到黏膜刺激，并且少于 5% 的人在不足 2% 的时间内感到烦躁，则可以认为此时的室内空气质量是可接受的，这两种定义的共同点是将室内空气质量完全变成了人们的主观感受。

　　1996 年，美国供暖制冷及空调工程师协会（ASHRAE）在新的通风标准中提出了"可接受的室内空气质量"和"感受到的可接受室内空气质量"等概念，其中，把"可接受的室内空气质量"定义为：空调房间中绝大多数人没有对室内空气表示不满意，并且空气中没有已知污染物达到了可能对人体健康产生严重威胁的浓度。"感受到的可接受室内空气质量"定义为：空调间中绝大多数人没有因为气体或刺激性而表示不满，它是达到可接受的室内空气质量的必要而非充分条件。ASHRAE标准中对室内空气质量的定义，最明显的变化是它包含了客观指标和人的主观感受两个方面的内容，比较科学和全面。

我国早期的室内空气污染物以厨房燃烧烟气、油烟、香烟烟雾，以及人体呼出的二氧化碳，携带的微生物、细菌等为主。近年来，随着社会经济的高速发展，人们越来越崇尚办公和居室环境的舒适化、高档化和智能化，由此带动了装饰装修的热潮和室内设施现代化的兴起。良莠不齐的建筑材料、装饰装修材料的不断涌现，以及越来越多的现代化办公设备和家用电器进入室内，使得室内成分更加复杂，室内各种污染物的水平远远高于室外。正是在这样的背景下，人们对室内空气质量的重要性有了更加深刻的认识，并且从国家层次开始着手室内空气污染的控制工作。

在我国，室内空气质量依然定义为室内空气与人体健康有关的物理、化学及微生物指标。

2.1.2 室内空气污染

2.1.2.1 室内空气污染的定义

空气污染包括室外空气污染和室内空气污染，我国的空气污染治理起步于20世纪70年代，主要围绕着工业污染源进行治理，随着国家对环保投入的加大，国民环保意识的提高，特别是全国主要城市空气污染日报及预报的发布使各界、各阶层人士对环境的重视，尤其是对自身生活范围环境的重视达到前所未有的程度。由于人们长期在室内从事生活、学习和工作等活动，室内空气污染往往比室外污染的危害更为严重。主要原因是室内空气污染物的来源广、种类多，有限的室内空间和密闭程度的增加导致含有有毒有害的化学物质、细菌等在室内大量聚集，不能及时排出室外。

中国农村的室内空气污染主要以燃料燃烧为主，在云南省宣威县，燃煤产生的室内颗粒物浓度达到 $270 \sim 5100 \mu g/m^3$，室内燃煤产生的多环芳烃，如苯并 [a] 芘是宣威县肺癌高发的主要危险因素。云南省宣威县的肺癌死亡率在中国甚至世界上均为最高。

城市室内空气质量以装修型污染最为严重和普遍，除此之外室内空气质量污染的来源还包括消费品和化学品的使用，家用燃料的消耗和人类活动等。甲醛和苯是我国首要的装修型化学性室内空气污染物，在我国绝大多数（70%～95%）新装修家庭和办公室内都存在。装修产生的甲醛污染可以持续数年之久，并且甲醛的释放可随夏季环境温度和湿度的升高而大幅度增加。尤其是空调的普遍使用，要求建筑结构有良好的密闭性能，以达到节能的目的，而现行设计的空调系统多数新风量不足，在这种情况下造成室内空气质量的恶化。

因此，室内空气污染可以定义为：在室内空气正常成分之外，又增加了新的成分，或原有的成分增加，其数量、浓度和持续时间超过了室内空气的自净能力，而使空气质量恶化，对人们的健康和精神状态、生活、工作等方面产生影响的现象。

2.1.2.2 室内空气污染的特征

室内空气污染与室外空气污染由于所处的环境不同，其特征也有所不同。室内空气污染具有以下三个方面特征。

（1）累积性　室内环境是相对封闭的空间，其污染形成的特征之一是累积性。从污染物进入室内导致浓度升高，到排出室外浓度渐趋于零，大都需要经过较长的时间。室内的各种物品，包括建筑装饰材料、家具、地毯、复印机、打印机等都可以释放出一定的化学物质，如不采取有效措施，它们将在室内逐渐积累，导致污染物浓度增大，构成对人体的危害。

（2）长期性　一些调查表明，人们大部分时间处于室内，即使浓度很低的污染物，在长期作用于人体后，也会对人体健康产生不利影响。因此，长期性也是室内污染的重要特征之一。

（3）多样性 室内空气污染的多样性既包括污染物种类的多样性，又包括室内污染物来源的多样性。室内空气中存在的污染物既有生物性污染物，如细菌等；化学性污染物，如甲醛、氨、苯、甲苯、一氧化碳、二氧化碳、氮氧化物、二氧化硫等；还有放射性污染物，如氡及其子体。

2.2　室内空气污染物

室内空气污染物的种类很多，有不同的分类方法，如按其性质分类可分为化学污染物、物理污染物、生物污染物。室内空气污染主要是人为因素的污染，以化学污染最为突出，尽管化学污染物的浓度较低，但是多种污染物共同存在于室内，长时间联合作用于人体，而且还可以通过呼吸道、消化道、皮肤等途径进入机体，对健康危害很大，所以本节着重讲述化学污染物的性质。

2.2.1　化学、物理、生物污染物

2.2.1.1　化学污染物

化学污染是指因化学物质，如甲醛、苯系物、氨、氡及其子体和悬浮颗粒物等引起的污染。

（1）氨

a. 理化特性　氨（NH_3）是一种无色、有强烈刺激性气味的气体。相对分子质量17.03，沸点$-33.5℃$，熔点$-77.8℃$，对空气相对密度0.5962，在标准状况下1L气体的质量为0.7708g。在室温下$0.6\sim0.7MPa$时可以液化（临界压力1.137×10^7Pa），也易被固化成雪状固体。液态氨的密度（0℃时）为0.638g/mL。氨极易溶于水、乙醇、乙醚，当0℃时每升水中能溶解907g氨，氨的水溶液呈碱性。氨可燃，当在空气中的体积比达到16%～25%时能发生爆炸。氨在高温时会分解成氮和氢，有催化剂存在时可被氧化成一氧化氮。

b. 污染来源　氨广泛用于含氮化合物的合成，例如制造化肥、合成尿素、合成纤维、燃料、塑料等。在镜面镀银、鞣革、制胶等工艺中也会产生氨。生活环境中的氨主要来自生物性废物，例如粪、尿、尸体、排泄物、生活污水等。含氮有机物在有细菌的作用下可分解成氨。在粪尿处理池、畜禽场都有大量的氨生成。人体分泌的汗液也可分解成氨。理发店所使用的烫发水中含有氨，在使用时，可以挥发出来，污染室内空气。有人做过调查，大型理发店内空气中氨含量可达$28.8mg/m^3$。近年来有人在建筑装修时用尿素作为水泥及涂料的防冻剂，这些尿素会释放出大量的氨，污染室内空气。

（2）臭氧

a. 理化特性　臭氧（O_3）是氧的同素异形体，相对分子质量48，臭氧为无色气体，有特殊臭味。沸点$-112℃$，熔点$-251℃$，相对密度1.65。在常温、常压下，1L臭氧质量为2.1445g，臭氧在常温下分解缓慢，在高温下分解迅速，形成氧气。臭氧是已知的最强的氧化剂之一。臭氧可以将二氧化硫氧化成三氧化硫或硫酸，将二氧化氮氧化成五氧化二氮或硝酸。但因空气中臭氧浓度很低，这种反应进行得很慢。臭氧和烯烃反应生成醛，是臭氧的特性反应。臭氧在大气污染中有着重要的意义，在紫外线的作用下，臭氧与烃类和氮氧化物发生光化学反应，形成具有强烈刺激作用的有机化合物，称为光化学烟雾。臭氧在水中的溶解度比较高，是一种高效消毒剂，可作为生活饮用水的消毒剂使用。

b. 污染来源　臭氧主要来自室外的光化学烟雾。此外，室内的电视机、复印机、激光印刷机、负离子发生器、紫外灯、电子消毒柜等在使用过程中也都能产生臭氧，室内的臭氧

可以氧化空气中的其他化合物而自身还原成氧气,还可被室内多种物体所吸附而衰减,如橡胶制品、纺织品、塑料制品等。臭氧是室内空气中常见的一种氧化型污染物。

（3）甲醛

a. 理化特性　甲醛（HCHO）是无色、具有强烈气味的刺激性气体。相对分子质量30.03,气体相对密度1.04,略重于空气。易溶于水、醇和醚中。其35%~40%水溶液统称福尔马林。此溶液在室温下极易挥发,加热更甚。甲醛易聚合成多聚甲醛,这是甲醛水溶液浑浊的原因。甲醛的聚合物受热易发生解聚作用,在室温下能放出微量的气态甲醛。

b. 污染来源　甲醛污染的来源很多,污染浓度也较高,是室内的主要污染物之一。自然界中的甲醛是甲烷循环中的一个中间产物,背景值很低。城市空气中的年平均浓度大约是0.005~0.01mg/m³,一般不超过0.03mg/m³。室外甲醛来源于工业废气、汽车尾气、光化学烟雾等;室内来源主要有两方面,一是来自燃料和烟叶的不完全燃烧,二是来自建筑材料、装饰物品及生活用品等化工产品。甲醛在工业上的用途主要是作为生产树脂的重要原料,例如脲醛树脂、酚醛树脂等,这些树脂主要用作黏合剂。各种人造板（刨花板、纤维板、胶合板）中由于使用了这些黏合剂,因而可含有甲醛。家具制作,墙面、地面的装饰铺设都用黏合剂。因此,凡是大量使用黏合剂的环节,总会有甲醛释放。此外,某些化纤地毯、塑料地板砖、油漆涂料等也含有一定量的甲醛。甲醛不仅大量存在于多种装饰物品中,也可来自建筑材料,主要是由脲醛树脂制成的脲-甲醛泡沫树脂隔热材料（urea-formalde-hyde foam insulation,UFFI）。这种材料隔热性能良好,制成预制板作为建筑物的维护结构,能维持室内温度不至于受室外气温的影响。国外的可移动房屋就是大量使用UFFI作为建筑材料。脲醛树脂可作为填充材料起隔热作用,即将脲醛树脂加温熔化成胶状物,再用压力泵将其注入墙内缝隙,冷却后即形成一层硬板层,具有良好保暖性能。此外,甲醛还可来自化妆品、清洁剂、杀虫剂、消毒剂、防腐剂、印刷油墨、纸张、纺织纤维等多种化工、轻工产品,可见甲醛的污染来源极为广泛。

燃料燃烧时可有大量甲醛形成,据报道,北京远郊农村住宅的厨房内,若同时使用煤炉和液化石油气,甲醛可达0.4mg/m³以上。同时发现厨房内甲醛浓度日变化曲线呈现峰形,这与做饭时间有关。卧室内来自装饰化工产品的甲醛浓度日变化曲线的升降比较缓慢,与室内温度升降有关。甲醛在室内的浓度变化,主要与污染源的释放量和释放规律有关,也与使用期限、室内温度、湿度以及通风程度等因素有关。其中,温度和通风的影响最重要。

由于甲醛的室内来源很多,造成室内污染日益严重。20世纪70年代以来,美国、前联邦德国、荷兰、丹麦等国均对此开展了大量调查研究,发现使用UFFI的室内甲醛一般可达3.35mg/m³,有时可达13.4mg/m³,甚至高达45.2mg/m³。使用装饰物的室内,峰值也可达2.3mg/m³以上。我国大宾馆新装修后,峰值也可达0.85mg/m³左右,使用一段时间后可降至0.08mg/m³。一般住宅在新装修后的峰值也均在0.2mg/m³左右,个别可达0.87mg/m³,使用一段时间后可降至0.4mg/m³以下。

（4）苯

a. 理化特性　苯（C_6H_6）为无色浅黄色透明油状液体,具有强烈的芳香气味,易挥发为蒸气。相对分子质量78.11,密度0.978g/mL（20℃）,熔点5.5℃,沸点80.1℃,蒸气相对密度（对空气）2.71。苯蒸气与空气可形成爆炸混合物。苯微溶于水,易溶于乙醚、乙醇、氯仿、二硫化碳等有机溶剂中。

b. 污染来源　苯在工农业中主要用作脂肪、油墨、涂料及橡胶的溶剂;用作种子油和坚果油的提取;在印刷业和皮革工业中用作溶剂;也用于制造洗涤剂、农业杀虫剂;精密光学仪器和电子工业用作溶剂和清洗剂;在日常生活中,苯也用作装饰材料、人造板家具中的黏合剂和油漆、涂料、空气消毒剂和杀虫剂的溶剂。因此，在新装修的居室空气中，可以测定出较高浓度的苯（$1\sim2mg/m^3$ 或更高）。如果新装修的房间立即入住，则入住者就有可能接触大量苯。工人有时将工作服带入家中，工作环境中的苯就进入居室，造成室内空气的苯污染。

(5) 二氧化碳

a. 理化特性 二氧化碳（CO_2）是无色无臭的气体。相对分子质量为 44.01，沸点 $-78.5℃$，相对密度 1.977（0℃时）。在标准状况下，1L 二氧化碳质量为 1.977g。二氧化碳能被液化，其再度为气体时，蒸发极快；未蒸发的液体凝结而成的雪状固体称为干冰。二氧化碳易溶于水，0℃时 1 体积水溶解 0.9 体积二氧化碳，60℃时 1 体积水溶解 0.36 体积二氧化碳，它也极易被碱吸收。

b. 污染来源 在正常大气中约含 CO_2 0.03%～0.05%，海平面上 CO_2 为 0.02% （$400mg/m^3$），郊区 CO_2 为 0.03%（$600mg/m^3$），大城市空气中 CO_2 可达 0.04%～0.05% （$800\sim1000mg/m^3$）。室内 CO_2 主要来自人体呼出气、燃料燃烧和生物发酵。人体呼出气中 CO_2 浓度为 4.0%（$8000mg/m^3$）。室内 CO_2 水平受人均占有面积、吸烟和燃料燃烧等因素影响。正常情况下，室内 CO_2 浓度较低（<0.07%）。由于人群聚集、燃料燃烧等因素，可使室内 CO_2 水平升高。在我国北方，冬天燃煤烹饪及分散式取暖，加上通风不良，室内 CO_2 浓度可达 2.0%（$4000mg/m^3$）以上。在南方，由于室内通风条件较好，如果人均占有面积大于 $3m^2$，室内 CO_2 浓度均在 0.10% 以下。

(6) 一氧化碳

a. 理化特性 一氧化碳（CO）为无色、无味气体，相对分子质量为 28.0，对空气相对密度为 0.967。在标准状况下，1L 气体质量为 1.25g，100mL 水中可溶解 0.0249mg （20℃），燃烧时为淡蓝色火焰。

b. 污染来源 CO 是燃料不完全燃烧产生的污染物，若没有室内燃烧污染源，室内 CO 浓度与室外是相同的。室内使用燃气灶或小型煤油加热器，其释放 CO 量是 NO_2 的 10 倍。厨房使用燃气灶 10～30min，CO 水平在 12.5～50.0mg/m^3 之间。由于一氧化碳在空气中很稳定，如果室内通风较差，CO 就会长时间滞留在室内。

2.2.1.2 物理污染物

物理污染是指因物理因素，如电磁辐射、噪声、震动以及不合适的温度、湿度、风速和照明等引起的污染。

(1) 噪声污染 在物理学中噪声是指声强和频率的变化都无规律、杂乱无章的声音。噪声的衡量常用声压、声强、声功率与频率等物理量来度量。

日常生活中我们所听到的噪声是指人们不需要和令人厌烦的声音，例如，工业企业噪声、交通运输噪声、建筑施工与装修噪声、公共场所与社会生活噪声、家电产品工作噪声等。

我国把噪声定为环境污染四害（即噪声、空气污染、水污染及垃圾）之一，而对噪声的判断往往与个人所处的环境和主观感觉有关。

(2) 电磁辐射污染 各种家用电器或电子设备，如冰箱、电视机、计算机、微波炉、电磁炉、电饭煲、抽油烟机、电热毯、组合音箱、洗衣机、手机、办公设备、照明设备、各种电线等的普遍使用，也给室内环境带来了电磁辐射。电磁辐射超过一定强度（安全卫生标准限值）称为电磁污染。

另外放射性物质一般也被列入物理性污染因素。天然放射性物质很多，分布很广。岩石、土壤、天然水、大气及动物体内都含有天然放射性物质（如氡，为最主要的放射性物质）。房基地本身渗透的氡及其子体以及各种建筑物材料中的放射性物质，也统称为电磁辐射污染或放射性污染。

在日常生活中人们无法直接感受到电磁辐射的存在，因此，电磁辐射对人体健康的危害有隐匿性，被称为"隐形公害"。不少研究报告认为电磁辐射对人体健康危害最主要的临床表现是神经衰弱综合征，表现为头痛、头晕、乏力、睡眠障碍、多梦、记忆力减退、易疲劳、情绪不稳定等症状。此外，还有月经周期紊乱，个别有性机能低下症状。

（3）静电污染　物体本身的带电现象称静电，当固体面与固体面、固体面与液体面间接触和撞击，或者固体断裂、液体飞溅时，都可能产生静电。

静电可使人体受到电击，严重时可引起痉挛，甚至导致死亡。静电的危害不可轻视，经常可以引起信号失误、控制失灵，导致恶性事故的发生。

2.2.1.3　生物污染物

生物污染是指因生物污染因子，主要包括细菌、花粉、病毒、生物有机成分等引起的污染。

（1）尘螨　尘螨是螨虫的一种，易存于室内的被褥、枕头、床垫、羊毛地毯下面、沙发套、挂毯、窗帘、毛绒玩具、装饰品等物品上，成虫约 0.3mm 左右。

尘螨以人和动物的皮肤和脱落表皮以及面粉等碎屑为食。适宜在温度 20～30℃、相对湿度 75%～85%、无风的不透气环境中生存。在通风良好的环境中极易死亡。

尘螨是世界上已知最强的过敏原之一，成虫及其生长各阶段虫体、脱皮、分泌物、粪便，甚至虫尸体对人体都有危害。这些物质经分解后成为微小颗粒，通过人的走动、铺床叠被、打扫房屋等活动，飞扬于空气之中，尤其是通过空调喷出，这都是极强的过敏原。人接触到这些过敏原后，可有以下几种临床表现。

① 过敏性鼻炎　表现为鼻塞、鼻内奇痒难忍，连续打喷嚏，大量清水样鼻涕。有时还伴有头痛、流泪等症状。间歇性发作和停歇都很迅速。

② 过敏性湿疹　婴儿多见面部湿疹，成年人主要在四肢及肘关节、膝关节的屈侧，可扩至全身。

③ 过敏性哮喘　往往从幼年即发作，有湿疹史的婴儿，经久不痊愈，到 3～5 岁时，可转为哮喘。成年人接触后也可以发作，前期症状为咳嗽、连续打喷嚏、大量白色泡沫痰，随即出现胸闷、气急、不能平卧、呼吸困难，严重时导致缺氧，胸部有哮鸣音。春秋季节易发作或加重。据统计，约有 80% 市民的过敏性哮喘、鼻炎、皮炎都与尘螨有关，现代居住环境的污染是造成螨虫肆虐的重要原因。

（2）军团菌污染　军团菌是一种水源微生物，在水温为 31～36℃、水中含有丰富有机物的条件下，军团菌便会孳生并长期存活下去。一般可在自来水中存活约一年，在河水中存活 3 个月。

在使用中央空调的全封闭高档写字间，除了有门窗密闭造成有害气体大量积聚难以排除外，还有军团菌产生的污染。经常处于不通风换气的空调环境中的人群，军团菌感染率大大高于一般环境人群的感染率。军团菌的潜伏期 2～20d 不等，主要症状表现为发热，伴有寒战、肌肉酸痛、头疼、咳嗽、胸疼，重病人会发生肝功能变化及肾功能衰竭，出现精神紊乱，呼吸困难，甚至多器官感染等症状。死亡率高达 15%～20%。我国的一次调查表明军团病占成人肺部感染的 11%，占小儿肺部感染的 5.45%。

（3）呼吸系统病源、花粉、代谢物等污染　当室内存在某种病原微生物的传染体，来自人体的某些病原微生物（如结核杆菌、白喉杆菌、溶血性链球菌、金黄色葡萄球菌、军团菌、感冒病毒、麻疹病毒、SARS 病毒等），而室内空间过于狭小时，呼吸道和肺部感染性疾病就会在人群中传播。

大气中存在一些微生物，如非致病性的腐生微生物——芽孢杆菌属、无色杆菌属、细球菌属以及一些放线菌、酵母菌、真菌和花粉等。

生物体有机成分，如皮屑，也是造成室内生物污染的因素之一。有研究表明：每人每小时因新陈代谢有 60 万粒皮屑脱落，这些细小的粉尘可长时间在室内飘浮并积累，会对人的呼吸系统产生刺激作用。

此外，啮齿类动物、鸟、猫、犬等宠物携带的细菌、病毒和脱落的毛发和羽毛等也属生物污染的范畴。

2.2.2 气态、颗粒污染物

污染物质在空气中存在的状态，是由它本身的理化性质及其形成的过程而决定的，其可分为气态污染物和颗粒污染物。

2.2.2.1 气态污染物

气态，是指某些污染物质，在常温下以气体形式分散在空气中。常见的气态污染物有一氧化碳、氮氧化物、氯气、氟化氢、臭氧、甲醛和各种易挥发性有机化合物。

蒸气，是指某些在常温、常压下是液体或固体，但由于它们的沸点低，挥发性大，因而能以气态挥发到空气中的物质。

不论是气体分子还是蒸气分子，它们的运动速度都较大，扩散快并在空气中分布比较均匀。另外扩散情况与其相对密度有关，相对密度小者向上飘浮，相对密度大者向下沉降。受温度和气流的影响，它们随气流以相等速度扩散，故空气中许多气体污染物常能污染到很远的地方。

2.2.2.2 颗粒污染物

按存在形态分，污染物可以分为气态、液态和固态，颗粒物是空气污染物中固相的代表，是污染物的主体。以其多形、多孔和具有吸附性可成为多种物质的载体，是一类成分复杂、较长时间悬浮于空气中，能行至几公里至几十公里的主要污染物。

当阳光从窗外射入室内的时候，在光束的侧面就可以看到室内空气中飘浮着细小的颗粒，这就是通常所说的悬浮颗粒。室内的悬浮颗粒来源很多，主要来自室外、生活炉灶及吸烟和家用电器等。这些颗粒成分很复杂，除一般尘埃外，还有炭黑、石棉、二氧化硅、铁、铝、镉、砷、多环芳烃类等 130 多种有害物质，在室内经常可以测出有 50 多种，因此悬浮颗粒是多种有害物质进入人体的载体，通过人的呼吸，将有害物带入人体。能进入呼吸道的质量中值直径为 $10\mu m$ 的颗粒物为可吸入颗粒物。可吸入颗粒物可危害人的呼吸系统和引起心血管系统的病变，降低人体免疫功能。因此，要特别注意生活炉尘和吸烟的污染，夏季通风要注意有纱窗。室内风速不要过大，保持一定的湿度，搞室内卫生时不要扬尘，不要在居室内吸烟。

（1）颗粒物的形态　颗粒物分为液态、固态两种状态，同时存在于空气中，其存在形态、化学成分、密度各异，具有重要的生物学作用。

（2）颗粒物的分类　按颗粒物粒径的大小，将颗粒物分为如下几类，见表 2-1。

在颗粒物中，主要研究的是工业除尘中不易被清除的长期飘浮于空气中，且对人体危害更大的粒径 $<10\mu m$ 的飘尘，而在飘尘中占有 60% 以上的细粒子 $PM_{2.5}$ 更值得关注，这是室内被控制的主要污染物之一。

（3）飘尘的特征

① 具有吸湿性，形成表面吸附性很强的凝聚核，能吸附有害气体、金属微粒及致癌性很强的苯。

表 2-1 颗粒物的分类

粒径/μm	名　称	单　位	特　点
>100	降尘	t/(月·km²)	靠自身重量而沉降
10<d<100	总悬浮颗粒物	mg/m³	
<10	飘尘(IP) 可吸入颗粒物,PM_{10}	mg/m³ $\mu g/m^3$	长期飘浮于大气中,主要由有机物、硫酸盐、硝酸盐及地壳类元素组成
<2.5	细微粒,$PM_{2.5}$	mg/m³ $\mu g/m^3$	室内主要污染物之一,对人体危害最大

② 飘尘表面具有催化作用,如 Fe_2O_3 微粒表面吸附 SO_2 经催化作用转化为 SO_3,吸水后转化为 H_2SO_4,毒性要比 SO_2 高 10 倍。例如 1952 年伦敦烟雾事件中,在不良的气象条件下,IP 浓度为 $4.46mg/m^3$,比平时高 5 倍,SO_2 含量也增高,二者协同作用造成了危害极大的严重污染事件。

(4) 来源　颗粒物来源于燃煤、工业排放、机动车、水泥生产及建筑工地和地面扬尘。室内的污染主要来自室外,另外还与人为活动有关。

室内的炊事活动,人皮肤排泄、吸烟时的烟雾,属典型的 $PM_{2.5}$ 颗粒物。另外点燃蚊香,在十几分钟内,可使室内粒径<$1.1\mu m$ 的颗粒物浓度增加为本底的 22 倍,可造成室内细微粒的严重污染。

(5) 颗粒物污染控制　颗粒物作为首要污染物在空气质量报告中很受关注,因而加强控制尤为重要。主要做到消除烟尘、集中供热、发展天然气燃料、减少汽车尾气排放。重点在柴油车,柴油车使用排污少的代用燃料;建筑工地强化管理细微尘,开发高效除细粒子的除尘技术以减少工业生产中细粒子向大气排放,加强绿化,减少裸土地,以清新空气减少扬尘。清洁室内要进行湿式操作。避免吸烟、点蚊香等人为活动。

2.3　室内空气污染物的来源

室内空气污染物的来源很多,根据各种污染物形成的原因和进入室内的不同渠道,室内空气污染主要来源有室外来源和室内来源两个方面。

2.3.1　室外污染源

室外来源的污染物原本存在于室外环境中,一旦遇到机会,则可通过门窗、孔隙或其他管道缝隙等途径进入室内。

(1) 室外空气污染　室外空气与室内空气流通,当室外空气受到污染后,污染物通过门窗、通风孔等途径直接进入室内,影响室内空气质量。特别是居住在工厂周围、马路附近的住宅受到这种危害最大,主要污染物有 SO_2、NO_2 和颗粒物等。

(2) 房基地　有的房基地的地层或回填土中含有某些可逸出或挥发出有害物质,这些有害物可通过地基的缝隙逸入室内。这些有害物质的来源主要有三类:一是地层中固有的,例如氡及其子体;二是地基在建房前已遭某些农药、化工原料、汞等污染;三是该房屋原已受污染,原使用者迁出后未经彻底清理,使后迁入者遭受危害。

(3) 质量不合格的生活用水　生活用水往往用于饮用、室内淋浴、冷却空调、加湿空气等方面,以喷雾形式进入室内。不合格的水中可能存在的致病菌或化学污染物可随着水喷雾进入室内空气中,例如军团菌、苯等。

(4) 人为带进室内　人们有各种各样的工作环境,经常出入不同的场所,当人们回家时,便把室外的污染物带入居室内。

（5）从邻近家中传来　由于楼房内的厨房排烟道受堵，下层厨房排出的烟气可随排烟道进入上层住户的厨房内，造成上层住户急性 CO 中毒。

（6）周围的建筑物　周围建筑物的影响，主要是光照与色彩，高层建筑的遮挡阳光及玻璃幕墙的光反射，直接影响人们的生活。

（7）铁路、街道和工厂等附近的房屋，还会受到火车、汽车、机器等产生的噪声污染。

2.3.2　室内污染源

2.3.2.1　由人体内排出

人体内大量代谢废物，主要通过呼出气、大小便、汗液等排出体外。同时，人在室内活动，会增加室内温度，促使细菌、病毒等微生物大量繁殖。特别是一些中小学校更加严重。人的呼出气中主要含有 CO_2 和其代谢废气，如氨等内源性气态物质。此外，呼出气中还可能含有 CO、氯仿等数十种有害气态物质，其中有些是外来物的原型，有些则是外来物在体内代谢后产生的气态产物。

还有，呼吸道传染病患者和带菌者通过咳嗽、喷嚏、谈话等活动，可将其病原体随飞沫喷出，污染室内空气，例如流感病毒、结核杆菌、链球菌等。

为了防治人体代谢废物污染，要注意个人卫生，勤洗澡理发、换洗衣服，还要注意室内要有良好的通风设备，加强空气流通。

2.3.2.2　室内燃料燃烧产物

目前我国常用的生活燃料有以下几种：固体燃料主要是原煤、蜂窝煤和煤球，用于炊事和取暖；气体燃料主要有天然气、煤气和液化石油气，气体燃料是我国城市居民的主要家用燃料。另外，少数农村地区，还使用生物燃料作为家庭取暖和做饭的燃料。

（1）煤　我国是产煤大国，也是耗煤大国。燃煤的方式可以分为原煤和型煤（包括蜂窝煤和煤球）燃烧。20 世纪 80 年代中后期仅城乡居民生活用煤量就在 2 亿吨以上，而且相当部分是原煤燃烧，部分农村甚至是在室内堆煤燃烧，或使用地炉等开放方式烧煤，因此造成室内严重的空气污染。煤的燃烧伴有各种复杂的化学反应，如热裂解、热合成、脱氢、环化及缩合等反应，产生不同的化学物质，其主要组分可以分为 7 大类。

① 碳氧化物　碳氧化物主要是 CO 和 CO_2。在供氧不足时，是进行贫氧燃烧，其主要产物是 CO；在供氧充足时，碳化物几乎全部生成 CO_2。在实际燃烧时，总有局部供氧不足，因此总会有 CO 生成。

② 含氧类烃　煤燃烧时，碳化物结构发生断链，一些不饱和烃与氧结合，形成脂肪烃、芳香烃、醛和酮等，其中以醛类对人体危害最大。

③ 多环芳烃　一些不挥发的碳化物，通过高温燃烧合成多环芳烃及杂环化合物，其中苯并 [a] 芘均有较强的致癌性。

④ 硫氧化物　这类化合物是煤中杂质硫的燃烧产物，主要有二氧化硫（SO_2）、三氧化硫（SO_3）、亚硫酸（H_2SO_3）、硫酸（H_2SO_4）及各种硫酸盐，它们对环境、动植物和人类健康的危害极大，也是造成我国许多地区酸雨的主要物质。

⑤ 氟化物　我国有 14 个省、市、自治区的部分煤矿可生产高氟煤，其含氟量一般在 $200\sim2000mg/kg$。燃烧时氟在空气中迅速反应生成 HF、SiF_4 等气态化合物，然后再与空气中的其他元素形成各种氟酸盐、氟硅酸盐。在燃煤型氟病区，居民以高氟煤为燃料做饭、取暖，可使空气中氟浓度高达 $0.016\sim0.590mg/m^3$，超过日平均允许浓度的 $2\sim84$ 倍；此外，高寒潮湿病区的居民，还在室内燃煤烘烤粮食和蔬菜，烘烤后的粮食和蔬菜中氟化物可增加数倍至百余倍，居民经食物摄入的氟大大超过了 WHO 推荐的每日摄氟量 2mg 的标准，也超过了我国 3.5mg 的规定。

⑥ 金属和非金属氧化物 煤中含有砷、铅、镉、铁、锰、镍、钙等多种金属和非金属，燃烧时可生成相应的氧化物，其中大多数氧化物不但具有极强的毒性，而且具有致癌性。例如砷、铬、镍等化合物，已被国际肿瘤组织公布。在我国贵州省部分地区，居民用自采的高砷煤（病区煤中平均砷含量为876mg/kg，最高可达9600mg/kg），在室内没有烟囱的火炉上做饭取暖，污染了室内的空气和食物，室内空气中含砷量，厨房高达0.43mg/m³左右，客厅、卧室为0.072～0.23mg/m³，室内贮存的蔬菜、粮食中含砷量为0.1～1.3mg/kg，其中辣椒高达52.2～1090mg/kg，居民通过呼吸道和消化道摄入过量的砷化物造成砷中毒。

⑦ 悬浮颗粒物 燃烧时产生的颗粒物质，可以吸附很多有害物质，它们粒径很小，可以直接沉积在人的呼吸道，危害人体健康。

除前面提到的燃烧高砷或高氟煤可致砷、氟中毒外，燃烧产生的污染物还可以引起肺癌。现已证实，我国云南宣威肺癌的高发，就是由于在室内燃煤，且无烟囱，从而造成室内大量的致癌物污染。这些污染物主要是苯并[a]芘等多环芳烃类物质。

（2）气体燃料

① 煤制气 煤制气又称煤气，俗称管道煤气，是由原煤制出气体可燃成分，用管道送往用户。煤气的组成是一氧化碳和氢气，以及少量的氮气和甲烷等。一般说来，煤制气的主要燃烧产物是CO和CO_2，还会产生NO_x和颗粒物。如果在制气过程中脱硫不充分，则燃烧产物中会有一定量的SO_2。此外，煤气本身就是有毒的，煤气管道渗漏会给家庭和个人的安全带来隐患。

② 液化石油气 液化石油气的成分主要是3～5个碳的链烃，例如丙烷、丙烯、正丁烷和异丁烯等，其成分可因产地不同而异，在常温常压下呈气态，但加压或冷却后很容易液化。它的燃烧产物中SO_2很少，颗粒物浓度也很低，但NO_x通常较高，CO和甲醛也较多。液化石油气的燃烧颗粒物是燃烧不完全产物，其中可吸入颗粒物占93%以上，而且颗粒物中还含有大量的直接和间接的致突变物质，潜在的致癌性更强。

③ 天然气 天然气是多种气体的化合物，主要为甲烷，按体积计算约占80%～90%，多的可以达到98%。天然气燃烧比较完全，污染很轻，但也会有一氧化碳和二氧化氮产生。来自煤层的天然气往往含有一定的硫化物，故燃烧物中仍有一定量的SO_2产生，来自石油的天然气成分与液化石油气相似。据报道，我国吉林省某油田附近，直接燃用石油天然气的居民家庭室内甲醛和NO_x可以达到0.265mg/m³和0.872mg/m³，并反应有眼睛刺激和不舒服的感觉。

以上说明，气体燃料的种类不同，其主要成分和燃烧产物也不尽相同。但总的说来气体燃烧的污染较轻，对健康产生危害的燃烧产物是CO、NO_x、甲醛和颗粒物。

（3）生物燃料 生物燃料主要指木材、植物秸秆及粪便（主要指大牲畜如牛、马、骆驼等的干粪）。世界上约1/2的人口使用生物燃料作为家庭取暖和做饭的能源，特别是在发展中国家的农村更是如此。与矿物燃料相比生物性燃料含有大量的有机物，燃烧时产生的悬浮颗粒和有机污染物较多，含有多种致癌物和可疑致癌物，如苯并[a]芘等多环芳烃物质，还有一氧化碳和甲醛等气态污染物。归纳起来，生物燃料燃烧的主要污染物有悬浮颗粒物、碳氢化合物和一氧化碳等。悬浮颗粒物是燃烧不完全所产生的一种混合物。接触生物燃料的烟气对健康的危害程序类似于接触烟草烟雾。

2.3.2.3 烹调油烟

我国人口众多，住房紧张，厨房面积通常较小，而且通风条件差，因而烹调是家庭居室室内空气污染物的主要来源之一。烹调油烟是食用油加热后产生的，通常炒菜温度在250℃以上，油中的物质会发生氧化、水解、聚合、裂解等反应，随沸腾的油挥发出来。烹调油烟是一组混合性污染物，约有 200 余种成分。据分析，烹调油烟的毒性与原油的品种、加工精制技术、变质程度、加热温度、加热容器的材料和清洁程度、加热所用燃料种类、烹调物种类和质量等因素有关。

烹调油烟中含有多种致突变性物质，它们主要来源于油脂中不饱和脂肪酸和高温氧化或聚合反应。研究认为，菜油、豆油含不饱和脂肪酸较多，具有致突变性；猪油中含量少，则无致突变性。由于我国习惯于采用高温油烹调，而且随着生活水平的提高，食用油的消耗量不断上升，所以，应对烹调油烟的危害性引起重视。

2.3.2.4 吸烟烟雾

吸烟产生的烟气是常见的室内空气污染物。烟草的烟雾成分复杂，目前已鉴定出 3000 多种化学物质，它们在空气中以气态、气溶胶状态存在，其中气态物质占 90% 以上，气态污染物有 CO、CO_2、NO_x、氰化氢、氨、甲醛、烷烃、烯烃、芳香烃、含氧烃、亚硝胺、联氨等。气溶胶状态物质主要成分是焦油和烟碱（尼古丁），每支香烟可产生 $0.5 \sim 3.5$ mg 尼古丁。焦油中含有大量的致癌物质，如多环芳烃（2～7 环）、砷、镉、镍等。

2.3.2.5 建筑材料和装饰材料

建筑材料是建筑工程中所使用的各种材料及其制品的总称，它是一切建筑工程的物质基础。建筑材料的种类繁多，有金属材料，如钢铁、铝材、铜材；非金属材料，如砂石、砖瓦、陶瓷制品、石灰、水泥、混凝土制品、玻璃、矿物棉；植物材料，如木材、竹材；化学材料，如混凝土外加剂，合成高分子材料，如塑料、涂料、黏合剂等。另外还有许多复合材料。

装饰材料是指用于建筑物表面（墙面、柱面、地面及顶棚等）起装饰效果的材料，也称饰面材料。一般它是在建筑主体工程（结构工程和管线安装等）完成后，在最后进行装饰阶段所使用的材料。用于装饰的材料很多，例如地板砖、地板革、地毯、壁纸、挂毯等。随着建筑业的发展以及人们审美观的提高，各种新型的建筑材料和装饰材料不断涌现。人们的居住环境是由建筑材料和装饰材料所围成的与外环境隔开的微小环境，这些材料中的某些成分对室内环境质量有很大影响。近年来，由建筑或装饰材料造成的室内空气污染，使入住新居者发生不良反应甚至死亡的报道屡见不鲜。入住新居后，主要的不良反应表现为全身不适、皮疹、鼻塞、眼花、头痛、恶心、疲乏等。例如，有些石材和砖含有高本底的镭，镭可蜕变成放射性很强的氡，能引起肺癌。很多有机合成材料可向室内空气中释放许多挥发性有机物，例如甲醛、苯、甲苯、醚类、酯类等污染室内空气，有人已在室内空气中检测出 500 多种有机化学物质，其中有 20 多种有致癌或突变作用。这些物质的浓度有时虽不是很高，但在它们的长期综合作用下，可使居住在被这些挥发性有机物污染的室内的人群出现不良建筑物综合征、建筑物相关疾患等疾病。尤其是在装有空调系统的建筑物内，由于室内污染物得不到及时清除，就更容易使人出现这些不良反应及疾病。下面介绍几种常用建筑材料和装饰材料对室内环境空气质量的影响，以及对人体健康的危害。

（1）无机材料和再生材料　无机建筑材料以及再生的建筑材料比较突出的健康问题是辐射问题。有的建筑材料中含有超过国家标准的 γ 辐射。由于取材地点的不同，各种建筑材料的放射性也不同。调查表明，我国大部分建筑材料的辐射量基本符合标准，但也发现一些灰渣砖放射性超标。有些石材、砖、水泥和混凝土等材料中含有高本底的镭，镭可蜕变成氡，通过墙缝、窗缝等进入室内，造成室内空气氡的污染。

泡沫石棉是一种用于房屋建筑的保温、隔热、吸声、防震的材料，它是以石棉纤维为原料制成的。在安装、维护和清除建筑物中的石棉材料时，石棉纤维就会飘散到空气中，随着人的呼吸进入体内，对居民的健康造成严重的危害。

(2) 合成隔热板材　隔热材料一般可分为无机和有机两大类。无机隔热材料中通常含有石棉。合成隔热板是一类常用的有机隔热材料，这类材料是以各种树脂为基本原料，加入一定量的发泡剂、催化剂、稳定剂等辅助材料，经加热发泡而制成的，具有质轻、保温等性能，主要的品种有聚苯乙烯泡沫塑料、聚氯乙烯泡沫塑料、聚氨酯泡沫塑料、脲醛树脂泡沫塑料等。这些材料存在一些在合成过程中未被聚合的游离单体或某些成分，它们在使用过程中会逐渐逸散到空气中。另外，随着使用时间的延长或遇到高温，这些材料会发生分解，释放出许多气态的有机化合物，造成室内空气的污染。这些污染物的种类很多，主要有甲醛、氯乙烯、苯、甲苯、醚类、二异氰酸甲苯酯（TDI）等。例如有人研究发现，聚氯乙烯泡沫塑料在使用过程中，能挥发150多种有机物。

(3) 壁纸、地毯　装饰壁纸是目前国内外使用最为广泛的墙面装饰材料。壁纸装饰对室内空气质量的影响主要是壁纸本身的有毒物质造成的，由于壁纸的成分不同，其影响也是不同的。天然纺织壁纸，尤其是纯羊毛壁纸中的织物碎片是一种致敏源，可导致人体过敏。一些化纤纺织物型壁纸可释放出甲醛等有害气体，污染室内空气。塑料壁纸在使用过程中，由于其中含有未被聚合的物质以及塑料的老化分解，可向室内释放各种挥发性有机污染物，如甲醛、氯乙烯、苯、甲苯、二甲苯、乙苯等。

地毯是另一种有着悠久历史的室内装饰品。传统的地毯是以动物毛为原材料，手工编制而成的；目前常用的地毯都是用化学纤维为原料编制而成的。用于编制地毯的化纤有聚酰胺纤维（绵纶）、聚酯纤维（涤纶）、聚丙烯纤维（丙纶）、聚丙烯腈纤维（腈纶）以及黏胶纤维等。地毯在使用时，会对室内空气造成不良的影响。纯羊毛地毯的细毛绒是一种致敏源，可引起皮肤过敏，甚至引起哮喘。化纤地毯、地毯衬垫和胶黏剂可向空气中释放甲醛以及苯乙烯、4-苯基环己烯、丁基羟基甲苯、4-苯基环己烯、2-乙基己醇等多种挥发性有机化学物质。地毯的另一种危害是其吸附能力很强，能吸附许多有害气体，如甲醛、灰尘以及病原微生物，尤其纯毛地毯是尘螨的理想孳生和隐藏场所。

(4) 人造板材及人造板家具　人造板材及人造板家具是室内装饰的重要组成部分。为了加强板材硬度、防虫、防腐功能且价格便宜，人造板材在生产过程中需要加入胶黏剂进行黏结，家具的表面还涂刷各种油漆。这些胶黏剂和油漆中含有大量的挥发性有机物，在使用这些人造板材和家具时，这些有机物就会不断释放到室内空气中。含有聚氨酯泡沫塑料的家具在使用时还会释放出甲苯二异氰酸酯（TDI），造成室内空气的污染。例如许多调查发现，在布置新家具的房间中可以检测出较高浓度的甲醛、苯等几十种有毒化学物质。居室内的居民长期吸入这些物质后，可对呼吸系统、神经系统和血液循环系统造成损伤。另外，人造板家具中有的还加有防腐、防蛀剂，如五氯苯酚，在使用过程中这些物质也可释放到室内空气中，造成室内空气的污染。板材中残留的和未参与反应的甲醛等挥发性物质最长释放期可达十几年。

(5) 涂料　涂敷于表面与其他材料很好黏合并形成完整而坚韧的保护膜的物料为涂料。在建筑上涂料和油漆是同一概念。涂料的组成一般包括膜物质、颜料、助剂以及溶剂。涂料的成分十分复杂，含有很多有机化合物。成膜材料的主要成分有酚醛树脂、酸性酚醛树脂、脲醛树脂、乙酸纤维剂、过氧乙烯树脂、丁苯橡胶、氯化橡胶等。这些物质在使用过程中可向空气中释放甲醛、氯乙烯、苯、甲苯二异氰酸酯、酚类等有害物气体。涂料所使用的溶剂也是污染空气的重要来源，这些溶剂基本上都是挥发性很强的有机物质。这些溶剂原则上不构成涂料，也不应留在涂料中，其作用是将涂料的成膜物质溶解分散为液体，以使之易于涂抹，形成固体的涂膜。但是，当它的使用完成以后就要挥发在空气中，因此涂料的溶剂是室内重要的污染源。例如刚刚涂刷涂料的房间空气中可检测出大量的苯、甲苯、乙苯、二甲苯、丙酮、醋酸丁酯、乙醛、丁醇、甲酸等50多种挥发性有机物。涂料中的颜料和助剂还可能含有多种重金属，如铅、铬、镉、汞、锰以及砷、五氯酚钠等有害物质，这些物质也可对室内人群的健康造成危害。

（6）胶黏剂　胶黏剂是具有良好的黏合性能，能将两种物质牢固地胶结在一起的一类物质。胶黏剂主要分为两大类：天然的胶黏剂和合成的胶黏剂。天然胶黏剂包括胶水（由动物的皮、蹄、骨等熬制而成），酪蛋白黏合剂、大豆黏合剂、糊精、阿拉伯树胶、胶乳、橡胶水和黏胶等。合成胶黏剂包括环氧树脂、聚乙烯醇缩甲醛、聚醋酸乙烯、酚醛树脂、氯乙烯、醛缩脲甲醛、合成橡胶胶乳、合成橡胶胶水等。胶黏剂在建筑、家具的制作以及日常生活中都有广泛的应用。合成胶黏剂对周围空气的污染是比较严重的。这些胶黏剂在使用时可以挥发出大量有机污染物，主要种类有酚、甲酚、甲醛、乙醛、苯乙烯、甲苯、乙苯、丙酮、甲苯-二异氰酸盐、乙烯醋酸酯、环氧氯丙烷等。长期接触这些有机物会对皮肤、呼吸道以及眼黏膜有所刺激，引起接触性皮炎、结膜炎、哮喘性支气管炎。

（7）吸声及隔声材料　常用的吸声材料包括无机材料，如石膏板等；有机材料，如软木板、胶合板等；多孔材料，如泡沫塑料等；纤维材料，如矿渣棉、工业毛毯等。隔声材料一般有软木、橡胶、聚氯乙烯塑料板等。这些吸声及隔声材料都可向室内释放多种有害物质，如石棉、甲醛、酚类、氯乙烯等，可造成室内人员闻到不舒服的气味，出现眼结膜刺激、接触性皮炎、过敏等症状，甚至更严重的后果。

由此可见，建筑材料和装饰材料都含有种类不同、数量不等的各种污染物。其中大多数是具有挥发性的，可造成较为严重的室内空气污染，通过呼吸道、皮肤、眼睛等对室内人群的健康产生很大的危害。另有一些不具挥发性的重金属，如铅、铬等有害物质，当建筑材料受损后，剥落成粉尘后也可通过呼吸道进入人体，甚至儿童用手抠挖墙面而通过消化道进入人体内，造成中毒。随着科技水平和人民生活水平的进一步提高，还将出现更多的建筑材料和室内装饰材料，会出现更多新的问题，应引起充分的重视。

2.3.2.6　家用化学品

在现代家庭生活中，洗涤剂、芳香剂和化妆品等已经成为必需品。

（1）洗涤剂　洗涤剂是指用以去除物体表面污垢，使被清洁对象通过洗涤达到去污目的的专用配方产品，例如洗衣皂、洗衣粉、洗发香波、沐浴露等。天然洗涤剂对人的健康影响一般较小，如果其中加入了化学物质也可以对人体产生危害。

（2）消毒剂　消毒剂是指用于杀灭传播媒介上的病原微生物，使其达无害化要求的制剂。人们广泛使用消毒剂进行室内空气、物品的消毒。消毒剂可伤及人体组织器官，造成细菌的耐药性和变异等。

（3）化妆品　化妆品包括美容修饰类，如口红、眉笔、眼影、粉饼等；护肤类，如各种雪花膏、润肤露、早晚霜等；发用类，如洗发香波、调理剂等；香水以及具有染发、烫发、育发、健美、防晒等特殊功能性的化妆品。一些劣质化妆品中含 Pb、Hg 等重金属、色素、防腐品等。

其他可造成室内空气污染的日用品还有樟脑、卫生球、灭鼠剂、化肥、医药品、蜡烛等。

家用化学产品所带来的室内空气污染最突出的问题是，有些家庭常用的物品和材料中能释放出各种有机化合物，如苯、三氯乙烯、甲苯、氯仿和苯乙烯等，或者其本身含有害有毒物质（如铅、汞、砷等），给健康带来危害。

2.3.2.7　现代办公用品

随着现代科学技术的进步，现代办公用品越来越普及，这些新型用品也会释放出空气污染物到室内，如复印机、计算机，都可以释放出苯、臭氧、氯等污染物。

从中国当前的经济形势和公民住房现状，购房和装修房屋将是 21 世纪上半叶中国百姓的消费热点。随着人们生活水平的提高，室内空气污染物的来源和种类日益增多，同时，建筑物密闭程度的增加使得室内空气污染物的浓度增大，进一步提高了室内空气的污染程度。实际上，室内空气污染物的来源是非常广泛的，而且一种污染物也可以有多种来源，同一种污染源也可产生多种污染物。掌握其各种来源是十分必要的，只有准确了解各种污染物的来源、形成原因以及进入室内的各种渠道，才能更有针对性、更有效地采取相应措施，切断接触途径，真正达到预防的目的。

习题与思考题

1. 怎样理解室内空气质量主观与客观方面的意义？
2. 简述室内空气污染源的特征。
3. 写出下表中各种颗粒物分类的特点是什么？

颗粒物的分类

颗粒/μm	名　称	单　位	特　点
>100	降尘	$t/(月 \cdot km^2)$	
10<d<100	总悬浮颗粒物	mg/m^3	
<10	飘尘（IP）	mg/m^3	
	可吸入颗粒物，PM_{10}	$\mu g/m^3$	
<2.5	细微粒，$PM_{2.5}$	mg/m^3	
		$\mu g/m^3$	

4. 现实生活中室内污染源存在哪些方面？
5. 简述颗粒污染物的防护措施。

3

室内空气质量评价

——**本章摘要**——

　　室内污染物中，与装修有关的污染物主要包括可挥发性有机物、甲醛、苯类物质、放射性污染物、氨、可吸入颗粒物和微生物等。另外，室内装修不当，可能给室内带来电磁波辐射、臭氧和燃烧产物以及烹调油烟等污染。

　　室内空气品质评价一般采用量化检测和主观调查相结合的方法，即采用客观评价和主观评价相结合，客观评价是指直接测量室内污染物浓度来客观了解、评价室内空气品质，而主观评价则是指利用人的感觉器官进行描述与评判。

　　本章主要介绍室内空气污染对人体健康的影响、室内空气质量标准及评价方法。主要了解室内空气污染的概念、特点与危害，了解室内空气质量评价标准及其内容。主要掌握室内空气污染物的主要类型及其危害，掌握室内空气质量的主观和客观评价方法。

3.1　室内空气污染对人体健康的影响

　　为了节约用于取暖和制冷的能源，以及抵御外界对室内的干扰，现代建筑越来越趋向于封闭，因此，进入室内的新鲜空气越来越少，这就不断地加剧了室内环境的污染。研究表明，室内环境的污染程度甚至可以达到室外环境污染的5～20倍。一般人都以为汽车尾气是最严重的空气污染，如果考虑到人们在室内生活和工作的时间，室内环境污染的严重性绝对不亚于汽车尾气的污染。

　　与一般的环境污染相比，室内环境污染具有其独特的性质。

　　(1) 影响范围大　室内环境污染不同于其他的工矿企业废气、废渣、废水排放等造成的环境污染，影响的人群数量非常大，几乎包括了整个现代社会。

　　(2) 接触时间长　人们在室内的时间接近了全天的80%，使人体长期暴露在室内环境的污染中，接触污染物的时间比较长。

　　(3) 污染物浓度低　室内环境污染物相对而言一般浓度都较低，短时间内人体不会出现非常明显的反应，而且不易发现病源。

　　(4) 污染物种类多　室内污染物的种类可以说是成千上万，到目前为止，已经发现的室内污染物就有3000多种。不同的污染物同时作用在人体上，可能会发生复杂的协同作用。

　　(5) 健康危害不清　到现在为止，虽然已经了解了一部分污染物对人体机体的部分危害，但室内环境中大部分低浓度的污染对人体可能造成的长期影响，以及它们的作用机理还不是非常清楚。

根据室内污染物的性质，室内污染物可以分为以下三类。

（1）化学性污染物

① 挥发性有机物　醛、苯类。室内已检测出的挥发性有机物已达数百种，而建材（包括涂料、填料）以及日用化学品中的挥发性有机物也有几十种。

② 无机化合物　来源于燃烧及化学品、人为排放的 NH_3、CO、CO_2、O_3、NO_x、SO_2 等。

（2）物理性污染物

① 放射性氡（Rn）及其子体　来源于地基、井水、石材、砖、混凝土、水泥等。

② 噪声与振动　来源于室内或室外。

③ 电磁污染　来源于家用电器和照明设备。

（3）生物性污染物　虫螨、真菌类孢子花粉、宠物身上的细菌以及人体的代谢产物等。

3.1.1　化学性污染物对人体健康的危害

3.1.1.1　甲醛（HCHO）

现代科学研究表明，对于人类健康，甲醛主要有以下三个方面的作用。

（1）刺激作用　甲醛对人的眼睛和呼吸系统有着强烈的刺激作用，这是它对皮肤黏膜的刺激表现。甲醛可以跟人体的蛋白质相结合，其危害程度与它在空气中的浓度和接触时间的长短密切相关。人体各器官对甲醛感受的个体差异比较大，其中，眼睛对甲醛的感受最敏感，嗅觉和呼吸道次之。空气中甲醛的浓度较低时，刺激作用轻微，稍高时，刺激作用增强。一般认为气态甲醛对眼睛产生刺激作用的最低值为 $0.06mg/m^3$。当浓度在 $6mg/m^3$ 时，会引起肺部的刺激效应，其作用症状主要是流泪、打喷嚏、咳嗽，甚至出现结膜炎、咽喉炎、支气管痉挛等。

甲醛又是致敏物质，它对皮肤有很强的刺激作用，能引起皮肤的过敏。当空气中甲醛的浓度为 $(0.5\sim10)\times10^{-6}$（1×10^{-6} 即为在 1 百万个空气分子中含有 1 个甲醛分子）时，会引起皮肤的肿胀、发红。低浓度的甲醛能抑制汗腺分泌，使皮肤干燥、开裂。有些皮肤过敏的人，穿着经甲醛树脂处理过的化学纤维衣服，能引起皮肤炎症；贴身穿的合成织物上如含有 1/10000 浓度的甲醛时，人就会感到皮肤瘙痒，甚至引起皮炎和湿疹。

（2）毒性作用　甲醛能使蛋白质变性，对细胞具有强大的破坏作用。人只要喝下约一汤匙的甲醛水溶液，就会马上致死。

动物实验表明，大鼠短期暴露于含有 $7\sim25mg/m^3$ 甲醛的空气中，可产生鼻黏膜组织的改变，如细胞变性、发炎、坏死等；长期暴露可引起呼吸道上皮细胞发育异常及细胞增生。人类长期慢性吸入 $0.45mg/m^3$ 的甲醛，可以导致慢性呼吸道疾病的增加，出现诸如肺功能显著下降、头疼、衰弱、焦虑、眩晕、神经系统功能降低等症状。当吸入高浓度（大于$60\sim120mg/m^3$）的甲醛时，可以产生肺炎、咽喉和肺的水肿、支气管痉挛等疾病，出现呼吸困难甚至呼吸循环衰竭致死等症状。甲醛对人体的具体毒性作用见表 3-1。

表 3-1　甲醛对人体的毒性作用

剂量/(mg/m³)	效　　应	剂量/(mg/m³)	效　　应
0.05	脑电图改变	1.0	组织损伤
0.06	眼睛刺激	6.0	肺部刺激
0.06~0.22	嗅觉呼吸刺激	60	肺水肿
0.12	上呼吸道刺激	120	致死
0.45	慢性呼吸病增加，肺功能下降		

（3）致癌作用　有些研究表明，甲醛是导致癌症、胎儿畸形和妇女不孕症的潜在威胁物。实验动物在实验室高浓度慢性（15×10^{-6}剂量，每天 6h，每周 5d，连续暴露 11 个月）吸入的情况下，可以引起鼻咽肿瘤。流行病学家也发现长期接触高浓度甲醛的人，可引起鼻腔癌、口腔癌、咽喉部癌、消化系统癌、肺癌、皮肤癌和白血病。另外，有试验还发现甲醛在实验室里能诱发许多种微生物的基因突变。

甲醛对人体有很强的致癌作用。美国职业安全卫生研究所（NOSH）将甲醛确定为致癌物质，国际癌症研究所也建议将甲醛作为可疑致癌物对待，而世界卫生组织（WHO）及美国环境保护局（EPA）均将甲醛列为潜在的危险致癌物与重要的环境污染物加以研究和对待。

通常情况下，人类在居室中接触的一般为低浓度甲醛，但是研究表明，长期接触低浓度的甲醛（$0.017 \sim 0.068 \text{mg/m}^3$），虽然引起的症状强度较弱，但也会对人的健康有较严重的影响。

3.1.1.2　苯（C_6H_6）

大量实验表明，苯类物质对人体健康具有极大的危害性。因此，世界卫生组织已将其定为强烈致癌物质。

一般来说，苯类物质对人体的危害分为急性中毒和慢性中毒两种。相对于室内环境，由于室内环境中苯类物质的浓度较低，因此其对人体的危害主要是慢性中毒。

慢性苯中毒主要是由于苯及苯类物质对人的皮肤、眼睛和上呼吸道有刺激作用。经常接触苯和苯类物质，皮肤可因脱脂而变得干燥、脱屑，有的甚至出现过敏性湿疹。

长期吸入苯能导致再生障碍性贫血。初期时，齿龈和鼻黏膜处有类似坏血病的出血症，并出现神经衰弱样症状，表现为头昏、失眠、乏力、记忆力减退、思维及判断能力降低等症状。以后出现白细胞减少和血小板减少，严重时可使骨髓造血机能发生障碍，导致再生障碍性贫血。若造血功能完全破坏，可发生致命的颗粒性白细胞消失症，并可引起白血病。近些年来很多劳动卫生学资料都表明：长期接触苯系混合物的工人中再生障碍性贫血的罹患率较高。

女性对苯及其同系物的危害较男性更敏感。甲苯、二甲苯对生殖功能亦有一定影响。育龄妇女长期吸入苯还会导致月经异常，主要表现为月经过多或紊乱，初时往往因经血过多或月经间期出血而就医，常被误诊为功能性子宫出血而贻误治疗。孕期接触甲苯、二甲苯及苯系混合物时，妊娠高血压综合征、妊娠呕吐及妊娠贫血等妊娠并发症的发病率显著增高，专家统计发现，接触甲苯的实验室工作人员和工人的自然流产率明显增高。

苯可导致胎儿的先天性缺陷。在整个妊娠期间吸入大量甲苯的妇女，她们所生的婴儿多有小头畸形、中枢神经系统功能障碍及生长发育迟缓等缺陷。

另外，据法国国家工业环境与危害研究所的一项研究结果显示，幼儿比成年人更容易受到苯污染的危害。这项研究是在 21 名 2～3 岁幼童及其没有吸烟习惯的父母双亲中进行的，这些幼儿所在托儿所内的苯含量均严重超标。研究人员通过长期对实验者早、晚两次进行的尿样检查发现，儿童尿液中黏康酸的平均含量是成年人的 1.7 倍，氢醌的平均含量是成年人的 1.9 倍。黏康酸和氢醌均是苯的衍生物。研究人员认为，幼儿尿液中黏康酸和氢醌含量高表明他们受苯的危害比成年人更为严重。

3.1.1.3　挥发性有机化合物（VOC）

由于室内空气中挥发性有机化合物的种类繁多，且各种成分的含量又不高，故其对人体健康影响的机理还不是非常清楚。通常情况下，将低浓度下挥发性有机物对人体健康的影响分为三类。

① 人体感官受到强烈刺激时对环境的不良感受；

② 暴露在空气中的人体组织的一种急性和亚急性的炎性反应；

③ 由于以上感受引起的一系列反应，一般可认为是一些亚急性的环境紧张反应。

一般认为，人们通过鼻腔前部的嗅觉器官、舌头的味觉器官以及化学感知器官中的一种，或者它们的综合作用，有时包括从其他器官接受的额外信号，如视觉、对热环境的感知等，来感觉挥发性有机物的存在。化学感知器官既包括皮肤表面的三叉神经也包括眼、鼻、嘴或其他部位的黏膜。这些神经有多种形式的感应器，通过感应蛋白质的化学反应或物理吸附感知环境中的化学物质。感知器官的活动将导致诸如流泪、呼吸频率的改变、咳嗽或打喷嚏等保护性反应。

不过，对于室内空气中挥发性有机物对人体的危害，学术界普遍认为：室内空气中的挥发性有机物能引起人体机体免疫功能的失调，会影响人的中枢神经系统功能，使人出现头晕、头痛、嗜睡、无力、胸闷等症状，有的还可能影响消化系统，使人出现食欲不振、恶心等，严重时甚至可损伤肝和造血系统，出现变态反应等。

科学家的研究还表明，不同浓度的 VOC 可能对人体造成不同的影响，见表 3-2。

表 3-2 不同浓度的 VOC 对人体的影响

VOC 浓度/($\times 10^{-9}$)	人体反应	VOC 浓度/($\times 10^{-9}$)	人体反应
<50	没有反应	750~6000	可能会引起急躁不安和不舒服、头痛
50~750	可能会引起急躁不安和不舒服	6000 以下	头痛和其他神经性问题

3.1.1.4 氨（NH_3）

氨气对人及动物的上呼吸道及眼睛有着强烈的刺激和腐蚀作用，能减弱人体对疾病的抵抗力。人吸入氨气后，会出现流泪、咽痛、胸闷、咳嗽甚至声音嘶哑等症状，严重时还可引起心脏停搏和呼吸停止。在潮湿条件下，氨气对室内的家具、电器、衣物有腐蚀作用，对人的皮肤也有刺激和腐蚀作用。

（1）氨对人体呼吸系统的危害　氨的溶解度极高，所以主要对动物或人体的上呼吸道有刺激和腐蚀作用，从而减弱了人体对疾病的抵抗力。

氨通常以气体形式被吸入人体。进入肺泡内的氨，除少部分被二氧化碳所中和外，其余剩下的被吸收至血液。氨进入血液后，有少量的氨会随着汗液、尿或呼吸排出体外，其他的则会与血红蛋白结合，使得人体循环系统的输氧功能遭到破坏。

短期内吸入大量氨气后可出现流泪、咽痛、声音嘶哑、咳嗽、痰可带血丝、胸闷、呼吸困难，并伴有头晕、头痛、恶心、呕吐、乏力等，有的还可出现紫绀、眼结膜及咽部充血、呼吸加快、肺部啰音等症状。严重者可发生肺水肿、成人呼吸窘迫综合征，咽喉水肿痉挛或支气管黏膜坏死脱落致窒息，还可并发气胸、纵膈气肿。经胸部 X 线检查呈支气管炎、支气管周围炎、肺炎或肺水肿等表现，且血气分析显示动脉血氧分压降低。

当氨的浓度过高时除产生腐蚀作用外，还可通过三叉神经末梢的反射作用引发心脏停搏和呼吸停止。当人接触的氨浓度为 553mg/m³ 时会发生强烈的刺激症状，可耐受的时间为 1.25min；当人置于氨浓度为 3500~7000mg/m³ 的环境时会立即死亡。

（2）氨对人体其他系统的危害　氨是一种碱性物质，对接触的皮肤组织都有腐蚀和刺激作用。它可以吸收皮肤组织中的水分，使组织蛋白变性，并使组织脂肪皂化，破坏细胞膜结构，造成组织溶解性坏死。

误服氨水可导致消化道灼伤，有口腔、胸、腹部疼痛，呕血、虚脱的症状，还可发生食道、胃穿孔，同时还可能发生呼吸道刺激症状。

当眼接触到液氨或高浓度氨气时，会引起眼的灼伤，严重者可发生角膜穿孔。皮肤接触到液氨也会发生灼伤。

（3）低浓度氨对人体健康的危害　到目前为止，国内外只有大量氨泄漏（急性氨中毒）对人体造成损害的记录，如对呼吸道、眼黏膜及皮肤的损害，出现流泪、头疼、头晕症状，甚至死亡等。至于长期吸入低浓度氨对人体的危害，实验证明，会使人体血液中的尿素水平明显上升，而这是医学上认为人体健康受到损害的一个标志。

为了证明空气中低浓度的氨对人体健康可以产生危害，专家们对在氨浓度为 $3 \sim 13$ mg/m³ 的室内环境中工作的人群进行了监测。整个监测历时 8h，每个小组的监测对象均为 10 人。经过与不接触氨的健康人相比较，发现在氨浓度为 13mg/m³ 的室内环境中工作的人群的尿中尿素和氨含量均有增加，而血液中尿素的增加则非常明显。

通过以上试验可以证实：室内空气中低浓度的氨污染也会对人体健康产生危害，绝对不可以掉以轻心。

3.1.1.5　室内臭氧（O_3）

由于臭氧具有强烈的刺激性，因此它对人体健康有一定的危害作用。

科学研究表明，臭氧可以刺激和损害人体深部的呼吸道，并可损害人的中枢神经系统，对眼睛也有轻度的刺激作用。

不同浓度的臭氧对人体的影响不同。当室内空气中臭氧的浓度为 0.05×10^{-6} 时，可引起皮肤、鼻和咽喉黏膜的刺激，会出现皮肤刺痒、眼睛刺痛、呼吸不畅、咳嗽和头痛等症状；当臭氧在 $(0.1 \sim 0.5) \times 10^{-6}$ 时，可引起哮喘的发作，导致上呼吸道疾病的恶化，同时还可刺激眼睛，使视觉敏感度和视力降低；当臭氧浓度为 1×10^{-6} 以上时，可引起头痛、胸痛、思维能力下降，严重时可导致肺水肿和肺气肿，阻碍人体血液输氧的进行，使得人体的一些组织缺氧。有过敏体质的人，如果长时间暴露在较高含量的臭氧环境中，可能会导致慢性肺病，甚至产生肺纤维化等永久伤害。

另外，臭氧还能使人体甲状腺功能受损，骨骼钙化，有的甚至还可引起潜在性的全身影响，如诱发淋巴细胞染色体畸变，损害某些酶的活性和产生溶血反应。

3.1.2　物理性污染物对人体健康的危害

3.1.2.1　氡（Rn）

（1）隐形杀手——氡　人在室内受到的放射性危害主要有两个方面，即放射线的体外辐射和体内辐射。

放射线的体外辐射主要是指天然材料中的辐射体直接照射人体后产生的一种生物效果，会对人体内的造血器官、神经系统、生殖系统和消化系统造成损伤。

放射线的体内辐射主要来自空气中由放射性核素衰变形成的氡气及氡气在空气中继续衰变而形成的子体。

氡气是一种无色、无味的放射性气体，但可以导致肺癌，其潜伏期可长达 15～40 年。当氡的浓度超过标准限值时，长的可在 15～40 年之间，短的可在几个月到几年之间，可以使人患病或致死，所以不少人将之称为"隐形杀手"。

一般来说，长时间受到略高水平氡的照射的危险比短时间受到高水平氡的照射的危险性要大。

（2）氡的危害机理　氡是自然界唯一的天然放射性气体，它是放射性重元素的衰变产物。

人体在呼吸时氡气及其子体（大部分以气溶胶的形式）会随着气流进入人的呼吸系统。

这时，粒径大于 $5\mu m$（$1\mu m = 10^{-6}m$）的气溶胶微粒会很容易地被人的呼吸道所阻留，其中的一部分气溶胶微粒留在口、鼻中，另一部分就留在了气管和支气管中。由于氡和它的子体的半衰期相当短，一般为几秒钟到二十几分钟不等。因此，留在人体气管中的那部分氡及其子体，在气管还没来得及用黏液和纤毛把它们清除之前就已经完成了衰变，在这一衰变过程中，氡和其子体会释放出大量的 α、β、γ 等射线，从而对人体的组织产生破坏，导致支气管癌等疾病。

对于粒径小于 $5\mu m$ 的气溶胶微粒，它们可以直接进入人体的肺泡之中，并且在人的肺部沉淀下来。这些沉淀在肺脏的带有氡子体的微粒也会不停地衰变并放出 α 射线，这些 α 射线就会像一颗颗小"炸弹"一样，不停地对肺细胞进行轰击，使肺细胞严重受损，从而引发患肺癌的可能性。

据科学家测算，人如果生活在氡浓度为 $200Bq/m^3$ 的室内环境中，所受的污染相当于每人每天吸烟 15 根；另外，人的一生中，如果生活在氡浓度为 $370Bq/m^3$ 的室内环境中，就将会有 3%～12% 的概率死于肺癌。统计资料显示，氡气污染在肺癌诱因中仅次于吸烟排在第二位，美国每年因此死亡的人数达 5000～20000 人，我国每年也有 50000 人因为氡气及其子体致肺癌而死亡。职业性氡照射的流行病学调查也已证实，矿井下高氡浓度及其子体可引起肺癌。

科学研究还表明，由于氡还对人体的脂肪有很高的亲和力，因而超标准的氡浓度可以影响人的神经系统，使人精神不振，昏昏欲睡。

另外，医学研究也已经证实，除上述危害外，氡气还会使人体的免疫系统受到损害，还可能引起白血病、不孕不育、胎儿畸形、基因畸形遗传等后果。特别是对于儿童、老人和孕妇，这些影响更大。

（3）氡危害的严重性　氡及其子体照射对健康的影响已经引起了世界各国的关注。世界卫生组织（WHO）已经明确将氡列为人类重要的 19 种环境致癌物之一。

由于天然电离辐射源普遍存在于环境中，国际癌症研究机构（IARC）认为有足够的证据将氡列为人类第一致癌物。根据联合国原子放射作用科学委员会（UNSCEAR）1993 年的报告，氡及其子体对公众的放射污染占全部天然放射污染的 54%。

（4）国内外对氡的危害的最新研究　目前对于氡及其致病机理的研究还在继续进行，最新发现氡除了可以导致肺癌以外，还可能引发其他的病变，即三致作用，包括致畸、致癌、致突变。其中认为最可能的就是导致白血病。

此外，有调查报告称，除白血病外，肾癌、皮肤癌及黑色素瘤等疾病都可能随着氡暴露浓度的增加而有所增加。

3.1.2.2　电磁波

到目前为止，关于电磁辐射对人体危害的研究历时较长，国内外许多学者带有共识性的观点认为，电磁辐射对人体具有潜在危险。近年来，国内外对电磁辐射危害的相关报道不胜枚举，具体危害主要有以下六个方面。

（1）电磁辐射是造成儿童患白血病的原因之一　医学研究证明，长期处于高电磁辐射的环境中，会使血液、淋巴液和细胞原生质发生改变。意大利专家研究认为，该国每年有 400 多名儿童患白血病，其主要原因是距离高压电线太近，因而受到了严重的电磁污染。有研究表明，一个 15 岁以下的儿童，如果生活在电磁波为 $0.3\mu T$（微特斯拉）的房间里，那么他患白血病的可能性将比一般儿童高 4 倍；生活在电磁波为 $0.2\mu T$（微特斯拉）的地方，白血病的发病率也比正常情况下高出 3 倍。

（2）电磁辐射能够诱发癌症并加速人体的癌细胞增殖　电磁辐射污染会影响人体的循环

系统、免疫、生殖和代谢功能，严重的还会诱发癌症，并会加速人体的癌细胞增殖。瑞士的研究资料指出，周围有高压线经过的住户居民，患乳腺癌的概率比常人高 7.4 倍。美国得克萨斯州癌症医疗基金会针对一些遭受电磁辐射损伤的病人所做的抽样化验结果表明，在高压线附近工作的工人，其癌细胞生长速度比一般人要快 24 倍。这就是说，电磁波有致畸、致突变、致癌的效应。

（3）电磁辐射能影响人们的生殖系统　主要表现为男子精子质量降低，孕妇发生自然流产和胎儿畸形等，某省对某专业系统 16 名女性电脑操作员的追踪调查发现，接触电磁辐射污染组的操作员月经紊乱明显高于对照组，其中 8 人 10 次怀孕中就有 4 人 6 次出现异常妊娠。有关研究报告指出，孕妇每周使用 20h 以上计算机，其流产率增加 80%，同时畸形儿出生率也有所上升。

（4）电磁辐射可以导致儿童智力残缺　据最新调查显示，我国每年出生的 2000 万儿童中，有 35 万为缺陷儿，其中 25 万智力残缺，有专家认为电磁辐射也是影响之一。世界卫生组织认为，计算机、电视机、移动电话的电磁辐射对胎儿有不良影响。专家警告：电磁辐射可能导致儿童智力残缺。

（5）电磁辐射能影响人们的心血管系统　表现为心悸、失眠，部分女性经期紊乱，心动过缓，心搏血量减少，窦性心律不齐，白细胞减少，免疫功能下降等。如果装有心脏起搏器的病人处于高电磁辐射的环境中，会影响心脏起搏器的正常使用。

（6）电磁辐射对人们的视觉系统有不良影响　由于眼睛属于人体对电磁辐射的敏感器官，过高的电磁辐射污染还会对视觉系统造成影响，主要表现为视力下降，引起白内障等。

另外，高剂量的电磁辐射还会影响及破坏人体原有的生物电流和生物磁场，使人体内原有的电磁场发生异常。值得注意的是，不同的人或同一个人在不同年龄阶段对电磁辐射的承受能力是不一样的，老人、儿童、孕妇属于对电磁辐射的敏感人群。

3.1.2.3　可吸入颗粒物

（1）普通可吸入颗粒物　可吸入颗粒物进入人的肺部后，一部分又可以随着呼吸排出体外，剩下的那部分就沉积在肺泡上。可吸入颗粒物的沉积率随着微粒的直径减小而增加，其中 $1\mu m$ 左右的微粒有 80% 沉积在肺，且沉积时间也最长，可达数年之久。大量的可吸入颗粒物在肺泡上沉积下来后，使得局部支气管的通气功能下降，细支气管和肺泡的换气功能减低，可引起肺组织的慢性纤维化，导致肺心病、心血管病等一系列病变，并可以降低人体的免疫功能。

另外，可吸入颗粒物又是多种污染物、细菌病毒等微生物的"载体"和"催化剂"。现已查明，室内空气中大致有几十种致癌物质，其中主要的是多环芳烃及其衍生物和放射性物质（如氡及子体）等，这些致癌物质绝大多数是以吸附在可吸入颗粒物上而存在于室内空气环境中的，并随着可吸入颗粒物被吸入人体内。当这些致癌物质随着可吸入颗粒物进入到人的肺部后，可诱发各种癌症。

可吸入颗粒物还可以与硫的氧化物发生反应，在水汽的作用下形成硫酸雾，其毒性比二氧化硫大 10 倍。这样的可吸入颗粒物被吸入肺部后，则会引起肺水肿和肺硬化而导致死亡。如著名的伦敦烟雾事件就是由于当时空气中的高浓度的二氧化硫和可吸入颗粒物协同作用造成的，一周内使 4000 人死亡。

更为重要的是，可吸入颗粒物进入人体呼吸系统后，其携带的有毒有害物质能很快就被肺泡直接吸收并由血液送至全身，而不需要经过肝脏的转化作用，这就使得这些有毒物质对人体健康的危害加大。

（2）石棉　石棉对人具有极大的危害，但直到 20 世纪 80 年代，它的危害才引起了人们的普遍关注。目前，美国已将石棉列为"毒性物质"，"国际癌症研究中心"将石棉列为致癌物质。

20 世纪初，在"石棉肺"（asbestosis）被发现后，虽然大量的研究证明了这种病是因为吸入石棉粉尘引起的，但人们认为它只是硅沉着病（旧称硅肺病、矽肺病）的一种，而与肺癌的形成并无直接关系。随着对"石棉肺"的研究继续进行，人们这时才发现，石棉粉尘能导致一种称作"间皮瘤"（mesothelioma）的疾病。所谓"间皮瘤"其实就是一种发生在胸肋或腹膜上的癌症，这是一种绝症，它的潜伏期可以长达 30～45 年。据大量的临床观察，如果在人的肺中沉积了大约 1g 的石棉，就有可能产生严重的肺癌；如果在胸肋和腹膜上沉积了大约 1mg 的石棉，就会发生"间皮瘤"。

科学家的研究还发现：吸烟对石棉粉尘的吸入有着增强作用。据统计，接触过石棉的工人得肺癌后去世者是正常人的 8 倍，而吸烟的石棉工人，则是他们的 192 倍。

（3）铅　铅不是人体所需的微量元素，且它与有机物不同，不能降解演变为无毒化合物，一旦进入人体就会积累滞留、破坏机体组织。

铅可以以粉尘和烟雾的形式通过呼吸道和消化道进入人体、经呼吸道的铅吸收较快，大约有 20%～30% 的被吸进血液循环系统；经消化道吸收的铅大约为 5%～10%。铅吸收后通过血液循环进入肝脏，其中的一部分与胆汁一起进入小肠内，最后随粪便排出体外；剩下的那一部分进入血液。在初期阶段，血液中的铅主要分布在各组织里面，以肝和肾中的含量最高，最后，组织中的铅会变成不能溶解的磷酸铅沉积在骨头和头发等处。

铅及其化合物进入细胞后可与酶的巯基结合，抑制酶的功能，因此铅对于人体内的大多数系统均有危害，特别是损伤骨髓造血系统、神经系统、生殖系统、心血管系统和肾脏。当血液中铅含量达到较高水平时（大约 $80\mu g/dL$）可以引起痉挛、昏迷甚至死亡。低含量的铅对中枢神经系统、肾脏和血细胞均有损害作用，当血液中铅含量为 $10\mu g/dL$ 时就可以损害神经系统和生理机能，幼红细胞和血红蛋白过少性贫血是慢性低水平铅接触的主要临床表现。慢性铅中毒还可引起高血压和肾脏损伤。

铅还可以通过胎盘、乳汁影响后代，婴幼儿由于血脑屏障发育未完善，对铅的毒性更为敏感。据美国的一份调查表明，当儿童 3 岁时体内的血铅浓度超过 $30\mu g/dL$，其长到 7 岁时可呈现明显的智力及行为缺陷。

3.1.3　生物性污染物对人体健康的危害

在城市中，室外大气的污染越来越严重。另外，随着经济的发展，供暖和空调设备的使用也越来越普及。因此，从防止室外空气对室内环境的污染和节约能源的目的出发，人们把建筑物修得越来越封闭。但是，这种封闭带来的舒适同样也给室内的一些有害生物创造了良好的孳生条件，给人们自己带来了一种新的污染——生物体污染。

室内生物体的污染主要有尘螨的污染、细菌和病毒的污染、军团杆菌的污染（军团杆菌是细菌的一种，但由于其对人体健康的危害较大，故将其单列）。

3.1.3.1　尘螨

现代医学对螨进行深入的研究，证明螨中的尘螨（包括其蜕下的皮壳、分泌物、排泄物、虫尸碎片等）对人体是一种强过敏原，可诱发各种过敏性疾患，如过敏性哮喘、过敏性鼻炎、支气管炎、肾炎和过敏性皮炎等。这些物质随着人们的卫生活动（如铺床叠被）飞入空中后被吸入肺内，过敏体质者在这些过敏原的刺激下，就会产生特异性的过敏抗体，并出现变态反应，即患上各种变态反应性疾病。据报道，丹麦 60% 以上的哮喘病是由尘螨过敏造成的。

3.1.3.2 细菌和病毒

细菌和病毒都属于微生物。在任何环境下，微生物的生长都离不开以下三个条件。

① 适宜的湿度；

② 适宜的温度；

③ 适宜的营养物质载体。

在现代家庭中，温度和湿度都非常适宜微生物的生长，且有着丰富的营养物质载体，因此很适宜于微生物的生长。在室内，一般存在着以下细菌和病毒：溶血性链球菌、绿色链球菌、肺炎双球菌、流感病毒、结核杆菌、白喉杆菌、脑膜炎球菌、麻疹病毒等。

室内的细菌和病毒可依附在空气中的尘埃上，颗粒直径小于 $5\mu m$ 的尘埃可较长时间地停留在空气中。

3.1.3.3 军团杆菌

军团杆菌病的爆发时间一般是在仲夏和初秋，且易发生在封闭式中央空调房间内。它的易感人群为老年人、吸烟者和有慢性肺部疾病者。

人染上军团杆菌病后，其症状类似于肺炎，表现为发冷、不适、肌痛、头昏、头痛，并伴有烦躁、呼吸困难、胸痛等症，90%以上的患者体温迅速上升，咳嗽并伴有黏痰，重症病人可发生肝功能变化及肾衰竭。

引起全世界重视的最早一例军团杆菌病病症发生在 1976 年的美国。当时，29 名退伍军人在费城举行了一次聚会，但在聚会过后，他们竟然集体生病，最不幸的得了肺炎，一命呜呼。医学专家经过仔细调查发现，这些退伍军人聚会的那间房间里的冷气槽内，生活着一种不知名的细菌——之所以发生这场悲剧，正是因为这些退伍军人长时间地吸入了由这台带菌冷气槽放送的空气。后来，人们就把这种细菌就叫做军团病菌，由于它是革兰阴性杆菌的一种，因此又称军团杆菌。

3.1.4 室内的其他污染对人体健康的危害

3.1.4.1 燃料燃烧产物

燃料燃烧产物是一组成分很复杂的混合性污染物，至今仍然是很多国家的室内主要污染物，它对室内人群的健康有很大影响。

燃料燃烧产物主要是影响呼吸系统、心血管系统、神经系统等，尤其在诱发肺癌方面，危险性极大。

(1) 煤燃烧产物　煤燃烧产物对人体健康的危害极大，由其引起的典型病害有氟中毒、砷中毒和肺癌。氟中毒和砷中毒是由煤中含有的氟和砷引起的，而引起肺癌的污染物主要是苯并［a］芘等多环芳烃类物质。

另外，煤燃烧还会生成大量的悬浮颗粒物和二氧化硫，这些物质可引发人呼吸系统的疾病。其中典型的病症为慢性阻塞性肺病，它包括慢性支气管炎、支气管哮喘和肺气肿，临床上常表现为原因不明的慢性咳嗽、咳痰和进行性气急、通气和换气功能异常。

(2) 气体燃料和液体燃料燃烧产物　由于气体和液体燃料燃烧时仍可释放少量的 CO、CO_2、NO、NO_2、SO_2 等污染物，因此其主要危害是对人的眼睛有刺激感、使人觉得不舒服。另外，它们燃烧时也可产生不少的悬浮颗粒物，这对人体肺部的损害较大。在悬浮颗粒物中，还含有大量的间接和直接致癌物，这会导致一些癌症的产生。

(3) 生物燃料燃烧产物　生物燃料的燃烧产物是一种危害健康的因素，其作用类型及严重程度取决于局部情况、燃料类型及受害人群。人们的文化水平、生活习惯和住房条件也是决定其危害程度和性质的重要因素。气候以及气象条件也影响接触生物燃料烟气的机会，因为寒冷、潮湿的气候比干燥、暖和、阳光充足地使人们待在室内的时间更长。通常将生物燃料的燃烧产物引起的健康危害分为以下几类：慢性阻塞性肺部疾病；心脏病，尤其是肺损伤引起的肺心病；癌症和急性呼吸道感染。

3.1.4.2 烟草燃烧产物

烟草燃烧产物对吸烟者和被动吸烟者的身体健康均造成极大的危害。香烟燃烧时释放出许多毒性物质和致癌物质。

吸烟者吸烟时，大约有10％的香烟烟雾进入吸烟者的身体内，经气管、支气管到达肺部，一小部分与唾液一起进入消化道。无论经呼吸道或消化道，进入人体内的有害物质最终均被吸收进入血液循环，引起各系统、组织、器官发生病变。大量的调查研究已证实了吸烟是引起肺癌发病的主要原因，此外，吸烟还可引起喉癌、咽癌、口腔癌、食道癌等。香烟烟雾以及其中的有毒物对鼻、咽喉、器官、支气管及肺长期作用，可引起急性慢性炎症甚至导致慢性支气管炎和肺气肿。吸烟还是冠心病的三种主要致病因素之一，吸烟使人易患消化系统疾病，并对神经系统、生殖系统造成损害。

被动吸烟又称间接吸烟或非自愿吸烟。它是指当不吸烟的人和吸烟的人在一起时，由于暴露于充满香烟烟雾的环境中而被迫吸进香烟烟雾。不吸烟者每天被动吸烟15min以上，则被定为被动吸烟者。被动吸烟者由于吸进了香烟烟雾，所以同样会对身体带来危害。由吸烟者自己从香烟尾部吸入的烟雾，称为主流烟雾；从燃烧着的烟头处产生、冒出的烟雾称为侧流烟雾。通常情况下，未吸烟时的侧流烟雾温度比吸烟时的主流烟雾温度低，致使侧流烟雾中烟焦油颗粒比主流烟雾中的小，而有害物质浓度比主流烟雾中高。其中，一氧化碳及烟碱质量浓度是主流烟雾的3倍，苯并［a］芘质量浓度是主流烟雾的4倍，氨质量浓度是主流烟雾的46倍。

研究表明，非吸烟者患肺癌死亡人数的半数以上是因为被动吸烟所致。其主要原因是因为室内吸烟可产生大量的氡，导致被动吸烟者大量吸入氡及其子体，该作用比烟草烟雾中的其他化学化合物的致癌性大得多。

3.1.4.3 烹调油烟

烹调油烟是发生肺鳞癌和肺腺癌共同的危险因素。研究表明，女性肺癌与油烟暴露有明显的联系，而且，患肺癌的危险性随着油煎或油炸食物的次数增加而增高。

另外，大量的油烟附着在皮肤表面，不仅妨碍皮肤的正常呼吸和新陈代谢，而且油烟中的有害物质还能渗入皮肤中，促进皮下脂肪氧化，并刺激皮肤细胞，造成皮肤提前衰老。

研究认为，菜油、豆油含不饱和脂肪酸较多，故具有较高的致突变性；而猪油中含不饱和脂肪酸较少，因此无致突变性。另外，由于我国习惯上采用高温油烹调，所以我国的传统烹调方法对人体健康的影响较大。

3.2 室内空气质量标准

标准是对重复性事物和概念所做的统一规定，它以科学、技术和实践经验的综合成果为基础，经有关方面协商一致，由主管机构批准，以特定形式发布，作为共同遵守的准则和依据。

国家标准是指对全国经济技术发展有重大意义，需要在全国范围内统一技术要求所制定的标准。国家标准在全国范围内适用，其他各级标准不得与之相抵触。国家标准是四级标准体系中的主体，我国的标准具有法规的性质。

我国已经颁布并实施的有关室内空气质量标准按使用性质不同可划分为三种，即综合性标准、室内单项污染物浓度限值标准和不同功能建筑室内空气质量标准，如表 3-3 所示。这里重点介绍使用较为广泛的综合性标准《室内空气质量标准》、《民用建筑工程室内环境污染控制规范》以及部分单项污染物浓度限值标准和不同功能建筑室内空气品质标准。

表 3-3　已实施的室内空气品质相关标准

性　质	标 准 名 称	标 准 号
综合性标准	《民用建筑工程室内环境污染控制范》	GB 50325—2001
	《室内空气质量标准》	GB/T 18883—2002
室内单项污染物浓度限值标准	《居室内空气中甲醛卫生标准》	GB/T 16127—1995
	《住房内氡浓度控制标准》	GB/T 16146—1995
	《室内空气中 CO_2 卫生标准》	GB/T 17094—1997
	《室内空气中可吸入颗粒物卫生标准》	GB/T 17095—1997
	《室内空气中 NO_x 卫生标准》	GB/T 17096—1997
	《室内空气中 SO_2 卫生标准》	GB/T 17097—1997
	《室内空气中细菌总数卫生标准》	GB/T 17093—1997
不同功能建筑室内空气品质标准	《旅店业卫生标准》	GB 9663—1996
	《体育馆卫生标准》	GB 9668—1996
	《商场(店)、书店卫生标准》	GB 9670—1996

3.2.1　室内空气质量标准

3.2.1.1　《室内空气质量标准》的特点

由国家质量监督检验检疫总局、国家环保总局、卫生部制定的《室内空气质量标准》2003年3月正式实施。《室内空气质量标准》是国家依据人民健康的有关方针政策和法规，进行流行病学调查和科学验证，吸收国外室内环境保护先进经验，结合我国的国情、环境特征、经济技术条件，而制定出来的在实际应用中具有可操作性的一部标准。该标准的特点如下。

（1）国际性　在借鉴国外相关标准的基础上，引入了室内空气质量（IAQ）的概念。室内空气质量这个概念，是在 20 世纪 70 年代后期在一些西方发达国家出现的，室内空气质量标准的实施说明我国与世界的距离更近了。

（2）综合性　室内环境污染的控制指标更多了，标准中规定的控制项目不仅有化学性污染，还有物理性、生物性和放射性污染。化学性污染物质中不仅有人们熟悉的甲醛、苯、氨，还有可吸入颗粒物、二氧化碳、二氧化硫等 13 项化学性污染物质。

（3）针对性　标准紧密结合我国的实际情况，既考虑到发达地区和城市建筑中的新风量、温度、湿度以及甲醛、苯等污染物质，同时，也制定出了一些不发达地区的使用原煤取暖和烹饪造成的室内一氧化碳、二氧化碳和二氧化硫的污染。

（4）前瞻性　标准中加入了"室内空气应无毒、无害、无异常臭味"的要求，使标准的适用性更强。

（5）权威性　标准的发布和实施，为广大消费者解决自己的污染难题提供了有力的武器。

（6）完整性《室内空气质量标准》与国家标准委员会以前发布的《民用建筑室内环境污染控制规范》等标准共同构成我国一个比较完整的室内环境污染控制和评价体系，对于保护消费者的健康，发展我国的室内环境事业具有重要的意义。

3.2.1.2　室内空气污染物质的分类

一般室内环境污染物按照污染物的性质区分，大致可以划分为以下几类。

（1）化学污染物　主要包括从装修材料、化妆用品、涂料、厨房等地方释放或排放出来的包括氨、氮氧化物、硫氧化物、碳氧化物等无机污染物及甲醛、苯、二甲苯等在内的有机污染物。

（2）放射性污染　主要是来自从混凝土中释放出来的氡气及其衰变子体，还有由石材制成的成品，如大理石台面、洁具、地板等释放的 γ 射线。

（3）物理污染　包括室外交通工具产生的噪声、室内灯光照明不足或过亮、温度湿度过高或过低所引起的相关问题及石棉污染等。

（4）生物污染　主要指由于室内清洁工作没有做好及在湿度较大和通风较差的情况下，一些没有经常光顾到的角落在适当的温度和湿度下产生一些真菌等微生物。如衣服没有甩干就置于晒衣间，蒸发的水分在通风不良时就可促使微生物生长。此外，由于室内一些花卉而导致的花粉过敏也可属于生物污染。

3.2.1.3　室内空气污染物的来源

室内空气污染包括物理、化学、生物和放射性污染，来源于室内和室外两部分。

（1）室内来源　主要有消费品和化学品的使用、建筑和装饰材料以及个人活动。

① 各种燃料燃烧、烹调油烟及吸烟产生的 CO、NO_2、SO_2、可吸入颗粒物、甲醛、多环芳烃（苯并［a］芘）等。

② 建筑、装饰材料、家具和家用化学品释放的甲醛和挥发性有机化合物（VOC）、氡及其子体等。

③ 家用电器和某些办公用具导致的电磁辐射等物理污染和臭氧等化学污染。

④ 通过人体呼出气、汗液、大小便等排出的 CO_2、氨类化合物、硫化氢等内源性化学污染物，呼出气中排出的苯、甲苯、苯乙烯、氯仿等外源性污染物；通过咳嗽、打喷嚏等喷出的流感病毒、结核杆菌、链球菌等生物污染物。

⑤ 室内用具产生的生物性污染，如在床褥、地毯中孳生的尘螨等。

（2）室外来源　主要有以下两种。

① 室外空气中的各种污染物包括工业废气和汽车尾气通过门窗、孔隙等进入室内。

② 人为带入室内的污染物，如干洗后带回家的衣服，可释放出残留的干洗剂四氯乙烯和三氯乙烯；将工作服带回家中，可使工作环境中的苯进入室内等。

3.2.1.4　《室内空气质量标准》的基本要求

该标准对物理性、化学性、生物性和放射性污染共计 19 项参数规定了标准值，见表3-4。该标准适用于住宅和办公建筑物，其他建筑室内环境也可参照执行。标准提出：除了应达到表 3-4 中的参数要求外，还明确要求"室内空气应无毒、无害、无异常臭味"。

标准中确定了进行室内空气质量检测的标准状态，指温度为 273K，压力为 101.325kPa 时的干物质状态。

3.2.2　其他相关的室内空气质量标准

3.2.2.1　民用建筑工程室内环境污染控制规范

2001 年 11 月建设部颁布并实施的《民用建筑工程室内环境污染控制规范》是针对新建、扩建和改建的民用建筑工程及其室内装修工程的环境污染控制，不适用于构筑物和有特殊净化卫生要求的民用建筑工程。此规范规定了建筑材料和装修材料用于民用建筑工程时，为控制由其产生的室内环境污染，对工程勘察设计、工程施工、工程检测及工程验收等阶段的规范性要求。其中实施污染控制的污染物有：放射性污染物氡（^{222}Rn），化学污染物甲醛、氨、苯及总挥发性有机物（TVOC），共计 5 项，见表 3-5。表中所指的 I、Ⅱ 两类民用建筑是按不同室内环境要求划分的。前者指住宅、办公楼、医院病房、老年建筑、幼儿园、学校教室等民用建筑；后者指办公楼、商店、旅店、文化娱乐场所、书店、图书馆、展览馆、体育馆、公共交通等候室、餐厅、理发店等民用建筑。

表 3-4 《室内空气质量标准》主要指标

序号	类别	参　数	单　位	标准值	备　注
1	物理性	温度	℃	22～28	夏季空调
				16～24	冬季采暖
2		相对湿度	%	40～80	夏季空调
				30～60	冬季采暖
3		空气流速	m/s	0.3	夏季空调
				0.2	冬季采暖
4		新风量	$m^3/(h \cdot 人)$	30	
5	化学性	二氧化硫(SO_2)	mg/m^3	0.50	1h均值
6		二氧化氮(NO_2)	mg/m^3	0.24	1h均值
7		一氧化碳(CO)	mg/m^3	10	1h均值
8		二氧化碳(CO_2)	%	0.10	日均值
9		氨(NH_3)	mg/m^3	0.20	1h均值
10		臭氧(O_3)	mg/m^3	0.16	1h均值
11		甲醛(HCHO)	mg/m^3	0.10	1h均值
12		苯(C_6H_6)	mg/m^3	0.11	1h均值
13		甲苯(C_7H_8)	mg/m^3	0.20	1h均值
14		二甲苯(C_8H_{10})	mg/m^3	0.20	1h均值
15		苯并[a]芘(B[a]P)	ng/m^3	1.0	日均值
16		可吸入颗粒物(PM_{10})	mg/m^3	0.15	日均值
17		总挥发性有机物(TVOC)	mg/m^3	0.6	8h值
18	生物性	菌落总数	cfu	2500	依据仪器定
19	放射性	氡(^{222}Rn)	Bq/m^3	400	年平均值(行动水平)

表 3-5 《民用建筑工程室内环境污染控制规范》污染物浓度限量

污染物	Ⅰ类民用建筑工程	Ⅱ类民用建筑工程	污染物	Ⅰ类民用建筑工程	Ⅱ类民用建筑工程
氡/(Bq/m^3)	≤200	≤400	氨/(mg/m^3)	≤0.2	≤0.5
游离甲醛/(mg/m^3)	≤0.08	≤0.12	TVOC/(mg/m^3)	≤0.5	≤0.6
苯/(mg/m^3)	≤0.09	≤0.09			

3.2.2.2 室内空气卫生标准

室内空气卫生标准中单项污染物浓度限值标准见表 3-6。不同功能建筑室内空气品质标准见 3.3 节。

表 3-6 室内空气污染物卫生标准

标准编号	名　称	限　值
GB/T 16127—1995	居室空气中甲醛的卫生标准	≤0.08mg/m³(AHMT法)
GB/T 17093—1997	室内空气中细菌总数卫生标准	≤4000cfu/m³(撞击法)
		≤45cfu/m³(沉降法)
GB/T 17094—1997	室内空气中二氧化碳卫生标准	≤0.10%(2000mg/m³,不分光红外线法)
GB/T 17095—1997	室内空气中可吸入颗粒物(PM_{10})卫生标准	≤0.15mg/m³(日平均,撞击式-称重法)
GB/T 17096—1997	室内空气中氮氧化物(以 NO_2 计)卫生标准	≤0.10mg/m³(日平均,盐酸萘乙二胺分光光度法)
GB/T 17097—1997	室内空气中二氧化硫卫生标准	≤0.15mg/m³(日平均,盐酸副玫瑰苯胺分光光度法)
WS/T 182—1999	室内空气中苯并[a]芘卫生标准	≤0.1μg/100m³(日平均,高压液相色谱法)
GB/T 18202—2000	室内空气中臭氧卫生标准	≤0.1mg/m³(小时平均,紫外吸收光度法)

3.2.3 《室内空气质量标准》与其他标准之间的关系

《室内空气质量标准》中的控制项目指室内空气中与人体健康有关的物理、化学、生物和放射性等污染物的控制参数，包括可吸入颗粒物、甲醛、一氧化碳、二氧化碳、二氧化硫、氮氧化物、苯并 [a] 芘、苯、氨、氡、TVOC、O_3、温度、相对湿度、空气流速、细菌总数、甲苯、二甲苯、新风量等参数。

《民用建筑工程室内环境污染控制规范》则强调分别从建筑工艺，勘察、设计、施工、验收、检验等诸多方面对建筑工程进行规范，同时对由于建筑工程造成的室内空气中的甲醛、苯、氨、氡、TVOC 五项指标进行强制性控制。

《室内空气质量标准》和其他标准从控制室内环境污染的不同角度，组成了我国室内环境污染控制的完整体系。《室内空气质量标准》与其他标准的区别如下所述。

a. 控制时段和对象不同

《室内空气质量标准》控制的是人们在正常活动情况下的室内环境质量。

《民用建筑工程室内环境污染控制规范》控制的是新建、扩建和改建的民用建筑工程室内环境。

b. 控制污染项目不同

《室内空气质量标准》规定了室内空气中二氧化硫、二氧化氮、一氧化碳、二氧化碳、氨、臭氧、甲醛、苯、甲苯、二甲苯、苯并 [a] 芘、可吸入颗粒物和总挥发性有机物共 13 种污染物的含量限值，同时提出了对室内空气中的 4 项物理性、1 项生物性和 1 项放射性指标的控制。

《民用建筑工程室内环境污染控制规范》主要对氡、游离甲醛、苯、氨、总挥发性有机物 5 项污染物指标的含量做了限制。

c. 由于控制对象不同，检测条件也不同

《室内空气质量标准》是要求评价在人们正常活动情况下室内空气质量对人体健康影响时，至少监测一日，每日早晨和傍晚采样，早晨不开窗通风。

《民用建筑工程室内环境污染控制规范》规定，对采用自然通风的民用建筑工程，检测应在对外门窗关闭 1h 后进行。

从室内环境检测的不同目的和要求看，消费者要根据对室内环境不同的要求采取不同的封闭时间和检验项目。

d. 标准的性质不同，但都具有法规效力

《民用建筑工程室内环境污染控制规范》是国家的强制性标准，必须强制执行。《室内空气质量标准》是国家的推荐性标准，相当于非强制的法律法规。

3.3 室内空气质量评价

环境质量评价是对环境的优劣所进行的一种定性、定量描述，即按照一定的评价标准和评价方法对一定区域范围内的环境质量进行说明、评定和预测。室内空气质量评价是认识室内环境的一种科学方法，是随着人们对室内环境重要性认识的不断加深所提出的新概念。它反映在某个具体的环境内，环境要素对人群的工作、生活适宜的程度，而不是简单的合格不合格的判断。

3.3.1 概述

室内空气环境评价包括评价目的、评价因子、评价标准、评价方法及模式。

3.3.1.1 室内空气质量评价目的

人们要确定室内空气质量状况对生存和发展的适宜性，就必须进行室内空气质量的评价。评价的目的在于：

① 以室内空气质量标准为依据，根据室内环境监测数据，对室内空气质量现状做出评价；

② 开展室内环境污染的预测工作，掌握室内空气质量的变化趋势，评价室内空气污染对室内人员健康的影响；

③ 研究污染源（如建筑材料、室内用品等）与室内空气质量的关系，为建筑设计、卫生防疫、控制污染及建材生产提供依据。

总之，进行室内空气质量研究的根本目的是要保护居住者的健康与生活的舒适，切实提高人们的生活质量，使人们的生活从舒适型向健康型方向发展。

3.3.1.2　室内空气评价因子

（1）室内空气评价因子种类　室内空气评价有多种污染物，即评价因子，详见表 3-7。

表 3-7　室内空气污染物种类

项　　目	污　染　物　种　类
燃烧产物	CO、NO_x、SO_2、PM_{10}，苯并[a]芘
人呼出气体	CO_2
空气微生物	溶血性链球菌，白喉杆菌，肺炎球菌，金黄色葡萄糖球菌，流感病毒
建筑材料释放物	甲醛，氡气，石棉，氨，VOC
光化学烟雾，复印机等	O_3

（2）选择评价因子的原则和依据　构成室内环境的要素主要有空气、光、声等，这里讨论的是以室内空气作为环境要素的环境质量评价，室内空气质量有物理、化学、生物、放射性环境因子，确定室内空气质量评价因子的原则，一是评价因子应能满足预定的评价目的和要求，二是评价因子应能反映室内空气质量状况。选择评价因子的依据是：

① 尽可能选择室内空气质量标准中所规定的污染物质作为评价因子；

② 选择在已开展的污染源调查和评价中所确定的主要污染物作为评价因子；

③ 在作室内空气质量现状评价时，选择例行监测、浓度较高以及对人群健康危害较大的因子；

④ 在做室内空气质量影响评价时，应选择可能受拟议行动影响的因子。

（3）评价因子的确定　在第 2 章中，通过对室内空气污染物质和污染源的分析和研究，说明建筑材料是室内最主要的污染源，释放出来的有害物质是引起建筑物综合征（SBS）的重要原因。根据建筑材料产生室内空气污染的特点，在进行室内空气质量的影响评价时，建议选取甲醛（HCHO）、苯（C_6H_6）、总挥发性有机物（TVOC）、氨（NH_3）、氡（Rn）五项污染物指标作为评价因子。

在进行室内空气质量的现状评价时，既要考虑室内材料用品产生的污染物，又要兼顾室外环境空气质量状况，建议选取甲醛（HCHO）、可吸入颗粒物（PM_{10}）、二氧化碳（CO_2）三项污染物指标作为评价因子。

3.3.1.3　评价标准

《室内空气质量标准》、《民用建筑工程室内环境污染控制规范》以及部分单项污染物浓度限值标准和不同功能建筑室内空气品质标准共同构成我国一个比较完整的室内空气环境污染评价体系。

（1）国家环保总局颁布的《室内环境质量评价标准》　室内环境质量评价标准见表 3-8。

① 本标准分三级

一级指舒适、良好的室内环境；

二级指能保护大众（包括老人和儿童）健康的室内环境；

表 3-8 室内环境质量评价标准

污染物 类别	项目	单位	级别 一级	二级	三级	备注
物理性指标	可吸入颗粒物	mg/m³	0.05	0.10	0.15	日平均值
	温度	℃	22～28	22～28	22～28	夏季空调
			16～24	16～24	16～24	冬季采暖
	湿度	%	40～80	40～80	40～80	夏季空调
			30～60	30～60	30～60	冬季采暖
	空气流速	m/s	<0.2	<0.25	<0.3	夏季空调
			<0.15	<0.2	<0.2	冬季采暖
	噪声	dB	≤45	≤55	≤65	白天
			≤30	≤45	≤60	夜间
	新风量	m³/(h·人)	60	30	15	
化学性指标	甲醛	mg/m³	0.06	0.08	0.10	1h 均值
	苯	mg/m³	0.09	0.10	0.11	1h 均值
	甲苯	mg/m³	0.10	0.15	0.20	1h 均值
	二甲苯	mg/m³	0.10	0.15	0.20	1h 均值
	苯并芘	ng/m³	0.10	0.50	1.00	日平均值
	氨	mg/m³	0.10	0.15	0.20	1h 均值
	臭氧	mg/m³	0.12	0.14	0.16	1h 均值
	二氧化硫	mg/m³	0.30	0.40	0.50	1h 均值
	二氧化氮	mg/m³	0.08	0.10	0.12	1h 均值
	一氧化碳	mg/m³	6.00	8.00	10.00	1h 均值
	二氧化碳	%	0.06	0.08	0.10	日平均值
	总挥发性有机物	mg/m³	0.40	0.50	0.60	8h 均值
生物性指标	菌落总数	cfu/m³	1500	2000	2500	依据仪器定
放射性指标	氡	Bq/m³	200	300	400	年平均值

三级指能保护员工健康、基本能居住或办公的室内环境。

② 达标评价采用单因子评价方法

达一级标准要求所有监测项目均符合其限值;

达二级标准除物理性指标外,要求其他所有监测项目均符合其限值;

达三级标准除物理性指标、化学性指标中的一氧化碳、二氧化碳、二氧化硫、二氧化氮外,要求其他所有监测项目均符合其限值。

(2) 公共场所空气污染评价标准 公共设施,如旅店客房、文化娱乐场所、公共交通工具,客流量大,人群排污量大,致使空气污浊,影响人体健康,故对各公共设施的环境质量提出不同的要求,以保证人们在休息、娱乐、旅行时有舒适环境。表 3-9、表 3-10、表 3-11 分别列出了旅店客房、文化娱乐场所、公共交通工具空气质量的卫生要求,各类公共场所的卫生标准(摘自 GB 9663～9673 和 GB 16153—1996)。

3.3.1.4 室内空气质量评价方法及模式

早期室内空气质量主要以采用单项污染物浓度值是否超标为评价依据,随着室内污染物种类以及污染形式不断为人们所知,室内空气质量评价方法也不断地得到了完善和发展。

室内环境质量评价按时间不同又可分为影响评价和现状评价。影响评价是指拟建项目对环境的影响评价,根据目前的环境条件、社会条件及其发展状况,采用预测的方法对未来某一时间的室内空气质量进行评定。现状评价是指对现在的环境质量状况进行评价,根据最近的环境监测结果和污染调查资料,对室内空气质量的变化及现状进行评定。

表 3-9 旅店客房卫生标准值

项 目	3～5 星级饭店、宾馆	1～2 星级饭店、宾馆和非星级带空调的饭店、宾馆	普通旅店、招待所
温度/℃			
冬季	＞20	＞20	≥16(采暖地区)
夏季	＜26	＜28	
相对湿度/%	40～65		
风速/(m/s)	≤0.3	≤0.3	
二氧化碳/%	≤0.07	≤0.10	≤0.10
一氧化碳/(mg/m³)	≤5	≤5	≤10
甲醛/(mg/m³)	≤0.12	≤0.12	≤0.12
可吸入颗粒物/(mg/m³)	≤0.15	≤0.15	≤0.20
空气细菌总数			
a. 撞击法/(cfu/m³)	≤1000	≤1500	≤2500
b. 沉降法/(个/皿)	≤10	≤10	≤30
台面照度/lx	≥100	≥100	≥100
噪声/dB(A)	≤45	≤55	
新风量/[m³/(h·人)]	≥30	≥20	
床位占地面积/(m²/人)	≥7	≥7	≥4

表 3-10 文化娱乐场所卫生标准值

项 目	影剧院、音乐厅、录像厅(室)	游艺厅、舞厅	酒吧、茶座、咖啡厅
温度/℃(有空调装置)			
冬季	＞18	＞18	＞18
夏季	≤28	≤28	≤28
相对湿度/%(有中央空调装置)	40～65	40～65	40～65
风速/(m/s)(有空调装置)	≤0.3	≤0.3	≤0.3
二氧化碳/%	≤0.15	≤0.15	≤0.15
一氧化碳/(mg/m³)			≤10
甲醛/(mg/m³)	≤0.12	≤0.12	≤0.12
可吸入颗粒物/(mg/m³)	≤0.20	≤0.20	≤0.20
空气细菌总数			
a. 撞击法/(cfu/m³)	≤4000	≤4000	≤2500
b. 沉降法/(个/皿)	≤40	≤40	≤30
动态噪声/dB(A)	≤85	≤85(迪斯科舞≤95)	≤55
新风量/[m³/(h·人)]	≥20	≥30	≥10

表 3-11 公共交通工具卫生标准值

项 目	旅客列车车厢	轮船客舱	飞机客舱
温度/℃			
空调 冬季	18～20	18～20	18～20
夏季	24～28	24～28	24～28
非空调	＞14	＞14	
垂直温差/℃	≤3		≤3
相对湿度/%(空调)	40～70	40～80	40～60
风速/(m/s)	≤0.5	≤0.5	≤0.5
二氧化碳/%	≤0.15	≤0.15	≤0.15
一氧化碳/(mg/m³)	≤10	≤10	≤10
可吸入颗粒物/(mg/m³)	≤0.25	≤0.25	≤0.15
空气细菌总数			
a. 撞击法/(cfu/m³)	≤4000	≤4000	≤2500
b. 沉降法/(个/皿)	≤40	≤40	≤30
噪声/dB(A)	软席≤65	≤65	≤80
	硬席≤70		
	(运行速度＜80km/h)		
照度/lx	客车≥75	二等舱台面照度≥100	≥100
	餐车≥100	二等舱平均照度≥75	
新风量/[m³/(h·人)]	≥20	≥20	≥25

国内外评价室内空气质量的方法及模式主要有以下几种。

（1）IAQ 等级的模糊综合评价　室内空气质量目前就是一个模糊概念，至今尚无一个统一的、权威性的定义。因此，有人尝试用模糊数学方法加以研究，由于该方法考虑到了室内空气质量等级的分级界限的内在模糊性，评价结果可显示出对不同等级的隶属程度，故更符合人们的思维习惯，这是现有的指数评价方法所不能及的。该方法的关键是建立 IAQ 等级评价的模糊数学模型，确定各类健康影响因素对可能出现的评判结果的隶属度。

根据模糊数学的基本原理，首先确定评价参数，即决定空气质量的因素。通常这些因素是多层次的，不同因素所起的作用也不相同，因此要分层次确定参数以及各参数权重因子的大小。根据不同参数的特点给出拟合隶属函数，结合评价标准，经模糊变换给出隶属度值，完成模糊综合评价。

（2）应用 CFD 技术对室内空气质量进行评估　近 20 年来，计算流体动力学 CFD（computational fluid dynamics）技术已被应用于建筑通风空调设计领域。该方法利用室内空气流动的质量、动量和能量守恒原理，采用合适的湍流模型，给出适当的边界条件和初始条件，用 CFD 的方法求出室内各点的气流速度、温度和相对湿度；并根据室内各点的发热量及壁面处的边界条件，考虑墙面间的相互辐射及空气间的对流换热，得到室内各点的辐射温度，综合人体的衣着和活动量，利用 Fanger 等人的研究成果，求得室内各点的热舒适指标 PMV（predicted mean vote）；同时利用室内空气的流动形式和扩散特性，得到室内各点的空气年龄，从而判断送风到达室内各点的时间长短，评估室内空气的新鲜度。

在现代建筑中，暖通空调系统设计或运行不当以及各类污染源产生的污染物质是导致室内空气质量出现问题的两大原因。利用计算流体动力学（CFD）方法研究室内空气动力学特性，建立描述室内空气流动、传热和污染物产生与扩散的连续方程、动量方程、能量方程、气体组分质量守恒方程。通过求解偏微分方程组，可以得到室内各个位置的风速、温度、相对湿度、污染物浓度、空气年龄等参数分布。结合人体舒适的评价标准，考察舒适性在整个空间的分布情况，为空调系统的布置和改进提供了依据。

（3）通风效率和换气效率评价指标　这两个指标是从发挥通风空调设备和系统的效应，进行有效通风，提高室内空气质量出发提出来的。利用室外新风稀释与排除室内有害气体或气味，仍是保证室内空气质量的基本措施，并认为有效通风是提高室内空气质量的关键。近年来国外学者对通风评价方法进行了大量的研究，提出了通风系统的评价指标。

换气效率，定义为室内空气的实际滞留时间与理论上的最短滞留时间的比值。它是衡量换气效果优劣的一个指标，与气流组织分布有关。

通风效率，定义为排风口处污染物浓度与室内污染物平均浓度之比。它表示室内有害物被排除速度的快慢程度。

（4）美国供暖、制冷和空调工程师学会评价法　美国供暖、制冷和空调工程师学会新修订的标准 ASHRAE 62—1989，对合格的室内空气质量做了新定义，定义为"室内空气中已知的污染物浓度，没有达到公认权威机构所确定的有害浓度指标，并处于该空气中的绝大多数人没有表示不满意"，这一定义正体现了把客观评价和主观评价相结合的评价标准。该标准还对主观评价做了具体规定，要求有一组至少包括 20 位未经训练的评述者，在有代表性的环境下有 80% 的人认为室内空气完全可以接受，这种空气才被认为是合格的。

ASHRAE 标准中提出了可接受的室内空气质量，即房间内绝大多数人没有对室内空气表示不满意，并且空气中没有已知的污染物达到了可能对人体健康产生严重威胁的浓度；感受到的可接受的室内空气质量，即室内绝大多数人没有因为气味或刺激性而表示不满，它是达到可接受的室内空气质量的必要而非充分条件。这个定义涵盖了客观指标和人的主观感受两方面的内容，比较科学全面。

(5) olf-decipol 定量空气污染指标　丹麦哥本哈根大学 Fanger 教授提出用感官法定量描述污染程度。该方法定义：1 olf 表示一个"标准人"的污染物释放量，其他污染源也可用它来定量；1 decipol 表示用 10L/s 未污染的空气稀释 1 olf 后所获得的室内空气质量。即 olf 是污染源强度的单位，而 decipol 是空气污染程度的单位。同时，Fanger 教授又提出"室内空气质量是人们满意程度的反应"，这一定义也进一步突出了主观评价的重要性。

(6) 指数法评价方法　由于室内空气质量的评价还是一个比较新的领域，国内对该方向的研究也尚处起步阶段，因此，对于室内空气质量质的评价还没有一套统一而完善的评价方法。达标（指数）评价方法是国家环保总局推出的一套针对室内空气质量的评价方法，目前正在被推广采用。

室内空气环境中各种污染物的含量高低、毒性强弱对环境的影响程度差别很大。指数法是用污染物浓度与标准浓度的相对数值，简单直观地描述各种污染物对空气污染的强度。表示污染物对空气污染程度的数值，称为空气质量指数，或者叫做空气污染指数 API（air pollution index）。

(7) 主观与客观相结合的综合评价方法　这一评价过程主要有三条路径，即客观评价、主观评价和个人背景资料。

客观评价就是直接用室内污染物指标来评价室内空气质量，即选择具有代表性的污染物作为评价指标，全面、公正地反映室内空气质量的状况。通常选用二氧化碳、一氧化碳、甲醛、可吸入性微粒（IP）、氮氧化物、二氧化硫、室内细菌总数，加上温度、相对湿度、风速、照度以及噪声等指标来定量地反映室内环境质量。这些指标可以根据具体对象适当增减。客观评价需要测定背景指标，这是为了排除热环境、视觉环境、听觉环境以及人体工效活动环境因子的干扰。

主观评价主要通过对室内人员的问询得到，即利用人体的感觉器官对环境进行描述和评价。主观评价引用国际通用的主观评价调查表格结合个人背景资料，主要归纳为四个方面：在室者和来访者对室内空气不接受率，对不佳空气的感受程度，在室者受环境影响而出现的症状及其程度。

3.3.2　室内空气质量现状评价

综合评价方法是一套依据国际通用模式和符合我国国情的室内空气质量评价系统，实施评价主要进行客观评价、主观评价和个人背景资料调研等方面的工作。

3.3.2.1　主观评价（背景调研）

主观评价直接采用人群资料，利用人自身的感觉器官来感受、评判室内的环境质量。

(1) 主观评价的工作内容

a. 定群调研　说明对污染的觉察与感觉（在室内人员——在室者），表述出环境对健康的影响。

b. 对比调研　要求 20 位调研员进入大楼典型房间（室外进入室内的调研员——普通判定者）。

① 15s 内做出室内空气品质可接受性判断；

② 对室内污染空气感受程度；

③ 对室内人员详细讲解，协助其正确填表，公正评价。

c. 背景调研

① 个人资料调研　姓名、性别、年龄、健康状况。

② 排他性调研　单纯由室内污染引起而排除照明、噪声等因素而产生的不适症状。

（2）主观评价结果

① 人对环境的评价表现为在室者和来访者对室内空气不接受率，以及对不佳空气的感受程度。

② 环境对人的影响表现为在室者出现的症状及其程度。这种评价首先表达了室内人员对出现的症状种类的确认。如果将没有出现某种症状定为1，频繁出现某种症状定为5，其加权平均值称作症状水平。这是所有的室内人员对这种症状的平均反应程度。当所感受到的这些症状出现普遍并且症状水平处于较显著的程度，这才有意义。

③ 对环境的评价，首先要感受出不佳空气种类及其程度，由此可推断出室内主要污染物是否与客观评价保持同一性，然后再判断室内空气质量的状况。美国供暖制冷空调工程师学会标准 ASHRAE 62—89，强调的是来访者对室内空气的不接受率（不大于20%），依此判断室内空气是否可接受。而世界卫生组织则强调在室者的症状程度（不小于20%），依此证实是否存在"建筑物综合征"。

④ 最后综合主、客观评价，做出结论。根据要求，提出仲裁、咨询或整改对策。

主观评价以人体的感觉为评判依据，但不同个体对室内空气质量的感受是不同的，同一个体对不同污染物的适应性也是不同的，人的嗅觉也存在着适应性问题，在某一空间逗留的时间越长，则比刚到该空间对空气的适应性要强。导致人们对室内空气质量不满意的原因是多方面的，室内的环境布置、色彩、照明，甚至当时的情绪，都可能对评判结果产生影响，所以该方法的主观性较强。目前采用较多的是问卷调查法，利用数理统计方法获得人们对室内空气质量或室内环境质量的主观评价。

3.3.2.2 客观评价

客观评价是直接用室内环境质量评价标准、室内空气中污染物浓度限值来评价室内空气质量的方法。

在客观评价中，选取何种污染物作为评价对象，选用什么评价指标作为评价依据，选取的客观性、公正性和全面性将会对最终评价结果产生直接的影响。

室内空气质量客观评价的方法有多种，此处仅介绍其中的空气质量指数法。

（1）评价因子的选择　评价因子应全面定量地反映室内空气质量。

进行室内空气质量评价时，选择对人体健康危害大、相对稳定、易检测到且能代表室内的污染、通风状况的污染物作为评价因子；一般选甲醛、氨、挥发性有机物（VOC）、苯、氡气、可吸入颗粒物（PM_{10}）、细菌、二氧化碳、臭氧、一氧化碳、二氧化硫、氮氧化物等。

另外室内的人员密度、活动强度影响着室内的空气质量，因而评价因子应考虑到室内空气处于适宜状态的物理指标，即温度、湿度、风速、新风量、照度、噪声等。

进行室内评价时，视具体情况可重点选择评价因子。刚装修完房屋，选择甲醛、氨、VOC、苯、氡为评价因子；地下室及用石材较多的房间应重点选择氡为评价因子；在禁烟且有计算机、复印机的办公室选择 CO_2、甲醛、O_3、PM_{10}、细菌为评价因子；而在学生上课的教室一般选 CO_2、细菌、PM_{10} 为评价因子。

空气质量指数法选取了 CO_2、CO、SO_2、NO_x、甲醛、可吸入颗粒物、菌落数 7 项为室内空气质量评价指标。其中 CO、SO_2、NO_x、可吸入颗粒物为室内环境烟雾的评价指标，当室内无 SO_2 散发源时，SO_2 也可以作为评价室外大气污染对室内渗透的评价指标之一；CO_2 在以人为主要污染物的场合，可作为室内气味或其他有害物质污染程度的评价指标，也是反映室内通风情况的评价指标；甲醛是反映 VOC 对室内空气污染的主要指标；此外，菌落数则是作为室内空气细菌学的评价指标。

（2）评价指数——空气质量指数　为了简单直观地描述各种污染物对空气的污染程度，把污染物的浓度、污染等级等空气质量参数之间的关系，用一个数学公式表达出来，并计算出一个相对数值，该数值称为空气质量指数，又叫空气污染指数，表示各种污染物对空气污染的强度。

指数法是我国环境空气质量评价的常用方法，具有一定的客观性和可比性，广泛应用于环境质量评价中。然而，室内空气质量评价目前处于应用研究阶段，没有统一的评价模式，本节主要讨论普通型指数评价模式在室内空气质量评价中的应用。

空气质量指数法涉及的指数分别为各污染物分指数以及综合指数，综合指数又包括算术平均指数、加权指数，兼顾了最大单因子指数。

a. 分指数　分指数又称单因子指数，它是指数评价方法的基础。各污染物分指数被定义为污染物浓度 C_i 与标准上限值 S_i 之比，反映某个污染物浓度与其标准上限值的距离。

根据不同评价目的的需要，环境质量指数可以设计为随环境质量的提高而递增，也可以设计为随污染程度的提高而递增。设在某一种污染物（因子）作用于室内空气（要素）的情况下，其室内空气质量单因子指数的公式为

$$I_i = \frac{C_i}{C_{oi}} \tag{3-1}$$

式中　I_i——第 i 个污染物单因子指数（分指数）；

C_i——第 i 个污染物浓度实测值或预测值，mg/m^3；

C_{oi}——第 i 个污染物浓度标准值或本底值，mg/m^3。

式中 C_{oi} 的倒数可看作是其权重系数，表示某个污染物浓度与其标准值之间的距离。单因子指数 $I_i < 1$ 时为达标，$I_i > 1$ 时为超标；显然，I_i 值越小越好。将评价因子分别与评价标准进行对比，计算出超标倍数、超标范围、超标率等指标，据此判定环境质量的优劣。如果室内空气中的污染物是单一的或某一种污染物占明显优势时，上述计算求得的环境质量指数可以反映出室内空气质量的概况。由分指数有机组合而成的评价指数能够综合地反映室内空气品质的优劣。

b. 综合指数　当某一环境因素中有多种污染物时，应当采用多因子指数进行评价。多因子指数又称综合指数，它们一般是由单因子指数有机组合而成的评价指数，能够综合反映室内空气质量的优劣。

若考虑室内空气中多种污染物之间没有明显的激发或抑制作用，各种污染物对环境产生影响所占的比例相等时，室内空气质量指数可以用均值型指数表示，代表各个单因子指数的算术平均值，计算公式为

$$I = \frac{1}{n} \sum_{i=1}^{n} \frac{C_i}{C_{oi}} = \frac{1}{n} \sum I_i \tag{3-2}$$

式中　I——多因子指数（综合指数）；

n——环境因子个数。

若室内空气中多种污染物之间没有明显的激发或抑制作用，但各种污染物对环境产生影响所占的比例不相等时，室内空气质量指数用加权型指数来计算。

$$I = \sum_{i=1}^{n} W_i \frac{C_i}{C_{oi}} = \sum W_i \cdot I_i \tag{3-3}$$

式中　W_i——第 i 个污染因子指数权重。

污染因子的权重值 W_i 是衡量参加评价的各个污染物之间对室内空气质量影响的相对重要程度，根据各因子产生影响的大小分别给予不同的权重值，W_i 值应专门研究，或由专家

咨询确定。

均值型和加权型指数是环境评价中常用的综合指数评价模式，但是在室内空气质量评价时，均值型指数可能掩盖最大单因子指数对环境质量的重要影响，在有污染物超标时不适用于室内空气质量评价；加权型指数中的权重值需要主观和客观两方面研究确定，在实际应用中存在不少困难。

沈晋明博士提出除了考虑多种污染物的平均污染水平外还需兼顾最大污染水平的评价模式，计算公式为

$$I = \sqrt{\left(\max \frac{C_i}{C_{oi}}\right) \cdot \left(\frac{1}{n} \sum \frac{C_i}{C_{oi}}\right)} = \sqrt{(\max I_i) \cdot \left(\frac{1}{n} \sum I_i\right)} \tag{3-4}$$

式中　$\max I_i$——各单因子指数中数值最大者。

以上各分指数可以较为全面地反映出室内的平均污染水平和各种污染物之间在污染程度上的差异，并可据以确定室内空气中的主要污染物。三项指数能够明确地反映出各个大楼间室内空气质量的差异。

（3）室内空气质量等级　为了评价室内空气环境质量，在建立环境质量指数与实际环境污染的定量关系的基础上，需要将指数值与环境质量分级联系起来。室内空气质量分级是室内空气质量评价的重要组成部分，也是使评价结果更准确地反映环境质量的一种手段。室内空气质量评价与室内污染程度及对人体健康的影响相关，故应考虑到环境质量的等级划分。

室内空气质量高低主要是从生态状况，尤其是人群健康状况出发来考虑的。室内空气质量分级应力求使划分的质量级别与人群健康受环境污染影响的程度相联系，并考虑到不同等级的环境质量引起的环境效应。

依照我国室内空气质量标准中的指标，对室内空气质量指数范围进行客观分段。其分段依据通常是污染物浓度超标倍数、超标污染物的种数，以及不同污染物浓度对应的环境影响程度等。由于室内空气环境中的污染物浓度很低，短期内对人体健康不会有明显作用。室内空气环境质量采用指数法评价时，一般认为分指数及综合指数在 0.50 以下是清洁环境，可获得室内人员最大的接受率。如达到 1.00 可认为是轻度污染，达到 2.00 及以上则判为重度污染，室内空气质量等级按综合指数可分为 5 级，见表 3-12，由此可判断出室内空气品质的等级。

表 3-12　室内空气品质分级及说明

综合指数 I	IAQ 等级	等级评语	特　　点
≤0.49	I	清洁	适宜于人类生活
0.50～0.99	II	未污染	各环境要素的污染均不超标，人类生活正常
1.00～1.49	III	轻污染	至少有一个环境要素的污染物超标，除了敏感者外，一般不会发生急慢性中毒
1.50～1.99	IV	中污染	一般有 2～3 个环境要素的污染物超标，人群健康明显受害，敏感者受害严重
≥2.00	V	重污染	一般有 3～4 个环境要素的污染物超标，人群健康受害严重，敏感者可能死亡

3.3.3　室内装修中环境空气质量的预评价

室内环境空气质量预评价，是根据室内装饰装修工程设计方案的内容，运用科学的评价方法，分析、预测该室内装饰装修工程建成后存在的危害室内环境空气质量的因素和危害程度，以及室内环境空气质量产生的化学性和物理性影响变化情况。提出科学、合理、可行的技术对策措施和装饰材料的有毒有害气体特性参数，作为该工程项目改善设计方案和项目建筑材料供应的主要依据。预评价是保证建筑装饰工程建成后具有良好的室内环境质量的一个重要步骤，是一门由多学科知识组成的实用技术。

3.3.3.1　概述

随着生活水平的不断提高，人们对生活、工作环境的质量日益重视，近年来，关于室内环境空气污染的投诉和报道屡屡出现，反映出目前室内环境空气污染情况的严重性。

室内环境空气污染的测试数据表明，造成室内环境空气污染的主要原因是通过装饰装修工程中使用的建筑材料、装饰材料、家具等释放出来的有毒有害气体。其中，细木工板（大芯板）、三合板、复合木地板、密度板等板材类，内墙涂料、油漆等涂料类，各种胶黏剂均释放出甲醛气体、非甲烷类挥发性有机气体，是造成室内环境空气污染的主要污染源。目前室内环境空气中以化学性污染最为严重，主要有毒有害气体是甲醛、苯及苯系物等挥发性有机气体及氡气、氨气。根据建筑物使用功能的不同，室内环境空气污染物的种类有所不同。在公共建筑中，氡气污染很严重，尤以大理石装饰的大堂为突出；办公室中，甲醛气体污染严重，同时由于补充空气新风量不足而造成室内空气中二氧化碳污染严重；居室中，除甲醛气体污染严重外，同时伴有非甲烷类挥发性有机气体（如苯、甲苯、二甲苯、苯乙烯、二异氰酸甲苯酯等）；在局部建筑物中，因冬季施工而造成的氨气污染也十分突出。

室内环境空气质量预评价技术可广泛应用在各种室内建筑装饰装修工程中。不仅能够应用于住宅装修工程，也可应用于公共建筑装修工程，还可应用于家具等室内装饰物品。"防患于未然"是每个人的愿望，装修后造成严重的室内空气污染会带来巨大的精神损失和经济损失，人们迫切希望在装修施工开始前能够采取措施以避免使用不适当的设计方案、建筑材料和施工工艺，以保证装修工程完成后有一个良好的室内环境质量。因此，做好室内环境空气质量预评价工作是预防室内环境空气污染、保证身体健康的必要手段。

室内环境是一个相对独立的环境系统，系统内部各个污染源释放出各种有毒有害气体。根据"总量控制"原则，分析每一个污染源的污染特征，计算其有毒有害气体释放量，再将室内所有污染源的有毒有害气体释放量求和，即可控制整个室内环境系统的有毒有害气体总量并使其低于室内环境空气质量标准，保证身体健康，实现绿色健康装修。

室内环境空气质量预评价程序主要包括工程分析、物料计算、建筑材料有毒有害气体释放量的测定、有毒有害气体的定量计算、对策措施建议、评价结论。如果业主已确定了建筑材料，还应进行建筑材料评价与测试。

（1）工程分析　室内环境空气质量预评价的主要依据是室内装饰装修工程设计方案，因此，做好工程分析是保证评价结果科学、合理的基础。在工程分析中，根据工程设计方案，分析工程的室内微小气候条件、主要危害因素，确定主要污染物，合理划分评价单元。

① 室内微小气候条件分析　室内微小气候包括温度、相对湿度、气流风速等，它们除了直接作用于机体外，还作用于人体周围的生活环境，影响室内环境空气质量。因此，进行建筑物的室内微小气候条件分析，是保证良好的室内环境空气质量的重要一环。

高品质的室内环境温度应在 $22 \sim 24 ℃$ 之间，相对湿度 $40\% \sim 50\%$，风速低于 $0.3 m/s$。通常情况下，室内装饰工程设计中易忽视湿度问题和通风问题，尤其是在装备中央空调系统的公共建筑的设计中，其空调系统中的加湿装置无法满足干燥天气情况下的湿度要求。因此，必须对室内环境的湿度问题进行评价；另外，通风问题也是室内装饰工程设计时经常遇到的问题，而通风不畅且无空气净化装置很容易造成室内环境空气污染。因此，必须对室内通风系统进行评价。

② 主要危害因素分析　通常在建筑物本底浓度不形成室内空气污染的情况下，造成室内环境空气污染的因素是室内装饰材料释放出有毒有害气体，因此，依据工程设计方案，确定使用的各种建筑材料种类，即可确定该工程中的主要危害因素。

测试数据统计表明，造成室内空气污染的主要危害因素是室内装饰材料释放出有毒有害气体，主要污染物是甲醛、苯、甲苯、氡气、二氧化碳。

③ 评价单元的划分　随着节能技术在建筑物中的不断应用，建筑物密封性日益提高，室内与外界的自然空气交换水平显著降低。室内环境成为一个相对独立的环境系统，受外界空气的干扰影响变得很小。因此，可以认为室内环境是一个独立的封闭系统，将这一封闭系统作为一个独立的环境系统去考虑，是一个评价系统。

在这一封闭系统中，为了较方便地进行评价工作，可将整个系统划分为相对独立的评价单元进行评价和计算。通常，以每一个相对封闭的房间作为一个评价单元，可将整个系统划分成若干个评价单元，简化了评价工作。由于每个房间关闭门窗后均是一个封闭系统，其空气交换量很小，可忽略不计。因此，可将每个房间作为一个评价单元独立评价。

如果房间中没有相对封闭的空间时，应将该空间的封闭状态作为一个评价单元进行评价。

(2) 物料计算　根据工程设计方案，按照已划分的评价单元，对工程所用的建筑材料使用量进行统计计算，其结果是该评价单元中的各种建筑材料的使用量：细木工板面积（m^2）、三合板面积（m^2）、复合木地板面积（m^2）、内墙涂料质量（kg）、油漆质量（kg）、黏合剂质量（kg）、石材面积（m^2）。

(3) 建筑材料有毒有害气体释放量的测定　测定建筑材料的有毒有害气体释放量是测定单位面积或单位质量的建筑材料在极端情况和正常情况下自然释放出的各种有毒有害体的质量。一般地，以面积为计量单位的建筑材料（如细木工板、三合板、复合木地板、石材等）的有毒有害气体释放量单位是 mg/m^2；以质量为计量单位的建筑材料（如内墙涂料、油漆、黏合剂等）的有毒有害气体释放量单位是 mg/kg。

建筑材料有毒有害气体释放量的测定方法一般采用"人工环境模拟实验箱"方法，即将所需测试的建筑材料按照一定的使用量放入人工环境模拟实验箱中，保持恒定的环境条件，当箱内有毒有害气体达到平衡浓度时所测定出的有毒有害气体浓度值换算为质量，再除以其使用量即为该建筑材料在该环境条件下的该种有毒有害气体释放量。

(4) 有毒有害气体定量计算

① 建筑材料使用量的定量计算　当室内装饰装修工程依据工程设计方案已经确定使用建筑材料的种类时，需首先测定所使用的建筑材料的有毒有害气体释放量，再根据工程物料计算结果的建筑材料使用量计算出评价单元中有毒有害气体浓度，与标准浓度值比较，即可得到计算结果 k'。

② 有毒有害气体总量控制的定量计算　当室内装饰装修工程需依据工程设计方案确定所使用的建筑材料的种类时，需首先进行评价单元的总量控制计算。总量控制计算即是依据工程设计方案计算出有毒有害气体最高容许释放量，利用最优化理论进行线形方程计算（也可将各种性能与价格因素一同进行优化计算），其结果即是该评价单元中应使用的各种建筑材料的有毒有害气体释放量。其次，根据计算出的各种建筑材料的有毒有害气体释放量确定使用品种。再根据工程物料计算结果的建筑材料使用量计算出评价单元中有毒有害气体浓度，与标准浓度值比较，即可得到计算结果 k'。

③ 定量计算的评价结果　根据定量计算结果 k'，当 $k' \leqslant 1$ 时，表明该种建筑材料选择合理，能够保证使用后室内环境中有毒有害气体浓度符合标准要求；当 $k' > 1$ 时，表明该种建筑材料选择不合理，不能够保证使用后室内环境中有毒有害气体浓度符合标准要求。

(5) 对策措施建议　根据上述评价结果，针对该室内装饰装修工程设计方案存在的不合理性提出建设性意见，改善设计方案，以保证工程建成后具有良好的室内环境空气质量。

对策措施建议内容包括以下几方面。

① 室内微小气候条件　一般地，应完善室内通风系统，合理安排送风口、回风口布置，避免造成通风死角；加强自然通风；中央空调系统应注意生物污染问题。北方干旱地区应设计足够的加湿系统；空调系统应保持合理的补充新风量等。

② 建筑装饰材料的选择　选择建筑装饰材料的依据是该种材料影响有毒有害气体释放量符合定量计算的结果。每个评价单元实施"总量控制"，保证评价范围内的室内环境空气质量符合标准。如果材料释放量不能满足计算结果要求，应改变工程设计方案。

③ 工程设计方案的完善　当不能找到可满足评价结果的建筑装饰材料时，为了保证良好的室内环境空气质量，应考虑改变设计方案。一个方法是减少材料的使用量，以达到减少有毒有害气体释放量的目的；另一个方法是采用空气净化措施消除空气污染，以达到减少有毒有害气体浓度的目的。

3.3.3.2　室内空气质量的基本数学模型

(1) 影响室内空气质量的因素　描述室内空气质量的指标可分为化学、物理、生物和放射性，这些指标与室内外环境因子有关，室外环境因子包括大气质量、通风量等通风系统参数和建筑物体积、面积、密闭、隔热等建筑物参数；室内环境因子包括建筑材料、人类活动、室内用品等室内空气污染源和污染物的衰减、净化等性能。

室内空气质量是多种因素和过程相互作用的结果，这些因素和过程受建筑设计、装修工程、居者活动的制约。室内空气质量指标主要是由室内空气组成决定的，室内污染源会增大污染物浓度，恶化室内空气质量，引入洁净的室外空气则能改善室内空气质量；另外，空气交换率、污染物特性、混合模式都影响着室内空气的质量。

① 室外污染物浓度　室外空气质量随时间和空间变化，室内空气则随着室外空气污染物浓度产生相应变化，但是滞后于室外，而且峰值浓度低于室外。室内空气质量响应室外空气质量的快慢及程度主要取决于空气交换率。若室外某污染物浓度维持恒定，最终该污染物的室内与室外浓度将达到平衡。

② 室内污染物浓度　根据污染物的释放特性，室内污染源可分为间断性和连续性污染源两类。烹调、吸烟等间断性污染源因人的活动而触发，一旦活动停止，污染物浓度急剧下降。活动持续时间越长，强度越大，室内最大污染物浓度越高。建筑及装修材料、家具等连续性污染源释放污染物相对平稳，室内污染物浓度与污染物释放速率成正比，随着源强和温度提高，污染物释放速率提高，室内污染物浓度增大。

③ 室内与室外空气交换　室内、外空气的交换方式按照工作动力分为自然通风和机械通风，按照工作范围分为局部通风和全面通风。空气交换率是室内与室外空气交换的速率，用单位时间内通过特定空间的空气体积与该空间体积之比表示，单位为次/h。空气交换率直接影响室内污染物浓度随室外变化的速率，空气交换率越高，室内浓度跟随室外变化越快。此外，空气交换率也决定着降低污染物浓度需要的时间，对于相同的室内污染事件，空气交换率越高，室内浓度降低所需要的时间越短。空气交换方式也影响着室内空气质量，采用哪一种通风方式要根据室内污染的特点来选择。

④ 建筑物面积和体积　室内污染物浓度与建筑物室内面积和体积有关，室内空间面积决定了建筑及装修材料的使用量，即污染物释放量，建筑物面积越大，污染物释放量越多。建筑物室内空间体积决定了污染物扩散体积，在污染源不变的情况下，室内污染物浓度随建筑物的体积增加而降低。一般情况下，污染物在建筑物内的分布并不是均匀的，具体分布形式取决于污染源位置和空气循环情况。而当污染源位置确定后，建筑物室内各处浓度将主要取决于空气循环。

⑤ 污染物的性质　污染物的性质也是决定室内污染物浓度的重要因素。无论污染物产

生于室内，还是室外，都可能通过某种途径耗损。这些途径包括气体转化、颗粒物沉降、表面吸收和吸附等作用。室内的各种污染物发生化学反应和物理变化的能力不同，使得污染物浓度随时间的衰减过程差异很大。

⑥ 污染物净化 空气净化器能在不增大空气交换率的情况下，改善室内空气质量。改善效果取决于污染物的性质和空气净化器的性能。

（2）描述室内空气质量的数学方程 根据质量守恒定律，室内空气质量的平衡方程可表示为

室内污染物量＝（室外渗入污染物量＋室内产生污染物量）－
（室内渗出污染物量＋室内降解污染物量）

a. 平衡方程中的物理量

① 室外渗入室内污染物量 渗入室内的污染物量等于室外污染物浓度 C_o 与室内、外空气交换量 Q 之乘积，即 $C_o \times Q$。

$$Q = NV$$

式中 N——表示室内、外空气交换率，次/h；

V——表示室内有效体积，m^3。

考虑到室外空气进入建筑物时，部分室外污染物会被建筑物墙体材料吸收或吸附，即产生洗涤效应，因而实际进入室内的污染物浓度低于室外的污染物浓度。假定因洗涤效应去除的浓度分数为 F_o，则在一个时间增量 dt 内，室外渗入室内的污染物量为 $NVC_o(1-F_o)dt$。

② 室内产生污染物量 当室内污染源连续产生污染物的时间为 dt，污染物产生速率为 S 时，室内产生的污染物量可表示为 Sdt。S 又称为污染源释放污染物的强度，即源强。

③ 室内污染物渗出室外 与室外渗入一样，从室内渗出的污染物量等于室内污染物浓度 C_i 与空气交换量 Q 的乘积。假定室内污染物混合均匀，则渗出量可表示为 $NVC_i dt$。

④ 室内降解污染物量 NO_2、O_3、SO_2 等化学性质活泼的物质因化学反应或吸附，浓度会下降，氡及其子体因辐射衰减而耗损。这类作用引起的浓度降低可表示为 λdt，其中，λ 是总衰减速率。当几种衰减同时存在时，各种衰减（λ_i）可单独考虑，总衰减为 $\lambda = \sum \lambda_i$。

室内污染物也能利用净化装置去除，去除量可表示为 $qFC_i dt$，其中，q 是净化装置单位时间的处理空气量，F 是净化装置的去除效率。同样，设 $q = nV$，式中 n 称为室内空气净化率，单位为次/h。

b. 质量平衡方程

① 完全混合条件下 当室内污染源为稳定源时，在完全混合条件下，室内污染物浓度的质量平衡方程为：考虑到在室内部分污染物可能发生某些形式的化学反应而被清除或由于气-粒转化作用产生沉积，室内有害物质量守恒关系式，可以用下述的微分表达式来描述。

$$\frac{dC_i}{dt} = NC_o(1-F_o) + \frac{S}{V} - NC_i - \frac{\lambda}{V} - nFC_i \tag{3-5}$$

式中 C_i——室内污染物浓度，mg/m^3；

F_o——因洗涤效应去除的污染物浓度分数，无量纲；

N——空气交换率，次/h；

C_o——室外污染物浓度，mg/m^3；

S——室内污染物产生速率，mg/h；

V——室内有效体积，m^3，其中体积修正因子无量纲；

λ——衰减速率，mg/h；

n——室内空气净化率，次/h；

F——空气净化装置的效率，无量纲。

② 非完全混合条件下　一般通风系统中，总是假定进入空气与室内空气的混合是在瞬间完成的，但大多数情况下室内污染源是不稳定，室内、外空气的混合需要经过一段时间，考虑到室内污染物混合的不均匀性，引入混合因子 m 修正空气交换率。定义 m 为污染物在室内的实际停留时间与根据空气交换率计算得到的理论停留时间之比。同时，定义污染物的有效空气交换率为混合因子 m 与空气交换率 N 之乘积。于是，可得到非完全混合条件下的质量平衡方程。

$$\frac{dC_i}{dt} = mNC_o(1-F_o) + \frac{S}{V} - mNC_i - \frac{\lambda}{V} - nFC_i \tag{3-6}$$

3.3.3.3　室内空气质量的数学预测模型

(1) 影响建筑材料释放特性的因素　在居室内建筑材料是最主要的污染源，它们可能释放出甲醛（HCHO）、苯（C_6H_6）、甲苯（C_7H_8）、二甲苯（C_8H_{10}）、挥发性有机化合物（VOC）、氨（NH_3）、放射性氡气（Rn）等有害物质。影响建筑材料污染物质释放特性的环境参数主要有以下几个。

a. 温度　温度会影响气态污染物的蒸气压、扩散系数以及材料与气相的平衡，既影响污染物质在材料内部的扩散，也影响从材料表面向空气层的迁移。温度升高将引起污染物释放速率增大，因此要降低室内污染物的浓度，就应该保证室内温度的波动尽可能小，室内各点温度要均匀。

b. 相对湿度　湿度会影响吸湿性材料和水溶性气体的释放特性，因为水对这些物质可以起到迁移媒质的作用。如湿度可以影响刨花板中甲醛的释放率，由于影响不大，一般不作考虑。

c. 空气交换率　即单位时间室内空气置换次数，它直接影响室内气态污染物的浓度。当污染物的室外浓度低于室内浓度时，空气交换率越高，气态污染物室内的浓度越低。

d. 空气流速　材料表面空气流动有助于气态污染物扩散，如果空气处于静止状态，材料与空气界面层的浓度将会升高，进而影响材料内部气态污染物的迁移，使材料中气态污染物的释放速率减小。当表面风速高于一定水平时，气态污染物在界面层的迁移阻力降低到最小程度。

e. 材料装填率　材料装填率是指材料的面积除以室内体积，提高材料装填率能使室内污染物浓度的上升速率增加。在用环境试验舱测试中，材料装填率是模拟室内实际的装填率，空气交换率和材料装填率常作为实验设计的重要参数。

f. 产品年龄和经历　对大多数材料产品而言，污染物释放的速率随时间的延长而下降。有些变化迅速，如涂料成膜后气态污染物的释放速率急剧下降；有些变化缓慢，如木质板材中甲醛的释放速率下降缓慢。存放环境条件，如温度、相对湿度、贮存空间等也会影响这个过程。

g. 吞吐效应　气态污染物从材料表面释放出来，扩散或停留在室内空间的过程中，会被室内墙壁和其他用具的表面吸附、吸收，甚至发生化学反应。当室内污染物浓度降低后，被吸附的气态污染物会再释放出来，这种现象称为吞吐效应。由于吞吐效应的复杂性，它的影响程度是很难确定的，因此增加了用材料的释放数据预测室内污染物浓度的困难。在测试材料释放特性时，要最大程度地减小吞吐效应，使数据分析简单化。选用惰性材料时可以不考虑吞吐效应。

(2) 建筑材料中污染物的释放速率

a. 释放机理　建筑材料按照其形态可分为固体材料和湿式材料,固体材料如水泥混凝土、墙地砖、卫生陶瓷、建筑玻璃、人造板材等,会释放出氨气（NH_3）、放射性氡气（Rn）以及散发出少量的悬浮颗粒物质;湿式材料包括涂料、黏合剂等,会释放出大量的挥发性有机化合物（VOC）和甲醛（HCHO）。湿式材料使用时多数是涂在物体表面形成薄膜,随着挥发性有机物的迅速挥发,液体薄膜变薄而固化。因此,湿式材料固化薄膜与固体材料中污染物的释放过程可以认为是一样的,区别在于扩散速率不相同。

建筑材料中气态污染物的释放包括两个过程:材料表面的气态污染物穿过气固界面层扩散到气相中;材料内部的气态污染物向表面迁移,然后再穿过界面扩散。在第一个过程中,释放速率与气固界面层两侧该物质的蒸气压差（浓度差）和扩散速率成正比,扩散速率又是该物质的扩散系数、界面层厚度和空气流速的函数。在第二个过程中,迁移速率是该污染物在材料中扩散系数的函数,扩散系数与该污染物分子的理化性质（如分子的大小）、环境温度以及材料结构有关。当从包装中取出材料放入室内时,材料中气态污染物的释放以第一个过程占优势,室内浓度开始迅速上升,而后逐渐下降。一段时间后（视材料和测试条件而异）,材料表面浓度降低,第一个过程减弱,第二个过程起主要作用。

b. 释放速率　建筑材料中气态污染物的释放速率用释放因子 E（emission factor）来表示,常用的计量单位分别有:质量/（面积·时间）,$mg/(m^2 \cdot h)$;质量/（质量·时间）,$mg/(kg \cdot h)$;质量/（长度·时间）,$mg/(m \cdot h)$。根据材料的种类和污染物释放特性,选用适当的计量单位,一般常用第一种单位（本书也主要采用这一单位）。建筑材料中气态污染物的释放速率可用两种释放模式描述。

① 恒定释放速率　室内气态污染物的浓度变化非常缓慢时,在较短的一段时间内,可视作释放速率为常数。这个区间维持的时间越长,材料对室内环境的污染影响越重。恒定释放速率为

$$E = \frac{c \times Q}{A} \tag{3-7}$$

式中　E——污染物释放速率,$mg/(m^2 \cdot h)$;

　　　c——室内污染物浓度,mg/m^3;

　　　Q——室内空气流量,m^3/h;

　　　A——室内材料面积,m^2。

因为 $N = \dfrac{Q}{V}$,$L = \dfrac{A}{V}$,所以上式可写成:

$$E = \frac{c \times N}{L} \tag{3-8}$$

式中　N——空气交换率,次/h;

　　　L——材料装填率,m^2/m^3;

　　　V——室内体积,m^3。

② 动态释放速率　室内气态污染物的浓度始终是变化的,且在较长一段时间内随时间而下降。一般认为室内气态污染物的释放速率随时间呈指数衰减,动态释放速率为

$$E = E_0 \cdot e^{-kt} \tag{3-9}$$

式中　E——某一时刻的释放速率,$mg/(m^2 \cdot h)$;

　　　E_0——初始释放速率,$mg/(m^2 \cdot h)$;

　　　k——释放速率衰减常数,次/h;

　　　t——时间,h。

（3）室内污染物浓度的数学预测模型

a. 数学预测模型　在分析建筑材料释放出的污染物对室内空气质量的影响时，针对不同情况将做进一步简化，使预测计算更加方便。

$$C_i = C_o + \frac{LE_o}{N-k}(e^{-kt} - e^{-Nt}) \tag{3-10}$$

式（3-10）考虑了影响室内空气质量的两个主要因素，即室内污染源和室外污染源，且形式较简单，是比较适用的室内污染物浓度数学预测模型。

b. 数学模型的讨论　由式（3-10）可以看出，室内污染物浓度与以下参数有关。

① C_o　室外大气污染物的浓度 C_o 越高，室内空气污染物的浓度 C_i 越高。在一定地区和某一时段内，C_o 可以看作常数，由大气环境监测得到该数据。

② E_o　初始释放速率 E_o 越大，室内空气污染物的浓度 C_i 越高。E_o 与材料品种、有害物质含量、环境温度和湿度等有关。

③ k　释放速率衰减常数 k 越大，室内空气污染物的浓度 C_i 下降越快。k 与材料品种和性质、环境温度和湿度等有关。

④ L　材料装填率 L 越高，室内空气污染物的浓度 C_i 越高。该参数是建筑装修设计中的关键数据，预测模型为确定 L 提供了科学依据。

⑤ N　空气交换率 N 越大，室内污染物的浓度 C_i 下降越快。该参数是建筑物暖通空调设计中的关键数据，预测模型为确定 N 提供了科学依据。

习题与思考题

1. 室内空气污染物分为几类？
2. 室内空气中甲醛有哪些来源？有何危害？
3. 何谓挥发性有机化合物？室内空气中 VOC 是怎样产生的？
4. 室内空气中的氨有何危害？
5. 何谓可吸入颗粒物？有何特征？有何来源？有何危害？
6. 什么是放射性物质的体内辐射和体外辐射？
7. 氡有何性质和危害？
8. 室内空气中的氡主要来自哪些方面？

4

室内空气污染的控制

本章摘要

　　本章从污染源控制、净化控制和通风控制全面介绍室内空气污染控制技术。污染源控制的重点是使用绿色建材；通风控制主要讲述通风的原理及各种通风方式；净化控制重点介绍过滤技术和吸附方法。

　　民用建筑室内空气污染控制方法的指导思想可以概括为堵源、节流和稀释。堵源就是控制污染源，它是指从源头着手避免或减少污染物的产生；或利用屏障设施隔离污染物，不让其进入室内环境。这是控制室内空气污染的根本所在，通过采取合理的方法控制甚至排除污染源，其效果远比污染物进入室内后再加以治理要好得多。比如使用绿色环保建筑材料和装饰材料、控制人员活动（如吸烟等）和化工产品的使用、正确选择建筑物的地基等。节流即建筑维护方法，主要是采用化学、生物或空气净化的方法消除室内空气污染物。稀释就是通风控制方法，即借助自然作用力或机械作用力将不符合卫生标准的污浊空气排至室外或排至空气净化系统，同时，将新鲜空气或经过净化的空气送入室内，以降低空气中的有害物浓度。

　　因而改善和提高室内空气质量将从室内污染源控制、使用绿色建材、通风、合理使用空调，采用治理技术，使用室内空气净化器及室内绿化、优化设计，完善法规等方面着手。

4.1　室内污染源的控制

　　毫无疑问，消除或减少室内污染源是改善室内空气质量，提高舒适性的最经济最有效的途径，在可能的情况下应优先考虑。室内空气污染源控制作为减轻室内空气污染的主要措施具有普遍意义，不过，适宜的污染源控制方法因污染源和污染物的性质而异。减少室内吸烟和室内的燃烧过程，进行燃具改造，减少气雾剂、化妆品的使用，更重要的是控制能够给环境带来污染的材料、家具进入室内；而源头控制的策略，主要是选择和开发绿色建筑装饰材料。

　　大量文献表明，在国内引起室内空气污染的最主要原因，是由于装修过程中引入的各种各样的不良建材，因此，一方面要通过立法在生产过程中尽量控制这些建筑材料的污染物含量，只允许有害物质含量低的产品进入市场；另一方面，需要对室内有哪些污染源、这些污染源可能产生什么样的污染物以及污染物的释放特征进行研究，这样就可以在装修过程中对有可能造成室内空气污染的污染源进行有效的控制。

4.1.1　减少室内污染源

　　从理论上讲，用无污染或低污染的材料取代高污染材料，避免或减少室内空气污染物产生的设计和维护方案，是最理想的室内空气污染控制方法。

传统的建筑材料和装饰材料能释放大量有害物质，成为室内空气最主要的污染源之一，因此，新建或改建楼房时应使用无污染或低污染的建筑材料和装饰材料。应停止使用产生甲醛的脲醛泡沫塑料和产生石棉粉尘的石棉板。在铺地板、安装墙壁装饰板、保温、隔音板、室内家具时可以使用甲醛释放量较少的或不含甲醛的原木木材、软木胶合板和装饰板等，而不宜使用刨花板、硬木胶合板、中强度纤维板等含有甲醛的材料或陈设。

2002年1月1日起实施的《室内装饰材料装修材料有害物质限量10项强制性国家标准》中明确规定，自2002年7月1日起，停止销售不符合这10项标准的产品。这10项强制性国家标准包括：

《室内装饰装修材料　人造板及其制品中甲醛释放限量》（GB 18580—2001）

《室内装饰装修材料　溶剂型木器涂料中有害物质限量》（GB 18581—2001）

《室内装饰装修材料　内墙涂料中有害物质限量》（GB 18582—2001）

《室内装饰装修材料　胶黏剂中有害物质限量》（GB 18583—2001）

《室内装饰装修材料　木家具中有害物质限量》（GB 18584—2001）

《室内装饰装修材料　壁纸中有害物质限量》（GB 18585—2001）

《室内装饰装修材料　聚氯乙烯卷材地板中有害物质限量》（GB 18586—2001）

《室内装饰装修材料　地毯、地毯衬垫及地毯用胶黏剂中有害物质释放限量》（GB 18587—2001）

《混凝土外加剂中释放氨限量》（GB 18588—2001）

《室内装饰装修材料建筑材料放射性核素限量》（GB 6566—2001）

这10项国家标准的出台为规范室内装饰材料市场提供了技术依据，对于促进产品质量不断提高，将室内污染物危害降到最低限度，保证人体健康和人身安全具有重要意义，同时对室内装饰材料有害物质监控和规范装饰装修市场正常秩序起到重要作用。

目前家庭常用的燃料以天然气最为清洁，而煤的污染最为严重，但不管何种燃料，燃烧后都会产生污染。因此，使用电炉做饭可以减少燃料燃烧副产物的污染，不使用不带通风系统的煤油炉或明火煤气炉以限制烟尘。在办公室和公用建筑物内，良好的建筑设计可以阻止汽车车辆废气的进入。有人吸烟的房间，空气质量得不到保证，为保证室内空气质量，室内应禁止吸烟。公共场所应考虑设立吸烟区，家庭居室内吸烟应在厨房通风设备处。

正确勘查选择建筑物的地基可以避免氡污染。建筑物在建造前，应了解该处地基的污染情况，应避免建筑物建在已受污染的地基上，而且要注意对底层房间建筑构造的密封，对各种管线的孔洞边要及时封埋。沙土透气性太强有利于氡的进入，而不透气性泥土利于防止氡污染，所以住宅建在泥土上为宜。

如前所述，室内空气容易受各种脂肪族、芳香族及烃的污染。正确选择涂料及家具可以避免或减少这类污染。例如，水基漆比油基漆放出的挥发性有机物少；地板尽量选用纯木材或陶瓷。另外，化妆品、空气清新剂、地板蜡等室内化工用品含有对人体有害的化学成分，因此，尽量减少在室内使用这些化工用品，有助于室内空气质量的改善。

4.1.2　室内污染源的处理

对于已经存在的室内空气污染源，应在摸清污染源特性及其对室内环境的影响方式的基础上，采用撤出室内、封闭或隔离等措施，防止散发的污染物进入室内环境。

室内空气污染物的来源可以靠降低污染物的扩散直接得到改善。例如，对于暴露于环境的碎石棉，可通过喷涂密封胶的方法将其严密封闭，其成本远低于彻底清除。另外，当石棉产生污染问题时，若采取清除措施则一定要注意得当，否则反而会增大其危害性。

要有效地清除甲醛污染源必须先要准确确定污染源。由于有多种交叉污染，必须找准主要来源。例如，对于新的刨花板和硬木胶合板这样散发大量甲醛的木制品采用清除法不大适宜，必须采用其他处理措施，通常可在其表面覆盖甲醛吸收剂。这些材料老化后，可涂覆虫胶漆，这些涂层可以阻止水分进入树脂，由于水分可以帮助树脂释放游离态甲醛，因而这些涂层的使用便可以有效地抑制甲醛的释放。

搬走煤气炉或用电炉代替煤气炉是减少室内污染的有力措施之一。在有霉类污染的建筑物中应清除霉变的建筑材料和家具陈设，还应用蒸汽增湿装置替换冷雾式挥发器。

特殊的处理方法是向房内施放高浓度氨气处理，可以降低活动房中长期存留的甲醛浓度的 50%～80%。另外，减少氡进入住处内部，包括地下室石料的裂缝、地板和上下水管路的孔穴，简易的处理方法是可在地面贴砖层下安置除水器。

4.1.3 使用环保型建材

建筑材料和装饰材料是造成室内空气污染的主要原因之一，众多挥发性有机化合物普遍存在于室内各类建筑材料中。同时，由于现代化空气调节设备的大量使用，导致室内与室外的空气交换量大大减少，建筑材料所释放的挥发性有机化合物不能被及时排至室外，而被积聚在室内，于是造成更严重的室内空气污染。

大量研究表明，室内空气的污染主要来自于室内墙体表面材料的污染物的散发。材料的散发特性主要表现在两个方面，即散发率和散发时间。室内空气的污染源主要来自于室内表面材料的散发，其表现形态可能是无机颗粒也可能是蒸气相有机物，典型的有机气相物的浓度范围可以从每立方米几十毫克至几千毫克，而测出的化合物从数十种至数百种。丹麦的环境学家 Olevalbjorn 将从建筑材料中散发出来的污染物质分为三类。

第一类，自由基未化合的污染物，包括从木屑板的黏结剂中散发出来的游离甲醛、矿棉吸声板中的松散纤维及溶剂型涂料中的溶剂等。

第二类，不同程序化合的污染物，如在相当稳定的化合物中的甲醛、吸声板中的岩棉纤维及石棉纤维板中的石棉等。

第三类，经吸收及积累后形成的污染物，如整开间的地毯，尽管其本身并无散发性，但易于吸收及沉淀污染物，因此，对于室内空气的影响很大。

随着社会经济和科技的日益发展以及人们对生活质量要求的不断提高，人们对居住环境的健康、安全要求也越来越高。当前，世界各国的城市规划、建筑设计、建筑标准无不强调以绿色建筑为宗旨的绿色环境，并把 21 世纪作为绿色建筑的时代。绿色建筑需要绿色建材。早在 20 世纪 70 年代末，科学家们就已经开始了关于建筑材料所释放的气体对室内空气的影响及其对人体健康的危害程度方面的研究。

4.1.3.1 绿色建材

建材工业是国民经济非常重要的基础性产业，同时又是对天然资源和能源消耗较高、破坏土地资源与生态较严重、对大气污染程度较深的行业之一。

1988 年第一届国际材料科学研究会上，首次提出了"绿色材料"的概念。绿色材料、绿色产业、绿色产品中的绿色，是指以绿色度表明其对环境的贡献程度，并指出可持续发展的可能性和可行性，绿色已成为人类环保愿望的标志。

1992 年，国际学术界明确提出绿色材料的定义，绿色建材国际上也称之为生态建材、环保建材和健康建材等，它是指采用清洁生产技术，少用天然资源和能源，大量使用工业或城市固态废物生产的无毒害、无污染、无放射性，有利于环境保护和人体健康的建筑材料。它是对人体、周边环境无害的健康、环保、安全（消防）型建筑材料，属"绿色产品"大概念中的一个分支概念。

4.1.3.2 绿色建材的种类

在制造和使用总过程中，对地球环境负荷相对最小的材料称为"环境建材"或"绿色建材"，传统天然材料及有益于环境健康的人造新材料均属于"绿色建材"的范畴。"绿色建材"通常具有特定的环保功能和有益于健康功能的材料，可具有空气净化、抗菌、防霉等功能或红外辐射效应、电化学效应、超声和电场效应等。"绿色建材"既能减少地球环境负荷，又能改善与健康有关的居室内小环境。

"绿色建材"一般可分为以下几类：气环境材料——净化空气材料；水环境材料——净化水材料；地环境材料——改良土地、利用废渣；循环材料——零排放废气、废水和废渣；保健环境材料。

具体介绍如下。

(1) 空气净化建材　光催化净化技术能对空气进行长期的净化作用。将玻璃、陶瓷等作为载体，加入 TiO_2 光催化剂，在紫外线光照下，使空气中水分和氧气转化为活性氧自由基，这些游离的自由基能使 VOC、SO_2、NO_x 等污染气体转为无害气体。

(2) 保健抗菌建材

① 金属氧化物　金属氧化物都有一定程度的抗菌性，抗菌效果依次为：AgO、CuO、ZnO、CaO、MgO。

② 含金属离子的、以硅酸盐为载体的抗菌剂（第一代）　金属离子的抗菌效果依次为：Ag、Co、Ni、Cu、Zn、Fe 等，常用的是 Ag、Cu、Zn 等。

③ 光催化抗菌净化材料（第二代）　光催化抗菌净化都是利用光照射下产生的活性氧。如 TiO_2 抗菌净化材料同时具有净化、自洁功能和抗菌功能，并可长期发挥作用。因此，这类产品在环保方面有着非常广泛的应用前景。但在目前，在生产上采用溶胶凝胶制备陶瓷、搪瓷和玻璃制品时，需用专用设备，控制难度较大，产品的成本较高，且抗菌性能较差。

④ 稀土激活保健抗菌材料（第三代）　为了弥补上述材料抗菌能力的不足和使其更为方便地使用，中国建材研究院研制了新一代的抗菌材料。它采用了稀土离子和分子的激活手段，充分利用了光催化作用能复合盐的抗菌效果，以达到并提高了多功能抗菌效果。制造抗菌陶瓷时，充分利用了现有的陶瓷釉成分及远红外陶瓷和抗菌陶瓷的最优配方。

各种保健抗菌建材的应用领域比较广泛，包括涂料、塑料制品、保鲜膜；纤维、无纺布制品，衣料；搪瓷制品、金属板、建筑卫生陶瓷以及陶瓷制品等。

(3) 多功能的绿色建材

① 保健型瓷砖　日本东陶公司研制出一种新型瓷砖，该瓷砖采用光催化剂技术，在瓷砖表面制作了一层具有抗菌作用的膜，这种膜可有效地抑制杂菌的繁殖以防止霉变的发生。这种保健型瓷砖，特别适用于医院、食品厂、食品店以及浴室、厨房、卫生间等装饰。

② 可调节室内湿度的壁砖　日本铃木产业公司开发出具有调节湿度性能的建筑用壁砖。这种新产品采用在北海道开采的硅藻岩制作而成。由于它是多孔构造，具有吸收并释放出空气水分的功能。在气温20℃、湿度80%的环境下，贴有这种壁砖的房间里的湿度可保持在60%，它的吸收并释放出湿气的能力为木材（例如杉木）的15倍。因此，房间里若贴有这种壁砖，则在潮湿季节里便可防止壁面出现水珠或生霉。

③ 可保持室内最佳湿度的新型墙体材料　日本大建工业公司开发成功了一种能自动调节室内湿度的新型墙体材料。据称这种墙体材料只需使用室内面积的10%左右，即可将室内湿度保持在10%，这种墙体材料在湿度为50%以下时，基本不吸收水分，但当室内湿度一旦超过50%时，即开始吸湿；相反，当室内湿度过低，它还会放出湿气，从而可使室内始终保持在最佳湿度条件状态。此种墙体材料的组成是：在水泥系为主的材料中夹着2～3

层由黏土系材料制成的板，中间混入了吸湿的填充物（氯化钠），层与层之间的间隔为$(10\sim15)\times10^{-10}$ m，可见层间的间隔相当狭窄，由其中的微细气孔吸收和放出湿气。

④ 可净化空气的预制板 日本研制出一种建筑用混凝土预制板，它可以净化排出的废气。实验结果表明，这种预制板可以清除空气中约 80% 的氮氧化物。预制板表面涂有含有氧化钛的涂层，氧化钛涂层在阳光照射下经过化学反应可以清除空气中的有害物质。

⑤ 可净化海水的新型混凝土 日本环境科学研究所研制出一种新型混凝土，这种混凝土像海岸上的沙滩一样，具有良好的自然净化水的作用。这种新型混凝土是在碎石上涂敷一层特殊水泥浆制成的。可让水和空气自由透过，其净化海水的原理是，通过在材料的表面和内部制造许多空隙，而微生物易黏附在这些空隙中并在其中繁殖，不断地分解海水中的有机物。在海岸水域中使用这种新型混凝土，海水水质可得到明显的改善，所以它是用作保护海岸和防护堤的好材料。

⑥ 除臭涂料 瑞典一家公司研制成功一种能有效除臭的新型涂料。把这种涂料抹在墙壁、天花板或物品上，会形成具有细小微孔的海绵薄层。一家制革工厂的墙壁和设备采用这种新型的涂料后，车间里空气中的硫化氢含量减少到一般情况的 24%。

⑦ 抗菌自洁玻璃 日本一家公司已生产出一种不用擦洗的抗菌自洁玻璃。它是采用目前成熟的镀膜玻璃技术（磁控溅射、溶胶-凝胶法等）在玻璃表面覆盖一层二氧化钛薄膜。这层二氧化钛薄膜在阳光下，特别是在紫外线的照射下，能自行分解出自由移动的电子，同时留下带正电的空穴。空穴能将空气中的氧激活变成活性氧，这种活性氧能把大多数病菌和病毒杀死；同时它能把许多有害的物质以及油污等有机污物分解成氢和二氧化碳，从而实现了消毒和玻璃表面的自清洁。在居室中使用，还可有效地消除室内的臭味、烟味和人体的异味。

⑧ 能吸收氮氧化物的涂料 日本一家研究所研究研制出一种能吸收氮氧化物的涂料。只要将它涂在道路的隔音墙和大楼的外墙上，就能有效吸收汽车等所排放出的氮氧化物。该新型涂料是由光催化物质氧化钛与活性炭及硅搅拌加工而成的。一旦与紫外线相遇，就会产生易引起化学反应的活性氧，使氮氧化物氧化，变成硝酸。

⑨ 生态空心砖 巴西开发出一种生态空心砖。砖内填有草籽、树胶和含有机肥料的土壤。把这种砖砌筑在建筑物的外层，草籽就会发芽生长，形成绿色的"生态砖"，使整个建筑物变成绿色，不但使楼房更加美观，而且冬暖夏凉，减少噪声，可保持空气新鲜，有益于人体健康。这种生态砖建筑物已成为巴西独特的景观。

⑩ 防摔伤塑料地板 美国宾夕法尼亚州立大学研制成功一种可防止人体摔伤的新型塑料地板。它是用双层有弹性的聚氨酯泡沫塑料为基材，中间用有一定硬度的同样材质的塑料横条支撑。其表面在人体跌倒时会发生与人体接触部位呈形状相同的变形，而使人不致摔伤。这种塑料地板适合于家庭居室的地面铺设，对于年老体弱的人和一些病人来讲更为安全。

绿色建材满足可持续发展的需要，做到发展与环境的统一，当今与长远的结合。因此，发展绿色建材是可持续发展战略的必然要求，它既满足现代人舒适、健康、长寿的需要，又不损害后代人对环境、资源的更大需求。总之，建材工业的发展、绿色化进程，不但关系到我国建材工业目前的发展，还关系到其今后能否占据国际市场的一席之地，关系到国计民生能否可持续发展和我国人民生活质量能否真正提高。因此要努力促进各种绿色建材的发展，以绿色建材建造健康、安全、舒适、美观的建筑和室内环境，造福于社会和人民。

4.1.3.3 绿色建材的发展概况

绿色建材首先在发达国家得以起步，自 20 世纪 80 年代以来，欧美日等工业发达国家就十分注重对绿色建材的研究与开发。与此同时，各种国际组织也在绿色建材的发展上发挥了重要作用。早在 1989 年，欧共体就规定了建筑材料不得释放有害气体和含有危害人体健康和恶化卫生条件的成分。1992 年联合国环境与发展大会召开后，1994 年联合国又增设了"可持续产品开发"工作组。随后，国际标准化机构 ISO 也开始讨论制定环境调和制品（ECP）的标准化，大大推动着国外绿色建材的发展。特别是 90 年代后，绿色建材的发展速度明显加快，ISO 相继制定出多种有机挥发物（VOC）散发量的试验方法，继而对绿色建材的性能做出标准化规定。美国、加拿大、日本等国也就建筑材料对室内空气的影响进行了全面、系统的研究，并参考其标准且结合本国实际对建材制品开始推行低散发量标志认证，并积极开发了一些性能达标的绿色建材新产品。

（1）绿色建材在欧洲的发展　德国是世界上最早执行环境标志制度的国家，1978 年德国发布了第一个环境标志——"蓝天使"标志，规定低散发量的产品可获得蓝天使标志，对产品进行标志评价时考虑的因素包括污染物散发、废料产生、再次循环使用、噪声和有害物质等。该环境标志计划对各种涂料都规定了最大 VOC 含量，超标材料实施禁用。例如，规定复印机的臭氧浓度不得超过 $0.4mg/m^3$，液体色料由于散发烃，不允许使用等。目前带蓝天使标志的产品已超过 3500 个，蓝天使标志已为约 80％的用户所接受，获此标志的产品市场销售量急剧增加。

英国也是研究开发绿色建材较早的欧洲国家之一。早在 1991 年，英国建筑研究院（BRE）曾对建筑材料及家具等室内用品对室内空气质量产生的有害影响进行了研究。通过对臭味、霉菌、潮湿、结露、通风速率、烟气运动等的调研和测试，提出了污染物、污染源对室内空气质量的影响情况。通过对涂料、密封膏、胶黏剂、塑料及其他建筑制品的测试，提出了这些建筑材料不同时间的有机挥发物散发率和散发量。通过大量的研究，他们提出在相对湿度大于 75％时，可能产生霉菌，并对某些人会诱发过敏症。对室内空气质量的控制、防治提出了建议，并着手研究开发了一些绿色建材。

此外，丹麦、芬兰、挪威、瑞典等北欧国家于 1989 年实施了统一的北欧环境标志。丹麦为了促进绿色建材的发展，推出了"健康建材"标准，规定在材料说明书上除标明性能指标外，还必须标明健康影响指标。瑞典也积极推动和发展绿色建材，目前已正式实施新的建筑法规，规定用于室内的建筑材料必须实行安全标签制。

（2）绿色建材在北美的发展　1988 年，加拿大开始执行环境标志计划——"环境选择"。1993 年 3 月颁布了第一个产品标志，至今加拿大已有 14 个类别的 800 多种产品被授予了环境标志。加拿大还对一些建材产品制定了"住宅室内空气质量指南"，例如对水基性建筑涂料，开始时制定的总有机挥发物（TVOC）标准为 25g/L（是针对高光泽瓷漆而规定的），现在多数水基涂料的 TVOC 在 100～150g/L 范围内；并且规定水基涂料不得使用甲醛、卤化物溶剂、含芳香族类碳氢化合物，不得用含水银、铅、镉和铬及其化合物的颜料和添加剂。可拆卸石膏板隔断用胶黏剂，不得含有芳香族、卤化物、甲醛等有机物，其有机挥发物含量可略超过 3％（质量比）等。

美国是较早提出环境标志的国家，但由于各州政策相对独立，因而，至今还没有国家统一的标志，对健康材料也没有设立全国统一标准。美国环保局（EPA）正在开展"应用于住宅室内空气质量控制研究"计划，一些州已开始实施有关材料的环境标志计划。例如华盛顿州要求机关办公室室内所有饰面材料和办公家具（包括地毯、墙体、涂料、胶黏剂、防火材料、家具等）在正常使用条件下，TVOC 不得超过 $0.5mg/m^3$，可吸入的颗粒 $0.05mg/m^3$，甲醛 $0.06mg/m^3$，4-甲基环乙烯 $0.0065mg/m^3$（仅对地毯）。

（3）绿色建材在日本的发展　日本由于人多地少，资源与环境容量非常有限，因而对环境与可持续发展要求非常强烈，并非常重视对绿色建材的发展。日本于 1988 年开始环境标志工作，至今环保产品已有 2500 多种，并呈不断涌现趋势。日本科技厅于 1993 年制定并实施了"环境调和材料研究计划"。通产省制定了环境产业设想并成立了环境调查和产品调查委员会。近年来在绿色建材的产品研发以及健康住宅样板工程的兴建等方面都获得了喜人的成果。如日本铃木产业公司开发出具有调节湿度性能和防止壁面生霉的壁砖和可净化空气的预制板；日本东陶公司研制成可有效地抵制杂菌繁殖和防止霉变的保健型瓷砖等。同时日本还进行了许多利用绿色建材建造健康住宅的尝试，例如 1997 年在兵库县建成一栋实验型"健康住宅"，整个住宅尽可能不选用有害健康的新型建筑材料，其建筑费用比普通住宅增加约 2 成左右。

（4）绿色建材在我国的发展　众所周知，我国建材工业长期以来存在着高投入、高污染、低效益的粗放式生产方式，是一个对环境污染严重、对生态破坏较大的行业。因此，提高对可持续发展战略重要性的认识，努力发展绿色建材，选择资源节约型、污染最低型、质量效益型、科技先导型的发展方式，把建材工业的发展和保护生态环境、污染治理有机结合起来，是 21 世纪我国建材工业的战略目标。

自德国使用环境标志"蓝天使"以来，世界上已有 20 多个国家和地区对建筑装饰材料实行环境标志制度。我国 1993 年开始实行环境标志制度，1997 年 10 月上海市率先提出了我国第一个地方性健康型建筑内墙涂料的健康指标，见表 4-1。

表 4-1　健康型建筑内墙涂料的健康指标

序号	项　目		技　术　指　标		
			一级	二级	三级
1	总挥发性有机物含量(TVOC)/(g/L)	≤	30	50	200
2	挥发性有机物空气残留度/(mg/m³)	≤	1	2	3
3	涂料生物毒性	≤	1	2	3
4	重金属含量/(mg/kg)	≤	未检出	60	90
5	光泽,$a=60$	≥	15	30	45
6	透气性/(g/m²)		200		
7	皮肤反应		无刺激性		

由国家科委，国家建材局等有关单位组织制定的"生态建筑材料研究"已作为新材料领域被列入《国家 S-863 计划纲要》正式实施中。近年来北京、上海等市先后召开了《绿色建材发展研讨会》，就绿色建材的起源、国内外绿色建材发展现状和趋势以及发展绿色建材的前景和对策等问题进行了研讨。中国新型建材材料（集团）公司信息中心和全国新型建筑材料情报信息网为配合我国绿色建材的发展，也先后发表了一系列相关的综述性文章，对促进我国绿色建材的发展起到了积极的作用。

目前，我国通过引进、消化、借鉴，先后开发生产出环保型、健康型的壁纸、涂料、地毯、复合地板、管道纤维强化石膏板等绿色建材，例如"防霉壁纸"是壁纸革命性的改变。"塑料金属复合管"是国外 20 世纪 90 年代刚开始的替代金属管材的高科技产品，具有塑料与金属的优良性能，它有不会生锈、不使水质受污的优点，目前国内已研制成功。乳胶漆装饰材料除施工简便、色彩鲜艳多样外，在环保方面也绝无污染，且涂刷后可散发出清香味。另外，当墙面陈旧后，还可以复刷或用清洁剂进行清理，同时又可抑制墙体内的霉菌散发。近年来我国还研制出一种在沿海湿热带气候下，受潮不发生霉变，卫生间漏水板面不变形的石膏板装饰环保材料，从而在宾馆和家庭装饰中开创了新局面。

4.1.3.4　发展新型绿色建材

绿色建材近年来在国内虽然得到了大力开发，但从整体上看，发展还不够平衡。要大力开发绿色建材，装饰产品不仅要起到美观的作用，更重要的是要具有环保型、健康型的可靠保证。

（1）发展绿色建材的种类 低毒、无毒、低污染的建筑涂料；无毒、无污染、无异味的壁纸；绿色木质人造板材和绿色非人造板材；抗菌卫生陶瓷和釉面砖；绿色塑料门窗；绿色管材；绿色地面装饰材料；不含尿素的混凝土冬季施工抗冻剂；替代黏土砖的高科技环保墙体材料。

（2）建筑材料的选择 设计是整个建设过程的关键所在。设计人员要就建筑物的各项环境指标进行考察，包括建筑物的环境地理位置、形态、资源消耗、直接环境负荷、室内环境质量等。设计前，要对建筑场地的地表土壤中天然放射性核素和土壤氡浓度水平进行测定。另外，设计师还要按照有关规定选择建筑装修材料。

（3）遵守法规 严格按照室内装饰装修材料有害物质限量的 10 项国家标准，对各种材料进行污染物的检测及材料各项性能指标的检测。

（4）各级政府主管部门适时强制淘汰落后产品和工艺 今后，建设部将会继续以制定限制使用和淘汰落后产品目录的方式，另外更多地将以及时修订技术标准、技术规范的方式淘汰落后产品和工艺，推广应用绿色建材。例如，建设部、质量技术监督局、国家经贸委、国家建材局联合发布的《关于在住宅建设中淘汰落后产品的通知》中明确规定，自 2000 年 6 月 1 日起，在新建筑宅中，淘汰砂模铸造铸铁排水管道，推广应用硬聚乙烯（UPVC）塑料排水管和符合《排水用柔性接口铸铁管及管件》（GB/T 12772—1999）的柔性接口机制铸铁排水管。禁止使用冷镀锌钢管，推广应用铝塑复合管、交联聚乙烯管等。同时，逐步限时禁止使用实心黏土砖，积极推广采用新型建筑结构体系及与之相配套的新型墙体材料及推荐使用无害、无放射、无污染的环保产品。

（5）建筑工程竣工验收时，业主不但要对结构质量、安全性等方面进行检查验收，还要对各类环保指标进行评估和验收。

（6）加强对进入施工现场的各类建筑材料和装修材料的监督检查 监督检查主要通过查验各类产品的环境指标检测报告来进行；发现有使用不符合环保要求建材的，要责令停止使用。近期，应以控制有害气体和挥发性有机化合物（如甲醛、氨、苯等）、放射性物质氡的含量为主要内容。

（7）进一步重视和加强施工过程中的环境控制 目前建筑行业主要的环境因素有噪声的排放，粉尘的排放（扬尘），运输的遗撒，大量建筑垃圾的废弃，油漆、涂料以及化学品的泄漏，资源能源的消耗，如生产生活水电的消耗，装修过程中引起投诉较多的油漆、涂料、胶及含胶材料中甲苯、甲醛气味的排放等。应努力使施工过程真正具有节能、降耗、低污染的特征。

（8）加快研究推广一批以节能、降耗、低污染为特征的绿色施工工艺和设备 如绿色地基与基础处理技术、绿色混凝土生产与浇注技术、绿色模板系统等，使建筑工程成为城市的一道"绿色景观"。目前，各地已陆续淘汰了含氨的混凝土防冻剂，推广了一批对环境和人体无害的绿色添加剂。

（9）继续大力推进企业贯彻 ISO14001 环境管理体系认证。

4.2 室内空气净化

室内环境对人们身体健康、生活质量的影响越来越大，引起了社会的广泛关注。因此，各种室内环境净化治理产品也应运而生，使用空气净化器是改善室内空气质量、保护人们身体健康、创造健康舒适的办公和住宅环境十分有效的方法。在居室、办公室等许多场所都可以使用空气净化器。这也是最节约能源的空气净化方法之一，因为采用增加新风量来改善室内空气质量，需将室外进来的空气加热或冷却至室温而耗费大量资源。因此在欧美的一些发达国家，采用暖通空调系统的建筑物内，也使用空气净化器来进一步提高室内空气质量。目前使用的空气净化器都不是采用单一技术手段，而是采用复合式手段，常用的技术包括过滤、净化、吸附、催化、等离子体、负离子、增湿等技术，针对所需去除污染物的种类，将各种技术进行优化组合。

4.2.1　微粒捕集

室内微粒的特点是尺寸小、浓度低，通常采用纤维过滤和静电除尘使其从气流中分离出来。微粒捕集过程所要考虑的作用力包括外力、流体阻力和微粒间的相互作用力。对于纤维过滤和静电捕集过程，外力一般包括重力、惯性力、静电力等。作用在运动微粒上的流体阻力，对所有捕集过程来说都是最基本的作用力。微粒间的相互作用力，在微粒浓度不很高时可以忽略。

将固态或液态微粒从气流中分离出来的方法主要包括机械分离、电力分离、洗涤分离和过滤分离。室内空气中微粒浓度低、尺寸小，而且要确保可靠的末级捕集效果，所以主要用带有阻隔性质的过滤分离来清除气流中的微粒，其次也常采用静电捕集方法。

4.2.1.1　纤维过滤技术

采用纤维过滤技术的空气净化器一般又称为机械式室内空气净化器。机械式室内空气净化器用多孔性过滤材料把粉尘过滤收集下来，按微粒被捕集的位置可以分为表面过滤器和深层过滤器两大类。表面过滤器有金属网、无纺布、多孔板等过滤材料，微粒在表面被捕集。用纤维素酯（硝酸纤维素或醋酸纤维素）制成的化学微孔滤膜，外观似白色的纸，性质也属于表面过滤器。这种滤膜表面带有大量电荷，均匀地分布着 $0.1\sim10\mu m$ 的圆孔，孔径可以在制膜时加以控制，平均每平方厘米面积上有 $10^7\sim10^8$ 个小孔，孔隙率高达 $70\%\sim80\%$。这些孔沿厚度方向可以近似看成毛细管。比孔径大的微粒通过它时，100% 可被截留于表面。有人认为，滤膜能阻留的最小微粒达到其平均孔径的 $1/10\sim1/15$。

深层过滤器又分为高填充率和低填充率（又称为低空隙率和高空隙率）两种。微粒的捕集发生在表面和过滤层内部。填充率以 a 表示：

$a=$ 过滤层（如纤维层）的密度/过滤材料（如纤维）的密度

高填充率深层过滤器结构多样，如颗粒填充层（砂砾层、活性炭层等）、各种成形多孔质滤材、各种厚层滤纸，以及上述孔径较小的微孔滤膜。这些孔在厚度方向相当于毛细管。其结构和捕集粒子的原理如图 4-1 所示。

表面过滤器捕集微粒的机理虽然简单，但绝大部分效率低，实用意义不大。不过，微孔滤膜过滤器具有极高的效率，它除用于液体过滤外，主要用于采样过滤器和要求特别高的无尘无菌的末级过滤器，比纤维过滤器可靠。

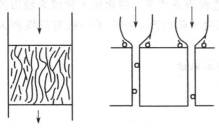

图 4-1　高填充率深层
过滤器（毛细管模型）

高填充率深层过滤器内部毛细管结构极其复杂，对微粒的捕集机理也就极其复杂，迄今几乎没有人进行过理论上的研究。低填充率深层过滤器，特别是纤维过滤器（包括纤维填充层过滤器、无纺布过滤器和薄层滤纸高效过滤器等），虽然内部纤维配置也很复杂，但是由于空隙率较大，允许将构成过滤层的纤维孤立地看待，从而便于研究。而且此类过滤器阻力不大，效率很高，实用意义很大，特别在室内空气净化领域应用极广，所以受到重视。对这种过滤器过滤机理的研究，已经有了较深的理论和实验基础。

一般地，可将过滤器分为三种类型，即粗效过滤器、中效过滤器和高效过滤器（或亚高效过滤器）。$10\mu m$ 以上的沉降性微粒和各种异物可用过滤材料为无纺布的粗效过滤器过滤；中效和高效过滤器的过滤材料是各种玻璃纤维过滤纸。中效过滤器主要用于阻挡 $1\sim10\mu m$ 的悬浮性微粒，以免其在高效过滤器表面沉积而很快将高效过滤器堵塞；高效过滤器（或亚高效过滤器）主要用于过滤含量最多、用粗效和中效过滤器都不能或很难过滤掉的 $1\mu m$ 以下的亚微米级微粒。

目前，过滤材料的发展趋势是：由二维结构的机织过滤布向三维结构的非机织过滤布发展；由复丝加捻过滤布向单丝过滤布发展；由短纤维化机织过滤布向长丝过滤布发展；由常规化纤维过滤布向高性能、多功能、高质量的过滤布发展；由合成纤维滤料向覆膜滤料发展等。

过滤理论的研究还不够完善，国内有关过滤机理的研究文献很少。不同结构过滤器的捕集效率和压力损失的理论计算，空气及多分散颗粒分布参数对捕集效率及压力损失的影响，过滤器的负荷特性对捕集效率及压力损失的影响及滤料的结构特性对捕集效率及压力损失的影响等问题都有待研究解决。因此，过滤理论的进一步研究对空气过滤技术的发展具有深远的意义和重大的实用价值。

4.2.1.2　静电式室内空气净化器

静电式室内空气净化器由美国加利福尼亚大学的博士于 1935 年首次设计成型。我国也是较早生产和使用静电除尘器的国家之一，1954 年我国首次仿制了第一台静电除尘器，1965 年我国开始自行研发静电除尘技术。

静电除尘式室内空气净化器利用阳极电晕放电原理，使气流中的粉尘带正电荷，然后借助库仑力作用，将带电粒子捕集在集尘装置上，从而达到除尘、净化空气的目的。用阳极电晕放电，并用细金属丝做放电电极，这样可以减少臭氧发生量，避免产生二次污染。静电除尘的基本工作过程，通常分为四个阶段。

第一阶段，通以高压直电流，使电极系统的电压超过临界电压值（亦称门限电压值）时就产生电晕放电现象，即电子发射到电晕极表面的临近气体层内。

第二阶段，使电极间的气体电离化，在电晕区以外的气体中形成电子和负离子，气体中的尘粒与负离子相碰撞和扩散使尘粒带上电荷。

第三阶段，在电场力的作用下带负电荷的尘粒趋向沉降电极。

第四阶段，带负电荷的尘粒与沉降电极接触后失去电荷，成为中性而黏附于沉降电极表面。

静电除尘器的电场力是在高达几万伏甚至几十万伏的高压电作用下的静电场中形成的，当带粉尘的气体进入电除尘器时，通过气体电离粉尘带上电荷，带上电荷的粉尘被捕集和完全吸附，再从集尘极上清除粉尘，从而达到净化室内空气的目的。

4.2.2　吸附净化

吸附是利用多孔性固体吸附剂处理气体混合物，使其中所含的一种或数种组分吸附于固体表面上，从而达到分离的目的。吸附操作已广泛应用于基本有机化工、石油化工等生产部门，成为一种必不可少的单元操作。吸附方法在环境工程中也得到广泛的应用。因为吸附剂的选择性高，它能分开其他方法难以分开的混合物，有效地清除浓度很低的有害物质，净化效率高，设备简单，操作方便，所以该法特别适合于室内空气中的挥发性有机化合物、氨、H_2S、SO_2、NO_x 和氡气等气体状态污染物的净化。

4.2.2.1 吸附过程与吸附剂

（1）物理吸附与化学吸附　吸附是一种固体表面现象。固体表面的分子与固体内的分子所处的位置不同，其表面上的分子至少有一侧是空着的，处于力不平衡态，因此固体表面力是不饱和的，对表面附近的气体（或液体）分子有吸力，即吸附作用。气体在固体表面上的吸附，可分为物理吸附和化学吸附，两者是完全不同的。

a. 物理吸附　物理吸附是用多孔性和表面积大的活性炭、硅胶、氧化铝和分子筛等作为有害气体吸附剂，有害气体与固体吸附剂依靠范德华力的吸引作用而被吸附住。它可以是单层吸附，亦可是多层吸附。主要用于去除空气中的氨气、二氧化碳、硫化氢和挥发性有机化合物等。

物理吸附的特征是：

① 吸附质与吸附剂间不发生化学反应；

② 对去除二氧化氮、一氧化碳的效果不大，除臭也比较困难；

③ 吸附过程极快，参与吸附的各相间常常瞬间达到平衡；

④ 吸附过程为低放热反应过程，放热量与相应气体的液化热相近，因此物理吸附可看成是气体组分在固体表面上的凝聚；

⑤ 吸附剂与吸附质间的吸附力不强，当气体中吸附质分压降低或温度升高时，被吸附气体很容易从固体表面逸出，而不改变气体原来的性状，易造成二次污染；

⑥ 吸附达到饱和后，用水蒸气脱附，再生的活性炭可循环使用。

用活性炭吸附沸点高于0℃的有机物，如大部分醛类、酮类、醇类、醚类、酯类、有机酸、烷基苯类和卤代烃类，即属物理吸附法。随着有机物分子尺寸和质量的增加，活性炭对它们的吸附能力增强。

b. 化学吸附　化学吸附已被广泛用于去除室内空气中有害气体的领域。因吸附剂与吸附质之间的化学键力而引起，是单层吸附，吸附需要一定的活化能。以活性炭、氧化铝和分子筛等作为载体，需浸泡某些活性化学物质，或与这些化学物质混合，经过一定工艺处理成型，制成复合净化材料。化学吸附的吸附力比物理吸附强，主要特征是：

① 吸附有很强的选择性，且吸附是不可逆的；

② 吸附速率较慢，达到吸附平衡需相当长时间；

③ 升高温度可提高吸附速率，且不会引起脱附作用；

④ 对多种臭气或污染物浓度较低时，去除效果也很好。

对于沸点低于0℃的气体，如甲醛、乙烯等，吸附到活性炭上较易逃逸，这时就要用化学处理的活性炭或者活性氧化铝之类来进行吸附处理。例如，用溴浸渍炭去除乙烯和丙烯，用硫化钠浸渍炭去除甲醛，用高锰酸钾浸渍的活性氧化铝去除乙烯等，皆属于化学吸附。

应当指出，同一污染物可能在较低温度下发生物理吸附，而在较高温度下发生化学吸附，即物理吸附发生在化学吸附之前，当吸附剂逐渐具备足够高的活化能后，才发生化学吸附。亦可能两种吸附同时发生。

（2）吸附剂

a. 对吸附剂的要求　吸附剂的选择非常关键，如何选择、使用和评价吸附剂，是吸附操作中首先要解决的问题。对于吸附剂的一般要求是：

① 吸附容量大；

② 吸附速度快；

③ 吸附临界层要很薄；

④ 对不同的吸附质具有选择性吸附作用，只从气流中分离出欲去除的物质；

⑤ 受相对湿度变化影响小；

⑥ 气体阻力小；

⑦ 来源广泛，成本低廉。

b. 常用吸附剂　常用的吸附剂有活性炭和活性炭纤维两种，它们的吸附原理和工艺流程基本相同。其他的吸附剂，如活性氧化铝、分子筛和硅胶等，也已在工业上得到应用，但因费用较高而限制了它们的广泛使用。常用吸附剂的物理性质及其应用见表 4-2 和表 4-3 所示。

表 4-2　常用吸附剂的物理性质

物 理 性 质	活 性 炭	活性氧化铝	沸石分子筛	硅 胶
真密度/(kg/m³)	1.9～2.2	3.0～3.3	2.0～2.5	2.1～2.3
表观密度/(kg/m³)	0.7～1	0.8～1.9	0.9～1.3	0.7～1.3
填充密度/(kg/m³)	0.35～0.55	0.49～1.00	0.60～0.75	0.45～0.85
空隙率	0.33～0.55	0.40～0.50	0.30～0.40	0.40～0.50
比表面积/(m²/g)	600～1400	95～350	600～1000	300～830
微孔体积/(cm³/g)	0.5～1.4	0.3～0.8	0.4～0.6	0.3～1.2
平均微孔径/10^{-10} m	20～50	40～120	—	10～140
比热容/[J/(g·K)]	0.84～1.05	0.88～1.00	0.80	0.92
热导率/[kJ/(m·h·K)]	0.50～0.71	0.50	0.18	0.50

表 4-3　常用吸附应用举例

吸附剂	污 染 物	吸附剂	污 染 物
活性炭	苯、甲醛、二甲苯、醋酸乙酯、乙醚、丙酮、煤油、汽油、光气、苯乙烯、氯乙烯、恶臭物质、HCHO、C_2H_5OH、H_2S、Cl_2、CO、SO_2、NO_x、CS_2、CCl_4、$CHCl_3$、CH_2Cl_2	硅胶	NO_x、SO_2、C_2H_2
		分子筛	NO_x、SO_2、CO、CS_2、H_2S、NH_3、C_nH_m
		活性氧化铝	H_2S、SO_2、C_nH_m、HF
浸渍活性炭	烯烃、胺、酸雾、碱雾、硫醇、SO_2、Cl_2、H_2S、HF、HCl、NH_3、Hg、HCHO、CO	浸渍活性氧化铝	CCHO、Hg、HCl(气)、酸雾

① 活性炭　活性炭是许多具有吸附性能的碳基物质的总称。几乎所有的含碳物质，如煤、木材、锯木、骨头、椰子壳、果核、核桃壳等，在低于 600℃下进行炭化，所得残炭再用水蒸气、热空气，或氯化锌、氯化镁、氧化钙和硫酸作活化剂进行处理，都可制得活性炭。其中最好的原料是椰子壳，其次是核桃壳或水果核等。

活性炭良好的吸附性能归因于其丰富的孔结构。活性炭具有较大的比表面积，其大部分来源于微孔，微孔适合小分子的吸附，而中孔适合吸附色素分子之类的大分子。大孔和中孔是通向微孔的被吸附分子的扩散通道，它支配着吸附分离过程中吸附速率这一重要因素。

② 活性氧化铝　活性氧化铝是由含水氧化铝，经加热脱水活化而制成，有粒状、片状和粉状三种。与其他吸附相比，其机构强度较高。

③ 硅胶　硅胶是一种硬而多孔的固体颗粒，其分子式为 $SiO_2 \cdot nH_2O$。制备方法是将水玻璃（硅酸钠）溶液用酸处理，沉淀后得到硅酸凝胶，再经老化、水洗（去盐）、干燥而得。硅胶是工业和实验室常用的吸附剂，其特征是空隙大小分布均匀，亲水性强，它从气体中吸附的水量可达自身质量的 50%。

c. 活性炭纤维　活性炭纤维具有优异的结构与性能特征，其比表面积大，孔径分布高，是近几年来迅速发展起来的一种新型高效吸附材料。由于活性炭纤维的外表面积、比表面积均比粒状活性炭大，所以其吸附速率和解吸速率也比粒状活性炭大得多。同时因阻力小，气体或液体易于通过，所以作为活性炭的新品种，活性炭纤维在室内空气净化方面的应用受到人们的广泛关注。

活性炭纤维（activated carbon fiber，ACF）是有机纤维经高温炭化活化制备而成的一种多孔性纤维状吸附材料。活性炭纤维与普通碳纤维的区别在于：前者的比表面积高，约为后者的几十至几百倍；炭化温度较低（通常低于 1000℃），拉伸强度小于 500MPa。而且此类碳纤维经活化后形成的活性炭纤维表面存在多种含氧官能团。

活性炭纤维是 20 世纪 60 年代随着碳纤维工业而发展起来的。活性炭纤维首先以编织形式制备，黏性编织物被用作前驱体，热解并经活化而制成活性炭纤维织物。随后，相继研制出黏胶基、酚醛基、聚氯乙烯基、PVA 基、聚酰亚胺基、聚苯乙烯等活性炭纤维，并广泛应用于各个领域。

目前，已形成工业规模的活性炭纤维包括纤维素纤维、酚醛树脂纤维、聚丙烯腈纤维、沥青系纤维基活性炭纤维等多个品种。活性炭纤维的制备包括预处理、炭化和活化三个阶段。预处理的目的是使某些纤维在高温炭化时不致熔融分解，以及能改善产品的获得率和性能。一般采用两种预处理方法：一种是低温预氧化，使其形成稳定的结构（如对聚丙烯腈、沥青纤维）；另一种是使用有机纤维浸渍无机盐溶液，提高纤维的热稳定性或降低纤维的炭化温度（如对黏胶纤维）。不同纤维采用不同预处理提高其高温稳定性能的原理已有许多研究。炭化是在惰性气氛中加热升温，排除纤维中可挥发的非碳组分，残留的碳经重排，局部形成类石墨微晶。活化是指炭化纤维经活化剂处理，产生大量的空隙，并伴随比表面积增大和质量损失，同时形成一定活性基团的过程。活化过程是控制活性炭纤维结构性能的关键。常用的活化剂有热的水蒸气或二氧化碳，也有采用其他化学物质，如一些金属氯化物、强酸强碱等进行活化的。前者习惯上称为物理活化，后者习惯称为化学活化。活化一般在 600～1000℃温度下进行，活化时间一般为 10～100min。用氧化性气体对碳纤维进行活化，一般认为它们首先与比较活泼的无定形碳进行化学反应。

$$C + O_2 = CO_2$$
$$2C + O_2 = 2CO$$
$$C + H_2O = CO + H_2$$
$$C + 2H_2O = CO_2 + 2H_2$$
$$C + CO_2 = 2CO$$

活化过程中，并非所有的表面碳原子都被蚀刻而使纤维的直径变细，而是氧化剂选择性地与非晶碳、晶格缺陷处和晶棱上的碳发生反应，形成挥发性气体而使碳消耗，并向纵深处蚀刻，在纤维上留下孔洞。化学活化的机理有所不同，温度也较低，因而可获得高的收率。像 $ZnCl_2$ 或路易斯酸碱等化学活化剂的作用是催化有机纤维在低温下发生脱水、裂解-交联反应，并在碳纤维中占据一定的空间，当温度进一步升高时，这些化学活化剂成为气体挥发，而留下丰富的孔洞。活性炭纤维主要由碳原子组成，在炭化活化时，原纤维的结构被破坏，碳物质芳构化，局部形成类石墨微晶。X 射线衍射谱在 $2\theta = 23°$ 附近出现强的衍射宽峰，在 45° 附近出现的衍射宽峰，表明活性炭纤维中石墨微晶的存在。但微晶片层在三维空间的有序性差，平均微晶尺寸也较小。

活性炭纤维在表面形态和结构上与粒状活性炭（GAC）有很大的差别。粒状活性炭含有大孔、中孔和微孔，而活性炭纤维主要发育了大量的微孔，微孔的分布狭窄且均匀，孔宽大多数分布在 0.5～1.5mm 之间，微孔体积占总体积的 90% 左右，如图 4-2 所示。因此，活性炭纤维具有很大的比表面积，多数为 800～1500m^2/g，适当的活化条件可使比表面积达3000m^2/g。改变活化条件，可以改变所得 ACF 的孔结构，制造孔径从亚纳米级的活性炭纤维至纳米级的通用活性炭纤维。要使在 ACF 中形成中孔，可采用在原纤维中添加金属化合物再炭化、活化，或 ACF 添加金属化合物后二次活化等方法。

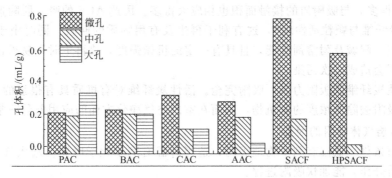

图 4-2 颗粒活性炭和活性炭纤维孔结构比较

PAC—泥煤基活性炭；BAC—烟煤基活性炭；CAC—椰壳活性炭；AAC—无烟煤
基活性炭；SACF—剑麻基活性炭纤维；HPSACF—用磷酸活化的剑麻基活性炭纤维

ACF 吸附有机物或其他吸附质后，其孔结构会发生变化。活性炭纤维的主要成分是碳，但也存在一些微量的杂质原子，包括 O、H，此外，还有 N、S 等。它们与碳结合形成相应的官能团，其中以含氧基团在活性炭纤维表面含量较为丰富。这些含氧基团主要为羧基、羟基、羰基和内酯基；此外还有醚基、氨基、亚氨基、巯基、磺酸基、膦酸基等。其所含活化基团的种类和数量取决于原纤维材料及处理方法。通过适当的表面改性，如用氧化剂 ACF，可以改变 ACF 表面的化学基团、种类和含量，以及改变 ACF 表面的亲水性能。有许多方法表征 ACF 的孔结构和表面化学特征，孔结构的表征有间接的方法，如等温吸附法、分子探针、X 射线小角衍射、中子散射等；直接的方法如隧道扫描显微镜（STM）、透射电镜（TEM）等。表面化学性质的表征除传统的滴定法外，还有 X 射线光电子能谱（XPS）、扩展 X 射线吸收精细结构（EXAFS）。

与粒状活性炭相比，活性炭纤维的吸附容量大，吸附脱附速度快，再生容易，而且不易粉化。如图 4-3 颗粒活性炭与活性炭纤维的孔分布图，由于活性炭纤维具有巨大的比表面积和合适的微孔结构，对有机蒸气的吸附量比粒状活性炭大几倍甚至几十倍；对无机气体，如 SO_2、H_2S、NO_x、CO 等也有很强的吸附能力；对消沉溶液中的有机物，如酚类、染料、稠环芳烃类物质的吸附也比活性炭好得多。

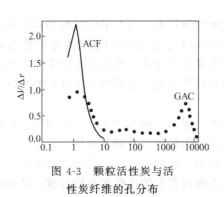

图 4-3 颗粒活性炭与活
性炭纤维的孔分布

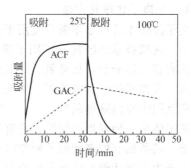

图 4-4 活性炭纤维与颗粒活性
炭对甲苯吸脱附速度的比较

活性炭纤维对气相物质吸附数十秒至数分钟可达平衡，液相吸附几分钟至几十分钟可达平衡。在一些情况下，比活性炭的吸附速度高 2～3 个数量级。活性炭纤维之所以能快速吸附，一方面是由于它对吸附质的作用力强，另一方面是由于它的微孔直接与吸附质接触，缩短了扩散路程。另外，由 ACF 的直径算出其外表面积约为 $0.5m^2/g$，比粒状活性炭的 $0.01m^2/g$ 大得多，与吸附质的接触面积也相应大得多。因此 ACF 的吸、脱附速度很快（如图 4-4 活性炭纤维与颗粒活性炭），这有利于再生及有用物质的回收。同时由于活性炭纤维具有强的耐酸、耐碱及耐溶剂性能，且具有一定的机械强度，故再生时不易粉化，减少了微尘的产生，不会造成二次污染。

此外活性炭纤维的吸附力强、吸附完全。活性炭纤维对有机质具有很强的相互作用力，特别适用于吸附去除低浓度的有机物，因而在室内空气净化方面的应用前景非常广阔。

4.2.2.2 影响气体吸附的因素

（1）操作条件 低温有利于物理吸附，适当升温有利于化学吸附。增大气相主体压力，即增大吸附质分压，能加快吸附进程。

（2）吸附剂的性质 孔隙率、孔径、粒度等影响比表面积，从而影响吸附效果。

（3）吸附质的性质与浓度 临界直径、相对分子质量、沸点、饱和性等影响吸附量。若用同种活性炭作吸附剂，对于结构相似的有机物，相对分子质量和不饱和性越大，沸点越高，越易被吸附。

（4）吸附剂的活性 吸附剂的活性是吸附剂吸附能力的标志，常以吸附剂上已吸附吸附质的量与所用吸附剂量之比的百分数来表示。其物理意义是单位吸附剂所能吸附的吸附质量。

吸附剂的活性可表示为静活性和动活性。静活性是指一定温度下，与气体中被吸附物（吸附质）的浓度达平衡时单位吸附剂上可能吸附的最大吸附量。亦即在一定温度下，吸附达到饱和时，单位质量（或体积）吸附剂所能吸附的吸附质的量。动活性是吸附过程还没有达到平衡时单位质量（或体积）吸附剂所能吸附的吸附质的量。气体通过吸附剂床层时，床层中吸附剂逐渐趋于饱和，一般认为，当流出气体中发现有吸附质时，吸附器中的吸附剂层已失效，这时单位质量（或体积）吸附剂所吸附吸附质的量叫动活性。

（5）接触时间 在进行吸附操作时，应保证吸附质与吸附剂有一定的接触时间，以便充分利用吸附剂的吸附能力。

4.2.3 其他净化方法

目前市场上可以看到数十种依据不同的机理、不同手段对空气进行净化处理的室内空气净化器，除以上几种净化方法外，再简单介绍一下其他方法。

4.2.3.1 等离子体净化方法

等离子体技术是近十年来开发用于工业除硫脱硝的新技术，具有节约能源和高效率的优点。近年，这项技术已经被移植用于净化室内空气污染物。它是利用电晕放电产生等离子体，激活有害气体分子，如臭氧、一氧化碳、二氧化氮等进行定向反应而去除室内空气中的有害气体。等离子体还具有杀灭一些孢子、杆菌和霉菌等功能。而等离子体技术中的电晕放电则被广泛用于室内除臭脱臭。

等离子体是一种聚集态物质，它有别于常识中的"固"、"液"、"气"三态物质，是物质的第四态，其所拥有的高能电子同空气中的分子碰撞时会发生一系列基元物化反应，并在反应过程中产生多种活性自由基和生态氧，即臭氧分解而产生的原子氧。活性自由基可以有效地破坏各种病毒、细菌中的核酸、蛋白质，使其不能进行正常的代谢和生物合成，从而致其死亡。而生态氧能迅速将多种高分子异味气体分解或还原为低分子无害物质。另外，借助等离子体中的离子与物体的凝聚作用，还可以对小至亚微米级的细菌颗粒物进行有效的收集。

等离子空气净化器是一种对室内空气杀菌消毒型的空气净化装置，同时它也能去除空气中的可吸入颗粒物和多种生物异味。

等离子空气净化器在工作时会产生臭氧，由臭氧分解出生态氧，而臭氧是一种公认的高效空气杀菌剂，但达到一定浓度时对人体也有害，不仅有臭味，也可能致癌。我国室内空气质量标准中规定臭氧的浓度必须小于 $0.16mg/m^3$。现在有许多等离子空气净化器采用了间歇释放臭氧和负离子的先进技术，由于臭氧的释放是间歇性的，并且释放的时间很短，因此可以做到既能持续杀死细菌、病毒，又能使空气中的臭氧浓度保持在安全水平内，因此，一般不会对人体造成什么危害。

在等离子空气净化器中有大量高能电子，在电场作用下，由负极流向正极，并悄无声息地将周围的空气按其运动方向扰动起来。根据这一特性，结合空气动力学原理，在通过合理的结构设计，便可以产生离子风效应，从而使等离子空气净化器在无需任何机械动力的情况下实现对室内空气的循环净化。由于此类等离子空气净化器无任何机械传动装置，因此，在使用过程中没有任何动力噪声。

由于常规的空气净化器采用高效过滤材料和活性炭过滤吸附催化空气中污染物的原理，使用一段时间后要对粗过滤网进行清洗，更长一些时间还要更换净化器内的滤材组件，以保证设备的净化效果。而等离子空气净化器的工作原理完全不同，因此设备可长期使用无需更换净化器内的滤材。

4.2.3.2 光催化净化方法

光催化净化是近年发展起来的，用于去除空气污染物的新技术。它利用波长为 $170\sim440nm$ 的紫外线照射在多相催化剂上，可使催化剂具有氧化还原能力，以分解空气中一些挥发性与非挥发性有机污染物，如尼古丁、苯酚、醛类、三氯乙烯、氟利昂等。

光催化剂属半导体材料，包括 TiO_2，ZnO，Fe_2O_3，CdS 和 WO_3 等。其中 TiO_2 具有良好的抗光腐蚀性和催化活性，而且性能稳定，价廉易得，无毒无害，是目前公认的最佳光催化剂。

近年来，光催化净化空气技术越来越受到重视，成为各国研究和开发的热点，其原因是该法具有以下优点。

① 广谱性，迄今为止的研究表明光催化对几乎所有的污染物都具有治理能力；

② 经济性，光催化在常温下进行，直接利用空气中的 O_2 作氧化剂，气相光催化可利用低能量的紫外灯，甚至直接利用太阳光；

③ 灭菌消毒，利用紫外光控制微生物的繁殖已在生活中广泛使用，光催化灭菌消毒不仅是单独的紫外光作用，而是紫外光和催化的共同作用，无论从降低微生物数目的效率，还是从杀灭微生物的彻底性，从而使其失去繁殖能力的角度考虑，其效果都是单独采用紫外光技术或过滤技术所无法比拟的。

光催化净化空气技术已有各种应用商品。这些商品大致可分为以下三类。

① 结构材料　直接将光催化剂复合到结构材料上，得到具有光催化功能的新型材料。如在墙砖、墙纸、天花板、家具贴面材料中复合光催化剂材料就可制成具有光催化净化功能的新型材料。

② 洁净灯　将光催化剂直接复合到灯的外壁制成各种灯具。洁净灯具有两层含义，一是能使空气净化，使环境洁净；二是灯的表面自洁。

③ 绿色健康产品　在传统的器件上（如空调器、加湿器、暖风机、空气净化器等）附加光催化剂净化功能开发而成的新一代高效绿色健康产品。

总之，由于光催化空气净化技术具有能耗低、二次污染低和对污染物全面治理的优点，因而有望广泛应用于家庭居室、宾馆客房、医院病房、学校、办公室、地下商场、购物大楼、饭店、室内娱乐场所、交通工具、隧道等场所的空气净化。

4.2.3.3 负离子净化方法

(1) 空气离子的来源 空气离子是指浮游在空气之中的带电细微粒子。其形成是由于处于电中性状态的气体分子受到外力的作用，失去或得到了电子，失去电子的为正离子，得到电子的为负离子。自然界中空气离子的主要来源如下。

a. 放射性物质的作用 土壤中存在放射性物质，几乎在地球的全部土壤中都存在微量的铀及其裂解产物。这些放射性物质在衰减过程中，会放出 α 射线和 γ 射线。能量大的 α 射线能使空气离子化，一个 α 质点能在 1cm 的路程中产生 50000 个离子。另外土壤中的放射性物质也可通过穿透力强的 γ 射线使空气离子化。

b. 宇宙射线的照射作用 宇宙射线的照射也能使空气离子化，但它的作用只有在离地面几千米以上才较显著。

c. 紫外线辐射及光电效应 短波紫外线能直接使空气离子化，臭氧的形成就是在小于 200nm 的紫外线辐射下氧分离的结果。但如遇到光电敏感物质（包括金属、水、冰、植物等），即使不是短波紫外线也通过光电效应使这些物质放出电子，与空气中的气体分子结合形成负离子。

d. 电荷分离结果 在水滴的剪切等作用下，空气也能离子化。通常在瀑布、喷泉附近或者海边，或者风沙天，发现空气中的负离子或正离子大量增加，这就是电荷的分离结果。

自然界从各种来源不断产生离子，但空气中离子不会无限地增多，这是因为离子在产生的同时伴随着自行消失的过程，其主要表现为：

① 离子互相结合，呈现不同电性的正、负离子相互吸引，结合成中性分子；

② 离子被吸附，离子与固体或液体活性体表面相接触时被吸附而变成中性分子。

总之，自然界的空气离子形成是一个既不断产生，又不断消失的动态平衡过程。

(2) 空气负离子的净化作用 从空气净化的原理上讲，负离子发生器不能真正地净化除尘，但是可以增加空气的清新感，洁净的空气中有适量的负离子已成了空气质量好坏的重要指标。

空气负离子能降低空气污染物浓度，起到净化空气的作用。其原理是借助凝结和吸附作用，它能附着在固相或液相污染物微粒上，从而形成大离子并沉降下来。与此同时，空气中负离子数目也大量地损失。

在污染物浓度高的环境里，若清除污染物所损失的负离子得不到及时补偿，则会出现正负离子浓度不平衡状态，存在高浓度的空气正离子现象，结果使人产生不适感。正因为如此，在此类环境中，以人造负离子来补偿不断被污染物消耗掉的负离子，一方面能维持正负离子的平衡，另一方面可以不断地清除污染物，从而达到改善空气质量的目的，这就是空气负离子净化空气的机理。

4.2.3.4 臭氧净化方法

臭氧是一种具有刺激性气味的气体。臭氧是由一个已构成的氧分子与一个氧原子结合在一起的。臭氧具有强力杀菌和脱臭力，只要使用得当也会为人类提供许多好处。随着科学技术的进步，臭氧制造机已经开发出来，人们采取紫外线法和电流放射法人工产生臭氧，广泛应用于食品加工厂和医院的室内杀菌和净化。

净化臭氧的空气净化器。由于臭氧是一种室内环境中的污染物，特别是办公用的复印机在使用过程中也能产生臭氧，它们是室内环境臭氧的主要来源。市场上有专门净化复印机臭氧的净化器，净化器将臭氧净化、空气净化和释放负离子等功能有机结合为一体，将复印机工作时产生的大量臭氧还原成氧气；空气净化装置则应用臭氧催化剂、负离子发生器和吸附过滤原理，同时采用国产优质滤网净化室内飘尘、一氧化碳及细菌，从而达到除烟雾、除尘埃的目的，对室内工作人员起到安全保健作用。

自从发现臭氧以来，科学家对其进行了大量的研究，作为已知的最强氧化剂之一，臭氧具有奇特的强氧化、高效消毒和催化作用。100多年来，各国在开发利用臭氧技术方面做了大量研究，臭氧已为保护人类健康做出了积极的贡献。

4.3 室内通风换气

通风就是室内外空气互换。互换速率越高，降低室内产生的污染物的效果往往越高，但有时也把室外的污染物带入室内。

加强通风换气，用室外新鲜空气来稀释室内空气污染物，使浓度降低，改善室内空气质量，是最方便快捷的方法。依据污染物发生源的大小、污染物种类及其量的多少，决定采用全面通风还是局部通风，以及通风量大小。通风稀释作为控制室内空气污染的最直接方法早已得到广泛应用。在一般家庭居室内，每人每小时需要新风量约为30m³。

4.3.1 通风方式

通风方法可分为两类：自然通风和机械通风。前者是利用室外风力造成的风压或室内外温度差产生的热压进行通风换气；而后者则依靠机械动力进行通风换气。按照通风换气涉及范围的不同，又可分为局部通风和全面通风。局部通风只作用于室内局部地点，全面通风则是对整个控制空间进行通风换气。

4.3.1.1 自然通风

自然通风是指风压和热压作用下的空气运动，具体表现通过墙体缝隙的空气渗透和通过门窗的空气运动。这种通风方式特别适用于气候温和地区，目的是降低室内温度或引起空气流动，改善热舒适性。充分合理地利用自然通风是一种经济、有效的措施。因此，对于室内空气温度、湿度、清洁度和气流速度均无严格要求的场合，在条件许可时，应优先考虑自然通风。

4.3.1.2 局部通风

局部通风分为局部排风和局部送风两大类，它们都是利用局部气流，使局部地点不受污染，从而造成良好的空气环境。

（1）局部排风 局部排风就是在产生污染物的局部地点将污染物捕集起来，经处理后排至室外。在排风系统中，以局部排风最为经济、有效，因此在污染源比较固定的情况下应该优先考虑。

（2）局部送风 局部送风就是将干净的空气直接送到室内人员所在位置，改善每位工作人员周围的局部环境，使其达到要求的标准，而并非使整个空间环境达到该标准。这种方法比较适用于房间面积和高度皆很大，而且人员分布不密集的场合。

（3）全面通风 全面通风称稀释通风，即对整个控制空间进行通风换气，使室内污染物浓度低于容许的最高浓度。由于全面通风的风量与设备较大，因此只有当局部通风不适用时，才考虑全面通风。

（4）置换通风 作为一种特殊的通风方式，置换通风是20世纪70年代初期从北欧发展起来的一种通风方式，80年代，由"病态"建筑、"密闭"建筑等引起的室内空气质量问题引起了人们的极大关注，经研究发现有效的通风手段是解决问题的良好的方法，而大量的通风换气又将引起建筑能耗的上升，因此，作为一种高效、节能的通风方法，置换通风从80年代起，首先被引入办公楼等舒适性空调系统，主要用于解决香烟、二氧化碳、热量等引起的污染。

（5）空调系统　随着人们对室内空气环境安全、健康和舒适要求的不断提高，通风的任务逐渐发展为借助机械设备把室外的新鲜空气经过适当的处理送入室内；或把室内的空气经过消毒、除害之类的处理后排至室外或循环送回室内，这样的通风就称为机械通风。

空调的目的是通过各种空气处理手段，如空气的净化或纯化、空气的加热或冷却、空气的加湿或除湿等，维持室内空气的温度、流动速度以及洁净和新鲜度。因此，可以说空调的作用是创造一个良好的，有一定温度、湿度和洁净的空气环境，以满足生活的舒适性或生产工艺的要求。

4.3.2　通风量

4.3.2.1　风口风速和通风量的测定

通风量的大小取决于通风口的面积和风速。气流在管道流动时，在一个通风口的各点上，风速是不相等的，接近管壁风速小，所以要在通风口上划几等份，用风速计分别测出每一部分的风速，然后再求通风口的平均风速和风量。

4.3.2.2　示踪气体法

示踪气体是在研究空气运动中，一种气体能与空气混合，而且本身不发生任何改变，并在很低的浓度时就被能测出的气体总称。常用的有：一氧化碳、二氧化碳和六氟化硫等。示踪气体浓度衰减法是在待测室内通入适量示踪气体，由于室内、外空气交换，示踪气体的浓度呈指数衰减，根据浓度随着时间的变化值计算出室内的新风量。

将在第 8 章中详细介绍通风量的测定和计算方法。

习题与思考题

1. 室内污染源处理的方法有哪几种？
2. 哪个国家是最早执行环境标志制度的国家？
3. 发展环保型建材（绿色建材）的特点是什么？
4. 吸附净化的特点是什么？
5. 共有哪几种空气净化方式？
6. 室内通风存在的问题有哪些？

5

室内空气中有机污染物的检测

本章摘要

本章主要介绍室内空气污染物的采样方法与采样方案的制订，室内主要空气污染物的分析测定方法。主要掌握室内空气主要污染物的采样方法及其采样仪器与设备；掌握室内空气污染物采样点的设置、采样时间与采样频率的确定及其要求。重点掌握和熟悉室内空气中甲醛、苯、VOC 等有机污染物等主要污染物的分析测定原理与方法。对于挥发性有机污染物测定多用吸附管采样，然后加热解吸或溶剂解吸，用气相色谱或气相色谱/质谱联机分析；挥发性小的有机污染物用高效液相色谱分析；甲醛和酚用分光光度法分析。

5.1 室内空气污染物采样方法

5.1.1 室内空气样品的采集

样品采集的正确与否直接关系到测定结果的可靠性，如果采样方法不正确或不规范，即使操作者再细心，实验室分析再精确，实验室的质量保证和质量控制再严格，也不会得出准确的测定结果。

根据被测污染物在空气中存在的状态和浓度水平以及所用的分析方法，按气态、颗粒态和两种状态共存的污染物，分别利用不同采样方法进行采样。

5.1.1.1 气态污染物的采样方法

（1）直接采样法 当空气中被测组分浓度较高，或所用的分析方法灵敏度很高时，可选用直接采取少量气体样品的采样法。用该方法测得的结果是瞬时或者短时间内的平均浓度，而且可以比较快地得到分析结果。直接采样法常用的容器有以下几种。

a. 注射器采样 用 100mL 的注射器直接连接一个三通活塞（图 5-1）。采样时，先用现场空气抽洗注射器 3～5 次，然后抽样，密封进样口，将注射器进气口朝下，垂直放置，使注射器的内压略大于大气压。要注意样品存放时间不宜太长，一般要当天分析完。此外，所用的注射器要做磨口密封性的检查，有时需要对注射器的刻度进行校准。

b. 塑料袋采样 常用的塑料袋有聚乙烯、聚氯乙烯和聚四氟乙烯袋等，用金属衬里（铝箔等）的袋子采样，能防止样品的渗透。为了检验对样品的吸附或渗透，建议事先对塑料袋进行样品稳定性实验。稳定性较差的，用已知浓度的待测物在与样品相同的条件下保存，计算出吸附损失后，对分析结果进行校正。

使用前要做气密性检查：充足气后，密封

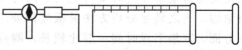

图 5-1 玻璃注射器

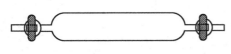

图 5-2 采气管

进气口，将其置于水中，不应冒气泡。使用时用现场气样冲洗 3～5 次后，再充进样品，夹封袋口，带回实验室分析。

c. 采气管采样 采气管是两端具有旋塞的管式玻璃容器，其容积为 100～500mL，如图 5-2 所示。采样时，打开两端旋塞，将双联球或抽气泵接在管的一端，迅速抽进比采气管大 6～10 倍的欲采气体，使采气管中原有的气体被完全置换出，关上两端旋塞，采气体积即为采气管的容积。

d. 真空瓶采样 真空瓶是一种用耐压玻璃制成的固定容器，容器为 500～1000mL，如图 5-3 所示。采样前，先用抽气真空装置将采气瓶内抽至剩余压力达 1.33kPa 左右，如瓶内预先装入吸收液，可抽至溶液冒泡为止，关闭旋塞。采样时，打开旋塞，被采空气即进入瓶内，关闭旋塞，则采样体积为真空采样瓶的容积。如果采气瓶内真空达不到 1.33kPa，实际采样体积要根据剩余压力进行计算。

图 5-3 真空瓶

当用闭管压力计测量剩余压力时，现场状态下的采样体积按下式计算：

$$V = \frac{V_0 \times (p - p_B)}{p} \tag{5-1}$$

式中 V——现场状态下的采样体积，L；

V_0——真空采气瓶的容积，L；

p——大气压力，kPa；

p_B——闭管压力计读数，kPa。

当用开管压力计测量采气瓶内的剩余压力时，现场状态下的采样体积按下式计算：

$$V = \frac{V_0 \times p_k}{p} \tag{5-2}$$

式中 p_k——开管压力计读数，kPa。

其余符号意义和单位同前。

(2) 有动力采样法 有动力采样法是用一个抽气泵，将空气样品通过吸收瓶（管）中的吸收介质，使空气样品中的待测污染物浓缩在吸收介质中，而达到浓缩采样的目的。吸收介质通常是液体和多孔状的固体颗粒物，其不仅浓缩了待测污染物，提高了分析灵敏度，并有利于去除干扰物和选择不同原理的分析方法。

如图 5-4 所示，是用液体吸收管的有动力空气采样装置，它主要由吸收管、流量计和抽气泵所组成。

室内空气中的污染物浓度一般都比较低，虽然目前的测试技术有很大的进展，出现了许多高灵敏度的自动测定仪器，但是对许多污染物来说，直接采样法远远不能满足分析的要求，故需要用富集采样法对室内空气中的污染物进行浓缩，使之满足分析方法灵敏度的要求。另一方面，富集采样时间一般比较长，测得结果代表采样时段的平均浓度，更能反映室内空气

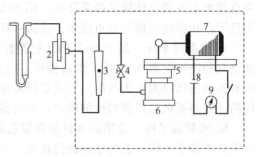

图 5-4 有动力空气采样装置

1—吸收管；2—滤水阱；3—流量计；
4—流量调节阀；5—抽气泵；6—稳流器；
7—电动机；8—电源；9—定时器

污染的真实情况。这种采样方法有液体吸收法、固体吸附法和低温冷凝法。

a. 液体吸收法 用一个气体吸收管，内装吸收液，后面接有抽气装置，以一定的气体流量，通过吸收管抽入空气样品。当空气通过吸收液时，在气泡和液体的界面上，被测组分的分子被吸收在溶液中，取样结束后倒出吸收液，分析吸收液中被测物的含量，根据采样体积和含量计算室内空气中污染物的浓度。这种方法是气态污染物分析中最常用的样品浓缩方法，它主要用于采集气态和蒸气态的污染物。

① 气体吸收原理 当空气通过吸收液时，在气泡和液体的界面上，被测组分的分子由于溶解作用或化学反应很快进入吸收液中。同时气泡中间的气体分子因存在浓度梯度和运动速度极快，能迅速扩散到气液界面上。因此，整个气泡中被测气体分子很快被溶液吸收。

溶液吸收法的吸收效率主要决定于吸收速度和样气与吸收液的接触面积。

欲提高吸收速度，必须根据被吸收污染物的性质选择效能好的吸收液。常用的吸收液有水、水溶液和有机溶剂等。按照它们的吸收原理可分为两种类型：一种是气体分子溶解于溶液中的物理作用，如用水吸收大气中的氯化氢、甲醛等；另一种吸收原理是基于发生化学反应，如用氢氧化钠溶液吸收大气中的硫化氢。理论和实践证明，伴有化学反应的吸收液吸收速度比单靠溶解作用的吸收液吸收速度快得多。因此，除采集溶解度非常大的气态物质外，一般都选用伴有化学反应的吸收液。吸收液的选择原则如下：

ⅰ. 与被采样的物质发生化学反应快或对其溶解度大；

ⅱ. 污染物被吸收液吸收后，要有足够的稳定时间，以满足分析测定所需时间的要求；

ⅲ. 污染物被吸收后，应有利于下一步分析测定，最好能直接用于测定；

ⅳ. 吸收液毒性小、价格低、易于购买，且尽可能回收利用。

② 吸收管的种类 增大被采气体与吸收液接触面积的有效措施是选用结构适宜的吸收管（瓶）。常用的吸收管有气泡吸收管、冲击式吸收管、多孔筛板吸收管，如图5-5所示。气泡吸收管适用于采集气态和蒸气态物质，不适合采集气溶胶态物质；冲击式吸收管适宜采集气溶胶态物质，而不适合采集气态和蒸气态物质；多孔筛板吸收管，当气体通过吸收管的筛板后，被分散成很小的气泡，且滞留时间长，大大增加了气液接触面积，从而提高了吸收效果，除适合采集气态和蒸气态物质外，也能采集气溶胶态物质。

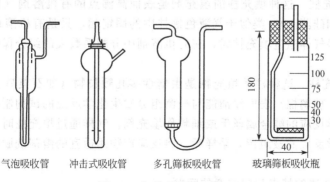

气泡吸收管　　冲击式吸收管　　多孔筛板吸收管　　玻璃筛板吸收瓶

图 5-5　气体吸收管（瓶）

③ 在使用溶液吸收法时，应注意以下几个问题。

ⅰ. 当采气流量一定时，为使气液接触面积增大，提高吸收效率，应尽可能地使气泡直径变小，液体高度加大，尖嘴部的气泡速度减慢。但不宜过度，否则管路内压增加，无法采样，建议通过实验测定实际吸收效率来进行选择。

ⅱ. 由于加工工艺等问题，应对吸收管的吸收效率进行检查，选择吸收效率为90％以上的吸收管，尤其是使用气泡吸收管和冲击式吸收管时。

ⅲ. 新购置的吸收管要进行气密性检查，将吸收管内装适量的水，接至水抽气瓶上，两个水瓶的水面差为 1m，密封进气口，抽气至吸收管内无气泡出现，待抽气瓶水面稳定后，静置 10min，抽气瓶水面应无明显降低。

ⅳ. 部分方法的吸收液或吸收待测污染物后的溶液稳定性较差，易受空气氧化、日光照射而分解或随现场温度的变化而分解等，应严格按操作规程采取密封、避光或恒温采样等措施，并尽快分析。

ⅴ. 吸收管路的内压不宜过大或过小，可能的话要进行阻力测试。采样时，吸收管要垂直放置，进气管要置于中心的位置。

ⅵ. 现场采样时，要注意观察不能有泡沫抽出。采样后，用样品溶液洗涤进气口内壁三次，再倒出分析。

b. 固体吸附法　固体吸附法又称填充柱采样法。填充柱采样管用一根长 6～10cm、内径 3～5cm 的玻璃管或塑料管，内装颗粒状填充剂制成，如图 5-6 所示。填充剂可以用吸附

图 5-6　填充柱采样管

剂或在颗粒状的单体上涂以某种化学试剂。采样时，让气体以一定流速通过填充柱，被测组分因吸附、溶解或化学反应等作用被滞留在填充剂上，达到浓缩采样的目的。采样后，通过解吸或溶剂洗脱，使被测组分从填充剂上释放出来进行测定。根据填充剂阻留作用的原理，可分为吸附型、分配型和反应型三种类型。

① 吸附型填充剂　吸附型填充剂是颗粒状固体吸附剂，如活性炭、硅胶、分子筛、高分子多孔微球等。它们都是多孔物质，比表面积大，对气体和蒸气有较强的吸附能力。有两种表面吸附作用，一种是由于分子间引力引起的物理吸附，吸附力较弱；另一种是由于剩余价键力引起的化学吸附，吸附力较强。极性吸附剂，如硅胶等，对极性化合物有较强的吸附能力；非极性吸附剂，如活性炭等，对非极性化合物有较强的吸附能力。一般来说，吸附能力越强，采样效率越高，但这往往会给解吸带来困难。因此，在选择吸附剂时，既要考虑吸附效率，又要考虑易于解吸。

② 分配型填充柱　这种填充柱的填充剂是表面高沸点的有机溶剂（如异十三烷）的惰性多孔颗粒物（如硅藻土），类似于气液色谱柱中的固定相，只是有机溶剂的用量比色谱固定相大。当被采集气样通过填充柱时，在有机溶剂中分配系数大的组分保留在填充剂上而被富集。

③ 反应型填充柱　这种柱的填充物是由惰性多孔颗粒物（如石英砂、玻璃微球）或纤维状物（如滤纸、玻璃棉）表面涂渍能与被测组分发生化学反应的试剂制成。也可以用能和被测组分发生化学反应的纯金属丝毛或细粒作填充剂。气样通过填充柱时，被测组分在填充剂表面因发生化学反应而被阻留，采样后，将反应产物用适宜的溶剂洗脱或加热吹气解吸下来进行分析。

④ 填充柱采样法的特点与应注意的问题

ⅰ. 可以长时间采样，可用于空气中污染物日平均浓度的测定。而溶液吸收法因吸收液在采气过程中有液体蒸发损失，一般情况下，不适宜长时间的采样。

ⅱ. 选择合适的固体填充剂对于蒸气和气溶胶都有较好的采样效率。而溶液吸收法对气溶胶往往采样效率不高。

ⅲ. 污染物浓缩在填充剂上的稳定性一般都比吸收在溶液中要长得多，有时可放几天甚至几周不变。

ⅳ. 在现场采样填充柱比溶液吸收管方便得多，样品发生再污染、撒漏的机会要小得多。

ⅴ. 填充柱的吸附效率受温度等因素的影响较大，一般而言，温度升高，最大采样体积将会减少。水分和二氧化碳的浓度较待测组分大得多，用填充柱采样时对它们的影响要特别留意，尤其对湿度（含水量）。由于气候等条件的变化，湿度对最大采样体积的影响更为严重，必要时，可在采样管前接一个干燥管。

ⅵ. 实际上，为了检查填充柱采样管的采样效率，可在一根管内分前、后段填装滤料，如前段装 100mg，后段装 50mg，中间用玻璃棉相隔。但前段采样管的采样效率应在 90% 以上。

c. 低温冷凝浓缩法　空气中某些沸点比较低的气态物质，在常温下用固体吸附剂很难完全被阻留，用制冷剂将其冷凝下来，浓缩效果较好。常用的制冷剂有冰-盐水、干冰-乙醇等（表 5-1）。经低温采样，被测组分冷凝在采样管中，然后接到气相色谱仪进样口，撤离冷阱，在常温下或加热气化，通入载气，吹入色谱柱中进行分离和测定。

表 5-1　常用制冷剂

制冷剂名称	制冷温度/℃	制冷剂名称	制冷温度/℃
冰	0	干冰-丙酮	−78.5
冰-食盐	−4	干冰	−78.5
干冰-二氯乙烯	−60	液氮-乙醇	−117
干冰-乙醇	−72	液氧	−183
干冰-乙醚	−77	液氮	−196

低温冷凝法采样，在不加填充剂的情况下，制冷温度至少要低于被浓缩组分的沸点 80～100℃，否则效率很差。这是因为空气样品在冷却时凝结形成很多小雾滴，含有一部分被测物随气流带走，若加入填充剂可起到过滤雾滴的作用。因此，这时对温差的要求可以降低一些。例如，用内径 2mm 的 U 形玻璃管，内装 10cm 6201 担体，在冰-盐水中低温采集空气中醛类化合物（乙醛、丙烯醛、甲基丙烯醛、丁烯醛等），采样后，加热至 140℃ 解吸，用气相色谱测定。

用低温冷凝采集空气样品，比在常温下填充柱法的采气量大得多，浓缩效果较好，对样品的稳定性更有利。但是用低温冷凝采样时，空气中水分和二氧化碳等也会同时被冷凝，若用液氮或液体空气作制冷剂时，空气中氧也有可能被冷凝阻塞气路。另外，在气化时，水分和二氧化碳也随被测组分同时气化，增大了气化体积，降低了浓缩效果，有时还会给下一步的气相色谱分析带来困难。所以，在应用低温冷凝法浓缩空气样品时，在进样口需接某种干燥管（如内填过氯酸镁、烧碱石棉、氢氧化钾或氯化钙等的干燥管），以除去空气中的水分和二氧化碳（图 5-7）。

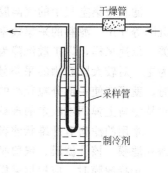

图 5-7　低温冷凝采样

（3）被动式采样法　被动式采样器是基于气体分子扩散或渗透原理采集空气中气态或蒸气态污染物的一种采样方法，由于它不用任何电源或抽气动力，所以又称无泵采样器。这种采样器体积小，非常轻便，可制成一支钢笔或一枚徽章大小，用作个体接触剂量评价的监测，也可放在欲测场所，连续采样，间接用作环境空气质量评价的监测。目前，常用于室内空气污染和个体接触剂量的评价监测。

① 定点采样　被动式采样器与有泵采样器放在同一采样点，取同一环境空气，并维持

在方法所规定的环境条件范围之内（如风速大于 20cm/s）进行平行配对采样，连续的直读仪器也可以作为参比方法，以显示在采样过程中的浓度变化。

② 个体采样　将一个被动式采样器和一个有泵采样器配对，戴在人体同一侧的上衣口袋处，进行个体采样。

5.1.1.2　颗粒物（气溶胶）的采样

空气中颗粒物质的采样方法很多，最基本的方法是自然沉降法和滤料法。

（1）自然沉降法　自然沉降法是利用颗粒物受重力场的作用，沉降在一个敞开的容器中，采集的是较大粒径（＞30μm）的颗粒物。自然沉降法主要用于采集颗粒物粒径大于30μm的尘粒，是测定室外大气降尘的方法，而室内测定很少使用。结果用单位面积、单位时间内从空气中自然沉降的颗粒物质量 $[t/(km^2 \cdot 月)]$ 表示。这种方法虽然比较简便，但易受环境气象条件（如风速）的影响，误差较大。

（2）滤料法

a. 过滤原理　根据粒子切割器和采样流速等的不同，分别用于采集空气中不同粒径的颗粒物，该方法是将过滤材料，如滤膜，放在采样夹上，用抽气装置抽气，则空气中的颗粒物被阻留在过滤材料上，称量过滤材料上富集的颗粒物质量，根据采样体积，即可计算出空气中颗粒物的浓度。滤料采样装置示意见图 5-8，颗粒物采样夹如图 5-9 所示。

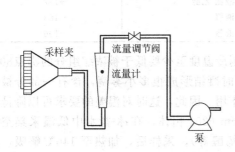

图 5-8　滤料采样装置示意

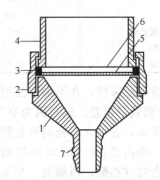

图 5-9　颗粒物采样夹

1—底座；2—紧固圈；3—密封圈；4—接座圈；5—支撑网；6—滤膜；7—抽气接口

滤料采集空气中的气溶胶颗粒物基于直接阻截、惯性碰撞、扩散沉降、静电引力和重力沉降等作用。滤料的采集效率除与自身性质有关外，还与采样速度、颗粒物的大小等因素有关。低速采样，以扩散沉降为主，对细小颗粒物的采集效率高；高速采样，以惯性碰撞作用为主，对较大颗粒物的采集效率高。空气中的大小颗粒物是同时并存的，当采样速度一定时，就可能使一部分粒径小的颗粒物采集效率偏低。此外，在采样过程中，还可能发生颗粒物从滤料上弹回或吹走的现象。

常用的滤料有纤维状滤料，如滤纸、玻璃纤维滤膜、过氯乙烯滤膜等，筛孔状滤料，如微孔滤膜、核孔滤膜、银薄膜等。

选择滤膜时，应根据采样目的，选择采样效率高、性能稳定、空白值低、易于处理和采样后易于分析测定的滤膜。

b. 采样仪器　滤料法采集气溶胶的仪器有多种多样。按流量大小可分为大流量（约 $1m^3/min$）、中流量（约 100L/min）、小流量（约 10L/min）。在各种流量采样器的气样入口处加一个特定粒径范围的切割器，就构成了特定用途的采样器。如总悬浮颗粒（TSP）采样器，可吸入颗粒（IP）采样器，胸部颗粒物（TP）和呼吸性颗粒物（RP）采样器以及各种分级采样器。

① 大流量采样器 大流量采样器只用于室外采样。流量范围 $1.1\sim1.7m^3/min$，采样夹可安装 $200mm\times250mm$ 的玻璃纤维滤纸，采集 $0.1\sim100\mu m$ 的总悬浮颗粒物（TSP）。用重量法测定总悬浮颗粒后，将样品滤纸切成五个部分，50% 用于提取有机物，测定多环芳烃和苯并［a］芘等，20% 用于金属分析，10% 做水溶性物质硫酸盐、硝酸盐、氯化物及氨盐的测定，余下 20% 保留备用。如果悬浮颗粒中成分是以金属为主，则应切取 50%～70% 做金属元素分析用。

② 中流量采样器 此采样器由空气入口防护罩、采样夹、气体转子流量计和吸尘机或其他抽气动力以及支架所组成。中流量采样器一般使用铝或不锈钢制采样夹，其有效集尘面的直径约 100mm，滤料用玻璃纤维滤纸或有机纤维滤膜。使用前，用标准流量计校准采样系列中流量计，在采样前和采样后流量，流量误差应小于 5%。在采样过程中用流量调节孔随时调节到指定的流量值，采样时间 8～24h。采样后，用重量法测定 TSP 含量。

③ 小流量采样器 结构与中流量采样器相似。采样夹可装上直径 44mm 的滤纸或滤膜，采气流量 20～30L/min。由于采气量少，需较长时间的采样，才能获得足够分析用的样品，而且只适宜做单项组分分析。它实际是胸部颗粒物（TP）采样器，切割粒径 $D_{50}=10\mu m$，又称 PM_{10} 采样器。

采样器的入口处加一粒径分离切割器就构成了分级采样器。分级采样器有二段式和多段式两种类型。二段式主要用于测定 TSP 和 TP 或 TP 和 RP（$PM_{2.5}$）。多段式可分级采集不同粒径范围的颗粒物，用于测定颗粒物的粒度分布。粒径分离切割器的工作原理有撞击式、旋风式和向心式等多种形式。

5.1.1.3 两种状态共存的污染物的采样方法

实际上，空气中的污染物大多数都不是以单一状态存在的，往往同时存在于气态和颗粒物中，尤其是部分无机污染物和有机污染物，所谓综合采样法就是针对这种情况提出来的。选择好合适的固体填充剂的填充柱采样管对某些存在于气态和颗粒物中的污染物也有较好的采样效率。若用滤膜采样器后接液体吸收管的方法，可实现同时采样。但这种方法的主要缺陷是采样流量受限制，而颗粒物需要在一定的速度下，才能被采集下来。

所谓浸渍试剂滤料法，是将某种化学试剂浸渍在滤纸或滤膜上，这种滤纸适宜采集气态与气溶胶共存的污染物。采样中，气态污染物与滤纸上的试剂迅速反应，从而被固定在滤纸上。所以，它具有物理（吸附和过滤）和化学两种作用，能同时将气态和气溶胶污染物采集下来。浸渍试剂使用较广，尤其是对于以蒸气和气溶胶状态共存的污染物是一个较好的采样方法。如用磷酸二氢钾浸渍过的玻璃纤维滤膜采集大气中的氟化物，用聚乙烯氧化吡啶及甘油浸渍的滤纸采集大气中的砷化物，用碳酸钾浸渍的玻璃纤维滤膜采集大气中的含硫化合物，用稀硝酸浸渍的滤纸采集铅烟和铅蒸气等。

5.1.2 采样体积以及污染物浓度的计算

5.1.2.1 采样体积的计算

为了计算空气中污染物的浓度，必须正确地测量空气采样的体积，它直接关系到监测数据的质量。采样方法不同，采样体积的测量方法也有所不同。

（1）直接采样法 用注射器、塑料袋和固定容器直接取样时，当压力达到平衡，并稳定后，这些采样器具的容积即为空气采样体积。只要校准了这些器具的容积，就可知道准确的采样体积。

（2）有动力采样法 常用四种方法测量空气采样体积。

① 用转子流量计和孔口流量计测定采样系统的空气流量。采样时，气体流量计连接在

采样泵之前,采样泵选用恒流抽气泵。采样前需对采样系统中的气体流量计的流量刻度进行核准。当采样流量稳定时,用流量乘以采样时间计算空气体积。

② 用气体体积计量器以累积的方式,直接测量进入采样系统中的空气体积。如湿式流量计或煤气表,可以准确地记录在一定流量下累积的气体采样体积。气体体积计量器应连接在采样泵后面,采样泵和两者连接不应漏气。使用前需对气体体积计量器的刻度校准。

③ 用质量流量计测量进入采样系统中的空气质量,换算成标准采样体积。由于质量流量计测定的是空气质量流量,所以不需要对温度和大气压力校准。

④ 用类似毛细管或限流的临界孔稳流器来稳定和测定采样的流量。根据事先对毛细管或限流临界孔稳流器来稳定和测定采样的流量。采样系统中,临界孔稳流器应连接在采样泵之前,要求采样泵真空度应维持至 66.7kPa 左右,否则不能保证恒流。由于环境温度会引起临界孔径的改变,使通过的气体体积的流量发生变化,所以应将临界孔处于恒温状态,这对长时间采样(如 24h 采样)尤为重要。在采样开始前和结束后,应用皂膜计测量采样的流量,采样过程中观察采样泵上真空表的变化,以检查临界孔是否被堵塞或因其他原因引起流量改变。

应该指出,在有动力的采样中,所用流量计,除质量流量计外,大多数为体积流量计。体积流量计受采样系统中各种装置(如收集器、吸收管、滤膜采样夹、保护性过滤器和流量调节阀等)所产生的气阻和测定环境条件(如气温和大气压力)的影响。为此,校准流量计必须尽可能在使用状况下,按照实际采样方式进行。采样时,要记录温度和大气压力,将采样体积换算成标准状况下的采样体积。计算公式如下:

$$V_0 = V_t \times \frac{T_0}{T} \times \frac{p}{p_0} = V_t \times \frac{273}{273+t} \times \frac{p}{101.325} \tag{5-3}$$

式中　V_0——标准状况下采样体积,L 或 m³;

　　　V_t——实际采样体积,L 或 m³;

　　　T_0——标准状况下的热力学温度,273K;

　　　T——采样时的热力学温度(273+t),K;

　　　t——采样时的温度,℃;

　　　p_0——标准状况下的大气压力,101.325kPa;

　　　p——采样时的大气压力,kPa。

如果流量计的刻度是标准状况下的流量,而且使用时的大气压力和温度与流量计校正时状况差别不大,无需再换算成标准状况下的采样体积。

(3) 被动式采样法　用被动式采样器采样时,以采样器的采样速率 K 乘以暴露采样时间,计算空气采样体积。

5.1.2.2　空气污染物浓度的表示方法

单位体积空气样品中所含有污染物的量,就称为该污染物在空气中的浓度。空气污染的浓度表示方法主要有两种。

(1) 质量浓度　以单位体积空气中所含污染物的质量数来表示。常用的有 mg/m³ 和 μg/m³。

(2) 体积浓度　以单位体积空气中所含污染物气体或蒸气的体积数来表示。常用的有 ppm(10^{-6})和 ppb(10^{-9})。换算关系:1ppm=1×10^{-6},1ppb=1×10^{-9}。

国际标准化组织(ISO)以及我国排放标准和环境质量标准采用质量和体积浓度表示。质量浓度表示法则对各种状态污染物均能适用,它与体积浓度表示法在标准状况下有如下换算关系。

由 ppm 换算成 mg/m³

$$A(\text{mg/m}^3) = \frac{M \times E(\text{ppm})}{22.4} \tag{5-4}$$

式中　M——污染物的相对分子质量；

　　　A——污染物的质量浓度，mg/m³；

　　　E——污染物的体积浓度，ppm；

　　22.4——在标准状况（0℃，101325Pa）下气体的摩尔体积，m³/mol。

【例 5-1】　在标准状况下，已知空气中 SO_2 的浓度为 2ppm，试换算成 mg/m³。

解： $M(SO_2) = 64$，由上式得

$$A = \frac{64 \times 2}{22.4} = 5.71 \text{ mg/m}^3$$

对个别空气污染物浓度的表示方法不宜用上述方法表示，如降尘，以 t/(km²·月) 表示；3,4-苯并芘，以 μg/m³ 表示。

5.1.3　室内空气监测方案设计

5.1.3.1　采样点位的设置

采样点的布置同样会影响室内污染物检测的准确性，如果采样点布置不科学，所得的监测数据并不能科学地反映室内空气质量。

（1）布点的原则　采样点的选择应遵循下列原则。

① 代表性　这种代表性应根据检测目的与对象来决定，以不同的目的来选择各自典型的代表，如可按居住类型分类、燃料结构分类、净化措施分类。

② 可比性　为了便于对检测结果进行比较，各个采样点的各种条件应尽可能选择相类似的；所用的采样器及采样方法，应做具体规定，采样点一旦选定后，一般不要轻易改动。

③ 可行性　由于采样的器材较多，需占用一定的场地，故选点时，应尽量选有一定空间可供利用的地方，切忌影响居住者的日常生活。因此，应选用低噪声、有足够的电源的小型采样器材。

（2）布点方法　应根据检测目的与对象进行布点，布点的数量视人力、物力和财力情况，量力而行。

① 采样点的数量，根据检测对象的面积大小和现场情况来决定，以期能正确反映室内空气污染的水平。公共场所可按 100m² 设 2～3 个点；居室面积小于 50m² 的房间设 1～3 个点，50～100m² 设 3～5 个点，100m² 以上至少设 5 个点。各点在对角线上或梅花式均匀分布，两点之间相距 5m 左右，为避免室壁的吸附作用或逸出干扰，采样点离墙应不少于 0.5m。

② 采样点的分布，除特殊目的外，一般采样点分布应均匀，并离开门窗一定的距离，避开正风口，以免局部微小气候造成影响。在做污染源逸散水平监测时，可以污染源为中心在与之不同的距离（2cm、5cm、10cm）处设定。

③ 采样点的高度，与人的呼吸带高度相一致，相对高度 0.5～1.5m 之间。

④ 室外对照采样点的设置，在进行室内污染监测的同时，为了掌握室内外污染的关系，或以室外的污染浓度为对照，应在同一区域的室外设置 1～2 个对照点。也可用原来的室外固定大气监测点做对比，这时室内采样点的分布应在固定监测点的半径 500m 范围内才较合适。

5.1.3.2　采样时间和采样频率的确定

采样时间系指每次采样从开始到结束经历的时间，也称采样时段。采样频率是指在一定

时间范围内的采样次数。这两个参数要根据检测目的、污染物分布特征及人力、物力等因素决定。

采样时间短，试样缺乏代表性，检测结果不能反映污染物浓度随时间的变化，仅适用于事故性污染、初步调查等情况的应急检测。为增加采样时间，一是可以增加采样频率，即每隔一定时间采样测定 1 次，取多个试样测定结果的平均值为代表值。二是使用自动采样仪器进行连续自动采样，若再配用污染组分连续或间歇自动检测仪器，其检测结果能很好地反映污染物浓度的变化，得到任何一段时间的代表值。

① 监测年平均浓度时，至少采样 3 个月；监测日平均浓度时，至少采样 18h；监测 8h 平均浓度至少采样 6h；监测 1h 平均浓度至少采样 45min；采样时间应涵盖通风最差的时间段。

② 长期累计浓度的监测，这种监测多用于对人体健康影响的研究，一般采样需 24h 以上，甚至连续几天进行累计性的采样，以得出一定时间内的平均浓度。由于是累计式的采样，故样品分析方法的灵敏度要求就较低，缺点是对样品和监测仪器的稳定性要求较高。另外，样品的本底与空白的变异，对结果的评价会带来一定的困难，更不能反映浓度的波动情况和日变化曲线。

③ 短期浓度的监测，为了了解瞬时或短时间内室内污染物浓度的变化，可采用短时间的采样方法，间歇式或抽样检验的方法，采样时间为几分钟至 1h。短期浓度监测可反映瞬时的浓度变化，按小时浓度变化绘制浓度的日变化曲线，主要用于公共场所及室内污染的研究，只是本法对仪器及测定方法的灵敏度要求较高，并受日变化及局部污染变化的影响。

5.1.3.3 采样方式和方法

(1) 采样方式

① 筛选法采样 采样前关闭门窗 12h，采样时关闭门窗，至少采样 45min。

② 累积法采样 当采用筛选法采样达不到室内空气质量标准中室内空气监测技术导则规定的要求时，必须采用累积法（按年平均、日平均、8h 平均法）的要求采样。

(2) 采样方法和仪器 根据污染物在室内空气中的存在状态，选用合适的采样方法和仪器。具体采样方法应按各个污染物检验方法中规定的方法和操作步骤进行。

① 气体污染物 采用有动力采样方法和被动式采样方法。被动式采样方法因采样速度的限制适合于长时间（如 8h 或 24h 或几天）采样，而且要求在适宜的风速范围内（0.2～2.0m/s）进行；各种有动力采样方法适用范围较宽，但受电源和电机噪声的限制，用于室内的采样器的噪声应小于 50dB（A）。

② 颗粒物 应选用小流量或中流量采样器（100L/min 以下）采样，采样器的噪声应小于 50dB（A）。

5.1.3.4 采样的质量保证措施

(1) 气密性检查 有动力采样器在采样前应对采样系统进行气密性检查，不得漏气。

(2) 流量校准 采样系统流量要能保持恒定，采样前和采样后要用一级皂膜计校准采样系统进气流量，误差不超过 5%。记录校准时的大气压力和温度，必要时换算成标准状况下的流量。

(3) 空白检验 在一批现场采样中，应留有两个采样管不采样，并按其他样品管一样对待，作为采样过程中空白检验，若空白检验超过控制范围，则这批样品作废。

(4) 仪器使用前，应按仪器说明书对仪器进行检验和标定。

(5) 在计算浓度时应将采样体积换算成标准状态下的体积。

5.1.3.5　采样记录和报告

采样记录与实验室分析测定记录同等重要。在实际工作中，不重视采样记录，往往会导致由于采样记录不完整而使一大堆监测数据无法统计而报废。因此，必须给予高度重视。采样记录是要对现场情况、各种污染物以及采样表格中采样日期、时间、地点、数量、布点方式、大气压力、气温、相对温度、风速以及采样者签字等做出详细记录，随样品一同报到实验室。现场采样和分析记录见表 5-2。

表 5-2　现场采样记录表

采样地点：　　　　　　采样方法：　　　　　　污染物名称：

采样日期	样品号	采样时间/h 或 min		温度/℃	湿度/%	气压/kPa	天气	流量/(L/min)			采样体积			采样人
		开始	结束					开始	结束	平均	时间/min	体积/L	标准体积/L	

5.1.4　采样效率及其评价

5.1.4.1　采样效率的评价方法

一个采样方法的采样效率是指在规定的采样条件（如采样流量、气体浓度、采样时间等）下所采集到的量占总量的百分数。采样效率评价方法一般与污染物在大气中的存在状态有很大关系，不同的存在状态有不同的评价方法。

（1）评价采集气态和蒸气态的污染物的方法　采集气态和蒸气态的污染物常用溶液吸收法和填充柱采样法。评价这些采样方法的效率有绝对比较法和相对比较法两种。

① 绝对比较法　精确配制一个已知浓度的标准气体，然后用所选用的采样方法采集标准气体，测定其浓度，比较实测浓度 c_1 和配气浓度 c_0，采样效率 K 为

$$K = \frac{c_1}{c_0} \times 100\% \tag{5-5}$$

用这种方法评价采样效率虽然比较理想，但是，由于配制已知浓度标准气体有一定困难，往往在实际应用时受到限制。

② 相对比较法　配制一个恒定浓度的气体，而其浓度不一定要求已知。然后用 2 个或 3 个采样管串联起来采样，分别分析各管的含量，计算第一管含量占各管总量的百分数，采样效率 K 为

$$K = \frac{c_1}{c_1 + c_2 + c_3} \times 100\% \tag{5-6}$$

式中，c_1、c_2 和 c_3，分别为第 1 管、第 2 管和第 3 管中分析测得的浓度，用此法计算采样效率时，要求第 2 管和第 3 管的含量与第 1 管比较是极小的，这样三个管含量相加之和就近似于所配制的气体浓度。有时还需串联更多的吸收管采样，以期求得与所配制的气体浓度更加接近。用这种方法评价采样效率也只是用于一定浓度范围的气体，如果气体浓度太低，由于分析方法灵敏度所限，则测定结果误差较大，采样效率只是一个估计值。

（2）评价采集气溶胶的方法　采集气溶胶常用滤料和填充柱采样法。采集气溶胶的效率有两种表示方法。一种是颗粒采样效率，就是所采集到的气溶胶颗粒数目占总的颗粒数目的百分数；另一种是质量采样效率，就是所采集到的气溶胶质量数占总质量的百分数。只有当气溶胶全部颗粒大小完全相同时，这两种表示方法才能一致起来。但是实际上这种情况是不存在的，微米以下的极小颗粒在颗粒数上总是占绝大多数而按质量计算却占很小的部分，即

一个大的颗粒质量可以相当于成千上万个小的颗粒。所以质量采样效率总是大于颗粒采样效率。由于 $1\mu m$ 以下的颗粒对人体健康影响较大所以颗粒采样效率有卫生学上的意义。当要了解大气中气溶胶质量浓度或气溶胶中某成分的质量浓度时，质量采样效率是有用的。目前在大气测量中，评价采集气溶胶的方法的采样效率，一般是以质量采样效率表示，只是在有特殊目的时，采用颗粒采样效率表示。

评价采集气溶胶方法的效率与评价气态和蒸气态的采样方法有很大的不同。一方面是由于配制已知浓度标准气溶胶在技术上比配制标准气体要复杂得多，而且气溶胶粒度范围也很大，所以很难在实验室模拟现场存在的气溶胶的各种状态。另一方面用滤料采样像一个滤筛一样，能漏过第一张滤纸或滤膜的更小的颗粒物质也有可能会漏过第二张或第三张滤纸或滤膜，所以用相对比较气溶胶的采样效率就有困难了。评价滤纸和滤膜的采样效率要用另一个已知采样效率高的方法同时采样，或串联在后面进行比较得出。颗粒采样效率常用一个灵敏度很高的颗粒计数器记录滤料前和通过滤料后的空气中的颗粒数来计算。

（3）评价采集气态和气溶胶共存状态的物质的方法　对于气态和气溶胶共存的物质的采样更为复杂，评价其采样效率时，这两种状态都应加以考虑，以求其总的采样效率。

5.1.4.2　影响采样效率的主要因素

一般认为采样效率 90% 以上为宜，采样效率太低的方法和仪器不能选用，这里简要归纳几条影响采样效率的因素，以便正确选择采样方法和仪器。

① 根据污染物存在状态选择合适的采样方法和仪器，每种采样方法和仪器都是针对污染物的一个特定状态而选定的，如以气态和蒸气态存在的污染物是以分子状态分散于空气中，用滤纸和滤膜采集效率很低，而用液体吸收管或填充柱采样，则可获得较高的采样效率。以气溶胶存在的污染物，不易被气泡吸收管中的吸收液吸收，宜用滤料或填充柱采样，如用装有稀硝酸的气泡吸收管采集铅烟，采样效率很低，而选用滤纸采样，则可得到较好的采样效率。对于气溶胶和蒸气态共存的污染物，要应用对于两种状态都有效的采样方法，如浸渍试剂的滤料或填充柱采样法。因此，在选择采样方法和仪器之前，首先要对污染物做具体分析，分析其在空气中可能以什么状态存在，根据存在状态选择合适的采样方法和仪器。

② 根据污染物的理化性质选择吸收液、填充剂或各种滤料。用溶液吸收法采样时，要选用对污染物溶解度大或者与污染物能迅速起化学反应的作为吸收液。用填充柱或滤料采样时，要选用阻留率大并容易解吸下来的作填充剂或滤料。在选择吸收液、填充剂或滤料时，还必须考虑采样后应用的分析方法。

③ 确定合适的抽气速度，每一种采样方法和仪器都要求有一定的抽气速度，超过规定的速度，采样效率将不理想。各种气体吸收管和填充柱的抽气速度一般不宜过大，而滤料采样则可在较高抽气速度下进行。

④ 确定适当的采气量和采样时间，每个采样方法都有一定采样量限制。如果现场浓度高于采样方法和仪器的最大承受量时，采样效率就不太理想。如吸收液和填充剂都有饱和吸收量，达到饱和后吸收效率立即降低，此时，应适当减少采气量或缩短采样时间。反之，如果现场浓度太低，要达到分析方法灵敏度要求，则要适当增加采气量或延长采样时间。采样时间的延长也会伴随着其他不利因素发生，而影响采样效率。例如长时间地采样，吸收液中水分蒸发，造成吸收液成分和体积变化，长时间采样，大气中水分和二氧化碳的量也会被大量采集，影响填充剂的性能；长时间采样，其他干扰成分也会大量被浓缩，影响以后的分析结果；此外，长时间采样，滤料的机械性能减弱，有时还会破裂。因此，应在保证足够的采样效率前提下，适当地增加采气量或延长采样时间。如果现场浓度不清楚时，采气量或采样时间应根据标准规定的最高容许浓度范围所需的采样体积来确定，这个最小采气量用下式初

步估算：

$$V = \frac{2a}{A} \tag{5-7}$$

式中　V——最小采气体积，L；

a——分析方法的灵敏度，μg；

A——被测物质的最高容许浓度，mg/m^3。

采样方法和仪器选定后，正确地掌握和使用才能最有效地发挥其作用。因此，严格按照操作规程采样，是保证有较高采样效率的重要条件。

5.2　甲醛（HCHO）的测定

甲醛的测定方法有酚试剂比色法、乙酰丙酮比色法、变色酸比色法、盐酸副玫瑰苯胺比色法、4-氨基-3-联氨-5-巯基-1,2,4-三氮杂茂（简称 AHMT）比色法等化学方法。仪器法有高效液相色谱法、气相色谱法和电化学法。乙酰丙酮比色法对共存的酚和乙醛等无干扰，操作简易、重现性好。变色酸比色法显色稳定，但需使用浓硫酸，操作不便，且共存的酚有干扰测定。两方法的灵敏度相同，均需在沸水浴中加热显色，变色酸加热时间较长些。酚试剂比色法在常温下显色，且灵敏度比上述两个方法都好；气相色谱法选择性好，干扰因素小；这两种方法均被作为公共场所空气中甲醛卫生检验的标准方法（GB/T 18204.26—2000）。AHMT 法在室温下就能显色，且 SO_3^{2-}、NO_2^- 共存时不干扰测定，灵敏度比上述比色法均好，已作为居住区大气中甲醛卫生检验的标准方法（GB/T 16129—95）。目前国内普遍使用的电化学甲醛分析仪，可直接在现场测定甲醛浓度，当场显示，操作方便，适用于室内和公共场所空气中甲醛浓度的现场测定，也适用于环境测试舱法测定木质板材中的甲醛释放量。我国室内空气质量标准规定 AHMT 比色法、酚试剂比色法和气相色谱法为测定室内空气中甲醛的标准方法。

5.2.1　AHMT 比色法

5.2.1.1　原理

空气中甲醛被吸收液吸收，在碱性溶液中与 4-氨基-3-联氨-5-巯基-1,2,4-三氮杂茂（AHMT）发生反应，然后经高碘酸钾氧化形成紫红色化合物，其颜色的深浅与甲醛含量成正比，通过比色定量测定甲醛含量。

测定范围：若采样体积为 20L，则测定浓度范围为 $0.01\sim0.16mg/m^3$。

检出限：$0.13\mu g$。

5.2.1.2　仪器和设备

（1）气泡吸收管　有 5mL 和 10mL 刻度线。

（2）空气采样器　流量范围 $0\sim2L/min$。

（3）具塞比色管　10mL。

（4）分光光度计　具有 550nm 波长，并配有 10mm 比色皿。

5.2.1.3　试剂和材料

（1）吸收液　称取 1g 三乙醇胺，0.25g 偏重亚硫酸钠和 0.25g 乙二胺四乙酸二钠溶于水中并稀释至 1000mL。

（2）氢氧化钾溶液（5mol/L）　取 28g 氢氧化钾溶于适量蒸馏水中，稍冷后，加蒸馏水至 100mL。

（3）AHMT 溶液　取 0.25g AHMT 溶于 0.5mol/L 盐酸溶液中，并稀释到 50mL，此

溶液置于棕色试剂瓶中，放暗处，可保存半年。

（4）1.5％高碘酸钾溶液　取 1.5g KIO₄ 于 100mL 0.2mol 氢氧化钠溶液中，置于水浴上加热使其溶解。

（5）碘溶液 $[c(\frac{1}{2}I_2)=0.1000\text{mol/L}]$　称量 30g 碘化钾，溶于 25mL 水中，加入 127g 碘。待碘完全溶解后，用水定容至 1000mL。移入棕色瓶中，暗处贮存。

（6）1mol/L 氢氧化钠溶液　称量 40g 氢氧化钠，溶于水中，并稀释至 1000mL。

（7）0.5mol/L 硫酸溶液　取 28mL 浓硫酸缓慢加入水中，冷却后，稀释至 1000mL。

（8）硫代硫酸钠贮备溶液 $[c(Na_2S_2O_3)=0.1000\text{mol/L}]$　称取 25.0g 硫代硫酸钠（$Na_2S_2O_3 \cdot 5H_2O$），溶于 1000mL 新煮沸但已冷却的水中，加入 0.2g 无水碳酸钠，贮于棕色细口瓶中，放置一周后备用。如溶液呈现浑浊，必须过滤。

（9）硫代硫酸钠标准溶液 $[c(Na_2S_2O_3)=0.05\text{mol/L}]$　取 250mL 硫代硫酸钠贮备液置于 500mL 容量瓶中，用新煮沸但已冷却的水稀释至标线，摇匀。

标定方法　吸取三份 10.00mL 碘酸钾标准溶液分别置于 250mL 碘量瓶中，加 70mL 新煮沸但已冷却的水，加 1g 碘化钾，振摇至完全溶解后，加 10mL 盐酸溶液，立即盖好瓶塞，摇匀。于暗处放置 5min 后，用硫代硫酸钠标准溶液滴定溶液至浅黄色，加 2mL 淀粉溶液，继续滴定溶液至蓝色刚好褪去为终点。硫代硫酸钠标准溶液的浓度按下式计算：

$$c=\frac{0.1000 \times 10.00}{V} \tag{5-8}$$

式中　c——硫代硫酸钠标准溶液的浓度，mol/L；

V——滴定所耗硫代硫酸钠标准溶液的体积，mL。

（10）0.5％淀粉溶液　将 0.5g 可溶性淀粉，用少量水调成糊状后，再加入 100mL 沸水，并煎沸 2～3min 至溶液透明。冷却后，加入 0.1g 水杨酸或 0.4g 氯化锌保存。

（11）甲醛标准贮备溶液　取 2.8mL 含量为 36％～38％甲醛溶液，放入 1L 容量瓶中，加水稀释至刻度。此溶液 1mL 约相当于 1mg 甲醛。其准确浓度用下述碘量法标定。

甲醛标准贮备溶液的标定　精确量取 20.00mL 待标定的甲醛标准贮备溶液，置于 250mL 碘量瓶中。加入 20.00mL $[c(\frac{1}{2}I_2)=0.1000\text{mol/L}]$ 碘溶液和 15mL 1mol/L 氢氧化钠溶液，放置 15min，加入 0.5mol/L 硫酸溶液，再放置 15min，用 $[c(Na_2S_2O_3)=0.1000\text{mol/L}]$ 硫代硫酸钠溶液滴定，至溶液呈现淡黄色时，加入 1mL 0.5％淀粉溶液继续滴定至恰使蓝色褪去为止，记录所用硫代硫酸钠溶液体积（V_2，mL）。同时用水做试剂空白滴定，记录空白滴定所用硫代硫酸钠标准溶液的体积（V_1，mL）。甲醛溶液的浓度用下式计算：

$$甲醛溶液浓度（mg/mL）=(V_1-V_2) \times c_0 \times 15/20$$

式中　V_1——试剂空白消耗 $[c(Na_2S_2O_3)=0.1000\text{mol/L}]$ 硫代硫酸钠溶液的体积，mL；

V_2——甲醛标准贮备溶液消耗 $[(Na_2S_2O_3)=0.1000\text{mol/L}]$ 硫代硫酸钠溶液的体积，mL；

c_0——硫代硫酸钠溶液的准确物质的量浓度，mol/L；

15——甲醛的当量；

20——所取甲醛标准贮备溶液的体积，mL。

二次平行滴定，误差应小于 0.05mL，否则重新标定。

（12）甲醛标准溶液　临用时，将甲醛标准贮备溶液用水稀释成 1.00mL 含 10μg 甲醛，立即再取此溶液 10.00mL，加入 100mL 容量瓶中，加入 5mL 吸收原液，用水定容至

100mL，此液 1.00mL 含 1.00μg 甲醛，放置 30min 后，用于配制标准色列管。此标准溶液可稳定 24h。

5.2.1.4 采样

用一个内装 5mL 吸收液的气泡吸收管，以 1.0L/min 流量，采气 20L，并记录采样时的温度和大气压。

5.2.1.5 分析步骤

（1）标准曲线的绘制 取 7 支具塞比色管，按表 5-3 制备标准色列。

表 5-3 甲醛标准色列

管 号	0	1	2	3	4	5	6
标准溶液/mL	0.00	0.10	0.20	0.40	0.80	1.20	1.60
吸收溶液/mL	2.00	1.90	1.80	1.60	1.20	0.80	0.40
甲醛含量/μg	0.00	0.20	0.40	0.80	1.60	2.40	3.20

各管加入 1.0mL 5mol/L 氢氧化钾溶液，1.0mL 0.5％ AHMT 溶液，盖上管塞，轻轻颠倒混匀三次，放置 20min。加入 0.3mL 1.5％高碘酸钾溶液，充分振摇，放置 5min。用 10mm 比色皿，在波长 550nm 下，以水作参比，测定各管吸光度。以甲醛含量为横坐标，吸光度为纵坐标，绘制标准曲线，并计算标准曲线的斜率，以斜率的倒数作为样品测定计算因子 B_s（μg/吸光度）。

（2）样品测定 采样后，补充吸收液到采样前的体积。准确吸取 2mL 样品溶液于 10mL 比色管中，按制作标准曲线的操作步骤测定吸光度。

在每批样品测定的同时，用 2mL 未采样的吸收液，按相同步骤做试剂空白值测定。

5.2.1.6 计算

（1）将采样体积换算成标准状况下采样体积。

（2）空气中甲醛浓度按下式计算：

$$c = \frac{(A - A_0) B_s}{V_0} \times \frac{V_1}{V_2} \tag{5-9}$$

式中 c——空气中甲醛浓度，mg/m³；

A——样品溶液的吸光度；

A_0——空白溶液的吸光度；

B_s——用标准溶液绘制标准曲线得到的计算因子，μg/吸光度；

V_0——换算成标准状况下的采样体积，L；

V_1——采样时吸收液体积，mL；

V_2——分析时取样品体积，mL。

5.2.2 酚试剂比色法

5.2.2.1 原理

空气中的甲醛被酚试剂溶液吸收，反应生成嗪，嗪在酸性溶液中被高铁离子氧化形成蓝绿色化合物。根据颜色深浅，比色定量。

测量范围：用 5mL 样品溶液，本法测量范围为 0.1～1.5mg；采样体积为 10L 时，可测浓度范围 0.01～0.15mg/m³。

检出下限：本法检出 0.056mg 甲醛。

5.2.2.2 仪器和设备

（1）大型气泡吸收管 有 10mL 刻度线，出气口内径为 1mm，出气口至管底距离等于或小于5mm。

（2）恒流采样器　流量范围0~1L/min，流量稳定。使用时，用皂膜流量计校准采样系列在采样前和采样后的流量，流量误差应小于5%。

（3）具塞比色管　10mL。

（4）分光光度计　在630nm测定吸光度。

5.2.2.3 试剂

（1）吸收液　称量0.10g酚试剂 [$C_6H_4SN(CH_3)C{=}NNH_2 \cdot HCl$，简称MBTH] 溶于水中，稀释至100mL即为吸收原液，贮存于棕色瓶中，在冰箱内可以稳定3d。采样时取5.0mL原液加入95mL水，即为吸收液。

（2）1%硫酸铁铵溶液　称量1.0g硫酸铁铵 [$NH_4Fe(SO_4)_2 \cdot 12H_2O$]，用0.1mol/L盐酸溶液溶解，并稀释至100mL。

（3）甲醛标准溶液　配制及标定方法同AHMT比色法。

5.2.2.4 采样

用一个内装5.0mL吸收液的大型气泡吸收管，以0.5L/min流量采气10L，并记录采样点的温度和大气压力。采样后样品在室温下应在24h内分析。

5.2.2.5 分析步骤

（1）标准曲线的绘制　取9支10mL具塞比色管，按表5-4配制标准色列。然后向各管中加1%硫酸铁铵溶液0.40mL摇匀，在室温下显色20min。在波长630nm处，用1cm比色皿，以水为参比，测定吸光度。以甲醛含量为横坐标，吸光度为纵坐标，绘制标准曲线，并计算标准曲线斜率，以斜率倒数作为样品测定的计算因子B_g（μg/吸光度）。

表5-4　甲醛标准色列

管　号	0	1	2	3	4	5	6	7	8
标准溶液/mL	0	0.10	0.20	0.40	0.60	0.80	1.00	1.50	2.00
吸收液/mL	5.00	4.90	4.80	4.60	4.40	4.20	4.00	3.50	3.00
甲醛含量/μg	0	0.10	0.20	0.40	0.60	0.80	1.00	1.50	2.00

（2）样品测定　采样后，将样品溶液移入比色皿中，用少量吸收液洗涤吸收管，洗涤液并入比色管，使总体积为5.0mL，室温下放置80min，以下操作同标准曲线的绘制。

5.2.2.6 计算

（1）将采样体积换算成标准状况下采样体积。

（2）空气中甲醛浓度按下式计算：

$$c = \frac{(A - A_0)B_g}{V_0} \tag{5-10}$$

式中　c——空气中甲醛浓度，mg/m^3；

A——样品溶液的吸光度；

A_0——空白溶液的吸光度；

B_g——用标准溶液绘制标准曲线得到的计算因子，μg/吸光度；

V_0——换算成标准状况下的采样体积，L。

5.2.3　气相色谱法

5.2.3.1　原理

空气中甲醛在酸性条件下吸附在涂有2,4-二硝基苯（2,4-DNPH）6201担体上，生成稳定的甲醛腙。用二硫化碳洗脱后，经OV-色谱柱分离，用氢焰离子化检测器测定，以保留时间定性，峰高定量。

测定范围：若以 0.2L/min 流量采样 20L 时，测定范围为 0.02～1mg/m³。

检出下限：0.01mg/m³。

5.2.3.2　仪器和设备

（1）采样管　内径 5mm、长 100mm 玻璃管，内装 150mg 吸附剂，两端用玻璃棉堵塞，用胶帽密封，备用。

（2）空气采样器　流量范围为 0.2～10L/min。

（3）具塞比色管　5mL。

（4）微量注射器　10μL。

（5）气相色谱仪　带氢火焰离子化检测器。

（6）色谱柱　长 2m、内径 3mm 的玻璃柱，内装固定相（OV-1），色谱担体 Shimatew（80～100 目）。

5.2.3.3　试剂

（1）二硫化碳　需重新蒸馏进行纯化。

（2）2,4-DNPH 溶液　称取 0.5mg 2,4-DNPH 于 250mL 容量瓶中，用二氯甲烷稀释到刻度。

（3）2mol/L 盐酸溶液。

（4）吸附剂　10g 6201 担体（60～80 目），用 40mL 2,4-DNPH 二氯甲烷饱和溶液分两次涂敷，减压、干燥，备用。

（5）甲醛标准溶液　配制和标定方法同 AHMT 比色法。

5.2.3.4　采样

取一支采样管，用前取下胶帽，拿掉一端的玻璃棉，加一滴（约 50μL）2mol/L 盐酸溶液后，再用玻璃棉堵好。将加入盐酸溶液的一端垂直朝下，另一端与采样进气口相连，以 0.5L/min 的速度抽气 50L。采样后，用胶帽套好，并记录采样点的温度和大气压力。

5.2.3.5　分析步骤

（1）气相色谱测试条件　分析时，应根据气相色谱仪的型号和性能，制定能分析甲醛的最佳测试条件。

（2）绘制标准曲线和测定校正因子　在做样品测定的同时，绘制标准曲线或测定校正因子。

标准曲线的绘制　取 5 支采样管，各管取下一端玻璃棉，直接向吸附剂表面滴加一滴约（50μL）2mol/L 盐酸溶液。然后，用微量注射器分别准确加入甲醛标准溶液 1.00mL（含 1mg 甲醛），制成在采样管中的吸附剂上甲醛含量在 0～20μg 范围内有五个浓度点标准管，再填上玻璃棉，反应 10min，再将各标准管内的吸附剂分别移入 5 个具塞比色管中，各加入 1.0mL 二硫化碳，稍加振摇，浸泡 30min，即为甲醛洗脱溶液标准系列管。然后，取 5.0μL 各个浓度点的标准洗脱液，进色谱柱，得色谱峰和保留时间。每个浓度点重复做三次，测量峰高的平均值。以甲醛的浓度（μg/mL）为横坐标，平均峰高（mm）为纵坐标，绘制标准曲线，并计算回归线的斜率。以斜率的倒数作为样品测定的计算因子 $B_s[\mu g/(mL \cdot mm)]$。

测定校正因子　在测定范围内，可用单点校正法求校正因子。在样品测定的同时，分别取试剂空白溶液与样品浓度相接近的标准管洗脱溶液，按气相色谱最佳测试条件进行测定，重复做三次，得峰高的平均值和保留时间。按下式计算校正因子：

$$f = \frac{c_0}{h - h_0} \tag{5-11}$$

式中　f——校正因子，$\mu g/(mL \cdot mm)$；

c_0——标准溶液浓度，$\mu g/mL$；

h——标准溶液平均峰高，mm；

h_0——试剂空白溶液平均峰高，mm。

（3）样品测定　采样后，将采样管内吸附剂全部移入 5mL 具塞比色管中，加入 1.0mL 二硫化碳，稍加振摇，浸泡 30min。取 5.0μL 洗脱液，按绘制标准曲线或测定校正因子的操作步骤进样测定。每个样品重复做三次，用保留时间确认甲醛的色谱峰，测量其峰高，计算峰高的平均值（mm）。

在每批样品测定的同时，取未采样的采样管，按相同操作步骤做试剂空白的测定。

5.2.3.6　计算

（1）用标准曲线法按下式计算空气中甲醛的浓度：

$$c = \frac{(h - h_0)B_s}{V_0 E_s} \times V_1 \tag{5-12}$$

式中　c——空气中甲醛浓度，mg/m^3；

h——样品溶液峰高的平均值，mm；

h_0——试剂空白溶液峰高的平均值，mm；

B_s——用标准溶液制备标准曲线得到的计算因子，$\mu g/(mL \cdot mm)$；

V_1——样品洗脱溶液总体积，mL；

E_s——由实验确定的平均洗脱效率；

V_0——换算成标准状况下的采样体积，L。

（2）用单点校正法按下式计算空气中甲醛的浓度：

$$c = \frac{(h - h_0)f}{V_0 E_s} \times V_1 \tag{5-13}$$

式中　f——用单点校正法得到的校正因子，$\mu g/(mL \cdot mm)$。

其他符号同前。

5.2.4　乙酰丙酮分光光度法

5.2.4.1　原理

甲醛吸收于水中，在铵盐存在下，与乙酰丙酮作用，生成稳定的黄色化合物，根据颜色深浅，用分光光度法测定。

测定范围：在采样体积为 0.5～10.0L 时，测定范围为 0.5～800mg/m^3。

检出限：本方法检出限为 0.25$\mu g/5mL$；当采样体积为 30L 时，最低检出浓度为 0.008mg/m^3。

5.2.4.2　仪器

（1）大型气泡吸收管　有 10mL 刻度；

（2）空气采样器　流量 0～1L/min；

（3）具塞比色管　10mL；

（4）分光光度计。

5.2.4.3　试剂

（1）二次蒸馏水。

（2）乙酰丙酮溶液　称取 25.0g 乙酸铵，加少量水溶解，加 3.0mL 冰醋酸及 0.25mL 新蒸馏的乙酰丙酮，混匀，加水稀释至 100mL。

（3）甲醛标准溶液　取 36%～38% 甲醛 10mL，用水稀释至 500mL，标定方法同 AHMT比色法。临用时，用水稀释配制每毫升含 5.0μg 甲醛的标准溶液。

5.2.4.4　采样

用一个内装 5.0mL 水及 1.0mL 乙酰丙酮溶液的气泡吸收管，以 0.5L/min 的流量，采气 30L。

5.2.4.5　分析步骤

（1）标准曲线的绘制　取 8 支 10mL 具塞比色管，按表 5-5 配置标准色列。

表 5-5　甲醛标准色列

管　　号	0	1	2	3	4	5	6	7
水/mL	5.00	4.90	4.80	4.60	4.40	4.00	3.00	2.00
乙酰丙酮溶液/mL	1.00	1.00	1.00	1.00	1.00	1.00	1.00	1.00
甲醛标准溶液/mL	0	0.10	0.20	0.40	0.60	1.00	2.00	3.00
甲醛含量/μg	0	0.50	1.00	2.00	3.00	5.00	10.00	15.00

各管混均匀后，在室温为 25℃ 下放置 2h，使其显色完全后，在波长 414nm 处，用 1cm 比色皿，以水为参比，测定吸光度。以吸光度对甲醛含量绘制标准曲线。

（2）样品测定　采样后，样品在室温下放置 2h，然后将样品溶液移入比色皿中，以下操作步骤同标准曲线的绘制。

5.2.4.6　计算

$$甲醛浓度(mg/m^3) = W/V_0 \tag{5-14}$$

式中　W——样品中甲醛含量，μg；

V_0——标准状况下采样体积，L。

5.3　苯（C_6H_6）、甲苯（C_7H_8）、二甲苯（C_8H_{10}）的测定

苯、甲苯、二甲苯都是无色、有芳香气味、易挥发、易燃的液体，它们的主要物理性质见表 5-6，它们微溶于水，易溶于乙醇、乙醚、氯仿和二硫化碳等有机溶剂。二甲苯有邻位、间位、对位 3 种异构体。

表 5-6　苯、甲苯、二甲苯的一般物理性质

化合物	分子式	相对分子质量	密度/(g/m³)	熔点/℃	沸点/℃
苯	C_6H_6	78.11	0.879	5.5	80.1
甲苯	$C_6H_5CH_3$	92.14	0.866	−94.5	110.6
邻二甲苯	$C_6H_4(CH_3)_2$	106.17	0.890	−25.2	144.4
间二甲苯		106.17	0.864	−47.9	139.1
对二甲苯		106.17	0.861	−13.3	138.3

苯、甲苯、二甲苯在工业中应用很广，主要用作树脂、橡胶、涂料、黏合剂的溶剂。室内空气中苯、甲苯、二甲苯大部分来自室内用品中溶剂的挥发和有机物燃烧产生。苯、甲苯、二甲苯在空气中以蒸气状态存在，常常是三者共存。已有资料证明苯是一种致癌物，室内空气质量标准规定室内空气中苯的限值是 0.11mg/m³，甲苯、二甲苯毒性低于苯。气相色谱法可以同时分别测定苯、甲苯、二甲苯，但是不能直接测定室内空气样品，必须用吸附剂进行浓缩，根据解吸方法不同，可分为热解吸和溶剂解吸两种。本节介绍的是我国室内空气质量标准中规定的方法——气相色谱法。

（1）原理　空气中苯、甲苯和二甲苯用活性炭管采集，然后经热解吸或用二硫化碳提取出来，再经聚乙二醇 6000 色谱柱分离，用氢火焰离子化检测器检测，以保留时间定性，峰高定量。

（2）试剂和材料

① 苯、甲苯、二甲苯　色谱纯。

② 二硫化碳　分析纯，需经纯化处理。

③ 色谱固定液　聚乙二醇 6000。

④ 6201 担体　60～80 目。

⑤ 椰子壳活性炭　20～40 目，用于装活性炭采样管。

⑥ 纯氮　99.99%。

（3）仪器和设备

① 活性炭采样管　用长 150mm、内径 3.5～4.0mm、外径 6mm 的玻璃管，装入 100mg 椰子壳活性炭，两端用少量玻璃棉固定。装管后再用纯氮气于 300～350℃ 温度条件下吹 5～10min，然后套上塑料帽封紧管的两端。此管放于干燥器中可保存 5d。若将玻璃管熔封，此管可稳定 3 个月。

② 空气采样器　流量范围 0.2～1L/min，流量稳定，使用时用皂膜流量计校准采样系列在采样前和采样后的流量，流量误差应小于 5%。

③ 注射器　1mL，100mL。

④ 微量注射器　1μL，10μL。

⑤ 热解吸装置　热解吸装置主要由加热器、控温器、测温表及气体流量控制器等部分组成。调温范围为 100～400℃，控温精度±1℃，热解吸气体为氮气，流量调节范围为 50～100mL/min，读数误差±1mL/min。所用的热解装置的结构应使活性炭管能方便地插入加热器中，并且各部分受热均匀。

⑥ 具塞刻度试管　2mL。

⑦ 气相色谱仪　附氢火焰离子化检测器。

⑧ 色谱柱　长 2m、内径 4mm 不锈钢柱，内填充聚乙二醇 6000-6201 担体（5∶100）固定相。

（4）采样　在采样地点打开活性炭管，两端孔径至少 2mm，与空气采样器入气口垂直连接，以 0.5L/min 的速度抽取 10L 空气。采样后，将管的两端套上塑料帽，并记录采样时的温度和大气压力，样品可保存 5d。

（5）分析步骤

a. 色谱分析条件　由于色谱分析条件常因实验条件不同而有差异，所以应根据所用气相色谱仪的型号和性能，制定能分析苯、甲苯和二甲苯的最佳的色谱分析条件。

b. 绘制标准曲线和测定计算因子　在作样品分析的相同条件下，绘制标准曲线和测定计算因子。

① 用混合标准气体绘制标准曲线　用微量注射器准确取一定量的苯、甲苯和二甲苯（于 20℃ 时，1μL 苯质量 0.8787mg，甲苯质量 0.8669mg，邻、间、对二甲苯质量分别为 0.8802mg、0.8642mg、0.8611mg），分别注入 100mL 注射器中，以氮气为本底气，配成一定浓度的标准气体。取一定量的苯、甲苯和二甲苯标准气体分别注入同一个 100mL 注射器中相混合，再用氮气逐级稀释成 0.02～2.0μg/mL 范围内 4 个浓度点的苯、甲苯和二甲苯的混合气体。取 1mL 进样，测量保留时间及峰高。每个浓度重复 3 次，取峰高的平均值。分别以苯、甲苯和二甲苯的含量（μg/mL）为横坐标，平均峰高（mm）为纵坐标，绘制

标准曲线。并计算回归线的斜率，以斜率的倒数 $B_g[\mu g/(mL \cdot mm)]$ 作样品测定的计算因子。

② 用标准溶液绘制标准曲线　于 3 个 50mL 容量瓶中，先加入少量二硫化碳，用 $10\mu L$ 注射器准确量取一定量的苯、甲苯和二甲苯分别注入容量瓶中，加二硫化碳至刻度，配成一定浓度的贮备液。临用前取一定量的贮备液用二硫化碳逐级稀释成苯、甲苯和二甲苯含量为 $0.005\mu g/mL$、$0.01\mu g/mL$、$0.05\mu g/mL$、$0.2\mu g/mL$ 的混合标准液。分别取 $1\mu L$ 进样，测量保留时间及峰高，每个浓度重复 3 次，取峰高的平均值，以苯、甲苯和二甲苯的含量 $(\mu g/\mu L)$ 为横坐标，平均峰高（mm）为纵坐标，绘制标准曲线。并计算回归线的斜率，以斜率的倒数 $B_g[\mu g/(mL \cdot mm)]$ 作样品测定的计算因子。

③ 测定校正因子　当仪器的稳定性能差，可用单点校正法求校正因子。在样品测定的同时，分别取零浓度和与样品热解吸气（或二硫化碳提取液）中含苯、甲苯和二甲苯浓度相接近时标准气体 1mL 或标准溶液 $1\mu L$ 按绘制标准曲线的操作方法，测量零浓度和标准的色谱峰高（mm）和保留时间，用下式计算校正因子：

$$f = \frac{c_s}{h_s - h_0} \qquad (5\text{-}15)$$

式中　f——校正因子，对热解吸气样，$\mu g/(mL \cdot mm)$ 或对二硫化碳提取液样 $\mu g/(\mu L \cdot mm)$；

c_s——标准气体或标准溶液浓度，$\mu g/mL$ 或 $\mu g/\mu L$；

h_0, h_s——零浓度、标准的平均峰高，mm。

c. 样品分析

① 热解吸法进样　将已采样的活性炭管与 100mL 注射器相连，置于热解吸装置上，用氮气以 $50\sim60mL/min$ 的速度于 350℃下解吸，解吸体积为 100mL，取 1mL 解吸气进色谱柱，用保留时间定性，峰高（mm）定量。每个样品做三次分析，求峰高的平均值。同时，取一个未采样的活性炭管，按样品管同样操作，测定空白管的平均峰高。

② 二硫化碳提取法进样　将已采样的活性炭倒入具塞刻度试管中，加 1.0mL 二硫化碳，塞紧管塞，放置 1h，并不时振摇，取 $1\mu L$。进色谱柱，用保留时间定性，峰高（mm）定量。每个样品做三次分析，求峰高的平均值。同时，取一个未经采样的活性炭管按样品管同样操作，测量空白管的平均峰高（mm）。

（6）计算

① 将采样体积换算成标准状况下的采样体积。

② 用热解吸法时，空气中苯、甲苯和二甲苯浓度按下式计算：

$$c = \frac{(h - h_0)B_g}{V_0 E_g} \times 100 \qquad (5\text{-}16)$$

式中　c——空气中苯或甲苯、二甲苯的浓度，mg/m^3；

h——样品峰高的平均值，mm；

h_0——空白管的峰高，mm；

V_0——换算标准状况下采样体积，m^3；

100——换算系数；

B_g——计算因子，$\mu g/(mL \cdot mm)$；

E_g——由实验确定的热解吸效率。

③ 用二硫化碳提取法时，空气中苯、甲苯和二甲苯浓度按下式计算：

$$c = \frac{(h - h_0)B_s}{V_0 E_s} \times 1000 \qquad (5\text{-}17)$$

式中 c——苯、甲苯或二甲苯的浓度，mg/m^3；

　　B_s——校正因子，$\mu g/(\mu L \cdot mm)$；

　　E_s——由实验确定的二硫化碳提取的效率。

④ 用校正因子时空气中苯、甲苯、二甲苯浓度按下式计算：

$$c = \frac{(h-h_0)f}{V_0 E_g} \times 100 \tag{5-18}$$

或

$$c = \frac{(h-h_0)f}{V_0 E_s} \times 1000 \tag{5-19}$$

式中 f——校正因子，对热解吸气样，$mg/(mL \cdot mm)$，或对用二硫化碳提取液样，$\mu g/(\mu L \cdot mm)$。

5.4　总挥发性有机物（VOC）的测定

根据世界卫生组织（WHO）定义，沸点在 $50 \sim 260℃$ 的有机化合物称为挥发性有机化合物。新型建筑装饰材料的发展，各种日用化学品进入家庭，它们会释放出各种挥发性有机化合物造成室内空气污染。这些有机化合物多数是有毒的，虽然在空气中浓度很低，但是长期接触，对人体健康是有害的。因此，监测空气中挥发性有机化合物的浓度对保护人体健康具有重要意义。常用测定挥发性有机物总量的方法是固体吸附剂管采样，然后加热解吸，用毛细管气相色谱法测定。本节介绍的方法是我国室内空气质量标准规定的方法——气相色谱法。

（1）原理　选择合适的吸附剂（Tenax GC 或 Tenax TA），用吸附管采集一定体积的空气样品，空气流中的挥发性有机化合物保留在吸附管中。采样后，将吸附管加热，解吸挥发性有机化合物，待测样品随惰性载气进入毛细管气相色谱仪。用保留时间定性，峰高或峰面积定量。

测定范围：本法适用于浓度范围为 $0.5\mu g/m^3 \sim 100 mg/m^3$。

检测下限：采样量为 10L 时，检测下限为 $0.5 mg/m^3$。

（2）试剂和材料

① VOCs　为了校正浓度，需用 VOCs 作为基准试剂，配成所需浓度的标准溶液或标准气体，然后采用液体外标法或气体外标法将其定量注入吸附管。

② 稀释溶剂　液体外标法所用的稀释溶剂应为色谱纯，在色谱流出曲线中应与待测化合物分离。

③ 吸附剂　使用的吸附剂粒径为 $0.18 \sim 0.25 mm$（60～80 目），吸附剂在装管前都应在其最高使用温度下，用惰性气流加热活化处理过夜。为了防止二次污染，吸附剂应在清洁空气中冷却至室温、贮存和装管。解吸温度应低于活化温度。由制造商装好的吸附管使用前也需活化处理。

④ 纯氮　99.999%。

（3）仪器和设备

① 吸附管　外径 6.3mm、内径 5mm、长 90mm 或 180mm，是内壁抛光的不锈钢管，吸附管的采样入口一端有标记。吸附管可以装填一种或多种吸附剂，应使吸附层处于解吸仪的加热区。根据吸附剂的密度，吸附管中可装填 $200 \sim 1000 mg$ 的吸附剂，管的两端用不锈钢网或玻璃纤维毛堵住。如果在一支吸附管中使用多种吸附剂，吸附剂应按吸附能力增加的顺序排列，并用玻璃纤维毛隔开，吸附能力最弱的装填在吸附管的采样入口端。

② 注射器　可精确读出 $0.1\mu L$ 的 $10\mu L$ 液体注射器；可精确读出 $0.1\mu L$ 的 $10\mu L$ 气体注射器；可精确读出 $0.01mL$ 的 $1mL$ 气体注射器。

③ 采样泵　恒流空气个体采样泵，流量范围 $0.02\sim0.5L/min$，流量稳定。使用时用皂膜流量计校准采样系统在采样前和采样后的流量，流量误差应小于 5%。

④ 气相色谱仪　配备氢火焰离子化检测器、质谱检测器或其他合适的检测器。

色谱柱　非极性（极性指数小于 10）石英毛细管柱。

⑤ 热解吸仪　能对吸附管进行二次热解吸，并将解吸气用惰性气体载带进入气相色谱仪。解吸温度、时间和载气流速是可调的。冷阱可将解吸样品进行浓缩。

⑥ 液体外标法制备标准系列的注射装置　常规气相色谱进样口，可以在线使用也可以独立装配，保留进样口载气连线，进样口下端可与吸附管相连。

（4）采样和样品保存　将吸附管与采样泵用塑料或硅橡胶管连接。个体采样时，采样管垂直安装在呼吸带；固定位置采样时，选择合适的采样位置。打开采样泵，调节流量，以保证在适当的时间内获得所需的采样体积（$1\sim10L$）。如果总样品量超过 $1mg$，采样体积应相应减少。记录采样开始和结束时的时间、采样流量、温度和大气压力。

采样后将管取下，密封管的两端或将其放入可密封的金属或玻璃管中。样品可保存 5d。

（5）分析步骤

a. 样品的解吸和浓缩　将吸附管安装在热解吸仪上，加热，使有机蒸气从吸附剂上解吸下来，并被载气流带入冷阱，进行预浓缩，载气流的方向与采样时的方向相反。然后再以低流速快速解吸，经传输线进入毛细管气相色谱仪。传输线的温度应足够高，以防止待测成分凝结。解吸条件见表 5-7。

表 5-7　解吸条件

解吸温度	$250\sim325℃$
解吸时间	$5\sim15min$
解吸气流量	$30\sim50mL/min$
冷阱的制冷温度	$+20\sim-180℃$
冷阱的加热温度	$250\sim350℃$
冷阱中的吸附剂	如果使用，一般与吸附管相同，$40\sim100mg$
载气	氦气或高纯氮气
分流比	样品管和二级冷阱之间以及二级冷阱和分析柱之间的分流比应根据空气中的浓度来选择

b. 色谱分析条件　可选择膜厚度为 $1\sim5\mu m$ 的 $50m\times0.22mm$ 的石英柱，固定相可以是二甲基硅氧烷或 7% 的氰基丙烷、7% 的苯基、86% 的甲基硅氧烷。柱操作条件为程序升温，初始温度 50% 保持 $10min$，以 $5℃/min$ 的速率升温至 $250℃$。

c. 标准曲线的绘制

① 气体外标法　用泵准确抽取 $100\mu g/m^3$ 的标准气体 $100mL$、$200mL$、$400mL$、$1L$、$2L$、$4L$、$10L$ 通过吸附管，制备标准系列。

② 液体外标法　利用仪器和设备的进样装置取 $1\sim5\mu L$ 含液体组分 $100\mu g/mL$ 和 $10\mu g/mL$ 的标准溶液注入吸附管，同时用 $100mL/min$ 的惰性气体通过吸附管，$5min$ 后取下吸附管密封，制备标准系列。

用热解吸气相色谱法分析吸附管标准系列，以扣除空白后峰面积的对数为纵坐标，以待测物质量的对数为横坐标，绘制标准曲线。

d. 样品分析　每支样品吸附管按绘制标准曲线的操作步骤（即相同的解吸和浓缩条件及色谱分析条件）进行分析，用保留时间定性，峰面积定量。

（6）结果计算

a. 将采样体积换算成标准状况下的采样体积。

b. TVOC 的计算。

① 应对保留时间在正己烷和正十六烷之间所有化合物进行分析。

② 计算 TVOC，包括色谱图中从正己烷到正十六烷之间的所有化合物。

③ 根据单一的校正曲线，对尽可能多的 VOCs 定量，至少应对十个最高峰进行定量，最后与 TVOC 一起列出这些化合物的名称和浓度。

④ 计算已鉴定和定量的挥发性有机化合物的浓度 Sid。

⑤ 用甲苯的响应系数计算未鉴定的挥发性有机化合物的浓度 Sun。

⑥ Sid 与 Sun 之和为 TVOC 的浓度或 TVOC 的值。

⑦ 如果检测到的化合物超出了 b 中 TVOC 定义的范围，那么这些信息应该添加到 TVOC 值中。

c. 空气样品中待测组分的浓度按下式计算：

$$c = \frac{F - B}{V_0} \times 1000 \tag{5-20}$$

式中　c——空气样品中待测组分的浓度，$\mu g/m^3$；

　　　F——样品管中组分的质量，μg；

　　　B——空白管中组分的质量，μg；

　　　V_0——标准状况下的采样体积，L。

5.5　苯并 [a] 芘 （B[a]P） 的测定

空气中苯并 [a] 芘绝大部分来自于有机物不完全燃烧，吸烟也是产生苯并 [a] 芘的重要来源，它在空气中主要以颗粒物形态存在。室内空气质量标准规定室内空气中苯并 [a] 芘的限量是 $0.1\mu g/100m^3$。空气中苯并 [a] 芘常用高效液相色谱法测定。

（1）原理　空气颗粒物中苯并 [a] 芘用玻璃纤维滤纸采集，在超声波水浴中用环己烷提取，提取液浓缩后用高效液相色谱柱分离，荧光检测器检测，用保留时间定性，峰高或峰面积定量。

测定范围：用大流量采样器（流量为 $1.13m^3/min$）连续采集 24h，乙腈/水为流动相，苯并 [a] 芘最低检出浓度为 $6 \times 10^{-6} \mu g/m^3$；甲醇/水为流动相，苯并 [a] 芘最低检出浓度为 $1.8 \times 10^{-4} \mu g/m^3$。

（2）试剂和材料

① 乙腈　色谱纯。

② 甲醇　优级纯，用微孔孔径小于 $0.5\mu m$ 的全玻璃砂芯漏斗过滤，如有干扰峰存在，需用全玻璃蒸馏器重蒸。

③ 二次蒸馏水　用全玻璃蒸馏器将一次蒸馏水或去离子水加高锰酸钾 $KMnO_4$（碱性）重蒸。

④ 超细玻璃纤维滤膜　过滤效率不低于 99.99%。

⑤ 苯并 [a] 芘标准贮备液（$1.00\mu g/\mu L$）　称取（10.0 ± 0.1）mg 色谱纯苯并 [a] 芘，用乙腈溶解，在容量瓶中定容至 10mL。$2 \sim 5$℃避光保存。

（3）仪器和设备

① 超声波发生器　250W。

② 采样器　大流量采样器（$1.1 \sim 1.7m^3/min$）。

③ 离心机 6000r/min。

④ 具塞玻璃刻度离心管 5mL。

⑤ 高效液相色谱仪 备有紫外检测器。

⑥ 色谱柱 色谱柱类型：反相，C_{18}柱，柱子的理论塔板数＞5000。

柱效用半峰宽法计算：

$$N = 5.54 \frac{T_r^2}{\omega_{1/2}} \tag{5-21}$$

式中 N——柱效，理论塔板数；

$\quad T_r$——被测组分保留时间，s；

$\quad \omega_{1/2}$——半峰宽，s。

（4）样品

① 样品采集方法 采样前超细玻璃纤维滤膜的处理：500℃马弗炉内灼烧0.5h。

② 样品贮存方法 将玻璃纤维滤膜取下后，尘面朝里折叠，黑纸包好，塑料袋密封后迅速送回实验室，−20℃以下保存，7d内分析。

③ 样品的处理 先将滤膜边缘无尘部分剪去，然后将滤膜等分成 n 份，取 $1/n$ 滤膜剪碎入5mL具塞玻璃离心管中，准确加入5mL乙腈，超声提取10min，离心10min，上清液待分析测定。

④ 在样品运输、保存和分析过程中，应避免可引起样品性质改变的热、臭氧、二氧化氮、紫外线等因素的影响。

（5）操作步骤

a. 调整仪器 柱温为常温，流动相流量为1.0mL/min。流动相组成如下。

① 乙腈/水 线性梯度洗脱，时间组成变化见表5-8。

表 5-8 线性梯度洗脱时间组成变化表

时间/min	溶液组成	时间/min	溶液组成
0	40%乙腈/60%水	35	100%乙腈
25	100%乙腈	45	40%乙腈/60%水

② 甲醇/水 甲醇/水＝85/15。

紫外检测器测定波长254nm。根据样品中被测组分含量调节记录仪衰减倍数，使谱图在记录纸量程内。分析第一个样品前，应以1.0mL/min流量的流动相冲洗系统30min以上，检测器预热30min以上。检测器基线稳定后方能进样。

b. 校准

① 标准工作液 先用乙腈将贮备液稀释成0.100μg/μL的溶液，然后用该溶液配制三个或三个以上浓度的标准工作液；标准工作液浓度的确定应参照飘尘样品浓度范围，以样品浓度在曲线中段为宜；2～5℃避光保存。

② 用被测组分进样量与峰面积（或峰高）建立回归方程，相关系数不应低于0.99，保留时间变异在±2%。

③ 每天用浓度居中的标准工作液（其检测数值必须大于10倍检测限）做常规校正，组分响应值变化应在15%之内，如变异过大，则重新校准或用新配制的标样重新建立回归方程。

c. 试验 以微量注射器人工进样或自动进样器进样。进样量为10～40μL。人工进样时，先用待测样品洗涤针头及针筒三次，抽取样品，排出气泡，迅速按高效液相色谱进样方法进样，拔出注射器后用流动相洗涤针头及针筒两次。样品浓度过低，无法正常测定时，可于常温下吹入平稳高纯氮气将提取液浓缩。

d. 色谱图的考察

① 定性分析　以样品的保留时间和标样相比较来定性。被测组分较难定性时，可在提取液中加入标液，依据被测组分峰的增高定性。

② 定量分析　用外标法定量。

色谱峰的测量　连接峰的起点与终点之间的直线作为峰底，以峰最大值到峰底的垂线为峰高。垂线在时间坐标上的对应值为保留时间，通过峰高的中点做平行峰底的直线，此直线与峰两侧相交，两点之间的距离为半峰宽。

计算方法如下：

$$P = \frac{W \times V_t \times 1000}{\frac{1}{n} \times V_i \times V_s} \tag{5-22}$$

式中　P——环境空气可吸入颗粒物中苯并 $[a]$ 芘浓度，$\mu g/m^3$（标准状况）；

W——注入色谱仪样品中 B $[a]$ P 的量，ng；

V_t——提取液总体积，μL；

V_s——采样体积，μL；

V_i——进样体积，μL；

$\dfrac{1}{n}$——标准状况下采气体积，m^3。

习题与思考题

1. 空气中气态污染物的采集有几种主要方法？

2. 空气中污染物的富集采样有哪几种主要方法？

3. 使用液体吸收法采样时，吸收液的选择有何原则？

4. 空气中颗粒物的采样有哪些主要方法？

5. 空气污染物浓度有哪些表示方法？

6. 室内空气监测的采样布点有何原则？

7. 怎样设置室内空气采样点的数目与位置？

8. 怎样确定室内空气监测采样时间与采样频率？

9. 室内空气采样有哪些方式？

10. 怎样评价空气采样效率？

11. 试述空气中甲醛的 AHMT 比色法测定的原理。

12. 在采集甲醛样品时，为什么要采取避光措施，而且选用棕色吸收管采样？

13. 苯及苯系物的测定方法和原理是什么？

14. 挥发性有机物的分析测定中，标准系列的制备有哪些方法？

15. 简要说明气相色谱定量分析的原理和特点。

6

室内空气中无机污染物的检测

本章摘要

　　本章介绍无机污染物的测定方法。重点掌握和熟悉室内空气中二氧化硫（SO_2）、二氧化氮（NO_2）、一氧化碳（CO）、二氧化碳（CO_2）、氨（NH_3）、臭氧（O_3）等主要污染物的分析测定原理与方法。

　　室内空气中的无机污染物种类有很多。除了金属元素和颗粒物之外，主要有二氧化硫（SO_2）、二氧化氮（NO_2）、一氧化碳（CO）、二氧化碳（CO_2）、氨（NH_3）、氟化氢、硫化氢（H_2S）、臭氧（O_3）以及氯气等。室内空气中无机污染物来源最普遍的是燃料的燃烧。如在室内燃煤或燃气做饭、取暖放出的 SO_2、NO_2、CO、CO_2 等化合物。O_3 除由室外大气进入室内之外，还因使用各种电器产品而产生出来。NH_3 除来自人体排泄产物之外，还因冬季施工向建筑材料中掺入铵盐作为防冻剂而释放出来。这些无机污染物在室内浓度超过室内空气质量标准规定限值时，可造成健康危害。

6.1　二氧化硫（SO_2）的测定

　　室内二氧化硫的污染，主要是由家庭用煤及燃料油中含硫物燃烧所造成的。当室外污染严重时，室外 SO_2 也会通过门窗进入室内。

　　测定二氧化硫最常用的化学方法是盐酸副玫瑰苯胺比色法，吸收液是四氯汞钠（钾）溶液，与二氧化硫形成稳定的配合物，它是我国《居住区大气中二氧化硫卫生检验标准方法》（GB 8913—1988）。为避免汞的污染，用甲醛溶液代替汞盐作吸收液，方法成熟可靠，已作为国家《居住区大气卫生检验标准方法》（GB/T 16128—1995）。

　　我国空气质量标准中规定室内 SO_2 的限值为 $0.50mg/m^3$，测定方法推荐为甲醛溶液吸收-盐酸副玫瑰苯胺比色法。

　　(1) 原理　二氧化硫被甲醛缓冲溶液吸收后，生成稳定的羟基甲磺酸加成化合物。在样品溶液中加氢氧化钠使加成化合物分解，释放出的二氧化硫与盐酸副玫瑰苯胺作用，生成紫红色化合物。根据颜色深浅，用分光光度计在 577nm 处进行测定。

　　检出限：当用 10mL 吸收液采气体 10L 时，最低检出浓度为 $0.02mg/m^3$。当用 50mL 吸收液，24h 采气体 300L，取出 10mL 样品溶液测定时，最低检出浓度为 $0.003mg/m^3$。

　　(2) 仪器

　　① 分光光度计（可见光波长 380~780nm）

　　② 多孔玻板吸收管　10mL 的多孔玻板吸收管用于短时间采样；50mL 多孔玻板吸收管用于 24h 连续采样。

　　③ 恒温水浴器　广口冷藏瓶内放置圆形比色管架，插一支长约 150mm、0~40℃ 的酒

精温度计，其误差应不大于 0.5℃。

④ 具塞比色管　10mL。

⑤ 空气采样器　用于短时间采样的普通空气采样器，流量范围 0～1L/min。用于 24h 连续采样的采样器应具有恒温、恒流、计时、自动控制仪器开关的功能。流量范围 0.2～0.3L/min。

各种采样器均应在采样前进行气密性检查和流量校准。吸收器的阻力和吸收效率应满足技术要求。

（3）试剂

① 氢氧化钠溶液，$c(NaOH) = 1.5mol/L$。

② 环己二胺四乙酸二钠溶液，$c(CDTA-2Na) = 0.05mol/L$　称取 1.82g 反式-1,2-环己二胺四乙酸 [(*trans*-1,2-Cyclohexylene-dinitilo) Tetraacetic Acid，简称 CDTA]，加入氢氧化钠溶液 6.5mL，用水稀释至 100mL。

③ 甲醛缓冲吸收液贮备液　吸取 36%～38% 的甲醛溶液 5.5mL，CDTA-2Na 溶液 20.00mL；称取 2.04g 邻苯二甲酸氢钾，溶于少量水中；将三种溶液合并，再用水稀释至 100mL，贮于冰箱可保存 10 个月。

④ 甲醛缓冲吸收液　用水将甲醛缓冲吸收液贮备液稀释 100 倍而成。临用现配。

⑤ 氨磺酸钠溶液，0.60g/100mL　称取 0.60g 氨磺酸（H_2NSO_3H）置于 100mL 容量瓶中，加入 4.0mL 氢氧化钠溶液，用水稀释至标线，摇匀。此溶液密封保存可用 10d。

⑥ 碘贮备液，$c\left(\dfrac{1}{2}I_2\right) = 0.1mol/L$　称取 12.7g 碘（I_2）于烧杯中，加入 40g 碘化钾和 25mL 水，搅拌至完全溶解，用水稀释至 1000mL，贮存于棕色细口瓶中。

⑦ 碘使用液，$c\left(\dfrac{1}{2}I_2\right) = 0.05mol/L$　量取碘贮备液 250mL，用水稀释至 500mL，贮于棕色细口瓶中。

⑧ 淀粉溶液，0.5g/100mL　称取 0.5g 可溶性淀粉，用少量水调成糊状，慢慢倒入 100mL 沸水中，继续煮沸至溶液澄清，冷却后贮于试剂瓶中。临用现配。

⑨ 碘酸钾标准溶液，$c\left(\dfrac{1}{6}KIO_3\right) = 0.1000mol/L$　称取 3.5667g 碘酸钾（KIO_3 优级纯，经 110℃ 干燥 2h）溶于水，移入 1000mL 容量瓶中，用水稀释至标线，摇匀。

⑩ 盐酸溶液（1+9）

⑪ 硫代硫酸钠贮备液，$c(Na_2S_2O_3) = 0.10mol/L$　称取 25.0g 硫代硫酸钠（$Na_2S_2O_3 \cdot 5H_2O$），溶于 1000mL 新煮沸但已冷却的水中，加入 0.2g 无水碳酸钠，贮于棕色细口瓶中，放置一周后备用。如溶液呈现浑浊，必须过滤。

⑫ 硫代硫酸钠标准溶液，$c(Na_2S_2O_3) = 0.05mol/L$　取 250mL 硫代硫酸钠贮备液置于 500mL 容量瓶中，用新煮沸但已冷却的水稀释至标线，摇匀。

标定方法　吸取三份 10.00mL 碘酸钾标准溶液分别置于 250mL 碘量瓶中，加 70mL 新煮沸但已冷却的水，加 1g 碘化钾，振摇至完全溶解后，加 10mL 盐酸溶液，立即盖好瓶塞，摇匀。于暗处放置 5min 后，用硫代硫酸钠标准溶液滴定溶液至浅黄色，加 2mL 淀粉溶液，继续滴定溶液至蓝色刚好褪去为终点。硫代硫酸钠标准溶液的浓度按下式计算：

$$c_{(Na_2S_2O_3)} = \frac{0.1000 \times 10.00}{V} \tag{6-1}$$

式中　$c_{(Na_2S_2O_3)}$——硫代硫酸钠标准溶液的浓度，mol/L；

V——滴定所耗硫代硫酸钠标准溶液的体积，mL。

⑬乙二胺四乙酸（EDTA）二钠盐溶液　0.05g/100mL。称取 0.25g EDTA-2Na[CH₂N(CH₂COONa)CH₂COOH]₂·H₂O 溶于 500mL 新煮沸但已冷却的水中。临用现配。

⑭二氧化硫标准溶液　称取 0.200g 亚硫酸钠（Na₂SO₃），溶于 200mL EDTA-2Na 溶液中，缓缓摇匀以防充氧，使其溶解；放置 2～3h 后标定。此溶液每毫升相当于 320～400μg 二氧化硫。

标定方法　吸取三份 20.00mL 二氧化硫标准溶液，分别置于 250mL 碘量瓶中，加入 50mL 新煮沸但已冷却的水，20.00mL 碘使用液及 1mL 冰醋酸，盖塞，摇匀。于暗处放置 5min 后，用硫代硫酸钠标准溶液滴定溶液至浅黄色，加入 2mL 淀粉溶液，继续滴定至溶液蓝色刚好褪去为终点。记录滴定硫代硫酸钠标准溶液的体积 V（mL）。

另吸取三份 EDTA-2Na 溶液 20mL，用同法进行空白试验。记录滴定硫代硫酸钠标准溶液的体积 V（mL）。

平行样滴定所耗硫代硫酸钠标准溶液体积之差应不大于 0.04mL。取其平均值。二氧化硫标准溶液浓度按下式计算：

$$c = \frac{(V_0 - V)c_{(Na_2S_2O_3)} \times 32.02}{20.00} \times 1000 \tag{6-2}$$

式中　　c——二氧化硫标准溶液的浓度，μg/mL；

V_0——空白滴定所耗硫代硫酸钠标准溶液的体积，mL；

V——二氧化硫标准溶液滴定所耗硫代硫酸钠标准溶液的体积，mL；

$c_{(Na_2S_2O_3)}$——硫代硫酸钠标准溶液的浓度，mol/L；

32.02——二氧化硫 $\left(\frac{1}{2}SO_2\right)$ 的摩尔质量。

标定出准确浓度后，立即用吸收液稀释为每毫升含 10.00μg 二氧化硫的标准溶液贮备液，临用时再用吸收液稀释为每毫升含 1.00μg 二氧化硫的标准溶液；在冰箱中 5℃ 保存。10.00μg/mL 的二氧化硫标准溶液贮备液可稳定 6 个月；1.00μg/mL 的二氧化硫标准溶液可稳定 1 个月。

⑮副玫瑰苯胺（pararosaniline，简称 PRA，即副品红，对品红）贮备液，0.20g/100mL，其纯度应达到质量检验的指标。

⑯PRA 溶液，0.05g/100mL　吸取 25.00mL PRA 贮备液于 100mL 容量瓶中，加 30mL 85% 的浓磷酸，12mL 浓盐酸，用水稀释至标线，摇匀，放置过夜后使用；避光密封保存。

（4）采样及样品保存

①短时间采样　根据空气中二氧化硫浓度的高低，采用内装 10mL 吸收液的 U 形多孔玻板吸收管，以 0.5L/min 的流量采样。采样时吸收液温度的最佳范围在 23～29℃。

②24h 连续采样　用内装 50mL 吸收液的多孔玻板吸收瓶，以 0.2～0.3L/min 的流量连续采样 24h。吸收液温度须保持在 23～29℃ 范围。

③放置在室内的 24h 连续采样器，进气口应连接符合要求的空气质量集中采样管路系统，以减少二氧化硫气样进入吸收器前的损失。

④样品运输和贮存过程中，应避光保存。当气温高于 30℃ 时，采样后如不能当天测定，可将样品溶液保存在冰箱中。

（5）分析步骤

a. 校准曲线的绘制　取 14 支 10mL 具塞比色管，分 A、B 两组，每组 7 支，分别对应编号。A 组按表 6-1 配制校准溶液系列。

表 6-1 二氧化硫标准系列

管号	0	1	2	3	4	5	6
二氧化硫标准溶液/mL	0	0.50	1.00	2.00	5.00	8.00	10.00
甲醛缓冲吸收液/mL	10.00	9.50	9.00	8.00	5.00	2.00	0
二氧化硫含量/μg	0	0.50	1.00	2.00	5.00	8.00	10.00

B 组各管加入 1.00mL PRA 溶液，A 组各管分别加入 0.5mL 氨磺酸钠溶液和 0.5mL 氢氧化钠溶液，混匀。再逐管迅速将溶液全部倒入对应编号并盛有 PRA 溶液的 B 管中，立即具塞混匀后放入恒温水浴中显色。显色温度与室温之差应不超过 3℃，根据不同季节和环境条件按表 6-2 选择显色温度与显色时间。

表 6-2 显色温度与时间

显色温度/℃	10	15	20	25	30
显色时间/min	40	25	20	15	5
稳定时间/min	35	25	20	15	10
试剂空白吸光度 A_0	0.030	0.035	0.040	0.050	0.060

在波长 557nm 处，用 1cm 比色皿，以水为参比溶液测量吸光度。

用最小二乘法计算校准曲线的回归方程：

$$Y = bX + a \qquad (6-3)$$

式中　Y——（$A - A_0$），校准溶液吸光度 A 与试剂空白吸光度 A_0 之差；

　　　X——二氧化硫含量，μg；

　　　b——回归方程的斜率，吸光度/（$\mu g SO_2 \cdot 12mL$）；

　　　a——回归方程的截距（一般要求小于 0.005）。

本实验的校准曲线斜率为 （0.044±0.002），试剂空白吸光度 A_0 在显色规定条件下波动范围不超过 ±15%。

正确掌握本实验的显色温度、显色时间，特别在 25～30℃ 条件下，严格控制反应条件是实验成败的关键。

b. 样品测定

① 样品溶液中如有浑浊物，则应离心分离除去。

② 样品放置 20min，以使臭氧分解。

③ 短时间采样　将吸收管中样品溶液全部移入 10mL 比色管中，用吸收液稀释至标线，加 0.5mL 氨磺酸钠溶液、混匀，放置 10min 以除去氮氧化物的干扰，以下步骤同校准曲线的绘制。

如样品吸光度超过校准曲线上限，则可用试剂空白溶液稀释，在数分钟内再测量其吸光度，但稀释倍数不要大于 6。

④ 连续 24h 采样　将吸收瓶中样品溶液移入 50mL 容量瓶（或比色管）中，用少量吸收溶液洗涤吸收瓶，洗涤液并入样品溶液中，再用吸收液稀释至标线。吸取适量样品溶液（视浓度高低而决定取 2～10mL）于 10mL 比色管中，再用吸收液稀释至标线，加 0.5mL 氨磺酸钠溶液，混匀，放置 10min 以除去氮氧化物的干扰，以下步骤同校准曲线的绘制。

（6）结果表示

① 将气样体积计算成标准状况下的采样体积

② 空气中二氧化硫的浓度按下式计算：

$$c_{(SO_2)} = \frac{(A - A_0) \times B_s}{V_t} \times \frac{V_a}{V_s} \qquad (6-4)$$

式中　$c_{(SO_2)}$——空气中二氧化硫的浓度，mg/m^3；

　　　A——样品溶液的吸光度；

　　　A_0——试剂空白溶液的吸光度；

　　　B_s——校正因子，$\mu g(SO_2)/(12mL \cdot 吸光度)$；

　　　V_t——样品溶液总体积，mL；

　　　V_a——测定时所取样品溶液的体积，mL；

　　　V_s——换算成标准状况下（0℃，101.325kPa）的采样体积，L。

二氧化硫浓度计算结果应准确到小数点后第三位。

6.2　二氧化氮（NO_2）的测定

空气中含氮的氧化物甚多，如亚硝酸、硝酸、一氧化二氮、一氧化氮、二氧化氮、三氧化氮、四氧化二氮、五氧化二氮等，其中主要成分为一氧化氮和二氧化氮，通称为氮氧化物。室内空气中氮氧化物主要来源是人们在烹饪及取暖的过程中燃料的燃烧产物。燃煤气和液化气排放的污染物主要是氮氧化物。

测定 NO_2 的一般方法是基于 NO_2^- 与芳香族胺反应生成偶氮染料。此法早期所使用的重氮化试剂主要是 α-萘胺和对氨基苯磺酸（即格-依氏试剂）。后来广泛采用格里斯-萨尔茨曼（Griess-Saltzman）法，是用盐酸萘乙二胺和对氨基苯磺酸溶液作吸收显色剂，NO_2^- 与其反应生成玫瑰红色偶氮化合物，比色定量。由于此方法灵敏、准确、操作简便、呈色稳定，故为国内外普遍采用，已被推荐为《居住区大气中二氧化氮卫生检验标准方法》（GB 12372—1990）。

我国室内空气质量标准中规定室内空气中二氧化氮的限值为 $0.24mg/m^3$，测定方法推荐为盐酸萘乙二胺比色法（改进的 Saltzman 法）。

（1）原理　空气中的二氧化氮在采样吸收过程中生成的亚硝酸，与对氨基苯磺酰胺进行重氮化反应，再与 N-(1-萘基) 乙二胺盐酸盐作用，生成紫红色的偶氮染料。根据其颜色的深浅，比色定量。

测定范围：对于短时间采样（60min 以内），测定范围为 10mL 样品溶液中含 $0.15 \sim 7.5mg$ NO_2^-；若以采样流量 0.4L/min 采气时，可测浓度范围为 $0.03 \sim 1.7mg/m^3$，对于 24h 采样，测定范围为 50mL 样品溶液中含 NO_2^- $0.05 \sim 37.5\mu g$；若采样流量 0.2L/min，采气 288L 时，可测浓度范围为 $0.003 \sim 0.15mg/m^3$。

检出下限：检出下限为 NO_2^- $0.015\mu g/mL$ 吸收液，若采样体积 5L，最低检出浓度为 $0.03\mu g/m^3$。

（2）仪器

a. 吸收管　根据采样周期不同，采用两种不同体积的吸收管。

① 多孔玻板吸收管　用于在 60min 之内样品的采集，可装 10mL 吸收液。在流量 0.4L/min 时，吸收管的滤板阻力应为 $4 \sim 5kPa$，通过滤板后的气泡应分散均匀。

② 大型多孔玻板吸收管　用于 $1 \sim 24h$ 样品采集，可装吸收液 50mL，在流量 0.2L/min 时，吸收管的滤板阻力为 $3 \sim 5kPa$，通过滤板后的气泡应分散均匀。

b. 空气采样器　流量范围为 $0.2 \sim 0.5L/min$，流量稳定。使用时，用皂膜计校准采样系列在采样前和采样后的流量，误差应小于 5%。

c. 分光光度计　用 10mm 比色皿，在波长 $540 \sim 550nm$ 处测吸光度。

d. 渗透管配气装置

（3）试剂　所有试剂均为分析纯，但亚硝酸钠应为优级纯（一级）。所用水为无 NO_2 的二次蒸馏水。即一次蒸馏水中加少量氢氧化钡和高锰酸钾再重蒸馏，制得水的质量以不使吸收液呈淡红色为合格。

a. N-（1-萘基）乙二胺盐酸贮备液　称取 0.45g N-（1-萘基）乙二胺盐酸盐，溶于 500mL 水中。

b. 吸收液　称取 4.0g 对氨基苯磺酰胺、10g 酒石酸和 100mg 乙二胺四乙酸二钠盐，溶于 400mL 热的水中。冷却后，移入 1L 容量瓶中。加入 100mL N-（1-萘基）乙二胺盐酸盐贮备液，混匀后，用水稀释到刻度。此溶液存放在 25℃暗处可稳定 3 个月，若出现淡红色，表示已被污染，应弃之重配。

c. 显色液　称取 4.0g 对氨基苯磺酰胺、10g 酒石酸与 100mg 乙二胺四乙酸二钠盐，溶于 400mL 热水中。冷却至室温，移入 500mL 容量瓶中，加入 90mg N-(1-萘基)乙二胺盐酸盐，用水稀释至刻度。显色液保存在暗处 25℃以下，可稳定 3 个月。如出现淡红色，表示已被污染，应弃之重配。

d. 亚硝酸钠标准溶液

①亚硝酸钠标准贮备液　精确称量 375.0mg 干燥的一级亚硝酸钠和 0.2g 氢氧化钠，溶于水中，移入 1L 容量瓶中，并用水稀释到刻度。此标准溶液的浓度为 1.00mL 含 $250\mu g NO_2^-$，保存在暗处，可稳定 3 个月。

② 亚硝酸钠标准工作液　精确量取亚硝酸钠标准贮备液 10.00mL，于 1L 容量瓶中，用水稀释到刻度，此标准溶液 1.00mL 含 $2.5\mu g\ NO_2^-$。此溶液应在临用前配制。

e. 二氧化氮渗透管　购置经准确标定的二氧化氮渗透管，渗透率在 $0.1\sim2\mu g/min$，确定度为 2%。

（4）采样

① 短时间采样（如 30min）　用多孔玻板吸收管，内装 10mL 吸收液。标记吸收液的液面位置，以 0.4L/min 流量，采气 5～25L。

② 长时间采样（如 24h）　用大型多孔玻板吸收管，内装 50mL 吸收液。标记吸收液的液面位置，以 0.2L/min 流量，采气 288L。

采样期间吸收管应避免阳光照射。样品溶液呈粉红色，表明已吸收了 NO_2。采样期间，可根据吸收液颜色程度，确定是否终止采样。

（5）分析步骤

a. 标准曲线的绘制

① 用亚硝酸钠标准液制备标准曲线

ⅰ. 取 6 个 25mL 容量瓶，按表 6-3 制备标准系列。

表 6-3　亚硝酸钠标准系列

瓶　编　号	1	2	3	4	5	6
标准工作液/mL	0	0.7	1.0	3.0	5.0	7.0
NO_2^- 含量/（μg/mL）	0	0.07	0.1	0.3	0.5	0.7

各瓶中加入 12.5mL 显色液，再加水到刻度，混匀，放置 15min。

ⅱ. 用 10mm 比色皿，在波长 540～550nm 处，以水作参比，测定各瓶溶液的吸光度，以 NO_2^- 含量（μg/mL）为横坐标，吸光度为纵坐标，绘制标准曲线，并计算其斜率。以斜率的倒数作为样品测定时的计算因子 B_s[μg/（mL·吸光度）]。

② 用二氧化氮标准气绘制标准曲线

ⅰ. 将已知渗透率的二氧化氮渗透管，在标定渗透率的温度下恒温 24h 以上，用纯氮气以较小的流量（约 250mL/min）将渗透出来的二氧化氮带出，与纯空气进行混合和稀释，配制 NO_2 标准气体。调节空气的流量，得到不同浓度的二氧化氮标准气体，用下式计算 NO_2 标准气体的浓度：

$$c = \frac{P}{F_1 + F_2} \tag{6-5}$$

式中　c——在标准状况下二氧化氮标准气体的浓度，mg/m^3；

　　　P——二氧化氮渗透管的渗透率，$\mu g/min$；

　　　F_1——标准状况下氮气流量，L/min；

　　　F_2——标准状况下稀释空气的流量，L/min。

在可测浓度范围内，至少制备四个浓度点的标准气体，并以零浓度气体做试剂空白测定。各种浓度标准气体，按常规采样的操作条件，采集一定体积的标准气体，采样体积应与预计在现场采集空气样品的体积相接近（如采样流量 0.4L/min，采气体积 5L）。

ⅱ. 按①中ⅱ. 的操作，测出各种浓度点的吸光度，以二氧化氮标准气体的浓度（mg/m^3）为横坐标，吸光度为纵坐标，绘制标准曲线，并计算回归直线斜率的倒数，作为样品测定时的计算因子 $B_g [mg/(m^3 \cdot 吸光度)]$。

b. 样品分析

采样后，用水补充到采样前的吸收液体积，放置 15min，按 a. 中ⅱ. 的操作，测定样品溶液的吸光度 A，并用未采过样的吸收液测定试剂空白的吸光度 A_0。若样品溶液吸光度超过测定范围，应用吸收液稀释后再测定。计算时，要考虑到样品溶液的稀释倍数。

（6）计算

a. 将气样体积换算成标准状况下的采样体积

b. 空气中的二氧化氮浓度计算

① 用亚硝酸钠标准液制备标准曲线时，空气中二氧化氮浓度用下式计算：

$$c = \frac{(A - A_0) B_s V_1 D}{V_0 K} \tag{6-6}$$

式中　c——空气中的二氧化氮浓度，mg/m^3；

　　　K——$NO_2 \rightarrow NO_2^-$ 的经验转换系数，0.89；

　　　B_s——（5）a.①ⅱ. 测得的计算因子，$\mu g/(mL \cdot 吸光度)$；

　　　A——样品溶液的吸光度；

　　　A_0——试剂空白吸光度；

　　　V_1——采样用的吸收液的体积（如短时间采样为 10mL，24h 采样为 50mL）；

　　　D——分析时样品溶液的稀释倍数。

② 用二氧化氮标准气制备标准曲线时，空气中的二氧化氮浓度用下式计算：

$$c = (A - A_0) B_g D \tag{6-7}$$

式中　c——空气中二氧化氮浓度，mg/m^3；

　　　A——样品溶液吸光度；

　　　A_0——试剂空白的吸光度；

　　　B_g——由（5）a.②ⅱ. 得到的计算因子，$mg/(m^3 \cdot 吸光度)$。

6.3　一氧化碳（CO）的测定

一氧化碳为炼焦、炼钢、炼铁、炼油、汽车尾气及家庭用煤的不全燃烧产物。更引人关注的是城市交通车辆增多，汽油在汽车发动机中燃烧时排放出大量的一氧化碳。

测定空气中一氧化碳主要是用仪器测量方法，有红外线气体分析法、气相色谱法、汞置换法和电位法等。前三种方法应用比较普遍，已作为测定公共场所空气中一氧化碳的标准方法（GB/T 18204.23—2000）。

一氧化碳含量是室内空气污染监测常见监测指标之一。我国室内空气质量标准中规定室内空气一氧化碳限值为 10mg/m³，推荐的测定方法为红外线气体分析仪法、气相色谱法和汞置换法。

6.3.1 非分散红外吸收法

（1）原理　一氧化碳对以 4.5μm 为中心波段的红外辐射具有选择性吸收，在一定浓度范围内，吸收值与一氧化碳浓度呈线性关系，根据吸收值确定样品中一氧化碳浓度。

方法测定范围为 0～62.5mg/m³；检出限为 1.25mg/m³。

（2）仪器

① 聚乙烯塑料采气袋、铝箔采气袋或衬铝塑料采气袋；

② 弹簧夹；

③ 双联球；

④ 非分散红外一氧化碳分析仪；

⑤ 记录仪 0～10mV。

（3）试剂

① 高纯氮气 99.99%；

② 变色硅胶；

③ 无水氯化钙；

④ 霍加拉特管；

⑤ 一氧化碳标准气。

（4）采样　用双联球将现场空气抽入采气袋中，洗 3～4 次，采气 500mL，夹紧进气口。

（5）步骤

① 启动　仪器接通电源，稳定 1～2h，将高纯氮气连接在仪器进气口，进行零点校准。

② 校准　将一氧化碳标准气连接在仪器进气口，使仪表指针指示在满刻度的 95%，重复 2～3 次。

③ 样品测定　将采气袋连接在仪器进气口，由仪表指示出一氧化碳的浓度（ppm）。

（6）计算

$$一氧化碳浓度(mg/m^3)=1.25c \tag{6-8}$$

式中　c——空气中一氧化碳浓度，ppm；

1.25——一氧化碳浓度从 ppm 换算为标准状况下质量浓度（mg/m³）的换算系数。

（7）说明

① 仪器启动后，必须充分预热，稳定 1～2h 以上，再进行样品测定，否则影响测定的准确度。

② 仪器一般用高纯氮气调零，也可以用经霍加拉特管（加热到 90～100℃）净化后的空气调零。

③ 为了确保仪器的灵敏度，在测定时，使空气样品经硅胶干燥后再进入仪器，防止水蒸气对测定的影响。

④ 仪器可连续测定。用聚四氟乙烯管将被测空气引入仪器中，接上记录仪，可进行

24h 或长期监测空气中一氧化碳浓度变化情况。

6.3.2 不分光红外线气体分析法

（1）原理 一氧化碳对不分光红外线具有选择性的吸收。在一定范围内，吸收值与一氧化碳浓度呈线性关系。根据吸收值确定样品中一氧化碳的浓度。

方法测量范围：0～30ppm、0～100ppm 两挡。

检出下限：最低检出浓度为 0.1ppm。

（2）试剂 一氧化碳标准气体。

（3）仪器和设备 一氧化碳不分光红外线气体分析仪。

（4）采样 用聚乙烯薄膜采气袋，抽取现场空气冲洗 3～4 次，采气 0.5L 或 1.0L，密封进气口，带回实验室分析。也可以将仪器带到现场间歇进样，或连续测定空气中一氧化碳浓度。

（5）分析步骤

a. 仪器的启动和校准

① 启动的零点校准 仪器接通电源稳定 0.5～1h 后，用高纯氮气或空气经霍加拉特氧化管和干燥管进入仪器进气口，进行零点校准。

② 终点校准 用一氧化碳标准气（如 30ppm）进入仪器进样口，进行终点刻度校准。

③ 零点与终点校准重复 2～3 次，使仪器处于正常工作状态。

b. 样品测定 将空气样品的聚乙烯薄膜采气袋与装有变色硅胶或无水氯化钙的过滤器和仪器的进气口相连接，样品被自动抽到气室中，表头指出一氧化碳的浓度（ppm）。如果仪器带到现场使用，可直接测定现场空气中一氧化碳的浓度。仪器接上记录仪表，可长期监测空气中一氧化碳浓度。

（6）结果计算 一氧化碳体积浓度 ppm，可按下列公式换算成标准状况下质量浓度 mg/m^3：

$$mg/m^3 = ppm/B \times 28 \tag{6-9}$$

式中 B——标准状况下的气体摩尔体积，当 0℃（101kPa）时，$B=22.41$，当 25℃（101kPa）时，$B=24.46$；

28——一氧化碳相对分子质量。

6.3.3 气相色谱法

（1）原理

一氧化碳在色谱柱中与空气的其他成分完全分离后，进入转化炉，在 360℃镍催化剂催化作用下，与氢气反应，生成甲烷，用氢火焰离子化检测器测定；以保留时间定性，峰高定量。

测定范围：进样 1mL 时，测定浓度范围是 0.50～50.0mg/m^3。

检出下限：进样 1mL 时，最低检出浓度为 0.50mg/m^3。

（2）试剂

① 碳分子筛 TDX-01，60～80 目，作为固定相。

② 纯空气。

③ 镍催化剂 30～40 目，当 CO 含量小于 80mg/m^3，CO_2 含量小于 0.4％时转化率大于 95％。

④ 一氧化碳标准气 一氧化碳含量 12.5～50mg/m^3（铝合金钢瓶装）以氮气为本底气。

（3）仪器与设备

① 气相色谱仪　配备氢火焰离子化检测器的气相色谱仪。

② 转化炉　可控温（360±1）℃。

③ 注射器　2mL，5mL，10mL，100mL。

④ 铝箔复合膜采样袋　容积 400～600mL。

⑤ 色谱柱　长 2m、内径 2mm 不锈钢管内填充 TDX-01 碳分子筛，柱管两端填充玻璃棉。新装的色谱柱在使用前，应在柱温 150℃、检温器温度 180℃、通氢气 60mL/min 条件下，老化处理 10h。

⑥ 转化柱　长 15cm、内径 4mm 不锈钢管内，填充镍催化剂（30～40 目），柱管两端塞玻璃棉。转化柱装在转化炉内，一端与色谱柱连通，另一端与检测器相连。使用前，转化柱应在炉温 360℃、通氢气 60mL/min 条件下，活化 10h。转化柱老化与色谱柱老化同步进行。当 CO 含量小于 180mg/m³ 时，转化率大于 95%。

（4）采样　用橡胶双联球，将现场空气打入采样袋内，使之胀满后放掉。如此反复四次，最后一次打满后，密封进样口，并写上标签，注明采样地点和时间等。

（5）分析步骤

a. 色谱分析条件　由于色谱分析条件常因实验条件不同而有差异，所以应根据所用气相色谱仪的型号和性能，制定能分析一氧化碳的最佳的色谱分析条件。

b. 绘制标准曲线和测定校正因子　在做样品分析时的相同条件下，绘制标准曲线或测定校正因子。

① 配制标准气　在 5 支 100mL 注射器中，用纯空气将已知浓度的一氧化碳标准气体稀释成 0.4～40ppm（0.5～50mg/m³）范围的 4 个浓度点的气体。另取纯空气作为零浓度气体。

② 绘制标准曲线　每个浓度的标准气体，分别通过色谱仪的六通进样阀，量取 1mL 进样，得到各个浓度的色谱峰和保留时间。每个浓度做三次，测量色谱峰高的平均值。以峰高（mm）作纵坐标，浓度（ppm）为横坐标，绘制标准曲线，并计算回归线的斜率，以斜率倒数 B_g（ppm/mm）作样品测定的计算因子。

③ 测定校正因子　用单点校正法求校正因子。取与样品空气中含一氧化碳浓度相接近的标准气体，测量色谱峰的平均峰高（cm）和保留时间。用下式计算校正因子（f）：

$$f = \frac{c_0}{h_0} \tag{6-10}$$

式中　f——校正因子，ppm/mm；

　　　c_0——标准气体浓度，ppm；

　　　h_0——平均峰高，mm。

c. 样品分析　通过色谱仪六通进样阀，进样品空气 1mL，以保留时间定性，测量一氧化碳的峰高。每个样品做三次分析，求峰高的平均值，并记录分析时的气温和大气压力。高浓度样品，应用清洁空气稀释至小于 40ppm（50mg/m³），再分析。

（6）结果计算

① 用标准曲线法查标准曲线定量，或由下式计算空气中一氧化碳浓度：

$$c = hB_g \tag{6-11}$$

式中　c——样品空气中一氧化碳浓度，ppm；

　　　h——样品峰高的平均值，mm；

　　　B_g——计算因子，ppm/mm。

② 用校正因子按下式计算浓度：

$$c = hf \tag{6-12}$$

式中　c——样品空气中一氧化碳浓度，ppm；

　　　h——样品峰高的平均值，mm；

　　　f——校正因子，ppm/mm。

③ 一氧化碳体积浓度 ppm 可按式（6-9）换算成标准状况下的质量浓度 mg/m^3。

6.3.4　汞置换法

（1）原理　经净化后的含一氧化碳（去除干扰物、水蒸气）的空气样品与氧化汞在 180～200℃下反应，置换出汞蒸气。根据汞吸收波长 253.7nm 紫外线的特点，利用光电转换检测出汞蒸气含量，再将其换算成一氧化碳浓度。

反应式如下：CO（气）＋HgO（固）——→Hg（蒸气）＋CO$_2$（气）；

测定范围：进样量 50mL 时，0.02～1.25mg/m^3；进样量 10mL 时，0.02～12.5 mg/m^3；进样量 5mL 时，0.02～31.3mg/m^3；进样量 2mL 时，0.02～62.5mg/m^3。

方法检出限：进样量 50mL 时，0.02mg/m^3。

（2）仪器

① 聚乙烯塑料采气袋，铝箔采气袋或衬铝塑料采气袋；

② 双联球、弹簧夹；

③ 一氧化碳测定仪。

（3）采样　用聚乙烯塑料袋抽取现场空气冲洗 3～4 次，采气 500mL，密封进气口，带回实验室在 24h 内进行测定。

（4）操作步骤

a. 仪器的安装与检漏

① 安装　正确连接气路，电源开关置"关"的位置。

② 检漏　仪器进气口与空气钢瓶相连接，仪器出气口封死。打开钢瓶阀门开关，调节减压阀使压力为 0.2MPa，此时仪器应无流量指示，30min 内压力下降不得超过 0.02MPa。

b. 仪器的启动　将仪器进气口与净化系统相连接，出气口与抽气泵相连接。接通电源，打开温度开关，启动抽气泵，调节流量为 1.5L/min。旋动温控粗调钮和温控细调钮，使温度升至（180.0±0.3）℃，预热 1～2h，待仪器稳定后进行校准。

c. 仪器的校准

① 调零和调满度　接通记录仪电源，将仪器"量程选择"置所需量程挡，调"零点调节"电位器，使电表和记录仪指示零点；调"记录满度"电位器，使电表和记录仪指示满度。

② 量程标定　取与所用量程范围相应浓度的一氧化碳标准气体，经六通阀定量管进样，标准气体的响应值应落在 50%～90% 量程范围内，进标准气体三次，测得标准气体响应（峰高）平均值。

（5）样品测定　将采集在聚乙烯塑料袋中的现场空气样品，同样经六通阀定量管进样三次，测得空气样品的响应（峰高）平均值。

（6）结果计算

① 空气中一氧化碳浓度按下式计算：

$$c = c_0 / h_0 \times h \tag{6-13}$$

式中　c——样品空气中一氧化碳浓度，ppm；

　　　c_0——一氧化碳标准气体浓度，ppm；

h——样品气中一氧化碳平均响应值，mm 或 mV；

h_0——一氧化碳标准气体平均响应值，mm 或 mV。

② 用式（6-9）将一氧化碳体积浓度为 ppm，换算成标准状况下浓度 mg/m³。

6.4 二氧化碳（CO_2）的测定

城市边远郊区、山村、原野的洁净空气中含有 $0.03\%\sim0.04\%$（按体积比）的二氧化碳。人呼出气中二氧化碳含量达 5%，煤、柴、油、气体燃料燃烧时产生二氧化碳。植物光合作用会吸收二氧化碳，因此大自然中的二氧化碳浓度基本保持平衡。近年来，由于生态环境的恶化，二氧化碳浓度有缓慢上升趋势。室内空气中二氧化碳的来源主要是人呼出气和燃料燃烧产生的。

二氧化碳是评价室内和公共场所空气质量的一项重要指标。测定空气中二氧化碳的方法有红外线吸收气体分析器法、气相色谱法、容量法等。这三种方法已作为公共场所卫生检验标准方法（GB/T 18204.24—2000）。我国室内空气质量标准中规定室内空气中二氧化碳限值为 0.10%。推荐的测定方法也是上述的三种方法。

6.4.1 不分光红外线气体分析法

（1）原理 二氧化碳对红外线具有选择性的吸收。在一定范围内，吸收值与二氧化碳浓度呈线性关系。根据吸收值确定样品中二氧化碳的浓度。

测定范围：$0\sim0.5\%$，$0\sim1.5\%$ 两挡。

最低检出限：0.01%。

（2）仪器和设备

① 二氧化碳不分光红外线气体分析仪。

② 记录仪 $0\sim10$ mV。

（3）试剂和材料

① 变色硅胶 于 120℃ 下干燥 2h。

② 无水氯化钙 分析纯。

③ 高纯氮气 纯度 99.99%。

④ 烧碱石棉 分析纯。

⑤ 塑料铝箔复合薄膜采气袋 0.5L 或 1.0L。

⑥ 二氧化碳标准气体（0.5%） 贮于铝合金钢瓶中（参照 GB 5274—85《气体分析-标准用混合气体的制备——称重法》）。

（4）采样 用塑料铝箔复合薄膜采气袋，先抽取现场空气冲洗 3~4 次，采气 0.5L 或 0.1L，密封进气口，带回实验室分析。也可以将仪器带到现场间歇进样，或连续测定空气中二氧化碳浓度。

（5）分析步骤

a. 仪器的启动和校准

① 启动和零点校准 仪器接通电源后，稳定 0.5~1h，将高纯氮气或空气经干燥管和烧碱石棉过滤管后，进行零点校准。

② 终点校准 用二氧化碳标准气（如 0.50%）连接在仪器进样口，进行终点刻度校准。

③ 零点与终点校准重复 2~3 次，使仪器处在正常工作状态。

b. 样品测定 将内装空气样品的塑料铝箔复合薄膜采气袋与装有变色硅胶或无水氯化钙的过滤器和仪器的进气口相连接，样品被自动抽到气室中，表头指出二氧化碳的浓度（％）。

如果将仪器带到现场，可间歇进样测定。仪器接上记录仪表，可长期监测空气中二氧化碳浓度。

（6）结果计算　仪器的刻度指示经过标准气体校准过，样品中二氧化碳的浓度，由表头直接读出。

6.4.2　气相色谱法

（1）原理　二氧化碳在色谱柱中与空气的其他成分完全分离后，进入热导检测器的工作臂，使该臂电阻值的变化与参与臂电阻值变化不相等，惠斯登电桥失去平衡而产生信号输出。在线性范围内，信号大小与进入检测器的二氧化碳浓度成正比。从而进行定性与定量测定。

（2）试剂

① 二氧化碳标准气　含量1％。

② 高分子多孔聚合物（作色谱固定相）　GDX-102，60～80目。

③ 纯氮气　纯度99.99％。

（3）仪器与设备

① 配备有热导检测器的气相色谱仪。

② 注射器　2mL，5mL，10mL，20mL，50mL，100mL。

③ 塑料铝箔复合膜采样袋　400～600mL。

④ 色谱柱。

（4）采样　用橡胶双联球将现场空气打入塑铝复合膜采气袋，使之胀满后放掉。如此反复四次，最后一次打满后，密封进样口，并写上标签，注明采样地点和时间等。

（5）分析步骤

a. 色谱分析条件，根据所用气相色谱仪的型号和性能，制定能分析 CO_2 的最佳分析条件。

b. 绘制标准曲线和测定校正因子　在做样品分析时的相同条件下，绘制标准曲线或测定校正因子。

① 配制标准气　在5支100mL注射器内，分别注入1％二氧化碳标准气体2mL、4mL、8mL、16mL、32mL，再用纯氮气稀释至100mL，即得浓度为0.02％、0.04％、0.08％、0.16％和0.32％的气体。另取纯氮气作为零浓度气体。

② 绘制标准曲线　每个浓度的标准气体，分别通过色谱仪的六通进样阀，量取3mL进样，得到各个浓度的色谱峰和保留时间。每个浓度做三次，测量色谱峰高的平均值。以一氧化碳的浓度（％）对平均峰高（mm）绘制标准曲线，并计算回归线的斜率，以斜率的倒数 B_g（％/mm）作样品测定的计算因子。

③ 测定校正因子　用单点校正法求校正因子。取与样品空气含一氧化碳浓度相接近的标准气体，测量色谱峰的平均峰高（mm）和保留时间。用下式计算校正因子：

$$f=\frac{c_0}{h_0} \tag{6-14}$$

式中　f——校正因子，％/mm；

c_0——标准气体浓度，％；

h_0——平均峰高，mm。

c. 样品分析　通过色谱仪六通进样阀进样品空气3mL，以保留时间定性，测量二氧化碳的峰高。每个样品做三次分析，求峰高的平均值，并记录分析时的气温和大气压力。高浓度样品用纯氮气稀释至小于 0.3％再分析。

（6）结果计算

① 用标准曲线法查标准曲线定量，或用下式计算浓度：

$$c = hB_g \qquad (6-15)$$

式中　c——样品空气中二氧化碳浓度，％；

　　　h——样品峰高的平均值，mm；

　　　B_g——计算因子，mm。

② 用校正因子按下式计算浓度：

$$c = hf \qquad (6-16)$$

式中　c——样品空气中二氧化碳浓度，％；

　　　h——样品峰高的平均值，mm；

　　　f——校正因子，％/mm。

6.4.3　容量滴定法

（1）原理　用过量的氢氧化钡溶液与空气中二氧化碳作用生成碳酸钡沉淀，采样后剩余的氢氧化钡用标准草酸溶液滴至酚酞试剂红色刚褪。由容量法滴定结果和所采集的空气体积，即可测得空气中二氧化碳的浓度。

测定范围：进样 3mL 时，测定浓度范围是 0.02％～0.6％。

检出下限：进样 3mL 时，最低检出浓度为 0.014％。

（2）采样　取一个吸收管（事先应充氮或充入经钠石灰处理的空气），加入 50mL 氢氧化钡吸收液，以 0.3L/min 流量，采样 5～10min。采样前后，吸收管的进、出气口均用乳胶管连接以免空气进入。

（3）分析步骤　采样后，吸收管送实验室，取出中间砂芯管，加塞静置 3h，使碳酸钡沉淀完全，吸取上清液 25mL 于碘量瓶中（碘量瓶事先应充氮或充入经碱石灰处理的空气），加入 2 滴酚酞指示剂，用草酸标准液滴定至溶液的着色由红色变为无色，记录所消耗的草酸标准溶液的体积，mL。同时吸取 25mL 未采样的氢氧化钡吸收液做空白滴定，记录所消耗的草酸标准溶液的体积，mL。

（4）结果计算

① 将采样体积按下式换算成标准状况下的采样体积。

② 空气中二氧化碳浓度按下式计算：

$$c = \frac{20(b-a)}{V_0} \qquad (6-17)$$

式中　c——空气中二氧化碳浓度，％；

　　　a——样品滴定所用草酸标准溶液体积，mL；

　　　b——空白滴定所用草酸标准溶液体积，mL；

　　　V_0——换算成标准状况下的采样体积，L。

6.5　氨（NH_3）的测定

室内空气中氨主要来源为生物性废物，如粪、尿、人呼出气和汗液等。理发店所使用的烫发水中含有氨，在使用时可以挥发出来，污染室内空气。近年来，在北方建筑施工时用尿素作为水泥的防冻剂，造成室内氨的严重污染。

氨的化学测定方法有：纳氏试剂比色法、靛酚蓝比色法、亚硝酸盐比色法等。纳氏试剂比色法因操作简便，一般多采用此法，但此法呈色胶体不十分稳定，易受醛类和硫化物的干扰。靛酚蓝比色法灵敏度高，呈色较为稳定，干扰少，但要求操作条件严格，蒸馏水和试剂本底值的增高是影响测定值的主要误差来源。纳氏试剂比色法和靛酚蓝比色法已推荐为公共场所空气中氨卫生检验标准方法（GB/T 18204.25—2000）。亚硝酸盐比色法灵敏度高、干扰少，但操作复杂，氨转变成亚硝酸盐的系数问题尚需进一步验证。此外，将纯铜丝在340℃的温度下能定量地将氨转化成氧化氮，这样可用化学发光法氮氧化物分析仪进行连续测定。当然，此仪器在有氮氧化物存在时，需考虑氧化氮干扰的排除问题。

我国室内空气质量标准中规定室内空气中氨的限值为 $0.20mg/m^3$，推荐的测定方法为靛酚蓝比色法和纳氏试剂比色法。

6.5.1 靛酚蓝分光光度法

（1）原理　空气中氨吸收在稀硫酸中，在亚硝基铁氰化钠及次氯酸钠存在下，与水杨酸生成蓝绿色的靛酚蓝染料，根据着色深浅，比色定量。

测定范围：测定范围为10mL样品溶液中含0.5～10mg氨；按本法规定的条件采样10min，样品可测浓度范围为 $0.1～2mg/m^3$。

检测下限：检测下限为0.5mg/10mL，最低检出若采样体积为5L时，浓度为 $0.01mg/m^3$。

（2）仪器和设备

① 大型气泡吸收管　有10mL刻度线，出气口内径为1mm，与管底距离应为3～5mm。

② 空气采样器　流量范围0～2L/min，流量稳定。使用前后，用皂膜流量计校准采样系统的流量，误差应小于±5%。

③ 具塞比色管　10mL。

④ 分光光度计　可测波长为697.5nm，狭缝小于20nm。

（3）试剂

a. 吸收液 $[c(H_2SO_4)＝0.005mol/L]$　量取2.8mL浓硫酸加入水中，并稀释至1L。临用时再稀释10倍。

b. 水杨酸 $[C_6H_4(OH)COOH]$ 溶液（50g/L）　称取10.0g水杨酸和10.0g柠檬酸钠（$Na_3C_6O_7 \cdot 2H_2O$），加水约50mL，再加55mL氢氧化钠溶液 $[c(NaOH)＝2mol/L]$，用水稀释至200mL。此试剂稍有黄色，室温下可稳定1个月。

c. 亚硝基铁氰化钠溶液（10g/L）　称取1.0g亚硝基铁氰化钠 $[Na_2Fe(CN)_5 \cdot NO \cdot 2H_2O]$，溶于100mL水中。贮于冰箱中可稳定1个月。

d. 次氯酸钠溶液 $[c(NaClO)＝0.05mol/L]$　取1mL次氯酸钠试剂原液，用碘量法标定其浓度，然后用氢氧化钠溶液 $[c(NaOH)＝2mol/L]$ 稀释成0.05mol/L的溶液。贮于冰箱中可保存2个月。

e. 氨标准溶液

① 标准贮备液　称取0.3142g经105℃干燥2h的氯化铵（NH_4Cl），用少量水溶解，移入100mL容量瓶中，用吸收液稀释至刻度，此液1.00mL含1.00mg氨。

② 标准工作液　临用时，将标准贮备液用吸收液稀释成1.00mL含1.00μg氨。

（4）采样　用一个内装10mL吸收液的大型气泡吸收管，以0.5L/min流量采气5L，及时记录采样点的温度及大气压力。采样后，样品在室温下保存，于24h内分析。

（5）分析步骤

① 标准曲线的绘制　取10mL具塞比色管7支，按表6-4制备标准系列管。

表 6-4 氨标准系列

管 号	0	1	2	3	4	5	6
标准工作液/mL	0	0.50	1.00	3.00	5.00	7.00	10.00
吸收液/mL	10.00	9.50	9.00	7.00	5.00	3.00	0
氨含量/μg	0	0.50	1.00	3.00	5.00	7.00	10.00

在各管中加入 0.50mL 水杨酸溶液，再加入 0.10mL 亚硝基铁氰化钠溶液和 0.10mL 次氯酸钠溶液，混匀，室温下放置 1h。用 1cm 比色皿，于波长 697.5nm 处，以水作参比，测定各管溶液的吸光度。以氨含量（μg）作横坐标，吸光度为纵坐标，绘制标准曲线，并计算标准曲线的斜率［标准曲线的斜率应为（0.081±0.003）吸光度/mg 氨］，以斜率的倒数作为样品测定计算因子 B_s（μg/吸光度）。

② 样品测定　将样品溶液转入具塞比色管中，用少量的水洗吸收管，合并，使总体积为 10mL。再按制备标准曲线的操作步骤测定样品的吸光度。在每批样品测定的同时，用 10mL 未采样的吸收液作试剂空白测定。如果样品溶液吸光度超过标准曲线范围，则取部分样品溶液，用吸收液稀释后再显色分析。计算样品浓度时，要考虑样品溶液的稀释倍数。

（6）计算

① 将采样体积换算成标准状况下的采样体积。

② 空气中氨浓度按下式计算：

$$c = \frac{(A - A_0) B_s}{V_0} \tag{6-18}$$

式中　c——空气中氨浓度，mg/m^3；

A——样品溶液的吸光度；

A_0——空白溶液的吸光度；

B_s——计算因子，μg/吸光度；

V_0——标准状况下的采样体积，L。

6.5.2 纳氏试剂分光光度法

（1）原理　空气中氨吸收在稀硫酸中，在碱性条件下与纳氏试剂作用生成黄棕色配合物，该配合物的色度与氨的含量成正比，在 420nm 波长处进行分光光度测定。

测定范围：10mL 样品中含 2～20mg 氨。按本法规定的条件采样 10min，样品可测浓度范围为 0.4～4mg/m³。

检测下限：2mg/10mL，若采样体积为 5L 时，最低检出浓度为 0.4mg/m³。

（2）仪器和设备

① 大型气泡吸收管　有 10mL 刻度线。

② 空气采样器　流量范围 0～2L/min，流量稳定。使用前后，用皂膜流量计校准采样系统的流量，误差应小于±5%。

③ 具塞比色管　10mL。

④ 分光光度计　可测波长 420nm，狭缝小于 20nm。

（3）试剂

a. 吸收液［$c(H_2SO_4) = 0.005mol/L$］　量取 2.8mL 浓硫酸加入水中，并稀释至 1L。临用时再稀释 10 倍。

b. 酒石酸钾钠溶液（500g/L）　称取 50g 酒石酸钾钠（$KNaC_4H_4O_6 \cdot 4H_2O$）溶于 100mL 水中，煮沸，使约减少 20mL 为止，冷却后，再用水稀释至 100mL。

c. 纳氏试剂　称取 17g 二氯化汞（$HgCl_2$）溶解在 300mL 水中，另称取 35g 碘化钾

(KI) 溶解在 100mL 水中，然后将二氯化汞溶液缓慢加入到碘化钾溶液中，直至形成红色沉淀不溶为止。再加入 600mL 氢氧化钠溶液（200g/L）及剩余的二氯化汞溶液。将此溶液静置 1～2d，使红色浑浊物下沉，将上层清液移入棕色瓶中，（或用 5# 玻璃砂芯漏斗过滤），用橡皮塞塞紧保存备用。此试剂几乎无色。（纳氏试剂毒性较大，取用时必须十分小心，接触到皮肤时，应立即用水冲洗；含纳氏试剂的废液，应集中处理）。

d. 氨标准溶液

① 标准贮备液　称取 0.3142g 经 105℃ 干燥 2h 的氯化铵（NH_4Cl），用少量水溶解，移入 100mL 容量瓶中，用吸收液稀至刻度。此溶液 1.00mL 含 1.00mg 氨。

② 标准工作液　临用时，将标准贮备液用吸收液稀释成 1.00mL 含 2.00μg 氨。

（4）采样　用一个内装 10mL 吸收液的大型气泡吸收管，以 0.5L/min 流量采气 5L，及时记录采样点的温度及大气压力。采样后，样品在室温下保存，于 24h 内分析。

（5）分析步骤

① 标准曲线的绘制　取 10mL 具塞比色管 7 支，按表 6-5 制备标准系列管。

表 6-5　氨标准系列

管　号	0	1	2	3	4	5	6
标准工作液/mL	0.00	1.00	2.00	4.00	6.00	8.00	10.00
吸收液/mL	10.00	9.00	8.00	6.00	4.00	2.00	0
氨含量/μg	0	2.00	4.00	8.00	12.00	16.00	20.00

在各管中加入 0.1mL 酒石酸钾钠溶液，再加入 0.5mL 纳氏试剂，混匀，室温下放置 10min。用 1cm 比色皿，于波长 425nm 处，以水作参比，测定吸光度。以氨含量（μg）作横坐标，吸光度为纵坐标，绘制标准曲线，并计算回归线的斜率［标准曲线的斜率应为 (0.014±0.002) 吸光度/mg 氨］，以斜率的倒数作为样品测定计算因子 B_s（μg/吸光度）。

② 样品测定　将样品溶液转入具塞比色管中，用少量的水洗吸收管，合并，使总体积为 10mL。再按制备校准曲线的操作步骤测定样品的吸光度。在每批样品测定的同时，用 10mL 未采样的吸收液作试剂空白测定。如果样品溶液吸光度超过标准曲线范围，则用试剂空白稀释样品显色液后再分析。计算样品浓度时，要考虑样品溶液的稀释倍数。

（6）结果计算

① 将采样体积换算成标准状况下的采样体积。

② 空气中氨浓度的计算　同靛酚蓝分光光度法。

6.5.3　离子选择电极法

（1）原理　氨气敏电极为一复合电极，以 pH 玻璃电极为指示电极，银-氯化银电极为参比电极。将此电极对置于盛有 0.1mol/L 氯化铵内充液的塑料套管中，管底用一张微孔疏水薄膜与试液隔开，并使透气膜与 pH 玻璃电极间有一层很薄的液膜。当测定由 0.05mol/L 硫酸吸收液所吸收的大气中的氨时，借加入强碱，使铵盐转化为氨，由扩散作用通过透气膜（水和其他离子均不能通过透气膜），使氯化铵电质液膜层内 $NH_4^+ \rightleftharpoons NH_3 + H^+$ 的反应向左移动，引起氢离子浓度改变，由 pH 玻璃电极测得其变化。在恒定的离子强度下，测得的电极电位与氨浓度的对数呈线性关系。由此，可从测得的电位值确定样品中氨的含量。

检出限：采样体积 60L 时，最低检出浓度 0.015mg/m³。

（2）试剂

① 无氨水。

② 电极内充液　$c(NH_4Cl) = 0.1mol/L$。

③ 碱性缓冲液 含有 $c(NaOH)=5mol/L$ 氢氧化钠和 $c(EDTA-2Na)=0.5mol/L$ 乙二胺四乙酸二钠盐的混合溶液，贮于聚乙烯瓶中。

④ 吸收液 $c(H_2SO_4)=0.05mol/L$ 硫酸溶液。

⑤ 氨标准贮备液 称取 3.142g 经 100℃ 干燥 2h 的氯化铵（NH_4Cl）溶于水中，移入 1000mL 容量瓶中，用吸收液稀释至标线，摇匀。此溶液 1.00mL 含 1.00mg 氨。

⑥ 氨标准使用液 用氨标准贮备液逐级稀释配制。

（3）仪器和设备

① 氨敏感膜电极。

② pH/毫伏计 精确到 0.2mV。

③ 磁力搅拌器 带有用聚四氟乙烯包覆的搅拌棒。

④ 空气采样器。

⑤ U 形多孔玻板吸收管 10mL。

⑥ 具塞比色管 10mL。

（4）采样 量取 10.00mL 吸收液于 U 形多孔玻板吸收管中，调节采样器上的流量计的流量到 1.0L/min（用标准流量计校正），采样 60min。

（5）分析步骤

① 仪器和电极的准备 按测定仪器及电极使用说明书进行仪器调试和电极组装。

② 校准曲线的绘制 吸取 10.0mL 浓度分别为 0.1mg/L、1.0mg/L、10mg/L、100mg/L、1000mg/L 的氨标准溶液于 25mL 小烧杯中，浸入电极后加入 1.0mL 碱性缓冲液，在搅拌下，读取稳定的电位值 E（在 1min 内变化不超过 1mV 时，即可读数），在半对数坐标纸上绘制 E-$\log c$ 的校准曲线。

③ 样品测定 采样后，将吸收管中的吸收液倒入 10mL 容量瓶中，再以少量吸收液清洗吸收管，加入容量瓶，最后以吸收液定容至 10mL，将容量瓶中吸收液放入 25mL 小烧杯中，以下步骤与校准曲线绘制相同，由测得的电位值在校准曲线上查得气样吸收液中氨含量（mg/L），然后计算出大气中氨的浓度（mg/m^3）。

④ 全程序空白测定 用吸收液代替试样，按校准曲线步骤进行测定。

（6）计算

① 将采样体积换算成标准状况下的采样体积。

② 大气中氨的浓度以 mg/m^3 表示，可由下式计算：

$$氨(NH_3, mg/m^3) = \frac{(c-c_0) \times 10}{V_0} \tag{6-19}$$

式中 V_0——换算成标准状况下的采样体积，L；

c——样品溶液中氨浓度，mg/mL；

c_0——全程序空白溶液中氨浓度，mg/mL。

6.5.4 次氯酸钠-水杨酸分光光度法

（1）原理 氨被稀硫酸吸收液吸收后，生成硫酸铵。在亚硝基铁氰化钠存在下，氨离子、水杨酸和次氯酸钠反应生成蓝色化合物，根据颜色深浅，用分光光度计在 698nm 波长处进行测定。

测定范围：在吸收液为 10mL，采样体积为 10～20L 时，测定范围为 0.008～110mg/m³；对于高浓度样品，测定前必须进行稀释。

最低检出限：本方法检出限为 0.1μg/10mL，当样品吸收液总体积为 10mL，采样体积为 20L 时，最低检出浓度 0.007mg/m³。

（2）仪器

① 空气采样泵　流量范围为 1～10L/min。

② 大型气泡吸收管　10mL。

③ 具塞比色管　10mL。

④ 分光光度计。

⑤ 双球玻管　内装有玻璃棉。

（3）试剂

① 无氨水。

② 硫酸吸收液　硫酸溶液 $c\left(\frac{1}{2}H_2SO_4\right)=0.005mol/L$。

③ 水杨酸-酒石酸钾钠溶液　称取 10.0g 水杨酸置于 150mL 烧杯中，加适量水，再加入 5mol/L 氢氧化钠溶液 15mL，搅拌使之完全溶解。另称取 10.0g 酒石酸钾钠（$KNaC_4H_4O_6\cdot4H_2O$），溶解于水，加热煮沸以除去氨，冷却后，与上述溶液合并移入 200mL 容量瓶中，用水稀释到标线，摇匀。此溶液 pH 值为 6.0～6.5，贮于棕色瓶中，至少可以稳定 1 个月。

④ 亚硝基铁氰化钠溶液　称取 0.1g 亚硝基铁氰化钠 [$Na_2Fe(CN)_5\cdot NO\cdot2H_2O$]，置于 10mL 具塞比色管中，加水至标线，摇动使之溶解，临用现配。

⑤ 次氯酸钠溶液　市售商品试剂，可直接用碘量法测定其有效氯含量，用酸碱滴定法测定其游离碱量，方法如下。

有效氯的测定：吸取次氯酸钠 1.00mL，置于碘量瓶中，加水 50mL，碘化钾 2.0g，混匀。加 $c\left(\frac{1}{2}H_2SO_4\right)=6mol/L$ 硫酸溶液 5mL 盖好瓶塞，混匀，于暗处放置 5min 后，用 $c(Na_2S_2O_3)=0.1mol/L$ 硫代硫酸钠标准溶液滴定至浅黄色，加淀粉溶液 1mL，继续滴定至蓝色刚消失为终点。按下式计算有效氯：

$$有效氯（Cl）=\frac{c\times V\times35.45}{1000}\times100\%　　　　　（6-20）$$

式中　c——硫代硫酸钠溶液浓度，mol/L；

　　　V——滴定消耗硫代硫酸钠标准溶液体积，mL；

　35.45——与 1L 硫代硫酸钠标准溶液 $c(Na_2S_2O_3)=1.000mol/L$ 相当的、以克表示的氯的质量。

游离碱的测定：吸取次氯酸钠溶液 1.00mL，置于 150mL 锥形瓶中，加适量水，以酚酞为指示剂，用 $c(HCl)=0.1mol/L$ 盐酸标准溶液滴定至红色刚消失为终点。

取部分上述溶液，用氢氧化钠溶液稀释成为含有效氯浓度为 0.35%、游离碱浓度为 $c(NaOH)=0.75mol/L$（以 NaOH 计）的次氯酸钠溶液，贮于棕色滴瓶中，可稳定一周。

无商品次氯酸钠溶液时，也可自行制备。方法为：将盐酸逐滴作用于高锰酸钾，用 $c(NaOH)=2mol/L$ 氢氧化钠溶液吸收逸出的氯气，即可得到次氯酸钠溶液。其有效氯含量标定方法同上所述。

⑥ 氯化铵标准贮备液　称取 0.7855g 氯化铵，溶解于水，移入 250mL 容量瓶中，用水稀释至标线，此溶液每毫升含 1000μg 氨。

⑦ 氯化铵标准溶液　临用时，吸取氯化铵标准贮备液 5.0mL 于 500mL 容量瓶中，用水稀释至标线，此溶液每毫升相当于含 10.0μg 氨。

（4）采样及样品保存

① 采样　采样系统由内装玻璃棉的双球玻管、吸收管、流量测量计和抽气泵组成，吸

收瓶中装有 10mL 吸收液，以 1～5L/min 的流量采气 1～4min。采样时应注意在恶臭源下风向，捕集恶臭感觉最强烈时的样品。

② 样品保存　应尽快分析，以防止吸收空气中的氨。若不能立即分析，需转移到具塞比色管中封好，在 2～5℃ 下存放，可存放一周。

(5) 分析步骤

① 绘制标准曲线　取 7 支具塞 10mL 比色管按表 6-6 制备标准色列。

表 6-6　氯化铵标准色列

管　号	0	1	2	3	4	5	6
氯化铵标准溶液/mL	0	0.20	0.40	0.60	0.80	1.00	1.20
氨含量/μg	0	2.0	4.0	6.0	8.0	10.0	12.0

向各管中加入 1.00mL 水杨酸-酒石酸钾钠溶液，2 滴亚硝基铁氰化钠溶液，用水稀释至 9mL 左右，加入 2 滴次氯酸钠溶液，用水稀释至标线，摇匀，放置 1h。用 1cm 比色皿于波长 697nm 处，以水为参比，测定吸光度。以扣除试剂空白（零浓度）的校正吸光度为纵坐标，氨含量为横坐标，绘标准曲线。

② 样品测定　取一定体积（视样品浓度而定）的样品溶液，并用吸收液定容到 10mL 具塞比色管中，按制作标准曲线的步骤进行显色，测定吸光度。

③ 空白试验　用吸收液代替试样溶液，按上述样品测定法进行测定。

(6) 结果的计算

① 将采样体积换算成标准状况下采样体积。

② 采样环境中的氨浓度 c(mg/m^3) 用下式进行计算：

$$c = \frac{w \times V_t}{V_0 \times V_n}$$

(6-21)

式中　w——测定时所取样品溶液中的氨含量，μg；

　　　V_0——标准状况下的采气体积，L；

　　　V_t——样品溶液总体积，mL；

　　　V_n——测定时所取样品溶液的体积，mL。

6.6　臭氧（O_3）的测定

室内臭氧主要来自室外的光化学烟雾，此外室内的电视机、复印机、激光印刷机、负离子发生器、紫外灯、电子消毒柜等家用电器，在使用过程中也可能产生臭氧。

臭氧的测定方法很多，近年主要采用靛蓝二磺酸钠化学比色法、紫外光度法和化学发光法。靛蓝二磺酸钠比色法已被推荐为我国公共场所公共卫生检验标准方法（GB/T 18204.27—2000）。化学发光法具有灵敏度高，反应速度快，特异性好等特点，很多国家和世界卫生组织的全球监测系统把化学发光法作为测定大气中臭氧的标准方法。紫外光度法是测定臭氧浓度准确的方法，并为国际标准化组织所推荐（ISO 10313）。美国环境保护局规定用紫外光度法标定的臭氧浓度为臭氧标准气体的一级标准。我国国家环保总局将紫外光度法作为测定环境空气中臭氧浓度的标准方法（GB/T 15438—95）。

我国室内空气质量标准中规定室内空气臭氧限值为 1 小时 0.16mg/m^3。推荐的测定方法也是以上三种方法。

6.6.1　紫外光度法

(1) 原理　当空气样品以恒定的流速进入仪器的气路系统，样品空气交替地或直接进入吸收池或经过臭氧涤去器再进入吸收池，臭氧对 254nm 波长的紫外光有特征吸收，零空气样品通过吸收池时被光检测器检测的光强度为 I_0，臭氧样品通过吸收池时被光检测器检测的光强度为 I，I/I_0 为透光率。每经过一个循环周期，仪器的微处理系统根据朗伯-比耳定律求出臭氧的含量。

这些量之间的关系由下式表示：

$$\frac{I}{I_0} = e^{-acl} \tag{6-22}$$

式中　I——臭氧样品通过吸收池时，被光检测器检测的光强度；

$\quad\ I_0$——零空气样品通过吸收池时，被光检测器检测的光强度；

$\quad\ a$——臭氧对 254nm 波长光的吸收系数；

$\quad\ c$——臭氧浓度，mg/m^3；

$\quad\ l$——光路长度，m。

臭氧的测定范围为 $2.14\mu g/m^3 \sim 2mg/m^3$。

（2）试剂和材料

a. 采样管线　采用玻璃、聚四氟乙烯等不与臭氧起化学反应的惰性材料。

b. 颗粒物滤膜　滤膜及其支撑物应由聚四氟乙烯等不与臭氧起化学反应的惰性材料制成。应能脱除可改变分析器性能、影响臭氧测定的所有颗粒物。注意：

① 滤膜孔径为 $5\mu m$；

② 通常，新滤膜需要在工作环境中适应 $5\sim15min$ 后再使用。

c. 零空气　不含能使臭氧分析仪产生可检测响应的空气，也不含与臭氧发生反应的一氧化碳、乙烯等物质。来源不同的零空气可能含有不同的残余物质，因此，在测定 I_0 时，向光度计提供零空气的气源与发生臭氧所用的气源相同。

（3）仪器

a. 紫外臭氧分析仪。

b. 校准用主要设备　其校准用主要设备如图 6-1 所示。

① 一级紫外臭氧校准仪　一级紫外臭氧校准仪仅用于一级校准用。只能通入清洁、干燥、过滤过的气体，而不可以直接采集环境大气。只能放在干净的专用的试验室内，必须固定避免震动。可将紫外臭氧校准仪通过传递标准作为现场校准的共同标准。

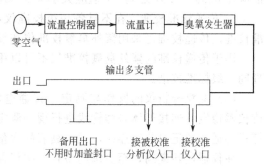

图 6-1　臭氧校准系统示意

一级紫外臭氧校准仪其吸收池要能通过 254nm 波长的紫外光，通过吸收池的 254nm 波长的紫外光至少要有 99.5% 被检测器所检测。吸收池的长度，不应大于已知长度的 $\pm0.5\%$，臭氧在气路中的损失不能大于 5%。

② 臭氧发生器　能在仪器的量程范围内发生稳定含量的臭氧。在整个校准周期内臭氧的流量要保持均匀。

③ 输出多支管　输出多支管应用不与臭氧起化学反应的惰性的材料，如玻璃、聚四氟乙烯塑料等。直径要保证与仪器连接处及其他输出口相配。系统必须有排出口，以保证多支管内压力为大气压，防止环境空气倒流。

（4）紫外臭氧分析仪的校准

a. 一级标准校准

① 原理　用臭氧发生器制备不同含量的臭氧,将一级紫外臭氧校准仪和臭氧分析仪连接在输出多支管上同时进行测定。将臭氧分析仪测定的臭氧含量值对一级紫外臭氧校准仪的测定值作图,即得出臭氧分析仪的校准曲线。

② 臭氧分析仪的校准步骤

ⅰ. 按图 6-1 连接臭氧分析仪的校准系统,通电使整个校准系统预热和稳定 48h。

ⅱ. 零点校准,调节零空气的流量,使零空气流量必须超过接在输出多支管上的校准仪与分析仪的总需要量,以保证无环境大气抽入多支管的排出口,让分析仪和校准仪同时采集零空气直至获得稳定的响应值(零空气需稳定输出 15min)。然后调节校准仪的零点电位器至零,同时调节分析仪的零点电位器(把分析仪的零点调至记录纸量程标度 5% 的位置上,以便于观察零点的负飘移)。分别记录臭氧校准仪和臭氧分析仪对零空气的稳定响应值。

ⅲ. 调节臭氧发生器,发生臭氧分析仪满量程 80% 的臭氧含量。

ⅳ. 跨度调节。让分析仪和校准仪同时采集臭氧,直至获得稳定的响应值(臭氧需稳定输出 15min)。调节分析仪的跨度电位器,使之与校准仪的浓度指示值一致。分别记录臭氧校准仪与臭氧分析仪臭氧标气的稳定响应值。如果满量程跨度调节做了大幅度的调节,则应重复步骤 ⅲ～ⅳ 再检验零点和跨度。

ⅴ. 多点校准　调节臭氧发生器,在臭氧分析仪满量程标度范围内至少发生 5 个臭氧含量,对每个发生的臭氧含量分别测定其稳定的输出值,并分别记录臭氧校准仪与臭氧分析仪对每个含量的稳定响应值。

ⅵ. 绘制标准曲线　以臭氧分析仪的响应值(mg/m^3)为 y 轴,以臭氧含量(臭氧校准仪的响应值)为 x 轴作校准曲线。所得的校准曲线应符合下式的线性方程:

$$O_3(mg/m^3) = b \times [臭氧分析仪的响应值] + a \qquad (6-23)$$

ⅶ. 用最小二乘法公式计算校准曲线的 b、a 和 r 值。a 值应小于满量程含量值的 1%,b 值应在 0.99～1.01 之间,r 值应大于 0.9999。

b. 传递标准校准　在不具备一级校准仪和不方便使用一级标准的情况下,可用传递标准校准。传递校准可采用紫外臭氧校准仪和靛蓝二磺酸钠分光光度法。

用于传递校准的紫外臭氧校准仪不可以用于环境测定,只能用于校准。传递标准校准原理同一级标准校准。

(5) 臭氧分析仪的操作与测定　接通电源。打开仪器主电源开关,仪器至少预热 1h。待仪器稳定后连接气体采样管线进行现场测定。可将臭氧分析仪与记录仪、数据记录器和计算机等适当的记录装置连接,记录臭氧的含量。

在仪器运转期间,至少每周检查一次仪器的零点、跨度和各项操作参数。每季度进行一次多点校正。

(6) 结果的表示　臭氧含量的计算,报告结果时使用 mg/m^3。仪器参数以 ppm 计时换算成 mg/m^3。臭氧 ppm 与 mg/m^3 的换算关系如下:

在 0℃,101.3kPa 条件下,1ppm 为 2.141mg/m^3;

在 25℃,101.3kPa 条件下,1ppm 为 1.962mg/m^3。

6.6.2　靛蓝二磺酸钠分光光度法

(1) 原理　空气中的臭氧在磷酸盐缓冲溶液存在下,与吸收液中蓝色的靛蓝二磺酸钠等摩尔反应,褪色生成靛红二磺酸钠。在 610nm 处测定吸光度,根据颜色减弱的程度定量测定空气中臭氧的浓度。

测定范围：采样体积为 5～30L 时，测定浓度范围为 0.030～1.200mg/m³。

检出限：当采样体积为 30L 时，最低检出浓度为 0.01mg/m³。

（2）仪器

① 多孔玻板吸收管　内装 10mL 吸收液，在流量 0.5L/min 时，玻板阻力应为 4～5kPa，气泡分散均匀。

② 空气采样器　流量范围 0～1.0L/min，流量稳定。使用时，用皂膜流量计校准采样系统在采样前和采样后的流量，误差应小于 5%。

③ 具塞比色管　10mL。

④ 恒温水浴。

⑤ 水银温度计　精度为 ±0.5℃。

⑥ 分光光度计　用 10mm 比色皿，在波长 610nm 处测吸光度。

⑦ 双球玻璃管　长 10cm，两端内径为 6mm，双球直径为 15mm。

（3）试剂　本法中所用试剂除特别说明外均为分析纯，实验用水为重蒸水。重蒸水的制备方法：在第一次蒸馏水中加高锰酸钾至淡红色，再用氢氧化钡碱化后，进行重蒸馏。

① 吸收液为靛蓝二磺酸钠溶液，量取 25mL 靛蓝二磺酸钠贮备液，用磷酸盐缓冲液稀释至 1L 棕色容量瓶中，冰箱内贮放可使用 1 个月。

② 淀粉指示剂（2.0g/L）临用现配。

③ 硫代硫酸钠标准溶液 $c(Na_2S_2O_3)=0.1000mol/L$。

④ 溴酸钾标准贮备液 $c\left(\frac{1}{6}KBrO_3\right)=0.1000mol/L$，准确称取 1.3918g（优级纯，经 180℃烘 2h）溶于水，稀释至 500mL。

⑤ 溴酸钾-溴化钾标准溶液 $c\left(\frac{1}{6}KBrO_3\right)=0.0100mol/L$，吸取 10.00mL 浓度为 0.1000mol/L 的溴酸钾标准贮备液于 100mL 容量瓶中，加 1.0g 溴化钾，用水稀释至刻度。

⑥ 硫酸溶液（1+6）。

⑦ 磷酸盐缓冲溶液（pH 值为 6.8）　称 6.80g 磷酸二氢钾（KH_2PO_4）、7.10g 无水磷酸氢二钠（Na_2HPO_4）溶于水，稀释至 1L。

⑧ 靛蓝二磺酸钠（简称 IDS）。

⑨ 靛蓝二磺酸钠贮备液　称取 0.25g IDS 溶于水，稀释在 500mL 棕色容量瓶内，在室温暗处存放 24h 后标定。标定后的溶液在冰箱内可稳定 1 个月。

标定方法　准确吸取 20.00mL IDS 贮备液于 250mL 碘量瓶中，加入 20.00mL 溴化钾-溴酸钾溶液，再加入 50mL 水。在（19.0±0.5）℃水浴中放置至溶液温度与水浴温度平衡时，加入 5.0mL 硫酸溶液，立即盖塞混匀并开始计时，水浴中暗处放置 30min。加入 1.0g 碘化钾，立即盖塞轻轻摇匀至溶解，暗处放置 5min，用硫代硫酸钠溶液滴定至棕色刚好褪去呈淡黄色，加入 5mL 淀粉指示剂，继续滴定至蓝色消退，终点为亮黄色。平行滴定所消耗硫代硫酸钠标准溶液体积不应大于 0.05mL。臭氧的质量浓度 c 由下式表示：

$$c=\frac{(M_1V_1-M_2V_2)\times 48.00}{V_s\times 4}\times 1000 \tag{6-24}$$

式中　c——臭氧的质量浓度，$\mu g/mL$；

M_1——溴酸钾-溴化钾标准溶液的浓度，mol/L；

V_1——加入溴酸钾-溴化钾标准溶液的体积，mL；

M_2——滴定时所用硫代硫酸钠标准溶液的浓度，mol/L；

V_2——滴定时所用硫代硫酸钠标准溶液的体积，mL；

48.00——臭氧的摩尔质量，g/mol；

4——化学计量因数，Br_2/IDS；

V_s——IDS 贮备液吸取量，mL。

⑩ 靛蓝二磺酸钠标准使用液，将标定后的标准贮备液用磷酸盐缓冲液逐级稀释成 1.000mL 含 1.00μg 臭氧的 IDS 溶液，置冰箱可保存两周。

（4）采样

① 样品的采集　用内装 10.00mL IDS 的多孔玻板吸收管，配有黑色避光套，以 0.5L/min 流量采气 5～30L。

② 零空气样品的采集　采样的同时，用与采样所用吸收液同一批配制的 IDS 吸收液在吸收管入口端串接一支活性炭吸附管，按样品采集方法采集零空气样品。

③ 注意事项　当吸收管中的吸收液褪色约 50％时，应立即停止采样。当确信空气中臭氧浓度较低，不会穿透时，可用棕色吸收管采样。

④ 每批样品至少采集两个零空气样品。

⑤ 样品的采集、存放过程应避光，样品在室温暗处可稳定 3d。

（5）分析步骤

a. 绘制标准曲线

① 取 10mL，具塞比色管 6 支，按表 6-7 制备标准色列管。

表 6-7　IDS 标准色列

管　号	0	1	2	3	4	5
IDS 标准溶液/mL	10.00	8.00	6.00	4.00	2.00	0
磷酸盐缓冲溶液/mL	0	2.00	4.00	6.00	8.00	10.00
臭氧含量/(μg/mL)	0	0.2	0.4	0.6	0.8	1.0

② 各管摇匀，用 10mm 比色皿，以水作参比，在波长 610mm 下测定吸光度。以标准系列中零浓度与各标准管吸光度之差为纵坐标，臭氧含量（μg）为横坐标，绘制标准曲线，并计算回归线的斜率和截距。以斜率的倒数作为样品测定的计算因子 B_s（μg/mL）。

b. 样品测定　在吸收管的入口端串接一个玻璃尖嘴，用吸耳球将吸收管中的溶液挤入到一个 25mL 或 50mL 棕色容量瓶中。第一次尽量挤净，然后每次用少量磷酸盐缓冲溶液反复多次洗涤吸收管，洗涤液一并挤入容量瓶中，再滴加少量水至标线，按绘制标准曲线步骤测量样品吸光度。

c. 零空气样品的测定　用与样品溶液同一批配制的 IDS 吸收液，按样品的测定步骤测定零空气样品的吸光度。

（6）结果计算

$$臭氧(O_3, mg/m^3) = \frac{(A_0 - A - a)VB_s}{V_0} \qquad (6\text{-}25)$$

式中　B_s——用标准溶液绘制标准曲线得到的计算因子，μg/mL；

V_0——换算成标准状况下的采样体积，L；

A——样品的吸光度；

A_0——零空气样品的吸光度；

V——样品溶液的总体积，mL；

a——标准曲线的截距。

所得结果表示至小数点后三位。

习题与思考题

1. 说明 SO_2 的测定原理和测定过程。
2. 测定 SO_2 的空气样品采集过程中要注意哪些事项？
3. 改进的 Saltaman 法测定 NO_2 的原理是什么？
4. 说明靛酚蓝分光光度法和纳氏试剂分光光度法测定氨的原理与异同。
5. 简要说明紫外光度法臭氧分析仪校准系统结构和校准步骤。

7

室内空气中可吸入颗粒物、菌落总数、氡的检测

本章摘要

　　本章重点介绍了室内空气中可吸入颗粒物的测定采用撞击式采样—重量法的方法；室内空气中菌落总数的测定采用撞击式法；空气中氡浓度的测定用闪烁瓶测定方法；环境空气中氡浓度的测定用径迹蚀刻法、活性炭盒法等。重点掌握和熟悉室内空气中可吸入颗粒物的撞击式采样—重量法的测定方法；室内空气中菌落总数的撞击式法的测定方法；空气中氡浓度的闪烁瓶法的分析测定原理与方法。了解所介绍的各种测定方法所使用的仪器、设备和操作步骤。

7.1　可吸入颗粒物（PM$_{10}$）的测定方法

　　可吸入颗粒物（inhaleble particles，IP）是指通过鼻和嘴进入人体呼吸道的悬浮颗粒物（SPM）的总称。它没有 D_{50} 和确定的粒径范围，而与头部空气流动和方向有关，也与人的呼吸速度（次/s）和呼吸容量（mL/次）有关。本节所介绍的可吸入颗粒物是指透过人的咽喉部进入气管、支气管区的肺泡的那一部分可吸入颗粒物。这一部分可吸入颗粒物称为胸腔颗粒物（thoracic particles，TP）。由于 TP 是有 $D_{50}=10\mu m$ 和上截止点 $30\mu m$ 确定的粒径范围，所以 TP 又用 PM$_{10}$ 符号表示。PM$_{10}$ 对人体健康关系较大，是室内外环境空气质量的重要监测指标。

　　测定 PM$_{10}$ 的方法是用具有入口切割粒径 $D_{50}=(10\pm1)\mu m$、$\delta_g=1.5\pm0.1$ 的空气采样器采样和重量法测定。切割器常用冲击式或旋风式两种，前者可安在大、中、小流量采样器上，而后者主要是用于小流量个体采样器上，其中两段分离冲击式小流量采样器已被列为居住区大气和室内空气可吸入颗粒物（PM$_{10}$）卫生检验标准方法（GB 11667—1989 和 GB/T 17095—1997）。

　　《室内空气质量》标准中规定，室内空气中可吸入颗粒物日平均浓度的限值为 0.15mg/m³。本节介绍撞击式采样—重量法。

7.1.1　原理

　　利用两段可吸入颗粒物采样器，以 13L/min 的流量分别将粒径≥10μm 的颗粒采集在冲击板的玻璃纤维纸上，粒径≤10μm 的颗粒采集在预先恒重的玻璃纤维滤纸上，取下再称其质量，根据采样标准体积和粒径 10μm 颗粒物的量，测得出可吸入颗粒物的浓度。

　　测定范围：0.05～0.75mg/m³。

7.1.2　仪器和设备

　　（1）可吸入颗粒物采样器　　$D_{50}\leqslant(10\pm1)\mu m$，几何标准差 $\delta_g=1.5\pm0.1$。仪器由分级

采样器、采样时间控制器、恒流抽气泵和采样支架等部件配套组成。

（2）分析天平　感量 0.1mg 或 0.01mg。

（3）皂膜流量计

（4）秒表

（5）镊子

（6）干燥器　底部放变色硅胶。

7.1.3　试剂和材料

玻璃纤维纸或合成纤维滤膜：直径 50mm；外周直径 53mm，内周直径 40mm 两种。在干燥器中平衡 24h，称量到恒重（w_1）。

7.1.4　流量计校准

采样器在规定流量下，流量应稳定。使用时，用皂膜流量计校准采样系列在采样前和采样后的流量，流量误差应小于 5%。

用皂膜流量计校准采样器的流量计，按图(7-1)将流量计、皂膜计及抽气泵连接进行校准，记录皂膜计两刻度线间的体积（mL）及通过的时间，体积按下式换算成标准状况下的体积（V_s），以流量计的格数对流量作图。

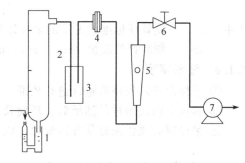

图 7-1　流量计的校准连接示意图
1—肥皂液；2—皂膜计；3—安全瓶；4—滤膜夹；5—转子流量计；6—针形阀；7—抽气泵

$$V_s = V_m(p_b - p_v)T_s/p_s T_m \qquad (7\text{-}1)$$

式中　V_m——皂膜两刻度线间的体积，mL；

p_b——大气压，kPa；

p_v——皂膜计内水蒸气压，kPa；

p_s——标准状况下压力，kPa；

T_s——标准状况下温度，℃；

T_m——皂膜计温度，K（273＋室温）。

7.1.5　采样

将校准过流量的采样器入口取下，旋开采样头，将已恒重过的 ϕ50mm 的滤纸安放于冲击环下，同时于冲击环上放置环形滤纸，再将采样头旋紧，装上采样头入口，放于室内有代表性的位置，打开开关旋钮计时，将流量调至 13L/min，采样 24h，记录室内温度、压力及采样时间，注意随时调节流量，使保持 13L/min。

采样后，小心取下采样滤纸，尘面向里对折，放于清洁纸袋中，再放于样品盒内保存待用。

7.1.6　分析步骤

将采过样的滤纸，置于干燥器中平衡 24h，称量至质量恒重（w_2）。采样前后滤纸称重结果之差，即为可吸入颗粒物的质量 w(mg)，称量后将样品滤纸放进铝箔袋中，低温保存，做颗粒物成分分析用。

7.1.7　计算

（1）将采样体积换算成标准状况下的采样体积。

$$V_0 = V\frac{T_0}{T} \times \frac{p}{p_0} \qquad (7\text{-}2)$$

式中　V_0——换算成标准状况下的采样体积，L；

      V——采样体积 $V=$ 流量（13L/min）×时间（min），L；

      T_0——标准状况的热力学温度，273K；

      T——采样时采样点现场的温度（t）与标准状况的热力学温度之和，$(t+273)$ K；

      p_0——标准状况下的大气压力，101.3kPa；

      p——采样时采样点的大气压力，kPa。

（2）按下式计算出空气中可吸入颗粒物浓度（mg/m^3）。

$$c=w/V_0 \tag{7-3}$$

式中　V_0——换算成标准状况下的采样体积，L；

      w——颗粒物的质量（w_2-w_1），mg。

7.1.8　注意事项

① 采样前必须先将流量计进行校准。采样时准确保持 13L/min 流量。

② 称量空白及采样的滤纸时，环境及操作步骤必须相同。

③ 采样时必须将采样器部件旋紧，以免样品空气从旁侧进入采样器，造成错误的结果。

7.2　菌落总数的测定方法

微生物指标是评价室内空气质量的重要标准。空气中微生物质量的好坏往往以菌落总数指标来衡量。空气中细菌总数用 cfu/m^3 来计量，即每立方米空气落下的细菌数，通常用个数表示，称之为"菌落"（colong forming units，CFU），一般情况下空气中的菌落总数越高，存在致病性微生物（细菌、真菌、病毒）的可能性越高，可使人感染而致病。

很多因素影响室内空气中菌落数量，如房间大小、室内人员多少、通风换气情况、采光、室内温度、湿度、灰尘含量、周围环境等。因此，室内菌落总数值变化较大。

根据检测方法不同，对空气中菌落总数有两种表示方法。一种是按暴露于空气一定时间的标准平板上生长的菌落数来表示；另一种按每立方米空气中的菌落数表示。前者的采样方法为自然沉降法，后者通常采用撞击法。

自然沉降法是指采用直径 9cm 的营养琼脂平板在采样点暴露 5min，经 37℃、48h 培养后计数生长的细菌菌数的采样测定方法。由于自然沉降法受周围环境影响较大，所得数据不稳定。此外该方法只能采集到培养基上方有限范围内具有一定质量的带菌粒子，无法准确反映空气中细菌含量。为了对居室及办公场所空气中微生物质量作出准确测定和评价，宜采用撞击式空气微生物采样器采样，求出单位体积空气中细菌菌落总数。

《室内空气质量》标准中规定，室内空气中细菌总数的限值为 2500 cfu/m^3，采样方法为撞击法。

7.2.1　原理

撞击法（impacting method）是采用撞击式空气微生物采样器采样，通过抽气动力作用，使空气通过狭缝或小孔而产生高速气流，使悬浮在空气中的带菌粒子撞击到营养琼脂平板上，经 37℃、48h 培养后，计算出每立方米空气中所含的细菌菌落数的采样测定方法。

7.2.2　仪器和设备

（1）高压蒸汽灭菌器

（2）干热灭菌器

（3）恒温培养箱

（4）冰箱

（5）平皿

（6）制备培养基用一般设备。三角烧瓶、量筒、pH计或精密pH试纸等。

（7）撞击式空气微生物采样器。基本要求为：

a. 对空气细菌捕获率达95%；

b. 要求操作简单，携带方便，性能稳定，便于消毒。

7.2.3 营养琼脂培养基

（1）**成分** 蛋白胨20g、牛肉浸膏3g、氯化钠5g、琼脂15～20g、蒸馏水1000mL。

（2）**制法** 将上述各成分混合，加热溶解，校正pH值至7.4，过滤分装，121℃、20min高压灭菌。营养琼脂平板的制备参看采样器使用说明。

7.2.4 操作步骤

（1）选择有代表性的房间和位置设置采样点，将采样器消毒，按仪器使用说明进行采样。一般情况下采样量为30～150L，应根据所用仪器性能和室内空气微生物污染程度，酌情增加或减少空气采样量。

（2）样品采集后，将带菌营养琼脂平板置（36±1）℃恒温箱中，培养48h，计算菌落数，并根据采样器的流量和采样时间，换算成每立方米空气中的菌落数。以cfu/m³报告结果。

7.2.5 结果计算

撞击法空气中的菌落数可按式（7-4）计算。

$$c=\frac{N}{qt} \tag{7-4}$$

式中　c——空气细菌菌落数，cfu/m³；

　　　N——平板上菌落数，cfu；

　　　q——采样流量，m³/min；

　　　t——采样时间，min。

7.3 氡的测量方法

建筑物主要以岩石土壤为原料制成的砖、水泥、石灰等建筑材料建造的，一般情况下室内空气中氡浓度高于室外，室内氡浓度高于室外原因之一是由于建筑材料中天然放射性核素发射的氡所致。门窗封闭，室内通风不良也使室内氡浓度增高，加之还有利用含天然放射性较高的废矿渣、煤渣、煤矸石作为建筑材料的，因此造成室内空气中氡浓度高于室外的情况更加突出。

要进行空气中氡浓度的测量，首先要了解室内氡的特性。氡不像其他化学气体，挥发一段时间后会明显降低。而是由于镭在长期衰变中，不断地向空气中释放氡，故任何地方的空气中都有氡的存在，只是浓度有差异。

国际上和我国已制定了一些室内氡和氡子体测量方法的标准或规范，对室内氡的测量具有指导意义。目前市场上各类氡的测量仪器很多，采用的技术也不相同。在选择测量方法时，应根据监测目的和要求与现场实际情况来决定。室内氡气的浓度很不稳定，受到时间、季节、通风、气象条件等因素的影响，具有低浓度、高差异、大波动的特点。如果测量方法选择不当或操作不当，得到的结果会与实际情况有很大出入。用这样的结果评价房屋中的氡水平会导致严重的偏离，甚至会造成不必要的损失。本节只介绍国家标准推荐的几种方法。

7.3.1 闪烁瓶测量方法

本方法依据GB/T 16146—1995《住房内氡浓度控制标准》。GBZ/T 155—2002《空气中氡浓度的闪烁瓶测定方法》。GB/T 16536—1996《地下建筑氡及其子体控制标准》。

本方法适用于室内外及地下场所等空气中氡浓度的测量。

7.3.1.1 术语

a. 放射性气溶胶（radioactive aerosol） 含有放射性核素的固态或液态微粒在空气或其他气体中形成的分散系。

b. 闪烁瓶（scintillation flask） 一种氡探测器和采样容器。由不锈钢、铜或有机玻璃等低本底材料制成。外形为圆柱形或钟形，内层涂以 ZnS（Ag）粉，上部有密封的通气阀门。

c. 瞬时采样（grab sampling） 在几秒到几十分钟短时间内，采集空气样品的技术。

d. 氡室（radon chamber） 一种用于刻度氡及其短寿命子体探测器的大型标准装置。由氡发生器、温湿度控制仪和氡及其子体监测仪等设备组成。

7.3.1.2 方法概要

按规定的程序将待测点的空气吸入已抽成真空态的闪烁瓶内。闪烁瓶密封避光 3h，待氡及其短寿命子体平衡后测量^{222}Rn、^{218}Po 和^{214}Po 衰变时放射出的 α 粒子。它们入射到闪烁瓶的 ZnS（Ag）涂层，使 ZnS（Ag）发光，经光电倍增和收集并转变成电脉冲，通过脉冲放大、甄别，被定标计数线路记录。在确定时间内，脉冲数与所收集空气中氡的浓度是函数相关的，根据刻度源测得的净计数率-氡浓度刻度曲线，可由所测脉冲计数率，得到待测空气中氡浓度。

7.3.1.3 测量装置

典型的测量装置是由探头、高压电源和电子学分析记录单元组成。

（1）探头 由闪烁瓶、光电倍增管和前置单元电路组成。

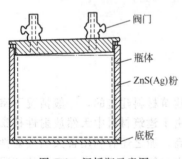

图 7-2 闪烁瓶示意图

a. 典型的闪烁瓶示意图如图 7-2 所示。

b. 必须选择低噪声、高放大倍数的光电倍增管，工作电压低于 1000V。

c. 前置单元电路应是深反馈放大器，输出脉冲幅度为 0.1～10V。

d. 探头外壳必须具有良好的光密性，材料用铜或铝制成，内表面应氧化涂黑处理，外壳尺寸应适合闪烁瓶的放置。

（2）高压电源 输出电压应在 0～3000V 范围连续可调，波纹电压不大于 0.1％，电流应不小于 100mA。

（3）记录和数据处理系统 可用定标器和打印机，也可用多道脉冲幅度分析器和 X-Y 绘图仪。

7.3.1.4 刻度

（1）刻度源 刻度源采用^{226}Ra 标准源（溶液或固体粉末）。

标准源必须经过法定计量部门或其认可的机构检定。标准源应有检验证书，应清楚标明参考日期和准确度。

（2）刻度装置 刻度装置除采用专门的氡室以外，还常用特定的玻璃刻度系统，简称刻度系统，见图 7-3。

a. 刻度系统应有良好的气密性。系统在 $1×10^3$Pa 的真空度下，经过 24h，真空度变化小于 $5×10^2$Pa。

b. 压力计的精度应优于 1%。

c. 流量计采用浮子流量计，精度应优于 3%，量程为 $0\sim2\times10^{-3}\,\mathrm{m^3/min}$。

d. 清洗和充气气体应为无氡气体（如氮气、氩气或放置 2 个月以上的压缩空气）。

e. 真空泵如采用机构真空泵，必须使刻度系统真空优于 $5\times10^2\,\mathrm{Pa}$。

（3）刻度曲线

a. 按规定程序清洗整个刻度系统。密封装有标准镭源溶液的扩散瓶两端，累积氡浓度达到刻度范围内所需刻度点的标准氡浓度值。刻度点要覆盖整个刻度范围，一个区间（量级宽）至少 3 个以上刻度点。

b. 必须先把处于真空状态的闪烁瓶与系统相连接。按规定顺序打开各阀门，用无氡气体把扩散瓶内累积的已知浓度氡气体赶入闪烁瓶内。在确定的测量条件下，避光 3h，进行计数测量。

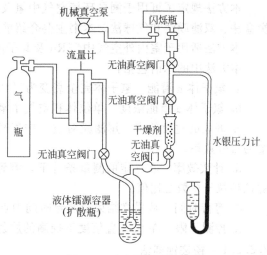

图 7-3 玻璃刻度系统示意

c. 由一组标准氡浓度值及其对应的计数值拟合得到刻度曲线即净计数率-氡浓度关系曲线。并导出其函数相关公式。

d. 各种不同类型的闪烁瓶和测量装置必须使用不同的刻度曲线。

7.3.1.5　测量步骤

（1）在确定的测量条件下，进行本底稳定性测定和本底测量。得出本底分布图和本底值。

（2）将抽成真空的闪烁瓶带至待测点，然后打开阀门（在高温、高尘环境下，须经预处理去湿、去尘），约 10s 后关闭阀门，带回测量室待测。记录取样点的位置、温度和气压等。

（3）将待测闪烁瓶避光保存 3h，在确定的测量条件下进行计数测量。由要求的测量精度选用测量时间。

（4）测量后，必须及时用无氡气体清洗闪烁瓶，保持本底状态。

7.3.1.6　测量结果

（1）典型装置刻度曲线在双对数坐标纸上是一条直线，公式为：

$$\lg Y = a\lg X + b \tag{7-5}$$

式中　Y——空气中氡的浓度，$\mathrm{Bq/m^3}$；

　　　X——测定的净计数率，cpm（计数/min）；

　　　a——刻度系数，取决于整个测量装置的性能；

　　　b——刻度系数，取决于整个测量装置的性能。

由上式可得

$$Y = e^b X^a \tag{7-6}$$

由净计数率，使用图表或公式可以得到相应样品空气中的氡浓度值。

（2）结果的误差主要是源误差、刻度误差、取样误差和测量误差。在测量室外空气中氡浓度时，计数统计误差是主要的。按确定的测量程序，报告要列出测量值和计数统计误差。

7.3.2　氡的标准测量方法

测量方法依据 GB/T 14582—93《环境空气中氡的标准测量方法》；GB/T 14146—1995《住房内氡浓度控制标准》；GB/T 16536—1996《地下建筑氡及其子体控制标准》。

本方法规定了可用于测量环境空气中氡及其子体的四种测定方法，即径迹蚀刻法、活性炭盒法、双滤膜法和气球法，本书主要介绍前三种方法。

本方法适用于室内外空气中^{222}Rn 及其子体 α 潜能浓度的测定。

本方法中的术语包括：

a. 氡子体 α 潜能　氡子体完全衰变为^{210}Pb 的过程中放出的 α 粒子能量的总和。

b. 氡子体 α 潜能浓度　单位体积空气中氡子体 α 潜能值。

c. 滤膜的过滤效率　用滤膜对空气中气载粒子取样时，滤膜对取样体积内气载粒子收集的百分数率。

d. 计数效率　在一定的测量条件下，测到的粒子数与在同一时间间隔内放射源发射出的该种粒子总数之比值。

e. 等待时间　从采样结束至测量时间中点之间的时间间隔。

f. 探测下限　在 95％置信度下探测的放射性物质的最小浓度。

7.3.2.1　径迹蚀刻法

(1) 方法提要　此法是被动式采样，能测量采样时间内氡的累积浓度，暴露 20d，其探测下限可达 2.1×10^3 Bq·h/m^3。探测器是聚碳酸酯片或 CR-39，置于一定形状的采样盒内，组成采样器，如图 7-4 所示。

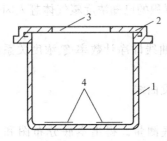

图 7-4　径迹蚀刻法采样器结构图
1—采样盒；2—压盖；
3—滤膜；4—探测器

氡及其子体发射的 α 粒子轰击探测器时，使其产生亚微观型损伤径迹。将此探测器在一定条件下进行化学或电化学蚀刻，扩大损伤径迹，以至能用显微镜或自动计数装置进行计数。单位面积上的径迹数与氡浓度和暴露时间的乘积成正比。用刻度系数可将径迹密度换算成氡浓度。

(2) 设备或材料

a. 探测器　聚碳酸酯膜、CR-39（简称片子）。

b. 采样盒　塑料制成，直径 60mm，高 30mm。

c. 蚀刻槽　塑料制成。

d. 音频高压振荡电源　频率 0～10kHz，电压 0～1.5kV。

e. 恒温器　0～100℃，误差±0.5℃。

f. 切片机。

g. 测厚仪　能测出微米级厚度。

h. 计时钟。

i. 注射器　10mL、30mL 两种。

j. 烧杯　50mL。

k. 化学试剂　分析纯氢氧化钾（含量不少于80％）、无水乙醇（C_2H_5OH）。

l. 平头镊子。

m. 滤膜。

(3) 聚碳酸酯片操作程序

a. 样品制备

① 切片。用切片机把聚碳酸酯膜切成一定形状的片子，一般为圆形，也可为方形。

② 测厚。用测厚仪测出每张片子的厚度，偏离标准称值10％的片子应淘汰。

③ 装样。用不干胶把 3 个片子固定在采样盒的底部，盒口用滤膜覆盖。

④ 密封。把装好采样器密封起来，隔绝外部空气。

b. 布放

① 在测量现场去掉密封包装。

② 将采样器布放在测量现场，其采样条件要符合要求。

③ 室内测量。采样器可悬挂起来，也可放在其他物体上，其开口面上方 20cm 内不得有其他物体。

c. 采样器的回收　采样终止时，取下采样器再密封起来，送回实验室。布放时间不少于 30d。

d. 记录　采样期间应记录。

e. 蚀刻

① 蚀刻液配制

氢氧化钾溶液配制：取分析纯氢氧化钾（含量不少于 80%）80g 溶于 250g 蒸馏水中，配成浓度为 16%（质量分数）的溶液。

化学蚀刻液：氢氧化钾溶液与 C_2H_5OH 体积比为 1∶2。

电化学蚀刻液：氢氧化钾溶液与 C_2H_5OH 体积比为 1∶0.36。

② 化学蚀刻

ⅰ. 抽取 10mL 化学蚀刻液加入烧杯中，取下探测器置于烧杯内，烧杯要编号。

ⅱ. 将烧杯放入恒温器内，在 60℃下放置 30min。

ⅲ. 化学蚀刻结束，用水清洗片子，晾干。

③ 电化学蚀刻

ⅰ. 测出化学蚀刻后的片子厚度，将厚度相近的分在一组。

ⅱ. 将片子固定在蚀刻槽中，每个槽注满电化学蚀刻液，插上电极。

ⅲ. 将蚀刻槽置于恒温器内，加上电压，以 20kV/cm 计（如片厚 200μm，则为 400V），频率 1kHz，在 60℃下放置 2h。

ⅳ. 2h 后取下片子，用清水洗净，晾干。

f. 计数和计算

① 计数　将处理好的片子用显微镜测读出单位面积上的径迹数。

② 计算　用下式计算氡浓度：

$$C_{Rn} = \frac{n_{Rn}}{T \cdot F_R} \tag{7-7}$$

式中　C_{Rn}——氡浓度，Bq/m^3；

$\quad\quad$ n_{Rn}——净径迹密度，$1/cm^2$；

$\quad\quad\quad$ T——暴露时间，h；

$\quad\quad$ F_R——刻度系数，$m^3/(Bq \cdot h \cdot cm^2)$。

（4）CR-39 片操作程序

a. 样品制备

① 切片　用切片机将 CR-39 片切成一定尺寸的圆形或方形片子。

② 装样　用不干胶把 3 个片子固定在采样盒的底部，盒口用滤膜覆盖。

③ 密封　把装好的采样器密封起来，隔绝外部空气。

b. 布放　同聚碳酸酯片操作。

c. 采样器的回收　同聚碳酸酯片操作。

d. 记录　同聚碳酸酯片操作。

e. 蚀刻

① 蚀刻液配制　用化学纯氢氧化钾配制成 $c(KOH)=6.5mol/L$ 的蚀刻液。

② 化学蚀刻

ⅰ. 抽取 20mL 蚀刻液加入烧杯中，取下片子置于烧杯内，烧杯要编号。

ⅱ. 将烧杯放入恒温器内，在 70℃下放置 10h。

ⅲ. 化学蚀刻结束，用水清洗片子，晾干。

f. 计数和计算　同聚碳酸酯片操作。

（5）质量保证

a. 刻度

① 把制备好的采样器置于氡室内，暴露一定时间，用规定的蚀刻程序处理探测器，用下式计算刻度系数 F_R。

$$F_R = \frac{n_{Rn}}{TC_{Rn}} \tag{7-8}$$

式中符号意义同式（7-7）。

② 刻度时应满足下列条件。

ⅰ. 氡室内氡及其子体浓度不随时间而变化。

ⅱ. 氡室内氡水平可为调查场所的 10～30 倍，且至少要做两个水平的刻度。

ⅲ. 每个浓度水平至少放置 4 个采样器。

ⅳ. 暴露时间要足够长，保证采样器内外氡浓度平衡。

ⅴ. 每一批探测器都必须刻度。

b. 采平行样　要在选定的场所内平行放置 2 个采样器，平行采样，数量不低于放置总数的 10%，对平行采样器进行同样的处理，分析。

由平行样得到的变异系数应小于 20%，若大于 20% 时，应找出处理程序中的差错。

c. 留空白样　在制备样品时，取出一部分探测器作为空白样品，其数量不低于使用总数的 5%。空白探测器除不暴露于采样点外，与现场探测器进行同样处理。空白样品的结果即为该探测器的本底值。

7.3.2.2　活性炭盒法

（1）方法提要　活性炭盒法也是被动式采样，能测量出采样期间内平均氡浓度，暴露3d，探测下限可达到 $6Bq/m^3$。

采样盒用塑料或金属制成，直径 6～10cm，高 3～5cm，内装 25～100g 活性炭。盒的敞开面用滤膜封住，固定活性炭且允许氡进入采样器，如图 7-5 所示。

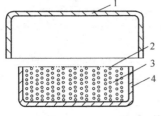

空气扩散进炭床内，其中的氡被活性炭吸附，同时衰变，新生的子体便沉积在活性炭内。用 γ 谱仪测量活性炭盒的氡子体特征 γ 射线峰（或峰群）强度。根据特征峰面积可计算出氡浓度。

图 7-5　活性炭盒结构

1—密封盖；2—滤膜；
3—活性炭；4—装炭盒

（2）设备或材料

a. 活性炭　椰壳炭 8～16 目。

b. 采样盒。

c. 烘箱。

d. 天平　感量 0.1mg，量程 200g。

e. γ 谱仪　NaI（T1）或半导体探头配多道脉冲分析器。

f. 滤膜。

（3）操作程序

a. 样品制备

① 将选定的活性炭放入烘箱内，在 120℃下烘烤 5～6h，存入磨口瓶中待用。

② 装样。称取一定量烘烤后的活性炭装入采样盒中，并盖以滤膜。

③ 再称量样品盒的总质量。

④ 把活性炭盒密封起来，隔绝外面空气。

b. 布放

① 在待测现场去掉密封包装，放置 3～7d。

② 将活性炭盒放置在采样点上，其采样条件要满足要求。

③ 活性炭盒放置在距地面 50cm 以上的桌子或架子上，敞开面朝上，其上面 20cm 内不得有其他物体。

c. 样品回收　采样终止时将活性炭盒再密封起来，迅速送回实验室。

d. 记录　采样期间应记录。

e. 测量与计算

① 测量

i. 采样停止 3h 后测量。

ii. 再称量，以计算水分吸收量。

iii. 将活性炭盒在 γ 谱仪上计数，测出氡子体特征 γ 射线峰（或峰群）面积。测量几何条件与刻度时要一致。

② 计算　用下式计算氡浓度：

$$C_{Rn} = \frac{an_t}{t_1^{-b} \cdot e^{-\lambda_{Rn}t_2}} \tag{7-9}$$

式中　C_{Rn}——氡浓度，Bq/m^3；

　　　　a——采样 1h 的响应系数，$Bq/(m^3 \cdot cpm)$；

　　　　n_t——特征峰（峰群）对应的净计数率，cpm（计数/min）；

　　　　t_1——采样时间，h；

　　　　b——累积指数，为 0.49；

　　　　λ_{Rn}——氡衰变常数，$7.55 \times 10^{-3}/h$；

　　　　t_2——采样时间中点至测量开始时刻之间的时间间隔，h。

（4）质量保证措施　用活性炭盒法测氡的质量保证措施见 7.3.2.1 条。要在不同的湿度下（至少三个湿度：30%、50%、80%）刻度其响应系数 α。

7.3.2.3　双滤膜法

（1）方法提要　此法是主动式采样，能测量采样瞬间的氡浓度，控测下限为 $3.3Bq/m^3$。

采样装置如图 7-6 所示。抽气泵开动后含氡空气经过滤膜进入衰变筒，被滤掉子体的纯氡在通过衰变筒的过程中又生成新子体，新子体的一部分为出口滤膜所收集。测量出口滤膜上的 α 放射性就可换算出氡浓度。

（2）设备或材料

a. 衰变筒　14.8L。

b. 流量计　量程为 80L/min 的转子流量计。

c. 抽气泵。

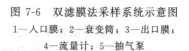

图 7-6　双滤膜法采样系统示意图

1—入口膜；2—衰变筒；3—出口膜；

4—流量计；5—抽气泵

d. α 测量仪 要对 RaA、RaC′的 α 粒子有相近的计数效率。

e. 子体过滤器。

f. 采样夹 能夹持 ϕ60 的滤膜。

g. 秒表。

h. 纤维滤膜。

i. α 参考源 ^{241}Am 或^{239}Pu。

j. 镊子。

（3）测量前的检查

a. 采样系统检查

① 抽气泵运转是否正常，能否达到规定的采样流速。

② 流量计工作是否正常。

③ 采样系统有无泄漏。

b. 计数设备检查

① 计数秒表工作是否正常。

②α 测量仪的计数效率和本底有无变化。

③ 检查测量仪稳定性，对 α 源进行每分钟一次的十次测量。对结果进行 χ^2 检验，若工作状态不正常，要查明原因，加以处理。

（4）布点

a. 室内测量 室内采样测量应满足下列要求；

① 布点原则与采样条件要满足要求。

② 进气口距地面约 1.5m，且与出口高度差要大于 50cm，并在不同方向上。

b. 室外测量 在室外采样测量应满足下列要求：

① 采样点要有明显的标志；

② 要远离公路，远离烟囱；

③ 地势开阔，周围 10m 内无树林和建筑物；

④ 若不能做 24h 连续测量，则应在上午 8～12 时采样测量，且连续 2d；

⑤ 在雨天，雨后 24h 内或大风过后 12h 内停止采样。

（5）记录 采样期间应记录。

（6）操作程序

a. 装好滤膜，按图 7-6 把采样设备连接起来。

b. 以流速 q(L/min) 采样 t min。

c. 在采样结束后 $T_1 \sim T_2$ 时间间隔内测量出口膜上的 α 放射性。

d. 用下式计算氡浓度：

$$C_{Rn} = K_t \cdot N_a = \frac{16.65 N_a}{V \cdot E \cdot \eta \cdot \beta \cdot Z \cdot F_f} \tag{7-10}$$

式中 C_{Rn}——氡浓度，Bq/m^3；

K_t——总刻度系数，Bq/m^3/计数；

N_a——$T_1 \sim T_2$ 间隔的净 α 计数，计数；

V——衰变筒容积，L；

E——计数效率，%；

η——滤膜过滤效率，%；

β——滤膜对 α 粒子的自吸收因子，%；

Z——与 t、$T_1 \sim T_2$ 有关的常数；

F_f——新生子体到达出口滤膜的份额，％。

（7）质量保证措施

a. 刻度　每年用标准氡室对测量装置刻度一次，得到总的刻度系数。

b. 平行测量　用另一种方法与本方法进行平行采样测量。用成对数据 t 检验方法来检验两种方法结果的差异，若 t 超过临界值，应查原因。平行采样数不低于样品数的 10％。

c. 操作注意事项

① 入口滤膜至少要 3 层，全部滤掉氡子体；

② 采样头尺寸要一致，保证滤膜表面与探测器之间的距离为 2mm 左右；

③ 严格控制操作时间，不得出任何差错，否则样品作废；

④ 若相对湿度低于 20％时，要进行湿度校正；

⑤ 采样条件要与流量计刻度条件相一致。

7.3.2.4　室内标准采样条件

（1）室内空气中氡测量的目的

a. 普查　调查一个地区或某类建筑物内空气中氡水平，发现异常值。

b. 追踪　追踪测量的目的是：

① 确定普查中的异常值；

② 估计居住者可能受到的最大照射；

③ 找出室内空气中氡的主要来源；

④ 为治理提供依据。

c. 剂量估算　测量结果用于居民个人和集体剂量估算，进行剂量评价。

（2）标准采样条件

a. 普查的采样条件

① 总的要求是：测量数据稳定，重复性好。

② 具体条件

ⅰ. 采样要在密闭条件下进行，外面的门窗必须关闭，正常出入时外面门打开的时间不能超过几分钟。这种条件正是北方冬季正常的居住条件，因此普查测量最好在冬季进行。

ⅱ. 采样期间内外空气调节系统（吊扇和窗户上的风扇）要停止运行。

ⅲ. 在南方或者北方夏季采样测量，也要保持密闭条件。可在早晨采样，要求居住者前一天晚上关闭门窗，直到采样结束再打开。

ⅳ. 若采样前 12h 或采样期间出现大风，则停止采样。

③ 选择采样点要求

ⅰ. 在近于地基土壤的居住房间（如底层）内采样。

ⅱ. 仪器布置在室内通风率最低的地方，如内室。

ⅲ. 不设在走廊、厨房、浴室、厕所内。

④ 采样时间　对于不同的方法、仪器所需要的采样时间列于表 7-1。

表 7-1　普查测量的采样时间

仪器（方法）	采 样 时 间	仪器（方法）	采 样 时 间
α 径迹探测器	在密闭条件下，放置 3 个月	连续使用水平监测仪	在密闭条件下，采样测量 24h
活性炭盒	在密闭条件下，放置 2～7d	连续氡监测仪	在密闭条件下，采样测量 24h
氡子体累积采样单元	在密闭条件下，连续采样 48h	瞬时法	在密闭条件下，上午 8～12 时采样测量，连续 2d

b. 追踪测量的采样条件

① 总的要求

ⅰ. 真实、准确。

ⅱ. 找出氡的主要来源。

② 具体条件同 a。

③ 选择采样点的要求

ⅰ. 重测普查中采样点;

ⅱ. 为找氡的主要来源,可在其他地方布点。

④ 采样时间　追踪测量中的采样时间见表 7-1。

c. 剂量估算测量的采样条件

① 总的要求

ⅰ. 良好的时间代表性。测量结果能代表一年中的平均值,并反映出不同季节氡及其子体浓度的变化。

ⅱ. 良好的空间代表性。测量结果能代表住房内的实际水平。

② 具体条件　采样条件即为正常的居住条件。

③ 采样点的选择　在室内布置采样点必须满足下列要求:

ⅰ. 在采样期间内采样器不被扰动;

ⅱ. 采样点不要设在由于加热、空调、火炉、门、窗等引起的空气变化较剧烈的地方;

ⅲ. 采样点不设在走廊、厨房、浴室、厕所内;

ⅳ. 采样点应设在卧室、客厅、书房内;

ⅴ. 若是楼房,首先在一层布点;

ⅵ. 被动式采样器要距房屋外墙 1m 以上,最好悬挂起来。

④ 采样时间　剂量估算测量的采样时间列于表 7-2。

表 7-2　剂量估算测量的采样时间

仪器(方法)	采 样 时 间
α 径迹探测器	正常居住条件下,放置 12 个月
活性炭盒	正常居住条件下,每季测 1 次,每次放置 2~7h
氡子体累积采样单元	正常居住条件下,每季测 1 次,每次采样 48h
连续使用水平监测仪	正常居住条件下,每季测 1 次,每次测 24h
连续氡监测仪	正常居住条件下,每季测 1 次,每次测 24h
瞬时法	正常居住条件下,每季测 1 次,每次测 2d

(3) 采样记录内容　在采样期间必须做好记录,其内容如下:

a. 村庄(街道)、房号、户主姓名;

b. 采样器的类型、编号;

c. 采样器在室内的位置;

d. 采样开始和终止日期、时间;

e. 是否符合标准采样条件;

f. 采样器是否完好,计算结果时要做何修正;

g. 采样温度、湿度、气压等气象参数;

h. 采样者姓名;

i. 其他有用资料,如房屋类型、建筑材料、采暖方式、居住者的吸烟习惯,室内电扇、空调器等运转情况。

7.3.2.5　检测结果的评价

（1）当前国际上和各国都直接采用氡浓度作为行动水平限值，"行动水平"的定义是：建议采取干预以降低住宅或工作场所中照射的氡浓度。不再分已有住宅和新建住房，也不再分地面建筑和地下建筑。我国居室内氡浓度较低，平均水平在 $30Bq/m^3$ 以下，考虑到还有一部分居室如窑洞或地下建筑，还有部分房屋采用了废矿渣或煤渣砖，使室内氡浓度较高。因此室内氡浓度的行动水平定义为 $400Bq/m^3$ 较为合适。

（2）氡浓度低于行动水平值易于给出结论，可以认为没有问题。当高于此值时，不应以少量检测数据就做出结论，应重复测量，以确认是否能代表年平均值。

（3）对确实超值的居室，应查找造成氡浓度高的原因。并采取简单易行的补救措施或称干预措施。

（4）最简单易行的办法是加强或改善室内通风；此外应检查地面和墙壁的缝隙，采取密封等补救措施；也可采用加厚对墙涂层的厚度或用防氡涂料涂墙等。这些应由放射卫生防护专家进行综合评价，切忌轻易做出不宜居住的结论，或做大拆改的意见。

习题与思考题

1. 何谓可吸入颗粒物？
2. 可吸入颗粒物样品的采集和测定要注意哪些事项？
3. 怎样对采样器的流量计进行校准？
4. 简述撞击法测定空气中菌落总数的方法？
5. 对撞击式空气微生物采样点有何基本要求？
6. 怎样制备培养基？培养基有何作用？
7. 氡的测定有哪些主要方法？
8. 闪烁瓶测氡是根据什么原理？

8

室内热湿环境

本章摘要

　　本章的任务就是介绍如何通过建筑设计上和室内装修上的措施，来有效地防护或利用室内外热作用，经济、合理地解决好房屋的保温、防热、防潮、日照等问题；如何配备适当的设备进行人工调节（如采暖设备、空调设备等）；如何创造和完善装配房屋的建筑构件（如采用具有各种物理特性的隔热材料、饰面材料和结构材料等），以创造良好的室内热湿环境并且确保围护结构的耐久性。

　　我国各地区的气候条件差异很大，这个差异在很大程度上影响着各地区建筑物的形式、风格和特点。

　　尽管如此，任何地区的建筑物都要常年经受室内外各种气候因素的作用，属于室外的气候因素有太阳热辐射、空气温度、湿度以及风、雨、雪等，统称为"室外热作用"；而属于室内的有空气的温度、湿度、生产和生活散发的热量与水分等，统称为"室内热作用"。这些室内外的热作用是影响建筑物使用的重要因素，它直接影响着建筑物室内的小气候（即室内空气的冷与热、干燥与潮湿等），同时也在一定程度上影响着建筑物的耐久性。

8.1　基本概念

8.1.1　室内热湿环境参数

8.1.1.1　温度

　　温度是表征物体或系统冷热程度的物理量。从微观上讲是物质分子运动平均动能大小的标志，它反映物质内部分子无规则运动的剧烈程度。

　　温标是用来衡量温度高低的标准尺度。它规定温度的读数起点和测量单位。各种测温仪表的刻度数值由温标确定。国际上常用温标有摄氏温标、华氏温标、国际实用温标等。国际实用温标是国际单位制中七个基本单位之一。

　　(1) 摄氏温标　摄氏温标是把标准大气压下水的冰点定为 0 摄氏度，把水的沸点定为 100 摄氏度的一种温标。把 0 摄氏度到 100 摄氏度之间分成 100 等分，每一等分为一摄氏度。常用代号 t 表示，单位符号为℃。

　　(2) 华氏温标　华氏温标规定标准大气压下纯水的冰点温度为 32 度，沸点温度为 212 度，中间划分 180 等分，每一等分称为华氏一度。常用代号 F 表示，单位符号为℉。摄氏度与华氏度的换算关系为

$$t = \frac{5}{9}(F - 32)$$

(8-1)

摄氏温标、华氏温标都是用水银作为温度计的测温介质，是依据液体受热膨胀的原理来建立温标和制造温度计的。由于不同物质的性质不同，它们受热膨胀的情况也不同，测得的温度数值就会不同，温标难以统一。

（3）热力学温标　热力学温标规定物质分子运动停止时的温度为绝对零度，是仅与热量有关而与测温物质无关的温标。因是开尔文总结出来的，故又称为开尔文温标，用单位符号 K 表示。由于热力学中的卡诺热机是一种理想的机器，实际上能够实现卡诺循环的可逆热机是没有的。所以说，热力学温标是一种理想温标，是不可能实现的。

（4）国际实用温标　为了解决国际上温度标准的统一问题及实用方便，国际上协商决定，建立一种既能体现热力学温度，又使用方便、容易实现的温标，这就是国际实用温标，又称国际温标，用代号 T 表示，单位符号为 K。国际实用温标规定水三相点热力学温度为 273.16K，1K 定义为水三相点热力学温度的 1/273.16。水的三相点是指纯水在固态、液态及气态三相平衡时的温度。现行国际实用温标是国际计量委员会（ITS）1990 年通过的，简称 ITS—1990。摄氏温度与国际实用温度的换算关系为

$$T = t + 273.15 \tag{8-2}$$

这里摄氏温度的分度值与开氏温度分度值相同，即温度间隔 1K 等于 1℃，在标准大气压下冰的融化温度为 273.15K。即水的三相点的温度比冰点高出 0.01℃，由于水的三相点温度易于复现，复现精度高，而且保存方便，是冰点不能比拟的，所以国际实用温标规定，建立温标的唯一基准点选用水的三相点。

8.1.1.2　湿度

湿度是表示空气干湿程度的物理量，是表示空气中水蒸气含量多少的尺度。如果生产和生活环境中的空气湿度过高或过低，就会使人体感到不适，以致影响身体健康，甚至会影响工业生产的正常进行。为了很好地控制空气的湿度，以满足生产和生活上的要求，应当对空气的湿度进行测量，并通过空气调节装置对房间的空气进行有效控制。因此，在室内环境中，对空气湿度的检测是必不可少的，它和温度等参数一样都是衡量空气状态及质量的重要指标。

常用表示空气湿度的方法有：绝对湿度、相对湿度和含湿量三种。

（1）绝对湿度　绝对湿度定义为每立方米湿空气（或其他气体），在标准状态下（0℃，101.325kPa）所含水蒸气的质量，即湿空气中水蒸气的密度，以字符 ρ 表示，单位为 g/m³。根据气体状态方程式 $p_n V_n = R_n T$ 可得

$$\rho = \frac{p_n}{R_n T} = \frac{p_n}{416 T} \times 1000 = 2.169 \frac{p_n}{T} = 2.169 \frac{p_n}{273.15 + t_w} \tag{8-3}$$

式中　p_n——空气中水蒸气的分压力，Pa；

　　　T——空气的干球绝对温度，K；

　　　t_w——空气的干球摄氏温度，℃；

　　　R_n——水蒸气的气体常数，$R_n = 461$（J/kg·K）。

（2）相对湿度　空气相对湿度是指空气中水蒸气的分压力 p_n 与同温度下饱和水蒸气压力 p_b 之比，用符号 ϕ 表示。

$$\phi = \frac{p_n}{p_b} \times 100\% \tag{8-4}$$

式中　p_b——在相同温度下饱和水蒸气的压力，Pa。

通过对某一温度下的水蒸气分压力及相同温度下饱和水蒸气压力的分析可以得到：空气的相对湿度是干球温度、湿球温度、风速和大气压力的函数，即

$$\phi = f(t_w, t_s, v, p_a) \tag{8-5}$$

使用过程中，当大气压力和风速确定后，常常将相对湿度与干、湿球温度之间的关系作成图表，以便直接查用。

（3）含湿量　含湿量是指 1kg 空气中的水蒸气含量，其数学表达式为：

$$d = 1000 \frac{m_s}{m_w} \tag{8-6}$$

式中　d——含湿量，g/kg；

　　　m_s——湿空气中水蒸气的质量，kg；

　　　m_w——湿空气中干空气的质量，kg。

按理想气体的状态方程 $m = \dfrac{pV}{RT} M$，可得

$$d = 622 \frac{p_n}{p_w} \tag{8-7}$$

式中　p_w——湿空气中干空气分压力，Pa。

可见，当湿空气定压加热或冷却时，如含湿量 d 保持不变，则 p_n 不变，湿空气的露点不变。将 $p_w = p_a - p_n$ 和 $p_n = \phi p_b$，代入式（8-7）可得

$$d = 622 \frac{p_n}{p_a - p_n} = 622 \frac{\phi p_b}{p_a - \phi p_b} \tag{8-8}$$

由式（8-7）或式（8-8）可以看出，当大气压力 p_a 一定时，相应于每一个 p_n 有一确定的 d 值，即湿空气的含湿量与水蒸气的分压力互为函数。所以，d 和 p_n 是同一性质的参数，再加上干球温度或湿球温度参数，就可以确定湿空气的状态。

在一定温度下，空气中所能容纳的水蒸气含量是有限度的，超过这个限度时，多余的水蒸气就由气相变成液相，这就是结露。这时的水蒸气分压力称为此温度下的饱和水蒸气压力，对应于饱和水蒸气压力的温度，即空气沿等含湿线冷却，最终达到饱和时所对应的温度称为露点温度。

空气的露点温度只与空气的含湿量有关，当含湿量不变时，露点温度亦为定值，也就是空气中水蒸气分压力高，使其饱和而结露所对应的温度就较高；反之，水蒸气分压力低，使其饱和而结露所对应的温度就较低。因此，空气露点温度可以作为空气中含水蒸气量多少的一个尺度来表示空气的相对湿度。空气相对湿度又可写为：

$$\phi = \frac{p_{b1}}{p_b} \times 100\% \tag{8-9}$$

式中　p_{b1}——空气在露点温度 T_1 时的饱和水蒸气压力，Pa；

　　　p_b——空气在干球温度 T 时的饱和水蒸气压力，Pa。

干球温度 T 和露点温度 T_1 分别是 p_b 和 p_{b1} 的单值函数，因此测出干球温度 T 和露点温度 T_1 后，就可从有关手册中直接查得 p_b 和 p_{b1}，由式（8-9）求出 ϕ 值。

8.1.1.3　流速和流量

（1）气流速度　气流速度是室内环境中流体运动状态的重要参数之一。流速对室内环境质量具有重要意义，随着现代科学技术的发展，各种测量气流速度的方法也越来越多，目前常用的方法有毕托管测速、热电风速仪测速、激光多普勒流速仪测速等。毕托管测速是利用了气流的速度和压力的关系，根据不可压缩气体稳定流动的伯努利方程，流体参数在同一流线上有如下关系：

$$p + \frac{1}{2} \rho v^2 = p_0 \tag{8-10}$$

式中　p_0——气流总压力，Pa；

　　　　p——气流静压力，Pa；

　　　　ρ——气体密度，kg/m³；

　　　　v——气流速度，m/s。

　　由上式可得

$$v=\sqrt{\frac{2(p_0-p)}{\rho}} \tag{8-11}$$

　　可见，只要测出总压和静压，或者总压和静压的压力差，便可求出流速。考虑实际测量条件与理想状态的不同，必须根据毕托管的结构特征和几何尺寸等因素，按下式进行速度校正：

$$v=K_p\sqrt{\frac{2(p_0-p)}{\rho}} \tag{8-12}$$

式中　K_p——毕托管速度校正系数。

　　对于 S 形毕托管 $K_p=0.83\sim0.87$，对于标准毕托管 $K_p=0.96$ 左右。

　　实际工程中，采用上式计算流速一般可满足要求。

　　（2）流量　在工业生产过程中，流体在一定时间内通过某一定管道截面的流体数量，称作流量。它有瞬时流量和累积流量之分。所谓瞬时流量，是指在单位时间内流过管道或明渠某一截面的流体的量。它的单位根据不同的流量测量原理和实际需要，有下列三种表示方法。

　　① 质量流量　单位时间内通过的流体的质量，用 q_m 表示，单位为 kg/s。

　　② 重量流量　单位时间内通过的流体的重量，用 q_w 表示，单位为 N/s。

　　③ 体积流量　单位时间内通过的流体的体积，用 q_v 表示，单位为 m³/s。

　　三者之间有下列关系

$$q_m=\rho q_v$$

$$q_w=q_m g$$

式中　ρ——流体的密度，kg/m³；

　　　　g——测量地点的重力加速度，m/s²。

　　所谓累积流量，是指在某一时间间隔内，流体通过的总量。该总量可以用该段时间间隔内的瞬时流量对时间的积分而得到，所以也叫积分流量。流量测量可以直接为生产提供所消耗的能源数量，以便于经济核算，也可以将流量信号作为控制信号，例如利用蒸汽锅炉的蒸汽信号控制锅炉给水以维持汽包水位稳定等。还可以通过测量水或蒸汽的流量作为收费依据，以完善和加强企业的管理。

8.1.2　传热的基本方式

　　传热是一种常见的物理过程。凡是有温度差的地方，都会有热量转移现象发生，并且热量总是自发地由高温物体传向低温物体，或从同一物体温度高的部分传向温度低的部分。

　　热量的传递有三种基本方式，即导热、对流和辐射。

　　（1）导热　导热又称导传传热，是指温度不同的物体直接接触时，靠物质微观粒子（分子、原子、自由电子等）的热运动而引起的热能转移现象。它可以在固体、液体和气体中发生，但只有在密实的固体中才存在单纯的导热过程。

　　（2）对流　对流是指依靠流体的宏观相对位移把热量由一处传递到另一处的现象。这是流体所特有的一种传热方式。工程上经常遇到的是流体流过一个固体壁面时发生的热量交换过程，这一过程称为对流换热。单纯的对流换热过程是不存在的，在对流的同时总伴随着导热。

(3) 辐射 辐射是指依靠物体表面向外发射热射线（能产生显著热效应的电磁波）来传递能量的现象。自然界中所有的温度高于绝对零度的物体，其表面都在不停地向四周发射辐射热，同时又不断地吸收其他物体投射来的辐射热。这种辐射与吸收过程的综合结果，就造成了以辐射形式进行的物体间的能量转移——辐射换热。辐射换热时，不仅存在着能量的转移，同时还伴随着能量的转化（热能→辐射能→热能），而且参与换热的两物体不需直接接触，这是有别于导热及对流换热之处。

实际的传热过程往往同时存在着两种或三种基本传热形式。例如，冬季由室内通过外墙传至室外的热量，就是先由室内空气以对流换热和物体表面间辐射换热的形式传给墙的内表面，然后由墙的内表面通过墙体本身以导热的形式传至墙的外表面，墙的外表面再以对流及辐射换热的形式传给室外环境。这整个过程就是由导热、对流及辐射换热组合而成的复杂过程。之所以把它划分为三种基本形式，是为了研究方便，因为它们各有其特殊的规律。

由于热量传递的动力是温度差，所以在研究传热时必须知道物体的温度分布。就某一物体或某一空间来说，在一般情况下，不仅各点温度因位置不同而不同，即使是某一固定点，也往往是随时间而变化的。这就是说，温度是空间和时间的函数。在某一瞬间，物体内部所有各点温度的总计叫温度场。物体中各点的温度随时间而变的温度场叫不稳定温度场；反之，则为稳定的温度场。

在稳定的温度场内发生的热量传递过程称为稳定传热过程；在不稳定的温度场内发生的热量传递过程则为不稳定传热过程。

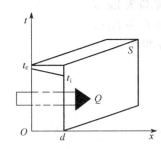

图 8-1 单层平壁的导热

以建筑外围护结构为例，研究所有这些热交换过程的规律是主要任务之一。

8.1.2.1 传导传热

传导传热过程可分为平壁导热和非平壁导热，平壁导热是指通过围护结构材料层传热过程，本节主要讨论稳定平壁导热。

(1) 单层平壁导热 假定有一厚度为 d 的单层匀质平壁，宽与高的尺寸比厚度大得多，平壁内、外表面的温度分别为 t_e 及 t_i，均不随时间而变化，而且假定 $t_e > t_i$，如图 8-1 所示。

这是一个稳定导热问题。实践证明，此时通过壁体的热流量与壁面之间的温度差、传热面积和传热时间成正比，与壁体的厚度成反比，即

$$Q = \frac{\lambda}{d}(t_e - t_i)S \cdot \tau \tag{8-13}$$

式中 Q——总的导热量，从高温向低温方向为正，反之为负，kJ；

λ——决定材料性质的比例系数，称为热导率，W/(m·K)；

t_e——平壁内表面的温度，℃；

t_i——平壁外表面的温度，℃；

d——平壁的厚度，m；

S——垂直于热流方向的平壁的表面积，m²；

τ——导热时间，h。

更为常用的是单位时间内通过单位面积的热流量，称为热流强度，用 q 表示，单位是 W/m²。即

$$q = \frac{\lambda}{d}(t_e - t_i) \tag{8-14}$$

式（8-14）也可改写成下式：

$$q = \frac{(t_e - t_i)}{\dfrac{d}{\lambda}} = \frac{(t_e - t_i)}{R} \tag{8-15}$$

式中 $R = d/\lambda$，称为热阻，单位是 $m^2 \cdot K/W$。热阻是热流通过平壁时遇到的阻力。在同样的温差条件下，热阻越大，通过材料层的热量越少。要想增加热阻，可以加大平壁的厚度，或选用热导率 λ 值小的材料。

材料的热导率 λ 是说明稳定导热条件下材料导热特性的指标。它在数值上为：当材料层单位厚度内的温差为 1℃ 时，在 1h 内通过 $1m^2$ 表面积的热量。不同状态的物质热导率相差很大，气体的热导率最小，数值在 $0.006 \sim 0.6 W/(m \cdot K)$ 之间，因而静止不流动的空气具有很好的保温性能；液体的热导率次之，约为 $0.07 \sim 0.7 W/(m \cdot K)$；金属的热导率最大，约为 $2.2 \sim 420 W/(m \cdot K)$；非金属材料，如绝大多数建筑材料，其热导率介于 $0.3 \sim 3.5 W/(m \cdot K)$ 之间。工程上常把 λ 值小于 $0.3 W/(m \cdot K)$ 的材料作为保温隔热材料，如矿棉、泡沫塑料、珍珠岩、蛭石等。

不同材料的热导率相差很大，即使相同的材料，热导率也可能不同。对热导率影响最大的因素是容重和温度。一般来说，材料的容重越大，热导率越大；湿度越大，热导率越大。

（2）多层平壁的导热　凡是由几层不同材料组成的平壁，都是"多层壁"。例如，双面粉刷、粘贴瓷砖或装饰其他材料的墙体。

设有三层材料组成的多层壁，各材料层之间紧密贴合，壁面很大，各层厚度为 d_1、d_2、d_3，热导率依次为 λ_1、λ_2、λ_3，且均为常数。壁的内、外表面温度为 t_1 及 t_4（假定 $t_1 > t_4$），均不随时间而变。由于层与层之间密合

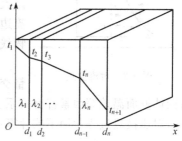

图 8-2　多层平壁的导热

得很好，可用 t_2 及 t_3 来表示层间接触面的温度，如图 8-2 所示。

把整个平壁看作由三个单层壁组成，分别算出通过每一层的热流强度 q_1、q_2 及 q_3，即

$$q_1 = \frac{\lambda_1}{d_1}(t_1 - t_2) \tag{①}$$

$$q_2 = \frac{\lambda_2}{d_2}(t_2 - t_3) \tag{②}$$

$$q_3 = \frac{\lambda_3}{d_3}(t_3 - t_4) \tag{③}$$

在稳定导热条件下，通过整个平壁的热流强度 q 与通过各层平壁的热流强度应相等，即

$$q = q_1 = q_2 = q_3 \tag{④}$$

联立式①、式②、式③、式④，可解得

$$q = \frac{(t_1 - t_4)}{\dfrac{d_1}{\lambda_1} + \dfrac{d_2}{\lambda_3} + \dfrac{d_3}{\lambda_3}} = \frac{(t_1 - t_4)}{R_1 + R_2 + R_3} \tag{8-16}$$

式中 R_1、R_2、R_3 分别为第一、二、三层的热阻。

依此类推，n 层多层壁的导热计算公式为：

$$q = \frac{(t_1 - t_{n+1})}{\displaystyle\sum_{j=1}^{n} R_j} \tag{8-17}$$

式（8-17）中，分母的每一项 R_j 代表第 j 层热阻，t_{n+1} 为第 n 层外表面的温度。从这个方程式可以得出结论：多层壁的总热阻等于各层热阻的总和。

在工程上，有时需知各层接触面的温度 t_2，t_3，t_4，…，t_j……依此类推，可得出多层壁内第 j 层与 $j+1$ 层之间接触面的温度 t_{j+1}，即

$$t_{j+1}=t_1-q\left(\frac{d_1}{\lambda_1}+\frac{d_2}{\lambda_2}+\cdots+\frac{d_j}{\lambda_j}\right) \tag{8-18}$$

由上列算式可以看出，每一层平壁内的温度分布是直线，但由于整个多层壁各层的热导率不同，而使温度分布呈折线状。

8.1.2.2 对流换热

对流换热，是指流体与固体壁面之间的热量交换过程。由于对流换热与流体运动有关，

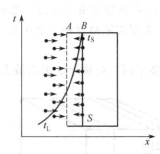

图 8-3 对流换热

所以是一种极其复杂的现象。由于摩擦力的作用，在紧贴固体壁面处有一平行于固体壁面流动的流体薄层，叫做层流边界层。它垂直壁面方向的热量传递形式主要是导热，温度分布呈倾斜直线状。而在远离壁面的流体核心部分，流体呈紊流状态，则因流体的剧烈运动而使温度分布比较均匀，呈一水平线。在层流边界层与流体核心部分间为过渡区，温度分布可近似看作抛物线，如图 8-3 所示。

由此可知，对流换热的强弱主要取决于层流边界层内的热量交换情况，与流体运动发生的原因、流体运动的情况、流体与固体壁面温差等因素都有关系。

对流换热过程常用下式计算：

$$q=\alpha(t_S-t_L) \tag{8-19}$$

式中　q——对流换热强度，W/m^2；

α——对流换热系数，即当固体壁面与流体主体部分的温差为 1℃时，单位时间通过单位面积的换热量，$W/(m^2 \cdot K)$；

t_S——固体壁面温度，℃；

t_L——流体主体部分温度，℃。

计算对流换热强度，主要是如何确定对流换热系数 α。式（8-19）实际上把影响对流换热强度的一切复杂因素都归结于 α。在传热学中有许多计算 α 公式，但都有特定的应用条件。建筑热工中常遇到的对流换热问题都是指固体壁面与空气间的换热，建议根据具体情况选用 表 8-1 所列公式。

表 8-1　对流换热系数的计算公式

空气运动发生原因	壁面位置	表面状况	热流方向	计算公式
自然对流	垂直壁			$\alpha=2.0\sqrt[4]{t_S-t_L}$
	水平壁		由下而上 ↑	$\alpha=2.5\sqrt[4]{t_S-t_L}$
			由上而下 ↓	$\alpha=1.3\sqrt[4]{t_S-t_L}$
受迫对流	内表面	中等粗糙度		$\alpha=2.5+4.2v$
	外表面	中等粗糙度		$\alpha=(2.5-6.0)+4.2v$

注：v 表示空气运动的速度，m/s；而常数项是表示自然对流引起的换热作用，因为在强迫对流引起换热的同时总伴随着自然对流的作用。

式（8-19）也可写成热阻的形式

$$q=\frac{t_s-t_L}{\dfrac{1}{\alpha}}=\frac{t_s-t_L}{R} \qquad (8\text{-}20)$$

式中 $R=1/\alpha$ 为对流换热热阻，$m^2 \cdot K/W$。

8.1.2.3 辐射换热

辐射换热是指物体表面间以辐射形式进行的能量转移。

（1）热辐射的本质和特点　物体表面向外辐射出的电磁波在空间传播。电磁波的波长可从万分之一微米（$1\mu m=10^{-6}m$）到数公里。不同波长的电磁波落到物体上，可产生各种不同的效应。根据这些不同的效应将电磁波分成许多波段，其中，波长在 $0.8\sim600\mu m$ 之间的电磁波称为红外线，照射物体能产生热效应。通常把波长在 $0.4\sim40\mu m$ 范围内的电磁波（包括可见光和红外线的短波部分）称为热射线，因为它的热效应特别显著。热射线的传播过程叫做热辐射。

辐射换热具有下列特点：

a. 在辐射换热过程中伴随着能量形式的转化，即物体的内能首先转化为电磁能发射出去，当此电磁能落在另一物体上而被吸收时，电磁能又转化为另一物体的内能。

b. 电磁波可以在真空中传播，故辐射换热不需有任何中间介质，也不需要冷、热物体直接接触。太阳辐射热穿越辽阔的真空向地面传送，就是很好的例证。

c. 一切物体，不论温度高低都在不停地对外辐射电磁波，辐射换热是两物体互相辐射的结果。当两个物体温度不同时，高温物体辐射给低温物体的能量大于低温物体辐射给高温物体的能量。因此，其结果是高温物体的能量传递给了低温物体。

（2）辐射能的吸收、反射和透射　物体对外来热射线的反应遵循与可见光相同的规律。当能量为 I_o 的热射线投射到物体表面时，其中一部分 I_r 被反射，另一部分 I_a 被物体吸收，还有一部分 I_t 可能透过物体（如窗玻璃），如图 8-4 所示。

根据能量守恒定律，有

$$I_r+I_a+I_t=I_o$$

若等式两端同除以 I_o，则

$$\frac{I_r}{I_o}+\frac{I_a}{I_o}+\frac{I_t}{I_o}=\gamma_h+\rho_h+\tau_h=1$$

式中 γ_h，ρ_h，τ_h 分别称为物体对辐射热的反射系数、吸收系数及透射系数。

严格地说，物体对不同波长的外来辐射的吸收、反射及透射的性能是不同的。凡能将外来辐射全部反射的物体（$\gamma_h=1$）称为绝对白体（简称白体）；能全部吸收的物体（$\rho_h=1$）称为绝对黑体（简称黑体）；能全部透过的物体（$\tau_h=1$）则称为绝对透明体或透热体。

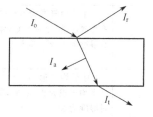

图 8-4　辐射热的吸收、
反射与透射

但是在自然界中，并没有绝对黑体、绝对白体和绝对透明体。在应用科学中，常把吸收系数接近于 1 的物体近似地当作黑体。这不仅可以使计算大为简化，也能达到工程上所要求的精度。

一般来说，固体和液体都是不透明体，即 $\tau_h=0$，因此 $\gamma_h+\rho_h=1$。由此可知，凡是善于反射辐射能的物体一定不善于吸收辐射能；反之亦然。

8.1.3 室内气候

8.1.3.1 我国的气候分区

为了达到适宜的室内环境，不同气候条件，对建筑的要求是不同的。炎热地区需要通风、遮阳、隔热;寒冷地区需要采暖、防寒、保温。为了明确建筑与气候两者的科学关系,使各项建筑可以更充分地利用和适应气候条件,做到因地制宜。常见的气候分区有两种,一是建筑气候区划分法,二是热工设计分区法。

(1) 建筑气候区 为区分我国不同地区气候条件对建筑影响的差异性,明确各气候区的建筑基本要求,从总体上做到合理利用气候资源,防止气候对建筑的不利影响,我国 GB 50178—1993《建筑气候区划标准》,将建筑气候的区划系统分为一级区和二级区两级;一级区划分为 7 个区,二级区划分为 20 个区。这里主要简单介绍一级区的分区标准、类型、包括范围等。

一级区划以 1 月平均气温、7 月平均气温、7 月平均相对湿度为主要指标;以年降水量、年日平均气温低于或等于 5℃的日数和年日平均气温高于或等于 25℃的日数为辅助指标,分区情况见表 8-2。

表 8-2　建筑气候区划表

建筑气候区	分区指标		气候特点
	主要指标	辅助指标	
I	1 月平均气温为 -31~10℃,7 月平均气温低于 25℃,年平均相对湿度为 50%~70%	年降水量为 200~800mm,年日平均气温低于或等于 5℃的日数大于 145d	冬季漫长严寒,夏季短促凉爽;西部偏于干燥,东部偏于湿润;气温年较差很大;冰冻期长,冻土层厚,积雪厚;太阳辐射量大,日照丰富;冬季半年多大风
II	1 月平均气温为 -10~0℃,7 月平均气温为 18~28℃,年平均相对湿度为 50%~70%	年降水量为 300~1000mm,年日平均气温低于或等于 5℃的日数为 145~90d,年日平均气温高于或等于 25℃的日数少于 80d	冬季较长且寒冷干燥,平原地区夏季较炎热湿润,高原地区夏季较凉爽,降水量相对集中;气温年较差较大,日照较丰富;春、秋季短促,气温变化剧烈;春季雨雪稀少,多大风风沙天气,夏秋多冰雹和雷暴
III	1 月平均气温为 0~10℃,7 月平均气温一般为 25~30℃,年平均相对湿度较高,为 70%~80%	年降水量为 1000~1800mm,年日平均气温低于或等于 5℃的日数为 90~0d,年日平均气温高于或等于 25℃的日数为 40~110d	夏季闷热,冬季湿冷,气温日较差小;年降水量大,日照偏少;春末夏初为长江中下游地区的梅雨期,多阴雨天气,常有大雨和暴雨出现;沿海及长江中下游地区夏秋常受热带风暴和台风袭击,易有暴雨大风天气
IV	1 月平均气温高于 10℃,7 月平均气温为 25~29℃,年平均相对湿度为 80%左右	年降水量大多在 1500~2000mm,年日平均气温高于或等于 25℃的日数为 100~200d	长夏无冬,温高湿重,气温年较差和日较差均小;雨量丰沛,多热带风暴和台风袭击,易有大风暴雨天气;太阳高度角大,日照较小,太阳辐射强烈
V	1 月平均气温为 0~13℃,7 月平均气温为 18~25℃,年平均相对湿度为 60%~80%	年降水量在 600~2000mm,年日平均气温低于或等于 5℃的日数为 90~0d	立体气候特征明显,大部分地区冬温夏凉,干湿季分明;常年有雷暴、多雾,气温的年较差偏小,日较差偏大,日照较少,太阳辐射强烈,部分地区冬季气温偏低
VI	1 月平均气温为 0~-22℃,7 月平均气温为 2~18℃,年平均相对湿度为 30%~70%	年降水量为 25~900mm,年日平均气温低于或等于 5℃的日数为 90~285d	长冬无夏,气候寒冷干燥,南部气温较高,降水较多,比较湿润;气温年较差小而日较差大;气压偏低,空气稀薄,透明度高;日照丰富,太阳辐射强烈;冬季多西南大风;冻土深,积雪较厚,气候垂直变化明显
VII	1 月平均气温为 -20~-5℃,7 月平均气温为 18~33℃,年平均相对湿度为 35%~70%	年日平均气温低于或等于 5℃的日数为 110~180d;年日平均气温高于或等于 25℃的日数小于 120d	地区冬季漫长严寒,南疆盆地冬季寒冷;大部分地区夏季干热,吐鲁番盆地酷热,山地较凉;气温年较差和日较差均大;大部分地区雨量稀少,气候干燥,风沙大;部分地区冻土较深,山地积雪较厚;日照丰富,太阳辐射强烈

（2）建筑热工设计分区　在建筑热工设计时，为考虑气候对室内环境的影响，我国 GB 50176—1993《民用建筑热工设计规范》，确立了我国建筑热工设计分区的原则和分区范围。整个建筑热工设计分区将全国划分为 5 个建筑热工设计分区。全国建筑热工设计分区，各区划分的主要指标和设计要求见表 8-3。

表 8-3　我国建筑热工设计分区及设计要求

分区名称	分区指标		设计要求
	主要指标	辅助指标	
严寒地区	最冷月平均温度≤−10℃	日平均温度≤5℃的天数≥145d	必须充分满足冬季保温要求，一般可不考虑夏季防热
寒冷地区	最冷月平均温度 0～−10℃	日平均温度≤5℃的天数 90～145d	应满足冬季保温要求，部分地区兼顾夏季防热
夏热冬冷地区	最冷月平均温度 0～10℃，最热月平均温度 25～30℃	日平均温度≤5℃的天数 0～90d，日平均温度≥25℃的天数 40～110d	必须满足夏季防热要求，适当兼顾冬季保温
夏热冬暖地区	最冷月平均温度＞10℃，最热月平均温度 25～29℃	日平均温度≥5℃的天数 0～90d，日平均温度≥25℃的天数 25～39d	必须充分满足夏季防热要求，一般可不考虑冬季保温
温和地区	最冷月平均温度 0～13℃，最热月平均温度 18～25℃	日平均温度≤5℃的天数 0～90d	部分地区应考虑冬季保温，一般不考虑夏季防热

8.1.3.2　室内热环境参数及其要求

（1）室内热环境微小气候参数及其要求

a. 空气温度　空气温度的变化是人们经常感受得到的，也是对人体的体温调节起主要作用的一个环境因素。根据有关测定，气温在 15.6～21℃时，是热环境的舒适区段，在这个区段内，体力消耗最小，工作效率最高，最适宜于人们的生活和工作。不过，对不同工作性质和习惯的人，这个区段值有所不同。

一般认为 20℃左右是最佳的工作温度；25℃以上时人体状况开始恶化（如皮肤温度开始升高，接着出汗，体力下降，心血管和消化系统发生变化）；30℃左右时，心理状态开始恶化（如开始烦闷，心慌意乱）；50℃的环境里人体只能忍受 1h 左右。

b. 空气湿度　空气相对湿度对人体的热平衡和温热感有重大的作用，特别是在高温或低温的条件下，高湿对人体的作用就更为明显。高温高湿的情况下，人体散热困难，使人感到透不过气来，若湿度降低就能促使人体散热而感到凉爽；低温高湿下人会感到更加阴凉，若湿度降低就会有增加温度的感觉。

一般情况下，相对湿度在 30%～70%时感到舒适。当外界温度超过 30℃，相对湿度高于 70%时，生理饱和差小，皮肤表面蒸发散热发生困难，就可能出现人体体温调节障碍。

c. 风速　风速对人体的作用也很大。空气的流动可使人体散热，这在炎热的夏天可使人体感到舒适，但当气温高于人体皮肤温度时，空气流动的结果是促使人体从外界环境吸收更多的热，这对人体热平衡往往产生不良影响。当气温高于皮肤温度时，若空气相对湿度低，则汗液容易蒸发，人体就相对感到凉爽；反之，空气相对湿度高，则汗液难于蒸发，就感到闷热。在寒冷的冬季则气流使人感到更加寒冷，特别在低温高湿中，如果气流速度大，则会因为人体散热过多而引起冻伤。

在热环境中还有一个重要的感症，就是空气的新鲜感，与此感症有关的就是气流速度。据测定，在舒适温度区段内，一般气流速度达到 0.15m/s，即可感到空气清新，有新鲜感。而在室内，即使室温适宜，但空气"不动"（速度很小），也会产生沉闷的感觉。

d. 热辐射　热辐射包括太阳辐射和人体与其周围环境之间的辐射。任何两种不同物体之间都有热辐射存在，它不受空气影响，热量总是从温度较高的物体向温度较低的物体辐射，直至两物体的温度相平衡为止。

当物体温度高于人体皮肤温度时，热量从物体向人体辐射，使人体受热，这种辐射一般称为正辐射。当强烈的热辐射持续作用于皮肤表面时，由于对皮肤下面的深部组织和血液的加热作用，使体温升高、体温调节发生障碍时，就要造成中暑。当物体温度比人体皮肤温度低时，热量从人体向物体辐射，使人体散热，这种辐射叫负辐射。人体对负辐射的反射性调节不很敏感，往往一时感觉不到，因此，在寒冷季节容易因负辐射丧失大量的热量而受凉，引发感冒等病症。

室内温度、湿度、风速热环境参数见《室内空气质量标准》。

（2）新风量和换气量及其要求 空气与人们的生存息息相关。没有空气人们就不能生存，这个简明道理人所共知。新风量是指在门窗关闭的状态下，单位时间内由空调系统通道、房间的缝隙进入室内的空气总量，单位为 m^3/h。空气交换率是指单位时间内由室外进入到室内的空气总量与该室室内空气总量之比，单位为 h^{-1}。就一般情况而言，新风量越多，对人们的健康越有利。国内外许多实例表明，产生"病态建筑物综合征"的一个重要原因就是新风量不足。新风虽然不存在过量的问题，但是超过一定限度，必然伴随着冷、热负荷的过多消耗，带来不利的后果。

通风一般是指将新鲜空气导入人所停留的空间，以除去任何有害的污染物、余热或余湿。通风的某些主要功能也可以用除湿机或空气净化器之类的其他装置代替。此外，新风还起到补充排风系统排出的空气和维持室内必要的正压的功能。

人每天摄取的空气量为 $10m^3$，其中 21% 是氧气。在人类呼出的气体中，二氧化碳占 4%～5%（在空气中占 0.032%），氧气占 15%～16%。一间房子中，要使二氧化碳的浓度限制在标准要求的 0.1% 以下，必须保证每个人要有 $30m^3$ 的新鲜空气。也就是说，在空间为 $30m^3$ 的房子中仅有一人时，每小时也要换气一次。根据房间内人员的数量和活动状况（如吸烟、烹饪等），以及室内装饰装修的状况，可以确定房间所需的新风量和换气次数。

《室内空气质量》标准中规定新风量为 $30m^3/(h·人)$。

8.2 热湿环境与健康

8.2.1 人体对热湿环境的反应

8.2.1.1 室内热湿环境与健康

热湿环境是指与人体热平衡有关的环境因素的综合，通常包括空气温度、空气相对湿度、风速和辐射热 4 个基本的气象条件参数。人的代谢率（主要由劳动强度、劳动时间决定）和着装状况等也与人体热平衡有关。适宜的热湿环境不仅能保持人体正常的热平衡，保持主观的舒适感，而且能确保人的健康和正常的工效。

在室内构成与室外环境完全不同的特殊气象条件，即室内小气候。室内小气候包括空气温度、空气湿度、气流和热辐射等几个综合作用于人体的环境气象因素。室内小气候与室外环境气候有一些共同点，也有一些明显区别。它们的共同点是都由气温、气湿、气流和热辐射组成。不同点是室外气候的范围更广泛、更复杂，而且室外气候还包括气压、紫外线、γ射线、电离辐射等因素。室内小气候与室外环境气候两者之间有密切的联系，可以相互影响，只不过室外气候因素对室内气候因素的影响远远大于室内因素对室外气候的影响而已。

热环境的因素之间，经常是可以互换的，其中一个因素的变化对人体造成的影响常可由另一个因素的相应变化所补偿。比如，人体由热辐射所获得的热量可以改由气温升高来获得；湿度增高所造成的影响可由为增大风速来抵消。当气温低于21℃时，人一般不出汗。随着气温的增高，出汗量逐渐增加，这时湿度的影响也愈来愈大。在气温低于皮肤温度（35℃）时，空气的流动能增加人体的散热。当气温高于皮肤温度时，情况就比较复杂。一方面空气的流动能加速人体散热，但另一方面通过对流的方式，又使人体吸热增加，而且气温愈高，吸热量愈多。所以，热环境因素对人体的影响要综合的分析。

8.2.1.2 体温调节

（1）人体的代谢热　为了维持人的生命和活动，人们必须摄取食物和氧气。食物经人体内新陈代谢过程，产生了热能——劳动能力。在一般情况下，人体新陈代谢所产生的热全部都要散发到四周空气中去，散热量根据劳动强度来决定，见表8-4。

表 8-4　不同作业情况下人体的散热量（环境温度15～30℃）

人 体 状 况	散热量/W	人 体 状 况	散热量/W
睡觉	70	中度劳动	314
未从事劳动	105	重度劳动	488
轻度劳动	210	剧烈运动	872～1163

（2）人体的散热途径　人的身体散热方式主要有三种。

a. 对流散热　当周围空气温度低于人的皮肤温度时，最接近皮肤的一层空气被加热而上升，周围较凉的空气补充空位。这样通过空气的不断对流，人体就不断地散热。对流散热量的大小决定于空气温度和皮肤温度之差及风速。温差和风速愈大，对流散热量就愈大。

b. 辐射散热　当人体周围的墙壁、顶棚、地板以及生产设备表面温度低于人体皮肤温度时，身体就不断以辐射方式把热量传给周围物体。反之，当物体表面温度高于人体皮肤温度时，身体将从物体表面吸收辐射热。物体表面温度愈低，身体以辐射方式散发的热量就愈大，反之物体表面温度愈高，身体辐射吸热就愈多。

c. 蒸发散热　在常温状态下，蒸发散热量约占身体总散热量的25%。当气温高于人体表面温度并有辐射热源时，人体主要是靠汗液的蒸发来散热的。蒸发散热量的大小直接受空气中水蒸气分压力和风速的影响。当水蒸气分压力小（即气温和相对湿度小）、风速大时，汗液蒸发得快，散热量也就大，反之汗液蒸发得慢，散热量就小。

（3）人体的体温调节　人的体温并不是恒定不变的，人的脑、心脏及腹内器官的温度比较稳定，称为体核（核心）温度，但仍在37℃附近有微小的变化。恒定的体核温度是保证生命功能的前提，体核温度变化大，时间稍长就会威胁恒温动物的生命。与体核温度相比，肌肉、肢体及皮肤的温度变化较大，称为体壳温度。当空气温度较低时，人体从内到皮肤存在变化率很大的温度梯度。例如，在冷空气中，皮肤下2cm处的温度是35℃；而在暖空气中，皮肤下几毫米处就有35～36℃。由于人体对温度具有一定的适应能力，使人能够忍受体温热量的不足。肌肉温度变化也较大，当肌肉收缩做功时，温度可比静息时高出几倍。

为了保持稳定的体核温度，人体必须适应温度环境的变化，进行必要的体温调节。人体的体温调节机制由位于下丘脑的体温调节中枢和位于身体各处的温度感受器来完成。对于外界热湿环境因素的变化，人体内的自我调节控制系统主要是通过自主神经、躯体、内分泌和行为等方面来进行的。如寒冷可以导致产热增加和散热减少的反应，而暑热可导致增加散热，并抑制产热的反应，人体温度调节机制可见表8-5。

表 8-5 人体体温调节机制

激活原因	调节机制	反 应 方 式
寒冷	产热增加	颤抖、饥饿、增加随意活动
	散热减少	增加去甲肾上腺素和肾上腺素分泌,皮肤血管收缩、身体缩作一团、起鸡皮疙瘩
炎热	散热增加	皮肤血管舒张、出汗、增加呼吸
	产热减少	厌食、情感淡漠、不活动

人体产生的这些热量,通过血液的流动输送到全身。人体一方面通过皮肤扩张,以辐射、对流和出汗蒸发的形式来放散,另外,通过呼吸和粪便的排泄,也可以放散一部分热量。人体不断地产生热,又不断地散放热,这些都在大脑体温调节中枢的支配下进行,从而达到体内"热量平衡"。如果人们四周的空气温度不符合机体要求,即不能维持热量平衡时,体温调节中枢便会立刻行动起来,组织各器官活动,设法获得热量平衡,这就是"人体的体温调节"。有了"体温调节",人的体温就可以经常维持在 36~37℃,这样,人体才能维持其生命和身体各器官的正常功能。

当四周空气温度很低,人体发散的热量比产生的热量还要多时,一方面皮肤血管收缩,血液循环速度降低,发散热量减少,另一方面又会有意识地使肌肉运动和发生不自主的颤抖,这样都增加了热量的产生。如果这样的调节还是"入不敷出",那么人体的温度就逐步降低,使温差减少。如果体温降到一定限度,就会引起器官、细胞机能呆滞,出现疼痛和麻木的感觉。所以严寒季节,人们必须利用衣、帽、鞋、袜、被褥、火炉、火墙、暖气等取暖保暖,以维持体温。

当人体四周气温很高或人体剧烈运动时,如果排汗还发散不了体内所产生的热量,这时血液循环就会加快,以增加热能散发;如果仍然不能起到体内散热的作用,积聚的热量就会使体温升高。体温升高后,人体内器官的活动会加快,容易引起机体的疲劳,同时会增加热量,使体温继续上升,从而发生中暑。

盛夏季节,当外界气温接近或超过了人的体温时,必须借助于通风、冷水浴和空调设备等来帮助身体散热。

8.2.2 热舒适环境及其影响因素

8.2.2.1 热舒适环境

热舒适环境是指人在心理状态上感到满意的热环境。人在适宜的温度环境下,穿着合适的服装做轻度以下的活动时,产热与散热速率基本相同,体内无明显的热积或热债,无其他温度性的干扰刺激,主观感觉良好,这种状态称为温度性舒适状态(或平衡状态),习惯上简称为热舒适(或热平衡)。保持人的热舒适不仅能保持良好的人-机工效,而且可长时间作业而不产生温度性疲劳。

人处于热舒适状态时各主要温度生理指标的正常波动范围见表 8-6。实验表明,由于个体差异等原因,诸指标的变化并不一致,在实际评价时需作加权统计。实验又表明,任何温度环境都不能获得高于 95% 的满意度。但所获的统计舒适范围又几乎不受人种、性别、年龄的影响。

当环境温度较高或人体做较大的活动时,正常的热平衡受到破坏,人需要适当排汗增加蒸发散热,或适当降低气温增加对流辐射散热,才能形成新的产热-散热平衡。实验表明,当人处于新的动态热平衡时,虽然主观上仍可获得良好的舒适感,且身体的热含量变化率仍可为零,但身体已忍受一定的热负荷,如较高的体核温度、一定量的热积和出汗率等。这种动态热平衡可称为相对热舒适状态,它暂时地抑制了由于温度变化造成的影响,能在较长时间内保持一定的人-机功效。

表 8-6　热舒适状态时主要生理指标的波动范围

指　标	单　位	范　围	备　注
体核温度	℃	37.0±0.2	约占全身热含量的 1.1%
平均皮温	℃	33.3±0.5	
平均体温	℃	35.8±0.4	
纵向皮温梯度	℃	5.5±1.0	
热债或热积	kJ/m²	±50	
出汗率	g/h	45.5±15	

ISO7330 对热舒适的定义是主观感觉满意的热环境则为热舒适环境。2004 年 ASHRAE55—2004 在《室内人居热环境标准》中，对热舒适定义了在主观感觉满意的同时，强调对热舒适性的主观评价。

引起热不舒适的原因在生理上除了前面热感觉中所提到的皮肤温度和核心温度以外，人的皮肤润湿度也会影响人的热舒适感。皮肤湿润度的定义是皮肤的实际蒸发量于同一环境中皮肤完全湿润而可能产生的最大蒸发散热量之比，相当于湿皮肤表面积所占人体皮肤总表面积的比例。在皮肤没有完全润湿时，人体靠散热（包括排汗）达到平衡，此时人体核心温度不会上升，当人体皮肤逐渐润湿时，皮肤"黏附性"增加，人体因不能及时通过蒸发排出体内热量而感到不舒适，随着皮肤的润湿度增加，人体核心温度开始上升，人的不舒适感也随之增加。皮肤润湿度与环境相对湿度密切相关，它随着相对湿度的提高而提高。

由于无法测量热感觉和热舒适感，因此通常只能采用问卷的方式了解受试者对环境的热感觉和热舒适感，即要求受试者按某种等级标准来描述其感觉和热舒适。由心理学研究结果表明，一般人可以不混淆地区分感觉的量级不超过 7 个。因此热感觉和热舒适的评价指标往往采用 7 个分级。表 8-7 是 3 种目前广泛使用的标度。其中贝氏标度是由英国的 Thomas Bedford 于 1936 年提出，其特点是把热感觉和热舒适合二为一。1966 年 ASHRAE 开始使用 7 级热感觉标度（ASHRAE thermal sensation scale）。与贝氏标度相比，它的优点在于精确地指出了热感觉，通过对受试者的调查得出定量化的热感觉评价。PMV 是目前最为广泛使用的热感觉标度，与上述两者主要不同的是分级范围采用了 −3～+3 的 7 级分度指标。

表 8-7　Bedford、ASHRAE 和 PMV 的 7 级标度

贝 氏 标 度		ASHRAE 热感觉标度		PMV 热感觉标度	
过分暖和	7	热	7	热	+3
太暖和	6	暖	6	暖	+2
令人舒适的暖和	5	稍暖	5	微暖	+1
舒适(不冷不热)	4	正常	4	适中	0
令人舒适的凉快	3	稍凉	3	微凉	−1
太凉快	2	凉	2	凉	−2
过分凉快	1	冷	1	冷	−3

8.2.2.2　热舒适的影响因素

室内是人类生活的主要场所，室内热环境和人类对其适应的程度对人体健康状况有很大的影响。良好而温馨的生活环境和适宜的室内热环境对于机体的休息、保养和健康状况的改善具有重要作用。很难想象在一个空气污浊，高气温、高气湿和空气流动性差的环境中，人会有一个良好的精神状态和健康的体魄。

（1）空气温度对人体健康的影响　由于人每天生活在室内的时间很多，在人体代谢过程中和生活过程中要不断地与周围环境进行能量交换，即与室内外环境进行热的交换。而人体对于温度较为敏感，且只能在生理条件下借助于神经系统进行有限的调节。由于室内气温可

以随着环境气温的变化而变化，而机体也可以通过复杂的体温调节机制来增减产热量和散热量，以达到身体内部的恒定和稳定性。人体对室内环境中气温的调节和适应基本是通过机体不同部位的温度来表现的，一般可通过皮肤温度、体温、热平衡测定、脉搏和发汗来说明。皮肤温度是一个敏感指标，它的变化作为血管反应的一种表现，可及时反映血管在热环境下的变化状况。当机体体温调节系统长期处于紧张工作状态时往往会影响神经、消化、呼吸和循环等多系统的稳定，降低机体各系统的抵抗力，而使患病率增高。

通常当室内气温升高时，毛细血管扩张，皮肤温度升高，散热量也相应增加。而气温降低时，人体皮下通过毛细血管的收缩作用使通过的血流减少或降低，皮肤温度下降，散热量降低。而体温则是反映机体热平衡状态是否受到破坏和影响的最直接指标。机体对热有较强的调节能力，除非在极少数特殊环境条件下，机体的热平衡一般不易受到破坏，那么气温过高或过低而有较大的改变时，则机体就必须加大调节负荷以适应环境条件的变化。长期处于该条件下，人的调节系统将出现各种功能紊乱状态和应激状态。

脉搏在高温条件下是一种反映机体热平衡状态的简单而又灵敏的指标。在一定范围内温度愈高脉搏速度愈快。而出汗是人体在任何气温下都存在的生理机能，只是在气温较低时，出汗量较少自己感觉不到出汗。出汗可分为两种情况，即不知觉出汗和知觉出汗，知觉出汗是体温调节紧张的主要特征之一。当室内气温过高机体汗分泌量增加时，汗液可以吸附或黏附室内环境中的有害物质，增大污染物吸入机体的机会。而当温度降低时，污染物可黏附于皮肤表面加重污染物对皮肤的损害。

(2) 空气湿度对人体健康的影响 空气湿度是指室内工作和生活环境中的湿度，湿度对于机体的调节作用一般低于温度对机体的影响。但温度恒定或较稳定时，空气湿度对机体的温热感觉的调节就具有重要作用。空气湿度对机体健康的影响一方面是通过影响机体热平衡；另一方面是空气湿度可以间接影响室内微生物的生长，从而对机体健康产生影响。通常室内的湿度较为恒定，但湿度较大时，则有利于室内环境中的细菌和其他微生物的生长繁殖，导致室内微生物的污染加剧。室内空气中微生物通过呼吸进入体内，从而导致呼吸系统或消化系统多种疾病的发生。

(3) 气流对人体健康的影响 正常情况下室内空气的流动性不大，相对处于较稳定状态，特别是目前室内常常安置有空调设施。为了节约电能，要保持室内气温相对恒定，室内门窗一般处于关闭状态，室内气流较小。当室内空气流动性较低时，室内环境中的空气得不到有效的通风换气。人类在室内生活产生的各种有害化学物质不能及时排出到室外环境，污染物大量聚集于室内环境，造成室内空气质量恶化。而且由于室内气流小，室内生活中所排出的各种微生物可相对聚集于空气中或某些角落大量增殖，致使室内空气质量进一步恶化。化学性污染物和有害微生物共同作用于机体，导致人体健康受到损害。同时，因为室内环境得不到有效通风，还可导致室内生活的婴、幼儿和老年人等高危人群各种疾病的发病率增高。

(4) 热辐射对人体健康的影响 室内环境中热辐射主要来源于室内各种家用电器在运行过程中所产生的辐射热以及来自室外环境中的热辐射。不同来源的热辐射对人体健康的影响主要表现在热辐射引起机体的温度和温热感觉发生改变，使机体内的体温调节系统长期处于紧张状态，而且热辐射能导致人体神经系统功能紊乱，致使人群中的个体出现头痛、头晕、恶心、食欲不振和精神萎靡的症状。此外，热辐射还能引起血流发生改变，长期作用时不仅对心血管系统可产生有害影响，而且还可间接导致内分泌功能紊乱。

8.2.2.3 人体热平衡方程以及热舒适性描述

营造人们感到舒适的热湿环境除了与空气温度和湿度紧密相关外，还与室内辐射温度、风速等因素有关，各种不同环境参数的组合，可以形成不同的室内热湿环境。人的热舒适感除了与人体温度相关外，还与室内热湿环境参数及其组合紧密相关，并且衣着、活动量也左右了人们的热舒适感的判断，此外，人们的年龄、性别、个性等因素也影响着人们对热舒适的评判。为此专家们作出这样的结论，凡是能使 80% 的人感到满意的环境就算达到了舒适状态。人们对热湿环境的舒适感主要来自于人体的热平衡，为此热平衡是研究人们热舒适感的数学基础。

人体所摄取的食物（糖、蛋白质、碳水化合物等）在人体新陈代谢过程中被分解氧化，同时释放能量。其中大部分能量直接以热能形式维持体温恒定并散发到体外，其他部分则为人体做功需要的能量，最终也将转化为热能散发到体外。人体为维持正常的体温，必须使产热量和散热量保持平衡。其基本热平衡方程式为：

$$S = M - W - E - (\pm R) - (\pm C) \tag{8-21}$$

式中　S——人体蓄热率，人体得热为"＋"，失热为"－"，W/m^2；

　　　M——人体能量代谢率，即新陈代谢产生的得热量，W/m^2；

　　　W——人体所做的机械功，W/m^2；

　　　E——汗液蒸发和呼出的水蒸气所带走的热量，W/m^2；

　　　R——人体外表面向周围环境通过辐射形式交换散发的热量，W/m^2；

　　　C——人体外表面向周围环境通过对流形式散发的热量，W/m^2。

人体蓄热率可采用下式计算：

$$S = 1.15 m c_p (t_1 - t_2) \tag{8-22}$$

式中　m——人体质量，kg；

　　　c_p——人体比热容，为 $3.475kJ/(kg \cdot K)$；

　　　t_1，t_2——人体始末平均体温，$℃$。

在稳定环境条件下，式（8-21）左侧人体蓄热率 S 为零时，人体保持能量平衡。当周围环境温度（空气温度及围护结构、周围物体表面温度）提高时，人体对流和辐射散热将减少；为了保持热平衡，人体会首先血管扩张，而后运用自身的自动调节机能来加强汗腺分泌，以排汗增加蒸发的热量，补偿人体对流辐射散热的减少。当人体散热量小于其产热量，体内蓄热量难以全部散出时，此时蓄热率为正值，体温升高，即使比正常温度高 $1℃$，也会危及身体健康。当体温升到 $40℃$ 时，出汗停止，如不采取措施，体温将迅速上升；体温升到 $43.5℃$ 时，人就会死亡。反之，如果人体蓄热率 S 为负值，人体产热小于人体散热，体温下降，人感觉到寒冷，在自然冷却的情况下，先血管收缩，后发生冷颤以增加新陈代谢，当体温在 $34\sim35℃$ 时，不再打颤（机体适应了），此后体温迅速下降；当体温为 $25\sim28℃$ 时，呼吸停止，人就死亡。为此人体热平衡方程式（8-21）中人体蓄热率 $S=0$ 是达到人体热舒适的必要条件，即

$$S = M - W - E - (\pm R) - (\pm C) = 0 \tag{8-23}$$

上式各项可以在较大的范围内变动，许多种不同的组合都可能满足上述热平衡方程，但人体的热感觉却可能有较大的差异。换言之，从人体热舒适角度考虑，单纯达到热平衡是不够的，还应当使人体与环境的各种换热限制在人体能接受的范围内。根据研究，当人体达到热平衡时，对流换热约占总散热量的 $25\%\sim30\%$，辐射散热量占 $45\%\sim50\%$，呼吸和无感觉蒸发散热占 $25\%\sim30\%$ 时，人体才能达到热舒适状态，能使人体保持这种适宜比例散热的环境便是人体感到热舒适的充分条件。

8.2.3　室内热湿环境评价

8.2.3.1　评价方法

热环境研究的一个主要目的是希望把这些众多的因素综合起来，用简单而又合理的方法来评价复杂的生活和生产环境。目前常用的室内热湿环境评价方法比较多，主要有以下几大类。

（1）按照评价指数中影响因子的多少分类　可分为单因子和多因子指数。

a. 单因子指数　即选择气温、湿度、风速和辐射热等室内热环境基本参数中的一个主要因素，作为评价因子组成单一指数。如我国现行的卫生标准及分级标准对于高温车间只采用了温度这一参数，规定了温度及室内外的温差。

b. 多因子指数　把多个室内热环境基本参数作为评价因子，在测定两个或两个以上热环境因素后，再用数学分析或实验检验的方法，调查人体的主观感觉或测定人体的生理反应，最后归纳成综合指数。

这种指数既克服了单个指数的不足，又避免了用多个单一指数同时表示不便比较的缺陷，简便易行。但往往不便于直接测量，而且只是在实验范围内有效。其中的 WBGT 法已被美国等国采用，也被定为国际标准 ISO 7243，得到了广泛的应用；预测 4h 出汗率法也被定为国际标准 ISO 7933。

（2）按照评价指数确定时的环境条件分类　可分为稳态和非稳态评价指数。

a. 稳态评价指数　这种指数的计算方法，是基于人体产生的热量能否与环境的热交换取得平衡，用数学方法得出。主要有预测平均投票率（predicted mean vote，PMV）和预测不满意百分率（predicted percentage of dissatisfied，PPD）。

PMV 和 PPD 指数是以热舒适方程为基础提出的。方程考虑了活动水平、服装保温程度、气温、湿度、辐射热和风速等 6 个因素，计算结果可得到从"热"到"冷"7 个等级（+3～-3）。该法已被定为国际标准 ISO 7730，得到了普遍的应用。我国也已等同采用此标准，定为 GB/T 18049—2000《中等热环境 PMV 和 PPD 指数的测定及热舒适条件的规定》。

除了 PMV-PPD 指标外，从不同角度采用多种因素综合的热湿环境指标还有如空气分布特性指标、有效温度、合成温度、主观温度等，此外在 ASHRAE 新版标准中，提出了采用作用温度评判室内环境的热舒适性的方法。

b. 非稳态评价指数　实际上人们常处于不稳定情况下的多变环境，如由室外进入空调房间或走出空调房间到室外。又例如，非稳定风速的室外自然风或机械风吹到人的身体上。此时人的热感觉与稳态环境下的感觉是不同的。

在实际的采暖空调工程设计中，经常会遇到人员短暂停留的过渡区间，该过渡区间可能连接着两个不同空气温度、湿度等热环境参数的空间。人员经过或在该区间作短暂停留而且活动状态有所改变的时候，对该空间的热环境参数的感觉与在同一空间作长期停留时的热感觉是不同的。因此，需要对人体在这类过渡空间的热舒适感进行试验，以指导对这类空间的空调设计参数的确定。

相对热指标（relative warmth index，RWI）和热损失率（heat deficit rate，HDR）是美国运输部为地铁车站站台、站厅和列车空调设计参数而确定的考虑人体在过渡空间环境的热舒适指标。这些指标是根据 ASHRAE 的热舒适试验结果得出的。RWI 适用于较暖环境，而 HDR 适用于冷环境。

（3）过热、过冷热湿环境及其评价方法　人在正常的生理活动情况下，对外界环境有相当大的适应能力。这种正常范围内的适应能力不但对身体无害，相反能够使机体得到锻炼，提高机体的灵活性和适应性。结合我国实际情况提出，人体对"冷耐受"而不至于导致异常反应的下限温度可定义为 11℃ 左右；而对"热耐受"的上限温度可定义为 26～29℃。在此上下限温度范围内，人的感觉虽不一定最舒适，但不会产生过热或过冷的感觉，不会影响生产操作，可以保持一定的劳动生产和学习的工作效率。

热应力指数（heat stress index，HSI）由匹兹堡大学的 Belding 和 Hatch 于 1955 年提出的。它假定皮肤温度恒定在 35℃ 的基础上，在蒸发热调节区内，不考虑呼吸散热，人体维持热平衡通过排汗从皮肤由体内向外散发的实际散热损失（近似等于能量代谢率减去对流和辐射散热量）与该环境中可能的最大蒸发热损失之比值。

过冷环境中，空气湿度对人的影响不大，而气温及风速是影响人体热损失的主要因素。科学家们综合了这两个因素，提出了风冷却指标（wind chill index，WCI），用此表示皮肤温度在 33℃ 以下的表皮冷却速度。

影响室内热湿环境的因素非常多，为此人们一直在寻求简便且能综合多种因素的评价指标，以简化热湿环境的评价。

8.2.3.2　PMV-PPD 评价指标

根据上述分析，热舒适方程在人体蓄热率 S 为 0 时各变量之间存在着如下关系：

$$S = f(M, t_a, p_a, \theta_{mrt}, I_{cl}, v_a) = 0 \tag{8-24}$$

丹麦学者 P. O. Fanger 搜集了 1396 名美国和丹麦受试者的冷热感觉资料，提出了表征人体热舒适评价指标预期平均评价（predicted mean vote，PMV）的计算式，如下所示：

$$\mathrm{PMV} = [0.303\exp(-0.036M) + 0.0275] f(M, t_a, p_a, \theta_{mrt}, I_{cl}, v_a) \tag{8-25}$$

即

$$\begin{aligned}
\mathrm{PMV} = {} & 0.303\exp(-0.036M) + 0.0275\{M - W - 0.0014M(34 - t_a) - \\
& 0.0173M(5.867 - p_a) - 3.05[5.733 - 0.007(M - W) - p_a] - \\
& 0.42(M - W - 58.15) - 3.96\times10^{-8} f_{cl}[(t_{cl} + 273)^4 - (\theta_{mrt} + \\
& 273)^4] - a_{cl} f_{cl}(t_{cl} - t_a)\}
\end{aligned} \tag{8-26}$$

PMV 指标采用 7 个等级，将人体蓄热率客观物理量与人体热感觉定性量有机地建立了量化关系。表 8-8 给出了 PMV 不同等级及其相应的客观生理反应。

表 8-8　PMV 等级及相应的客观反应

热 感 觉	热	暖	微热	舒适	微凉	凉	冷
PMV	+3	+2	+1	0	-1	-2	-3
客观生理反应	见汗滴	手、颈额等局部见汗	感觉热，皮肤发黏、湿润	感觉舒适，皮肤干燥	局部关节感到凉，但可忍受	局部感到不适需加衣服	很冷，可见鸡皮疙瘩和寒战

PMV 指标代表了同一环境下绝大多数人的感觉，但是人与人之间存在生理差别，因此 PMV 指标并不一定能够代表所有人的感觉。为此 Fanger 教授提出了预测不满意百分比 PPD（predicted percent dissatisfied）指标来表示人群对热环境的不满意率，并用概率分析方法，给出 PMV 与 PPD 之间地定量关系，即

$$\mathrm{PPD} = 100 - 95\exp[-(0.2179\mathrm{PMV}^2 + 0.03353\mathrm{PMV}^4)] \tag{8-27}$$

由式（8-27）可见，当 PMV=0 时，PPD 为 5%，即意味着在室内热环境处于最佳的热舒适状态时，由于人群中各个体的生理差别，允许有 5% 的人感到不满意。

1984 年国际标准化组织提出了室内热环境评价与测量的新标准化方法 ISO 7730。在 ISO 7730 标准中采用了 PMV-PPD 指标描述和评价热环境。提出了 PMV-PPD 指标的推荐值为：PMV 在 -0.5～+0.5 之间，相当于人群中允许有 10% 的人感到不满意。

8.2.3.3 PMV-PPD 指标的影响因素

分析式（8-26），在明确了人体活动强度或者人体新陈代谢率的条件下，影响 PMV-PPD 指标的参数主要有环境参数及其人的衣着。

（1）环境参数 影响 PMV-PPD 指标的六个因素中有四个环境参数：空气温度 t_a、空气水蒸气分压力 p_a（习惯上采用相对湿度 ϕ）、环境平均辐射温度（MRT）θ_{mrt}、空气风速 v_a。环境参数不同的组合可以实现同样的舒适度指标 PMV。因此，选择合理的环境参数，以最小的投入，创造最佳的热舒适环境，一直是建筑环境工程师们在进行室内环境和空调设计时追求的目标之一。我国现行 GB 50019—2003《采暖通风与空气调节设计规范》对舒适性空调房间的设计参数提出了如表 8-9 所示的选用范围，其中温度对热舒适性、空调能耗等影响最大，一般高级建筑和长时间停留的建筑夏季取低值，冬季取高值。相对湿度的选取方法则反之。

表 8-9 舒适性空调室内设计参数

季　节	温　　度	相 对 湿 度	速　度
夏季	22～28℃	40%～65%	≤0.3m/s
冬季	18～24℃	30%～60%	≤0.2m/s

速度对人的舒适感的影响主要取决于吹风的形式，即由吹风的形式影响人的舒适感，这里主要讨论湿度对人的舒适感的影响。室内空气绝对湿度将影响人体的蒸发散热，相对湿度虽然对人体排汗有一定的影响，但它对人们主观产生凉热感觉有着更大的作用。高湿兼高温所引起的不舒适感是众所周知的。人体在出汗时，周围空气相对湿度的增加将导致皮肤润湿度的增加，人体温暖感和不舒适感也将相应增加。但在空气温度较低时会出现相反的情况，即在相对湿度不变的情况下，增加空气温度就会增加对干燥的不满。此外当冬季气温较低时，空气湿度增加所引起的"湿冷"比"干冷"更冷而且使人更不舒适。有研究发现，在令人感到舒适的空气温度环境中，一般在 23℃ 或稍低的温度水平下，湿度对人的舒适感的影响可以忽略不计。而气温处在高温或低温的情况下，湿度对人的舒适感的影响是不容忽视的。湿度特别是相对湿度的增加，在夏季，将会为空气中的微生物滋长提供所需的水分等营养源，从而增加病菌在人群中的传播和扩散，对健康不利。

（2）服装热阻 服装热阻 I_{cl} 是服装保温性能的一个指标，常用单位为（$m^2 \cdot K$）/W 和 clo，两者的关系为 $1clo=0.155(m^2 \cdot K)/W$。

1clo 的定义是一个静坐者在 21℃ 空气温度，空气流速不超过 0.05m/s、相对湿度不超过 50% 的环境中感到舒适所需要的服装的热阻，相当于内穿衬衣外穿普通外衣时的服装热阻。表 8-10 为典型着装时的服装热阻取值。

实际状况的服装热阻还与人活动的姿态、活动速度、服装润湿程度等因素有关。坐着的

表 8-10 典型着装服装热阻

服 装 形 式	组合服装热阻	
	（$m^2 \cdot K$）/W	clo
裸身	0	0
短裤	0.015	0.1
典型的炎热季节服装:短裤,短袖开领衫,薄短袜和凉鞋	0.050	0.3
一般的夏季服装:短裤,长的薄裤子,短袖开领衫,薄短袜和鞋子	0.080	0.5
薄的工作服装:薄内衣,长袖棉工作衬衫,工作裤,羊毛袜和鞋子	0.110	0.7
典型的室内冬季服装:内衣,长袖衬衫,裤子,夹克或长袖毛衣,厚袜和鞋子	0.155	1.0
厚的传统的欧洲服装:长袖棉内衣,衬衫,裤子,夹克衫的套装,羊毛袜和厚鞋子	0.230	1.5

人由于椅子与人体的接触面积增加，使服装热阻增加，增加幅度取决于接触面积，一般不超过 $0.15c_{lo}$；行走着的人，由于人体与空气的相对速度增加，会降低服装热阻。其降低的热阻可用下式估算：

$$\Delta I_{cl} = 0.5041 I_{cl} + 0.00281 V_{walk} - 0.24 \tag{8-28}$$

式中　V_{walk}——为行走速度，步/min。

被汗液润湿的服装因水分增加降低了服装热阻，其降低量与活动强度有关。表 8-11 给出了 $1c_{lo}$ 干燥服装被汗润湿后在不同活动强度下的热阻。部分润湿的服装，其热阻介于干燥热阻和润湿后的服装热阻之间。

表 8-11　$1c_{lo}$ 干燥服装被汗液润湿后的服装热阻

活动强度	静坐	坐姿售货	站姿售货	站立但偶尔走动	行走 3.2 km/h	行走 4.8 km/h	行走 6.4 km/h
服装热阻/c_{lo}	0.6	0.4	0.5	0.4	0.4	0.35	0.3

8.3　室内环境温湿度的控制

8.3.1　建筑物的隔热

夏季，在综合温度作用下，通过建筑物外围护结构向室内大量传热。对于空调房间，为了保证室内气温稳定，减少空调设备投资和维护费，要求外围结构必须具有良好的热工性能。对于一般的工业与民用建筑，房间通常是自然通风的，但是也不能忽视房屋的隔热问题，并且要根据波动传热的特点来进行围护结构以及室内的隔热设计。

8.3.1.1　建筑物隔热设计的原则

人类生活、学习及工作比较舒适的最高温度约为 30℃，高于这一温度，人便有不舒适的热感觉。造成室内过热的主要原因，可概括为四个方面：一是太阳的直接辐射，阳光通过门窗洞口直接进入室内，照射人体或通过照射地板、墙壁及设备将室内加温。二是太阳的间接辐射，炎热的太阳照射建筑围护结构的外表面，然后通过内表面将热量传入室内或被太阳晒热的室外地面、建筑物向室内辐射热量。三是室内活动产生的热量，人体是一个 310K 的热源，不断地向室内辐射热量，此外，室内的家用电器及炉灶均会向室内放热，使室内气温升高。

建筑隔热可以采用多种方法，但不管采用哪种方法，都必须体现如下设计原则。

（1）减轻太阳的直接辐射

a. 正确地选择房屋的朝向和布局，防止太阳直接照射室内。同时要绿化周围环境，以降低环境辐射和气温，并对热风起冷却作用。

建筑外表面受到的日晒时数和太阳辐射强度，以水平面为最大，东、西向其次，东南和西南又次之，南向较小，北向最小。所以屋顶隔热极为重要，其次是西墙与东墙。

b. 窗口遮阳的作用主要是阻挡直射阳光从窗口透入，减少对人体的辐射，防止室内墙面、地面和家具表面被晒而导致室温升高。

遮阳的方式是多种多样的，或利用绿化（种树或种攀缘植物），或结合建筑构件处理（如出檐、雨篷、外廊等），或采用临时性的布篷和活动的合金百叶，或采用专门的遮阳板设施等。

（2）降低太阳的间接辐射

a. 建筑围护结构外表面应采用浅颜色，以增加对太阳辐射热的反射，减少吸收，从而减少结构的传热量。可采用浅色平滑的粉刷和饰面材料，如马赛克、小瓷砖等，减少对太阳辐射吸收,但要注意褪色和材料的耐久性问题。

b. 对屋面、外墙(特别是西墙)要进行隔热处理,减少传进室内的热量,降低围护结构的内表面温度,因而要合理地选择外围护结构的材料和构造形式,最理想的是白天隔热好而夜间散热又快的构造方案。主要根据地区气候特点、房屋的使用性质和结构在房屋中的部位等因素来选择。在夏热冬暖地区,主要考虑夏季隔热,要求围护结构白天隔热好、晚上散热快;在夏热冬冷的地区,外围护结构除考虑隔热外,还要满足冬季保温要求;对于有空调的房屋,因要求传热量少和室内温度波幅小,故对其外围护结构隔热能力的要求,应高于一般房屋。

(3) 房间的自然通风 自然通风是排除房间余热、改善人体舒适感的主要途径。即要组织好房屋的自然通风,引风入室,带走室内的部分热量,并造成一定的风速,帮助人体散热。为此,房屋朝向要力求接近夏季主导风向;要选择合理的房屋布局形式,正确设计房屋的平面和剖面、房间开口的位置和面积,以及采用各种通风构造措施等,以利于房间通风散热。

在外围护结构内部设置通风间层。这些间层与室外或室内相通,利用风压和热压的作用带走进入空气层内的一部分热量,从而减少传入室内的热量。实践证明,通风屋顶、通风墙不仅隔热好而且散热快。这种结构形式,尤其适合于在自然通风情况下,要求白天隔热好、夜间散热快的房间。

建筑防热设计要综合处理,但主要的是屋面、西墙的隔热、窗口的防辐射和房间的自然通风。只强调自然通风而没有必要的隔热措施,则屋面和外墙的内表面温度过高,对人体产生强烈的热辐射,不能很好地解决过热现象;反之,只注重围护结构的隔热,而忽视组织良好的自然通风,也不能解决气温高、湿度大而影响人体散热以及帮助室内散热等问题。因此,在防热措施中,隔热和自然通风是主要的,同时也必须同窗口遮阳、环境绿化一起综合考虑。

8.3.1.2 外围护结构的隔热措施

(1) 屋顶隔热 炎热地区屋顶的隔热构造,基本上可分为实体材料层和带有封闭空气层的隔热屋顶。这类屋顶又可分为坡顶的和平顶的。由于平顶构造简洁,便于使用,故更为常用。

a. 实体材料层屋顶隔热 实体材料层屋顶,是一种从提高围护结构本身热阻和热惰性来提高隔热能力的处理方法。要注意材料层层次的排序,因为排列次序不同也会影响衰减度,必须进行比较选择。

实体屋顶的隔热构造,没有设隔热层,热工性能差。加了一层 8cm 厚泡沫混凝土,隔热效果较为显著,内表面最高温度比前者降低 19.8℃,平均温度亦低 7.6℃。但这种构造方案,对防水层的要求较高。

为了减轻屋顶自重,同时解决隔热与散热的矛盾,可采用空心大板屋面,利用封闭空气间层隔热。在封闭空气间层中的传热方式主要是辐射换热,不像实体材料结构那样主要是导热。为了提高间层隔热能力,可在间层内铺设反射系数大、辐射系数小的材料,如铝箔,以减少辐射传热量。铝箔质轻且隔热效果好,对发展轻型屋顶具有重要意义。

选择屋顶的面层材料和颜色的也很重要,如处理得当,可以减少屋顶外表面对太阳辐射的吸收,并且增加了面层的热稳定性,使空心板上壁温度减低,辐射传热量减少,从而使屋顶内表面温度降低。

b. 通风屋顶 通风屋顶的隔热防漏,在我国南方地区被广泛采用。

以大阶砖屋顶为例,通风和实砌的相比虽然用料相仿,但通风后隔热效果有很大提高。

通风屋顶内表面平均温度比不通风屋顶低 5℃，最高温度低 8.3℃；室内平均气温相差 1.6℃，最高温度相差 2.5℃。这说明由实体结构变为通风结构之后，隔热与散热性能的提高都是显著的。

通风屋顶隔热效果好的原因，除靠架空面层隔太阳辐射热外，主要利用间层内流动的空气带走部分热量。显然，间层通风量愈大，带走的热量愈多。通风量大小与空气流动的动力、通风间层高度和通风间层内的空气阻力等因素有关。

为增强风压作用的效果，应尽量使通风口面向夏季主导风向；同时，若将间层面层在檐口处适当向外挑出一段，起兜风作用，也可提高间层的通风性能。

热压的大小取决于进、排气口的温差和高差。为了提高热压的作用，可在水平通风层中间增设排风帽，造成进、出风口的高度差，并且在帽顶的外表涂上黑色，加强吸收太阳辐射效果，以提高帽内的气温，有利于排风。

阁楼屋顶也是建筑上常用的屋顶形式之一。这种屋顶常在檐口、屋脊或山墙等处开通气孔，有助于透气、排湿和散热。因此阁楼屋顶的隔热性能常比平屋顶好。但如果屋面单薄，顶棚又无隔热措施，通风口的面积又小，则顶层房间在夏季炎热时期仍有可能过热。因此，阁楼屋顶的隔热问题仍需注意。

c. 蓄水、种植屋顶

① 蓄水屋顶　水的比热容较大 [4.186kJ/(kg·K)]，而且蒸发1kg能带走2428kJ的热量。因此，若在平屋顶上蓄一定厚度的水层，利用水作隔热材料，可取得很好的隔热效果。一般来说，蓄水屋顶比不蓄水屋顶的外表面温度低15℃，内表面温度低8℃。蓄水屋顶不仅在气候干热、白天多风的地区是一种非常有效的屋顶隔热形式，在湿热地区效果也很显著。

从白天隔热和夜间散热的作用综合考虑，蓄水屋顶的水层深度宜小于5cm而大于3cm，但最终还取决于充水方式和使用要求。

水隔热屋顶要求屋顶有很好的防水质量，否则屋顶长期浸水，易发生漏水现象。但另一方面，屋顶用水隔热后，大大降低了结构的平均温度和振幅，不仅可防止防水层由于高温涨缩而引起破坏，也防止了构造因温度应力而产生裂缝。此外，长期处于水的养护之下，防水层可避免因干缩出现裂缝，嵌缝材料可免受紫外线照射老化而延长使用寿命。

② 种植屋顶　在钢筋混凝土屋面板上铺土，再在上面种植作物，即为铺土种植屋顶。

铺土种植屋顶是利用植物的光合作用、叶面的蒸发作用及其对太阳辐射的遮挡作用来减少太阳辐射热对屋面的影响。此外，土层也具有一定的蓄热能力，并能保持一定水分，通过水的蒸发吸热也能提高隔热效果。

这种屋顶的造价比用其他隔热材料或架空黏土方砖屋顶要低，但每平方米用钢量要增加1kg。施工时要捣实钢筋混凝土，养护7d后才可铺土，以防屋顶渗漏。

若以蛭石、锯末或岩棉等作为介质代替土壤，再在上面种植作物，即为无土种植屋顶。无土种植屋顶的重量仅为同厚度铺土种植屋顶的1/3，而保温隔热效果却提高3倍以上。这是因为选用质轻、松散、热导率小的材料作为种植层，其贮水、绝热性能都比土壤要好。

种植屋顶不仅是保温隔热的理想方案，而且在城市绿化、调节小气候、净化空气、降低噪声、美化环境、解决建房与农田争地等方面都有重要作用，是一项值得推广应用的措施。

(2) 外墙隔热　外墙的室外综合温度较屋顶低，因此在一般的房屋建筑中，外墙隔热与屋顶相比是次要的。但对采用轻质结构的外墙或需空调的建筑中，外墙隔热仍需重视。

黏土砖墙为常用的墙体结构之一，隔热效果较好。对于东、西墙来说，在我国广大南方地区两面抹灰的一砖墙，尚能满足一般建筑的热工要求。空斗墙的隔热效果较差于同厚度的实砌砖墙。对要求不太高的建筑，尚可采用。

为了减轻墙体自重，减少墙体厚度，便于施工机械化，近年来各地大量采用了空心砌块、大型板材和轻板结构等墙体。

空心砌块多利用工业废料和地方材料，如利用矿渣、煤渣、粉煤灰、火山灰、石粉等制成各种类型的空心砌块。一般常用的有中型砌块（200mm×590mm×500mm）、小型砌块（190mm×90mm×190mm），可做成单排孔。

从热工性能来看，190mm 单排孔空心砌块，不能满足东、西墙要求。双排孔空心砌块，比同厚度的单排孔空心砌块隔热效果提高较多。两面抹灰各 20mm 的 190mm 厚双排孔空心砌块，热工效果相当于两面抹灰各 20mm 的 240mm 厚黏土砖墙的热工性能，是效果较好的一种砌块形式。

随着建筑工业化的发展，进一步减轻墙体重量，提高抗震性能，发展轻型墙板，有着重要的意义。轻型墙板有两种类型：一是用一种材料制成的单一墙板，如加气混凝土或轻骨料混凝土墙板；另一种轻型外墙板是由不同材料或板材组合而成的复合墙板。单一材料墙板生产工艺较简单，但需采用轻质、高强、多孔的材料，以满足强度与隔热的要求。复合墙板构造复杂些，但它将材料区别使用，可采用高效的隔热材料，能充分发挥各种材料的特性，板体较轻，加工性能较好，适用于住宅、医院、办公楼等多层和高层建筑以及一些厂房的外墙。复合轻墙板的隔热效果，见表 8-12。

表 8-12 复合轻墙板的隔热效果

名　　称		砖墙（内抹灰）	有通风层的复合墙板	无通风层的复合墙板
总厚度/mm		260	124	96
质量/(kg/m²)		464	55	50
内表面温度/℃	平均	27.80	26.90	27.20
	振幅	1.85	0.90	1.20
	最高	29.70	27.80	28.40
热阻/(m²·K/W)		0.468	1.942	1.959
室外气温/℃	最高	28.9		
	平均	23.3		

最后还须指出，无论何种形式的外围护结构，（包括屋顶与外墙），采用浅色平滑的外粉饰，以降低对太阳辐射热的吸收率，隔热效果是非常明显的。例如，3cm 厚钢筋混凝土屋面板，外表面刷白后与通常的油毡屋面相比，内表面最高温度可降低 20℃ 左右。此外，若在围护结构内表面采用低辐射系数的材料，也可以减少对人体的辐射换热量。例如，顶棚内表面贴铝箔与内表面为石灰粉刷相比，在同样温度下，对人体的辐射换热量，前者约为后者的1/5；铝箔顶棚内表面温度为 39.5℃ 时产生的热效果，相当于石灰粉刷顶棚内表面温度为36℃ 时的效果。这些措施施工简便，造价低廉，效果明显，在进行外围护结构热设计时应优先考虑运用，但要注意褪色和材料的耐久性问题。

8.3.1.3　房间的自然通风

（1）自然通风的组织　建筑物中的自然通风，是由于建筑物的开口（门、窗、过道等）处存在着空气压力差而产生的空气流动。利用室内外气流交换，可以降低室温和排除湿气，保证房间的正常气候条件与新鲜洁净的空气。同时，房间有一定的空气流动，可以加强人体的对流和蒸发散热，改善人们的工作和生活条件。

造成空气压力差的原因有两个：一是热压作用；二是风压作用。

热压取决于室内外空气温差所导致的空气容重差和进出气口的高度差。当室内气温高于室外气温时，室外空气因较重而通过建筑物下部的开口流入室内，并将较轻的室内空气从上部的开口排除出去。进入的空气被加热后，变轻上升，又被新流入的室外空气所代替而排出。这样，室内就形成连续不断的换气。

热压的计算公式为：

$$\Delta p = hg(\gamma_0 - \gamma_i) \tag{8-29}$$

式中　Δp——热压，进、排风口处两边的压力差，N/m² （Pa）；

$\quad\quad h$——进、排风口中心线间的垂直距离，m；

$\quad\quad g$——重力加速度，m/s²；

$\quad\quad \gamma_0$——室外空气容重，kg/m³；

$\quad\quad \gamma_i$——室内空气容重，kg/m³。

风压作用是风作用在建筑物上而产生的风压差。当风吹到建筑物上时，在迎风面上，由于空气流动受阻，速度减少，使风的部分动能变为静压，亦即使建筑物迎风面上的压力大于大气压，在迎风面上形成正压区。在建筑物的背风面、屋顶和两侧，由于在气流曲绕过程中而形成空气稀薄现象，因此该处压力将小于大气压，形成负压区。如果建筑物上设有开口，气流就从正压区流向室内，再从室内向外流至负压区，形成室内的空气交换。

风压的计算公式为：

$$p = K \frac{v^2 \gamma_0}{2g} \tag{8-30}$$

式中　p——风压，N/m² （Pa）；

$\quad\quad v$——风速，m/s；

$\quad\quad K$——空气动力系数。

上述两种自然通风的动力因素，在一般情况下是同时并存的。从建筑降湿的角度来看，利用风压改善室内气候条件的效果较为显著。

（2）自然通风的设计　房间要取得良好的自然通风，最好是使风穿堂入室直吹室内。在民用建筑和一般工业建筑的设计中，保证房间的穿堂风，必须有进风口及出风口。房间所需要的穿堂风必须满足两个要求：一是气流路线应流经人的活动范围；另一是必须有必要的风速，最好能使室内风速达到 0.3m/s 以上。对于有大量余热和有害物质的建筑物，组织自然通风时，除保证必要的通风量外，还应保证气流的稳定性和气流线路短捷。

为了更好地组织自然通风，在建筑设计时应着重考虑下列问题。

a. 选择好建筑物的朝向　为了组织好房间的自然通风，在朝向上应使房屋纵轴尽量垂直于夏季主导风向。夏季，我国大部分地区的主导风向都是南、偏南或东南，因此在传统建筑中朝向多偏南。从防辐射的角度看，也应将建筑物布置在偏南方向较好。事实上，在建筑规划中，不可能把建筑物都安排在一个朝向，因此每一个地区可根据当地的气候和地理因素，选择本地区的合理的朝向范围，以利于在建筑设计时有选择的幅度。

房屋朝向选择的原则是：首先要争取房间自然通风，同时亦综合考虑防止太阳辐射以及防止夏季暴雨的袭击等。

b. 保持适当的房屋间距　欲使建筑物中获得良好的自然通风，周围建筑物尤其是前幢建筑物的阻挡状况是决定因素。要根据风向投射角对室内风环境的影响程度来选择合理的间距，同时亦可结合建筑群体布局方式的改变以达到缩小间距的目的。综合考虑风的投射与房间风速、风流场和漩涡区的关系，选定投射角在 45°左右较恰当。据此，房屋间距以 1.3～1.5H（H 为房屋高度）为宜。

c. 合理地布置建筑群　建筑群布局和自然通风的关系，可以从平面和空间两个方面考虑。

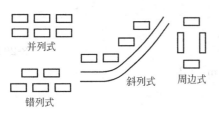

一般建筑群的平面布局形式，主要有并列式、错列式、斜列式、周边式等几种，如图 8-5 所示。从通风的角度来看，错列、斜列较行列、周边为好。当用并列式布置时，建筑群内部流场因风向投射角不同而有很大变化。错列式和斜列式可使风从斜向导入建筑群内部，有时亦可结合地形采用自由排列方式。周边式很难使风导入，这种布置方式只适于冬季寒冷地区。

图 8-5 建筑群布置

建筑高度对自然通风也有很大的影响，高层建筑对室内通风有利，高低建筑物交错地排列也有利于自然通风。

d. 确定房间的开口和通风措施 房间开口的位置和面积，实际上就是解决室内能否获得一定的空气流速和室内流场是否均匀的问题。

① 开口位置 进、出气口位置设在中央，气流直通，对室内气流分布较为有利，但设计上不容易做到。根据平面组合要求，往往把开口偏于一侧或设在墙上。这样就使气流导向一侧，室内部分区域产生涡流现象，风速减少，有的地方甚至无风。

开口部分入口位置相同而出口位置不同时，室内气流速度亦有所变化。出口在上部时，其出、入口及房间内部的风速，均相应地较出口在下部时减小一些。

在房间内纵墙的上、下部位做漏空隔断，或在纵墙上设置中轴旋转窗，可以调节室内气流，有利于房间较低部位的通风。

上述情况说明，要使室内通风满足使用要求，必须结合房间使用情况布置开口位置。

② 开口面积 建筑物的开口面积是指对外敞开部分而言。对一个房间来说，只有门窗是开口部分。开口大，则流场较大。缩小开口面积，流速虽相对增加，但流场缩小。就单个房间而言，当进出气口面积相等时，开口面积愈大，进入室内的空气量愈多。

当扩大面积有一定限度时，进气口可以采用调节百叶窗，以调节开口比，使室内流速增加或气流分布均匀。

门窗装置方法对室内自然通风的影响很大，窗扇的开启有挡风或导风作用。装置得当，则能增强通风效果。

一般建筑设计中，窗扇常向外开启成 90°角。这种开启方法，当风向入射角较大时，使风受到很大的阻挡；如增大开启角度，可改善室内的通风效果。

中轴旋转窗扇开启角度可以任意调节，必要时还可以拿掉，导风效果好，可以使进气量增加。

8.3.1.4 窗口遮阳

我国南方地区的炎热夏季，太阳辐射强度大 [多大于 $1000kJ/(m \cdot h)$]，室内气温高（高于 29℃），倘若太阳较长时间照射室内地面（超过 1h 以上），则势必造成室内过热，使人感到难受，且易生眩光，影响视觉正常工作，这时必须考虑窗口遮阳。

（1）窗口遮阳的效果 窗口遮阳效果显著，下面仅择其主要的加以介绍。

a. 减小遮阳系数 在直射阳光照射的时间内，射入遮阳窗口与射入没有遮阳的同一窗口的太阳辐射热量之比称为遮阳系数，其大小与遮阳形式、构件材料、颜色、安装等均有关系。遮阳系数越小，则说明遮阳防热的效果越好。试验表明，广州地区的西向、南向窗口的遮阳系数较小，分别为 17％及 45％。由此可见，西向及南向窗口的遮阳效果非常好。

b. 降低室内气温 据广州进行的对比试验表明，在闭窗情况下，遮阳后室内气温相对无遮阳的气温平均要低 1.4℃。在开窗情况下，室内气温平均亦低 1℃。

c. 防止产生眩光 若太阳光线直接进入室内，则会造成室内照度极不均匀，易生眩光，有害于视觉的正常工作。窗口遮阳后阻止了强烈的太阳光直接进入室内，使室内照度均匀分布，防止了眩光的产生，有利于保护眼睛。

不过，遮阳也有不利的一面，那就是会在一定程度上影响采光及通风，因此，设计时应该适当引起注意，进行统筹考虑。

（2）窗口遮阳的设计　遮阳的形式主要有以下四种。

a. 水平式遮阳　遮阳板面与室内地面呈平行形状的遮阳称为水平式遮阳。这种遮阳能有效地阻挡太阳高度角较大、辐射强度亦大的阳光从窗口上方射入室内，适用于南向或接近南向窗口的遮阳。

b. 垂直式遮阳　遮阳板既与室内地面垂直，也与窗面垂直的遮阳形式称为垂直式遮阳。这种形式能有效地挡住从窗之侧面射来的、高度角较小的阳光，较适合于北向或东北、西北向的窗口。

c. 综合式遮阳　水平式与垂直式遮阳的组合称为综合式遮阳。这种形式能挡住从窗之上方及侧方入射的、高度角变化范围较广的阳光，适合于东南及西南朝向的窗口。

d. 挡板式遮阳　由平行及垂直窗面，并从正面挡住窗口的遮阳形式称为挡板式遮阳。这种形式的优点是能有效地挡住从窗之正面入射的高度角较小的阳光，缺点是对通风及采光有较大的影响，主要适用于东西朝向的窗口。

8.3.2　建筑物的保温

8.3.2.1　建筑保温综合处理的基本原则

在严寒地区，房屋必须有保温性能。即使处于严寒与炎热地区之间的中间地带，冬季也比较冷，同样需要考虑建筑保温。

为保证寒冷地区冬季室内气候达到应有的标准，除建筑保温外，还要有必要的采暖设备供给热量。但是，在同样的供热条件下，如果建筑本身的保温性能良好，就能维持所需的室内温度；反之，若建筑本身性能不好，则不仅达不到应有的室内温度标准，还将会产生围护结构表面结露或内部受潮等一系列问题。为了充分利用有利因素，克服不利因素，从各个方面全面处理有关建筑保温问题，应注意以下几条基本原则。

（1）充分利用太阳能　冬季热工计算是以阴寒天气为准，不考虑太阳辐射作用，但这并不意味着太阳辐射对建筑保温没有影响。实际上，建筑师设计房屋时，总是要争取良好的朝向和适当的间距，以便尽可能得到充分的日照。

日照不仅是室内卫生所必需的，对建筑保温也有重要意义。入射到玻璃窗上的太阳辐射，直接供给室内一部分热量。入射到墙或屋顶上的太阳辐射，使围护结构温度升高，能减少房间的热损失。同时，结构在白天贮存的太阳辐射热，到夜间可以减缓结构温度下降。

在建筑保温设计中充分利用太阳能，既可节约燃料，又有利于生理卫生，因此应当引起重视。

（2）防止冷风的不利影响　风对室内气候的影响主要有两方面，一是通过门窗口或其他孔隙进入室内，形成冷风渗透；二是作用在围护结构外表面上，使对流换热系数变大，增强外表面的散热量。冷风渗透量越大，室温下降越多；外表面散热越多，房间的热损失就越多。因此，在保温设计时，应争取不使大面积外表面朝向冬季主导风向。当受条件限制而不可能避开主导风向时，亦应在迎风面上尽量少开门窗或其他孔洞，在严寒地区还应设置门斗，以减少冷风的不利影响。

就保温而言，房屋的密闭性愈好，则热损失愈少，从而可以在节约能源的基础上保持室温。但从卫生要求来看，房间必须有一定的换气量。另一方面，过分密闭会妨碍湿气的排除，使室内湿度升高，容易造成表面结露和围护结构内部受潮。

因此，从增强房屋保温能力来说，虽然总的原则是要求房屋有足够的密闭性，但还是要有适当的透气性或者设置可开关的换气孔。

（3）选择合理的建筑体型与平面形式　建筑体型与平面形式对保温质量和采暖费用有很大影响。建筑师处理体型与平面设计时，当然首先考虑的是功能要求。然而若因考虑体型上的造型艺术要求，致使外表面面积过大，曲折凹凸过多，则对建筑保温是很不利的。外表面面积越大，热损失越多。不规则的外部围护结构往往是保温的薄弱环节。因此，必须正确处理体型、平面形式与保温的关系，否则不仅增加采暖费用、浪费能源，而且必然影响围护结构的热工质量。

（4）使房间具有良好的热特性与合理的供热系统　房间的热特性应适合使用要求，例如全天使用的房间应有较大的热稳定性，以防室外温度下降或间断供热时，室温波动太大。对于只是白天使用（如办公室）或只有一段时间使用的房间（如影剧院的观众厅），要求在开始供热后，室温能较快地上升到所需的标准。

当室外气温昼夜波动，特别是寒潮期间连续降温时，为使室内气候能维持所需的标准，除了房间（主要是外围护结构）应有一定的热稳定性之外，在供热方式上也必须互相配合。

8.3.2.2　外围护结构的保温设计

（1）对外围护结构的保温要求　建筑保温设计必须综合解决一系列问题，其中有些属于其他专门技术，但外围护结构的保温设计最为重要。

房间所需的正常温度，是靠采暖设备供热和围护结构保温互相配合来保证的。围护结构对室内气候的影响，主要是通过内表面温度体现的。内表面温度太低，不仅影响到人的健康，表面还会结露，严重影响卫生，加重结构潮湿状况，降低结构的耐久性。

在稳定传热条件下，内表面温度取决于室内外温度和围护结构的总热阻 R_0。R_0 越大，则内表面温度越高。

应当按房间的使用性质，结合现实的技术经济条件，并考虑长远利益来确定对围护结构保温能力的要求：就大量的工业与民用建筑而言，控制围护结构内表面温度不低于室内露点温度，以保证表面不致结露是起码的要求。为满足这一要求，围护结构的总热阻就不能小于某个最低限度值。这个最低限度的总热阻称为低限热阻，用 R_{min} 表示。

以 R_{min} 为准的设计方法，称为最低限度保温设计。这种设计方法虽然不完全符合人体舒适感的要求，但仍能使人体维持可以忍受的热平衡，并基本上满足一般的使用要求。

应当指出，采用最低限度保温设计，并不意味着结构的实有热阻一定要刚好与 R_{min} 相等。R_{min} 只是起码标准，结构实有热阻还要在综合分析各项技术经济指标之后，才能最后确定。

（2）低限热阻的确定　低限热阻是一种技术标准，其确定方法本应由国家规范来规定。

$$R_{min}=\frac{t_i-t_e}{\Delta t}R_i A \tag{8-31}$$

式中　R_{min}——低限热阻，$(m^2 \cdot h \cdot ℃)/J$ 或 $(m^2 \cdot K)/W$；

$\quad\quad t_i$——冬季室内计算温度，℃；

$\quad\quad t_e$——冬季室外计算温度，℃；

$\quad\quad R_i$——内表面热转移阻，$(m^2 \cdot h \cdot ℃)/J$ 或 $(m^2 \cdot K)/W$；

$\quad\quad A$——考虑外表面位置的修正系数；

$\quad\quad \Delta t$——室内气温与内表面温度之间的允许温差，℃。

民用建筑或其他以满足人体生理卫生需要为主的房屋，t_i 按卫生标准取值；工业厂房或有特殊使用要求的房间，t_i 按相应的规范取值。

考虑到围护结构热稳定性的不同，在同样的室外温度波动下，对内表面温度的影响自然也不相同。为使同类房间采用不同热稳定性围护结构时室内气候状况接近一致，显然不同结构应采用不同的室外计算温度。当然这并不是说要有许多计算温度，而是只能按热稳定性的大小划分成几个级别来分别规定每一级的室外计算温度。

由于计算低限热阻公式中的 t_e 统一取当地的室外气温的计算值，这对外墙、屋顶等直接接触大气（指室外空气）的围护结构来说是符合实际的，但对那些不直接接触室外空气的结构来说就不对了。例如顶棚的上部是闷顶空间，其温度要比室外气温高一些。考虑到这种情况，公式中采用修正系数 A 来修正温差。A 值列于表 8-13。

表 8-13　温差修正系数 A 值

围 护 结 构 特 征		A
外围护结构和地面		1.0
闷顶	无望板的瓦屋面、铁皮屋面和石棉瓦屋面	0.9
	有望板的瓦屋面、铁皮屋面和石棉瓦屋面	0.8
	有望板和防水卷材的屋面	0.75
与不采暖房间相邻的隔墙	不采暖房间有门窗与室外相通	0.74
	不采暖房间无门窗与室外相通	0.4
不采暖地下室和半地下室的楼板（在室外地坪以上不超过1m）	外墙有窗	0.6
	外墙无窗	0.4
不采暖半地下室的楼板（在室外地坪以上超过1m）	外墙有窗	0.7
	外墙无窗	0.4

根据房间的性质，允许温差 Δt 按表 8-14 确定。由表 8-14 可见，使用质量要求较高的房间，允许温差小一些。在相同的室内外气象条件下，按较小的 Δt 确定的低限热阻值，显然就大一些。也就是说，使用质量要求越高，围护结构就应有更大的保温能力。

表 8-14　允许温差 Δt 值/℃

房 间 性 质	外墙	屋顶
居住建筑和一般公共建筑	7.0	5.5
宾馆、医疗和托幼建筑	6.0	4.5
室内计算相对湿度<50%的车间	10.0	8.0
50%～60%的车间	7.5	7.0
>60%又不允许围护结构内表面结露的车间	t_i-t_c	t_i-t_c-1

注：本中 t_c 是该房间的露点温度，℃。

（3）绝热材料　围护结构所用材料的种类很多，热导率值的变化范围也很大。例如，泡沫塑料只有 $0.03J/(m \cdot h \cdot ℃)$ 或 $W/(m \cdot ℃)$，而钢材则大到 $320W/(m \cdot ℃)$，相差一万多倍。即使是热导率很大的材料，也都有一定的绝热作用，但不能称为绝热材料。所谓绝热材料，是指那些绝热性能比较好，也就是热导率比较小的材料。究竟热导率小到什么程度才算绝热材料，并没有绝对标准。通常是把热导率小于 0.2 并能用于绝热工程的材料，叫绝热材料。习惯上把用于控制室内热量外流的材料，叫保温材料；防止室外热量进入室内的材料，叫隔热材料。

热导率虽不是绝热材料唯一的，但却是最重要、最基本的热物理指标。在一定温差下，热导率越小，通过一定厚度材料层的热量越少。同样，为控制一定热流强度所需的材料层厚度也越小。

影响材料热导率的因素很多，如密实性，内部孔隙的大小、数量、形状，材料的湿度，材料骨架部分（固体部分）的化学性质，以及工作温度等。在常温下，这一系列因素中影响最大的是单位体积的质量和湿度。

a. 容重对热导率的影响　单位体积材料的质量，叫容重。容重一般用 γ（kg/m³）表示。在干燥状态下，材料的热导率，主要取决于骨架成分的性质，以及孔隙中的热交换规律。不同材料的热导率差别很大。

材料中孔隙所占的体积与材料整体体积的百分比，叫做材料的孔隙率，用 ε 表示。

绝热材料骨架成分的比密度相差很小，无机材料一般是 2400～3000kg/m³，而有机材料约 1450～1650kg/m³。因此，容重能很好地表明材料孔隙率的大小。一般情况下，容重越小，孔隙率越大。

热导率随孔隙率的增加而减小，随孔隙率的减少而增大。这也就是说，容重越小，热导率也越小，反之亦然。正是根据这种规律，近年来研制成功大量发泡材料。但当容重小到一定程度之后，如果再继续加大其孔隙率，则热导率不仅不再降低，相反还会变大。这是因为太大的孔隙率不仅意味着孔隙的数量多，而且孔隙必然越来越大。其结果，孔壁温差变大，辐射传热量加大。同时，大孔隙内的对流传热也增多，特别是由于材料骨架所剩无几，使许多孔隙互相贯通，使对流传热显著增加。由此可见，材料存在着最佳容重。

b. 湿度对热导率的影响　绝大多数建筑材料，特别是松软或多孔性材料，都含有一定的游离水分。

材料含水量的多少以质量湿度 ϕ_w 或体积湿度 ϕ_v 表示。质量湿度是指试样中所含水分的质量与绝干状态下试样质量的百分比。体积湿度则是以湿试样中水分所占的体积与整个试样体积的百分比表示。

体积湿度能直接表明材料中所含水分的多少，质量湿度则因不同材料的干容重不同，所以尽管其质量湿度相同，而实际所含的水分可能相差很大。但是，质量湿度可以直接测定，而体积湿度则要由质量湿度换算。

$$\phi_v = \frac{\gamma}{1000}\phi_w$$

式中　γ——材料的干容重，kg/m³；

1000——水的容重，kg/m³。

材料受潮后，热导率显著增大。增大的原因是由于孔隙中有了水分以后，附加了水蒸气扩散的传热量，此外还增加了毛细孔中的液态水分所传导的热量。

除容重和湿度外，温度对材料热导率也有一定影响。温度愈高，热导率愈大，因为当温度增高时，分子的热运动加剧。

c. 保温材料的选择　为了正确选择保温材料，除了首先要考虑热物理性能以外，还要了解材料的强度、耐久性、耐火及耐侵蚀性等是否满足要求。

绝热材料按材质构造可分为多孔的、板（块）状的和松散状的。从化学成分上看，有的是无机材料，例如膨胀矿渣、泡沫混凝土、加气混凝土、膨胀珍珠岩、膨胀蛭石、浮石及浮石混凝土、硅酸盐制品、矿棉、玻璃棉等；有的是有机的，如软木、木丝板、甘蔗板、稻壳等。随着化学工业的发展，各种泡沫塑料中有不少已成为大有发展前途的新型绝热材料。铝箔等反辐射热性能好的材料，也是有效的新材料，在一些建筑中（如水果冷库）已有应用。

一般地说，无机材料的耐久性好，耐化学侵蚀性强，也能耐较高的温、湿度作用，有机材料则相对地差一些。多孔材料因容重比较小，热导率也小，应用最广。

材料的选择要结合建筑物的使用性质、构造方案、施工工艺、材料的来源以及经济指标等因素，要按材料的热物理指标及有关的物理化学性质进行具体分析。

（4）围护结构构造方案的选择　为达到某一种室内气候条件的要求，可能采用的构造方案是多种多样的。根据不同的绝热处理方法，保温构造大致有以下几种类型。

a. 单设保温层　这种方案是由热导率很小的材料作保温层起主要保温作用。保温材料不起承重作用，所以选择的灵活性比较大，不论是板块状、纤维状以至松散颗粒状材料均可应用。

b. 封闭空气间层保温　封闭的空气层有良好的绝热作用。围护结构中的空气层厚度，一般以 4～5cm 为宜。为提高空气层的保温能力，间层表面应采用强反射材料，例如前述涂贴铝箔就是一种具体方法。如果用强反射遮热板来分隔成两个或多个空气层，当然效果更好。但值得注意的是，这类反辐射材料必须有足够的耐久性，或采取涂塑处理等保护措施。

c. 保温与承重相结合　空心板、空心砌块、轻质实心砌块等，既能承重，又能保温。只要材料热导率比较小，机械强度满足承重要求，又有足够的耐久性，那么采用保温与承重相结合的方案，在构造上比较简单，施工亦较方便。

d. 混合型构造　当单独用某一种方式不能满足保温要求，或为达到保温要求而造成技术经济上不合理时，往往采用混合型保温构造。混合型的构造比较复杂，但绝热性能好，在恒温室等热工要求较高的房间是经常采用的。

8.3.2.3　防止和控制冷凝的措施

任何室内外空气，都含有一定量的水蒸气。当室内外空气的水蒸气含量不等，即围护结构两侧存在着水蒸气分压力差时，水蒸气分子就会从分压力高的一侧通过围护结构向分压力低的一侧渗透扩散，这种现象称为蒸汽渗透。

（1）防止和控制表面冷凝　产生表面冷凝的原因不外是室内空气湿度过高或是壁面的温度过低。

a. 正常温度的房间　对于这类房间，若设计围护结构时已考虑了低限热阻的要求，一般情况下是不会出现表面冷凝现象的。但使用中应注意尽可能使外围护结构内表面附近的气流畅通，所以家具、壁橱等不宜紧靠外墙布置。当供热设备放热不均匀时，会引起围护结构内表面温度的波动。为了减弱这种影响，围护结构内表面层宜采用蓄热特性系数较大的材料，利用它蓄存热量所起的调节作用，以减少出现周期性冷凝的可能性。

b. 高湿房间　一般是指冬季室内相对湿度高于 75％（相应的室温在 18℃～20℃ 以上）的房间。对于此类建筑，应尽量防止产生表面冷凝和滴水现象，要预防结构材料的锈蚀和腐蚀等有害的湿气作用。有些高湿房间，室内气温已接近露点温度（如浴室、洗染间等），即使加大围护结构的热阻，也不能防止表面冷凝。这时，应力求避免在表面形成水滴掉落下来，影响房间的使用质量，并防止表面凝水渗入围护结构的深部，使结构受潮。处理时应根据房间使用性质采取不同的措施。为避免围护结构内部受潮，高湿房间围护结构的内表面应设防水层。对于那间歇性处于高湿条件的房间，为避免凝水形成水滴，围护结构内表面可增设吸湿能力强且本身又耐潮湿的饰面层或涂层。在凝结期，水分被饰面层所吸收，待房间比较干燥时，水分自行从饰面层中蒸发出去。对于那种连续处于高湿条件下，又不允许屋顶内表面的凝水滴到设备和产品上的房间，可设吊顶（吊顶空间应与室内空气流通）将滴水有组织地引走，或加强屋顶内表面处的通风，防止形成水滴。

（2）防止和控制内部冷凝　由于围护结构内部的湿转移和冷凝过程比较复杂，目前在实物观测和理论研究方面都不能满足解决实际问题的需要，所以在设计中主要是根据实践中的经验教训，采取构造措施来改善围护结构内部的湿度状况。

a. 材料层次布置对结构内部湿状况的影响　在同一气象条件下，使用相同的材料，由于材料层次布置不同，一种构造方案可能不会出现内部冷凝，另一种方案则可能出现。所以材料层次的布置应尽量在水蒸气渗透的通路上做到"进难出易"。在设计中，也可根据"进难出易"的原则来分析和检验所设计的构造方案的内部冷凝情况。

b. 设置隔气层　在具体的构造方案中，材料层的布置往往不能完全符合上面所说的"进难出易"的要求。为了消除或减弱围护结构内部的冷凝现象，可在保温层蒸汽流入的一侧设置隔气层（如沥青、卷材或隔气涂料等）。这样可使水蒸气流在抵达低温表面之前，水蒸气分压力已急剧下降，从而避免内部冷凝的产生。

采用隔气层防止或控制内部冷凝是目前设计中应用最普遍的一种措施，为达到良好的效果，设计中应保证围护结构内部正常湿状况所必需的蒸汽渗透阻。一般的采暖房屋，在围护结构内部出现少量的冷凝水是允许的，这些凝水在暖季会从结构内部蒸发出去，不致逐年累积而使围护结构（主要是保温层）严重受潮。

8.4　室内热湿环境的检测

8.4.1　室内温度测定方法

温度测量方法一般可以分为两大类，即接触测量法和非接触测量法。接触测量法是测温敏感元件直接与被测介质接触，被测介质与测温敏感元件进行充分热交换，使两者具有同一温度，达到测量的目的。非接触测量法是利用物质的热辐射原理，测温敏感元件不与被测介质接触，通过辐射和对流实现热交换，达到测量的目的。每种温度测量方法均有自己的特点和测温范围，常用的测温方法、类型及特点见表 8-15。

表 8-15　常用测温方法、类型及特点

测温方式	温度计或传感器类型		测量范围/℃	精度/%	特点
接触式	热膨胀式	水银	−50～650	0.1～1	简单方便,易损坏,感温部位尺寸大
		双金属	0～300	0.1～1	结构紧凑,牢固可靠
		压力 液体	−30～600	1	耐振、坚固、价廉,感温部位尺寸大
		压力 气体	−20～350		
	热电偶	铂铑-铂	0～1600	0.2～0.5	种类多,适应性强,结构简单,经济方便,应用广泛;须注意寄生热电势及动圈式仪表电阻对测量结果的影响
		其他	−200～1100	0.4～1.0	
接触式	热电阻	铂	−260～600	0.1～0.3	精度及灵敏度均较好;感温部位尺寸大,须注意环境温度的影响
		镍	−500～300	0.2～0.5	
		铜	0～180	0.1～0.3	
	热敏电阻		−50～350	0.3～0.5	体积小,响应快,灵敏度高;线性差,须注意环境温度的影响
非接触式	辐射温度计		800～3500	1	非接触测温,小干扰被测温度场,辐射率影响小,应用简便
	光高温计		700～3000	1	
	热探测器		200～2000	1	非接触测温,不干扰被测温度场,响应快,测温范围大,适于测量温度分布;易受外界干扰,标定困难
	热敏电阻探测器		−50～3200	1	
	光子探测器		0～3500	1	
其他	示温涂料	碘化银、二碘化汞、氯化铁、液晶	−35～2000	<1	测温范围大,经济方便,特别适于大面积连续运转零件上的测量;精度低,人为误差大

8.4.1.1　玻璃液体温度计法

（1）原理　玻璃液体温度计是由容纳温度计液体的薄壁温包和一根与温包相适应的玻璃细管组成，温包和细管系统是密封的。玻璃细管上设有充满液体的部分空间，充有足够压力的干燥惰性气体，玻璃细管上标有刻度，以指示管内液柱的高度，使读数准确地指示温包温度。液体温度计的工作取决于液体的膨胀系数（因为液体的膨胀系数大于玻璃温包的膨胀系数）。

（2）仪器

a. 玻璃液体温度计　温度计的刻度最小分值不大于 0.2℃，测量精度±0.5℃。玻璃液体温度计的技术要求和质量试验方法及检验规则应符合 ZBY136—83 的要求。

b. 悬挂温度计支架

（3）测定步骤和注意事项

a. 为了防止日光等热辐射的影响，温包需用热遮蔽。

b. 经 5～10min 后读数，读数时视线应与温度计标尺垂直，水银温度计按凸出弯月面最高点读数；酒精温度计按凹月面的最低点读数。

c. 读数应快速准确，以免人的呼吸气和人体热辐射影响读数的准确性。

d. 零点位移误差的订正。由于玻璃热后效应，玻璃液体温度计零点位置应经常用标准温度计校正，如零点有位移时，应把位移值加到读数上。

（4）结果计算

$$t_实 = t_测 + d \tag{8-32}$$

式中　$t_实$——实际温度，℃；

　　　$t_测$——测得温度，℃；

　　　d——零点位移值，℃。

$$d = a - b \tag{8-33}$$

式中　a——温度计所示零点，℃；

　　　b——标准温度计校准的零点位置，℃。

8.4.1.2　数显式温度计法

（1）原理　感温部分采用 PN 结晶热敏电阻、热电偶、铂电阻等温度传感器，传感器随温度变化产生的电信号，经放大和 A/D 变换器后，由显示器显示。

（2）仪器　数显式温度计最小分辨率为 0.1℃，测量范围为 −40～+90℃，测量精度优于±0.5℃。

（3）测定步骤和注意事项

a. 打开电池盖，装上电池，将传感器插入插孔。

b. 测量气温感温元件离墙壁不得小于 0.5m，并要注意防止辐射热的影响，可在感温元件外加上金属防辐射罩。

c. 将传感器头部置于欲测温度部位，并将开关置“开”的位置。

d. 待显示器所显示的温度稳定后，即可读温度值。

e. 测温结束后，立即将开关关闭。

f. 湿度计、风速计上所带的测温部分，使用方法参见仪器使用说明书。

（4）校正方法

a. 将欲校正的数显温度计感温元件与标准温度计一并插入恒温水浴槽中，放入冰块，校正零点，经 5～10min 后，记录读数。

b. 提高水浴温度，记录标准温度计 20℃、40℃、60℃、80℃、100℃时的读数，即可得到相应的校正温度。

8.4.2　室内湿度测定方法

目前，气体湿度测量常用的方法有四种：干湿球法、电阻法、露点法和吸湿法。

8.4.2.1　通风干湿表法

（1）原理　将两支完全相同的水银温度计都装入金属套管中，水银温度计球部有双重辐射防护管。套管顶部装有一个用发条（或电）驱动的风扇，启动后抽吸空气均匀地通过套管，使球部处于≥2.5m/s的气流中（电驱动可达3m/s），以测定干湿球温度计的温度，然后根据干湿温度计的温差，计算出空气的湿度。

（2）仪器

a. 机械通风干湿表　温度刻度的最小分值不大于0.2℃，测量精度±3%，测量范围为10%～100%RH。上足发条后通风器的全部作用时间不得少于6min。

b. 电动通风干湿表　温度刻度的最小分值不大于0.2℃，测量精度±3%，测量范围为10%～100%RH。使用时需要有交流电源。

（3）测定步骤和注意事项

a. 用吸管吸取蒸馏水滴入湿球温度计套管内，湿润温度计头部纱条。

b. 如用机械通风干湿表，先上满发表；如用电动通风干湿表则应接通电源，使通风器转动。

c. 通风5min后读干、湿温度表所示温度。

（4）结果计算

a. 水汽分压的计算

$$p_n = p_{bs} - A \times p_a \times (t - t') \tag{8-34}$$

式中　p_n——监测时空气中的水汽分压，hPa；

$\qquad p_{bs}$——湿球温度下（t'）的饱和水汽分压，hPa；

$\qquad p_a$——监测时大气压，hPa；

$\qquad A$——温度计系数，依测定时风速而定，与湿球温度计头部风速有关，风速0.2m/s以上时为0.00099，2.5m/s时为0.000677；

$\qquad t$——干球温度，℃；

$\qquad t'$——湿球温度，℃。

b. 绝对湿度按式（8-3）的计算

$$\rho = 2.169 \frac{p_n}{T} = 2.169 \frac{p_n}{273.15 + t}$$

式中　ρ——绝对湿度（即水汽在空气中的含量），g/m³；

$\qquad T$——监测时的空气的热力学温度，K。

c. 相对湿度按式（8-4）计算

$$\phi = \frac{p_n}{p_b} \times 100\%$$

式中　ϕ——相对湿度，%；

$\qquad p_b$——干球温度条件下的饱和水汽分压，hPa。

8.4.2.2　电湿度计法

（1）原理　电湿度计应用现代计算机技术，空气温度和相对湿度可直接在仪器上显示。所用的传感器有：氯化锂电阻式、氯化锂露点式、高分子薄膜电容式等。测湿原理是通过环境湿度的变化引起传感器的特性变化，产生的电信号经处理后，直接显示空气的湿度。如高分子聚合物薄膜感湿电容，环境空气中的水汽穿透上层电极与聚合物薄膜接触，吸湿量的大小取决于环境相对湿度，薄膜吸收水分改变了探头的介电常数，从而改变了探头的电容，通过测量探头的电容的变化测量空气中相对湿度。

（2）仪器

a. 氯化锂露点湿度计　测定范围为 12％～95％RH，测定精度不大于±5％。

b. 高分子薄膜电容湿度计　测定范围为 10％～95％RH，测定精度不大于±3％。

（3）测定步骤和注意事项

a. 测定时必须注意检查电源电压是否正常。

b. 打开电源开关，通电 10min 后即可读取数值。

c. 氯化锂测头连续工作一定时间后必须清洗。

d. 湿敏元件不要随意拆动，并不得在腐蚀性气体（如二氧化硫，氨气，酸、碱蒸气）浓度高的环境中使用。

（4）校正方法

a. 标准湿度发生器（双温法、双压法、两个气流法或饱和盐溶液法）产生标准湿度的空气。要求较高时可用重量法或露点仪校准。

b. 将欲校正的感湿元件插入标准湿度的空气腔中，进行比对，经 5～10min 后记录读数。

c. 改变湿度值，重复程序 b，记录读数，即可得到相应的校正曲线。

8.4.3　室内风速（风量）测定方法

工业上常用的流量计，按其测量原理分为以下四类。

（1）差压式流量计　主要利用管内流体通过节流装置时，其流量与节流装置前后的压差有一定的关系，如标准节流装置等。

（2）速度式流量计　主要利用管内流体的速度来推动叶轮旋转，叶轮的转速和流体的流速成正比，如叶轮式水表和涡轮流量计等。

（3）容积式流量计　主要利用流体连续通过一定容积之后进行流量累计的原理，如椭圆齿轮流量计和腰轮流量计。

（4）其他类型流量计　如基于电磁感应原理的电磁流量计、涡街流量计等。

8.4.3.1　热球式电风速计法

（1）原理　热球式电风速计由测杆探头和测量仪表组成。探头装有热电偶和加热探头的镍铬丝圈。热电偶的冷端连接在磷铜质的支柱上，直接暴露在气流中，当一定大小的电流通过加热圈后，玻璃球被加热温度升高的程度与风速呈现负相关，引起探头电流或电压的变化，然后由仪器显示出来（指针式），或通过显示器显示出来（数显式）。

（2）仪器　指针式或数显式热球电风速计的最低监测值不应大于 0.05m/s。测量范围为 0.01～20m/s 内，其标定误差不大于满量程的 5％。有方向性电风速计测定方向偏差在 5°时，其指示误差不大于被测定值的±5％。

（3）测定步骤和注意事项

a. 指针式热球电风速计法

① 应先调整电表上的机械调零螺丝，使指针到零点。

② 将测杆插头插在插座内，将测杆垂直向上放置。

③ 将"校正开关"置于"满度"，调整"满度调节"旋钮，使电表置满刻度位置。

④ 将"校正开关"置于"零位"，调整"精调"、"细调"旋钮，将电表调到零点位置。

⑤ 轻轻拉动螺塞，使测杆探头露出，测头上的红点应对准风向，从电表上读出风速的值。

⑥ 根据指示风速，查校正曲线，得实际风速。

b. 数显式热球电风速计法

① 将测杆插头插在插座内，将测杆垂直向上放置。

② 打开电源开关，调整风速零点。

③ 轻轻拉动螺塞，使测杆探头露出，测头上的红点应对准风向，即直接显示出风速的值。

8.4.3.2 转杯式风速表法

（1）原理　采用转杯式风速传感器，通过光电控制，数据处理，再送三位半 A/D 显示器显示。

（2）仪器　数字风速表的启动风速为≤0.7m/s，其测量精度为≤±0.5m/s。

（3）测定步骤和注意事项

a. 打开电池盖，装上电池，将传感器插头插入对应的插孔。

b. 将传感器垂直拿在手中置于被测环境中，再将电源开关打开，即可读得瞬时风速。

c. 将开关拨到平均挡，2min 后显示的第一次风速不读，再过 2min 后显示的风速即为所测的平均风速。

8.4.4 室内新风量、换气量测定方法

8.4.4.1 风口风速和风量测定

（1）原理　通风量的大小取决于通风口（机械通风的送风口、新风的进风口以及自然通风的窗口）的面积和风速。气流在管道内流动时，在一个通风口的各点上，风速是不相等的，愈接近管壁风速愈小，所以要在通风口上划分几等份，用风速计分别测出每一部分的风速，然后求出通风口的平均风速和风量。

（2）仪器和设备

a. 热球式电风速计或转杯式风速计　使用和校正方法参见《室内风速测定方法》。

b. 直尺　最小刻度为 1mm。

（3）测定步骤

a. 测定点的分布

① 测定机械通风送风口的布点

ⅰ. 送风口如为矩形，如图 8-6 所示。将风口处截面分为若干个小矩形（最好是正方形，每边长为 150mm），每个小矩形在中央部测一个点。

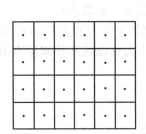

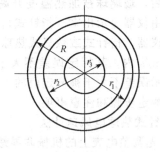

图 8-6　矩形截面风口的测定点　　　　图 8-7　圆形截面风口的测定点

ⅱ. 送风口如为圆形，如图 8-7 所示。则将其截面划出两条过圆心的正交线，按式（8-35）求出半径，划出若干个同心圆，测定点位于同心圆与正交线相交处，对称分布。

$$R_i = R\sqrt{\frac{2i-1}{2n}} \tag{8-35}$$

式中　R_i——第 i 号码测定点的半径；

　　　　R——截面的半径；

i——自截面中心引出的半径号码；

n——同心圆数，当 $R\leqslant150\text{mm}$ 时为 3；当 $R\leqslant300\text{mm}$ 时为 4；当 $R\leqslant500\text{mm}$ 时为 5；当 $R\leqslant700\text{mm}$ 时为 6；当 $R\geqslant750\text{mm}$ 时，每加 250mm 增加 1。

② 新风量的测定在对外界进风口处布点　其布点方法同矩形截面风口。

③ 自然通风测定布点方法　可根据情况参照矩形截面风口。

b. 通风口风速的测定　测定风速的方法可参照《室内风速测定方法》。测定时注意身体位置不要妨碍气流，等风速计稳定后再读数，每个点的测定时间不得少于 2min。

（4）结果计算

a. 所用的风速计有校正系数，则先将每个点的测量结果按系数加以校正，再求其平均风速。

b. 计算总风量

$$L=3600\times A\times V \tag{8-36}$$

式中　L——每小时总风量，m^3/h；

　　　A——送风口有效截面积，m^2；

　　　V——为有效截面上的平均风速，m/s。

c. 如测定的是新风口，则用式（8-36）可以计算出新风量。

8.4.4.2　示踪气体法

（1）原理　示踪气体是在研究空气运动中，一种气体能与空气混合，而且本身不发生任何改变，并在很低的浓度时就被能测出的气体总称。常用的有：一氧化碳、二氧化碳和六氟化硫等。示踪气体浓度衰减法是在待测室内通入适量示踪气体，由于室内、外空气交换，示踪气体的浓度呈指数衰减，根据浓度随着时间的变化的值，计算出室内的新风量。

（2）仪器和材料

a. 轻便型示踪气体浓度测定仪。

b. 直尺、卷尺。

c. 摇摆电扇。

d. 示踪气体　无色、无味，使用浓度无毒、安全，环境本底低、易采样、易分析的气体（见表 8-16）。

表 8-16　示踪气体环境本底水平及安全性资料

气 体 名 称	毒 性 水 平	环境本底水平/(mg/m^3)
一氧化碳(CO)	人吸入 50$\text{mg/m}^3$1h 无异常	0.125~1.25
二氧化碳(CO_2)	车间最高允许浓度 9000mg/m^3	600
六氟化硫(SF_6)	小鼠吸入 48000$\text{mg/m}^3$4h 无异常	低于检出限
一氧化氮(NO)	小鼠 LC_{50} 1090mg/m^3	0.4
八氟环丁烷(C_4F_8)	大鼠吸入 80%(20%氧)无异常	低于检出限
三氟溴甲烷($CBrF_3$)	车间标准 6100mg/m^3	低于检出限

（3）测定步骤

a. 室内空气总量的测定

① 测量并计算出室内容积 V_1。

② 测量并计算出室内物品（桌、沙发、柜、床、箱等）总体积 V_2。

③ 计算室内空气容积

$$V=V_1-V_2 \tag{8-37}$$

式中　V——室内空气容积，m^3；

V_1——室内容积，m^3；

V_2——室内物品总体积，m^3。

b. 测定的准备工作

① 按仪器使用说明校正仪器，校正后待用。

② 打开电源，确认电池电压正常。

③ 归零调整及感应确认

归零工作需要在清净的环境中调整，调整后即可进行采样测定。

c. 采样与测定

① 示踪气体浓度发生和测定

关闭门窗，在室内通入适量的示踪气体后，将气源移至室外，同时用摇摆扇搅动空气 3～5min，使示踪气体分布均匀，再按对角线或梅花状布点采集空气样品，同时在现场测定并记录。

② 计算空气交换率

用平均法或回归方程法。

ⅰ. 平均法

当浓度均匀时采样，测定开始时示踪气体的浓度 c_0，15min 或 30min 时再采样，测定最终示踪气体浓度 c_t（t 时间的浓度），前后浓度自然对数差除以测定时间，即为平均空气交换率。

ⅱ. 回归方程法

当浓度均匀时，在 30min 内按一定的时间间隔测量示踪气体浓度，测量频次不少于 5 次。以浓度的自然对数与对应的时间作图。用最小二乘法进行回归计算，回归方程式中的斜率即为空气交换率。

（4）结果计算

a. 平均法计算平均空气交换率

$$A = \frac{\ln c_0 - \ln c_t}{t} \qquad (8\text{-}38)$$

式中　A——平均空气交换率，$1/h$；

c_0——测量开始时示踪气体浓度，mg/m^3；

c_t——时间为 t 时示踪气体浓度，mg/m^3；

t——测定时间，h。

b. 回归方程法计算空气交换率

$$\ln c_t = \ln c_0 - A \times t \qquad (8\text{-}39)$$

式中　c_t——t 时间的示踪气体浓度，mg/m^3；

A——空气交换率（回归方程式的斜率），$1/h$；

c_0——测量开始时示踪气体浓度，mg/m^3；

t——测定时间，h。

c. 新风量的计算

$$Q = A \times V \qquad (8\text{-}40)$$

式中　Q——新风量，m^3/h；

A——空气交换率，$1/h$；

V——室内空气容积，m^3。

若示踪气体本底浓度不为 0 时，则公式中的 c_t、c_0 需减本底浓度后再取自然对数进行计算。

习题与思考题

1. 温度有几种表示方法？有何关系？

2. 简述空气湿度的三种表示方法。

3. 说明传导传热、对流换热、辐射换热的物理概念，并分析与它们有关的各因素。

4. 何谓热阻？其大小与哪些因素有关？

5. 对室内热环境影响较大的室外气候因素有哪几项？它们是如何影响室内气候的？

6. 人体感到热舒适的充分和必要条件是什么？

7. 室内热环境参数是指哪些参数？对人体健康有什么影响？

8. 试述室内热湿环境 PMV-PPD 评价方法？

9. 造成室内过热的主要原因是什么？防止室内过热的途径有哪些？

10. 外围护结构隔热有哪些主要措施，试简要说明。

11. 建筑设计中合理地组织自然通风应注意哪些问题？

12. 在外围护结构的保温设计中应遵循哪些基本原则？

13. 如果空气是饱和空气，温度下降时会发生什么情况？列举几个外墙内表面或地面产生表面结露现象的实例。

14. 温度和湿度分别有哪些测定方法？

15. 怎样测定室内新风量？

16. 何谓示踪气体？有何作用？

9

室内光环境

━━ **本章摘要** ━━

　　本章重点介绍：①与光环境有关的光学基本知识；②人的视觉特性和室内光环境质量的评价；③各种采光窗的采光特性、采光标准、采光设计基础；人工光源和灯具的光学特性及照明设计基础；④室内光环境的检测规定和方法。

　　室内光环境是在建筑物内部空间由光照射而形成的环境。舒适的室内光环境应该包括以下几个方面的内容：合适的照度，合理的照度分布，舒适的亮度及亮度分布，宜人的光色，避免眩光干扰，光的方向性，自然光的合理使用等。舒适的光环境可以满足人的视觉效能，创造特定的环境气氛，对人的精神状态和心理感受产生积极的影响。

　　从纯粹物理意义上讲，光是电磁波，是辐射形式的能量。在很多情况下，人们所说的光是指能够被人眼感觉到的那一小段可见光谱的辐射能。室内环境必须充分利用天然采光，因为天然采光是一种最洁净的绿色光源。同时天然采光还可以节约大量电能。建筑设计、室内装饰设计中应考虑用人工照明创造一个优美、明亮的光环境。光环境质量的好坏，不仅包含能够检测出的物理指标，还包括人们的主观感受。人工光环境还应从节约能源、保护环境的角度予以评价。

9.1　光学基本知识

9.1.1　光的性质

　　光是能量的一种存在形式，光在一种介质（或无介质）中传播时，它的传播路径将是直线，称之为光线。光是以电磁波形式传播的辐射能。电磁波的波长范围极其宽广，能使人眼产生光感的波长只是电磁波中很窄的一部分，其波长范围在 $380 \sim 780nm$（$1nm = 10^{-9}m$）之间，这部分电磁波称为可见光（简称光），这些范围以外的光称为不可见光。波长大于 $780nm$ 的红外线、无线电波，波长小于 $380nm$ 的紫外线、X 射线、γ 射线或宇宙线等，都不能引起人眼的视觉反应，人眼是看不见的，但紫外线和红外线的其他特性均与可见光相似。

　　可见光辐射的波长范围是 $380 \sim 780nm$，不同波长的可见光，在人眼中会产生不同的颜色感觉。将可见光波长从 $380nm$ 到 $780nm$ 依次展开，光将分别呈现紫、蓝、青、绿、黄、橙、红色。例如 $470nm$ 的光呈蓝色、$580nm$ 的光呈黄色、$700nm$ 的光呈红色等。各种颜色对应的波长范围并不是截然分开的，而是随波长逐渐变化的。只有单一波长的光，才呈现出一种颜色，称为单色光。有的光源如钠灯，只发射波长为 $583nm$ 的黄色光，这种光源称为单色光源。一般光源如天然光和白炽灯光等是由不同波长的光组合而成的，这种光源称为多色光源或称复合光源。

人眼对于不同波长的感受是不同的，这不仅表现在颜色感觉方面，而且也表现在亮度感觉方面。即不同波长的可见光尽管辐射的能量一样，但看起来明暗程度仍有所不同。这说明了人眼对不同波长的可见光有不同的视觉效果。在白天，人眼对波长为555nm的黄绿色最敏感；波长偏离555nm越远，人眼对其感光的灵敏度就越低。

为了描述人们对不同波长的光具有不同的视觉效果，引入了光谱光效率的概念，记作$V(\lambda)$。光谱光效率是波长的函数，其最大值为1，发生在人们具有最大视觉效果的波长处。偏离该波长时，光谱光效率将小于1。

光谱光效率既然反映的是人的视觉效果，就会因人而异，所以必须有一个统一的标准。根据各国测试和研究的结果，国际照明委员会CIE提出了CIE光度标准观察者光谱光效率，俗称标准眼睛的光谱光效率。

人的视觉效果还与环境的明亮程度有关，因此国际照明委员会给出了两种光谱光效率。第一种是在明亮条件下获得的，称为明视觉光谱光效率，记作$V(\lambda)$。它表明在555nm波长处（黄绿色）视觉效果最高，即最明亮，并且明亮程度分别向波长短的紫光和波长长的红光方向递减。第二种是在昏暗条件下获得的，称为暗视觉光谱光效率，记作$V'(\lambda)$。它表明最高视觉效果发生在507nm波长处（蓝绿色）。两种光谱光效率曲线如图9-1所示，其中实线表示的是明视觉条件下的光谱光效率，虚线表示的是暗视觉条件下的光谱光效率。

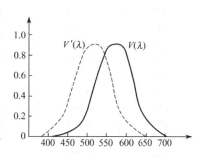

图 9-1 CIE 光度标准观察
者光谱光效率
实线—明视觉；虚线—暗视觉

光谱光效率也可以由表格形式给出，见表9-1。在照明工程中主要应用明视觉光谱光效率。通常在未明确说明的情况下，均是指明视觉条件。

在建筑光学中用光通量、发光强度、照度和亮度等参数表示光源和受照面的光特性；用光的吸收、反射、折射、偏振等来表示光线从一种介质进入另一种介质时的变化规律等。建筑采光和照明技术就是根据建筑物的功能和艺术要求，利用光、影、色的基本特性，创造良好的室内光环境。

9.1.2 光的量度

光的度量方法有两种，第一种是辐射度量，它是纯客观的物理量，不考虑人的视觉效果；第二种是光度量，是考虑人的视觉效果的生物物理量。辐射度量与光度量之间有着密切的联系，辐射度量是光度量的基础，光度量可以由辐射度量导出。常用的光度量有光通量、照度、发光强度和亮度。

9.1.2.1 光通量

照明的效果最终由人眼来评定，因此仅用能量参数来描述各类光源的光学特性是不够的，还必须引入基于人眼视觉的光量参数——光通量来衡量。光源在单位时间内向周围空间辐射出去的，并使人眼产生光感的能量，称为光通量，它是说明光源发光能力的基本量，是通过人的眼睛来描述光，用符号Φ表示。

光通量的单位是流明（lm）。在国际单位制和我国规定的计量单位中，它是一个导出单位。1流明（lm）是发光强度为1坎德拉（cd）的均匀点光源在1球面度立体角内发出的光通量。在照明工程中，光通量是说明光源发光能力的基本量。例如，一只40W白炽灯发射的光通量为350lm；一只40W荧光灯发射的光通量为2100lm，比白炽灯多5倍多。

表 9-1　CIE 光度标准观察光谱光效率

波长 λ/nm	明视觉 $V(\lambda)$	暗视觉 $V'(\lambda)$	波长 λ/nm	明视觉 $V(\lambda)$	暗视觉 $V'(\lambda)$
380	0.00004	0.000589	590	0.757	0.0655
390	0.00012	0.002209	600	0.631	0.03315
400	0.0004	0.00929	610	0.503	0.01593
410	0.0012	0.03484	620	0.381	0.00737
420	0.0040	0.0966	630	0.265	0.003335
430	0.0116	0.1998	640	0.175	0.001497
440	0.023	0.3281	650	0.107	0.000677
450	0.038	0.455	660	0.061	0.0003129
460	0.060	0.567	670	0.032	0.0001480
470	0.091	0.676	680	0.017	0.0000715
480	0.139	0.793	690	0.0082	0.00003533
490	0.208	0.904	700	0.0041	0.00001780
500	0.323	0.982	710	0.0021	0.00000914
510	0.503	0.997	720	0.00105	0.00000478
520	0.710	0.935	730	0.00052	0.000002546
530	0.862	0.811	740	0.00025	0.000001379
540	0.954	0.650	750	0.00012	0.000000760
550	0.995	0.481	760	0.00006	0.000000425
560	0.995	0.3288	770	0.00003	0.0000002413
570	0.952	0.2076	780	0.000015	0.0000001390
580	0.870	0.1212			

由于人眼对黄绿光最敏感，在光学中以它为基准作出如下规定：当发出波长为 555nm 黄绿色光的单色光源，其辐射功率为 1W 时，则它所发出的光通量为 1 光瓦，等于 683lm。由此，可得出某一波长的光源的光通量计算公式如下：

$$\Phi_\lambda = 683V(\lambda)P_\lambda \tag{9-1}$$

式中　Φ_λ——波长为 λ 的光源的光通量，lm；

　　$V(\lambda)$——波长为 λ 的光的相对光谱光效率；

　　P_λ——波长为 λ 的光源的辐射功率，W。

大多数光源都含有多种波长的单色光，称为多色光。多色光光源的光通量为它所含的各单色光的光通量之和，即

$$\Phi = \Phi_{\lambda1} + \Phi_{\lambda2} + \cdots + \Phi_{\lambda n} = \sum \left[683V(\lambda)P_\lambda\right] \tag{9-2}$$

9.1.2.2　照度

被照面单位面积上所接受的光通量，称为该被照面的照度，即照度是用来表征被照面上接受光的强弱，符号为 E。照度表示了被照面上的光通量密度。设无限小被照面面积 dA 上接受的光通量为 $d\Phi$，则该处的照度 E 为：

$$E = d\Phi/dA \tag{9-3}$$

若光通量 Φ 均匀分布在被照表面 A 上时，则此被照面的照度则为：

$$E = \Phi/A \tag{9-4}$$

照度的单位为勒克斯（lx），1 勒克斯（lx）等于 1 流明（lm）的光通量均匀分布在 $1m^2$ 的被照面上产生的照度，即 $1lx = 1lm/1m^2$。勒克斯是一个较小的单位，例如晴天中午室外地平面上的照度可达 $80000 \sim 120000lx$；阴天中午室外的照度为 $8000 \sim 20000lx$；在装有 40W 白炽灯的台灯下看书，桌面照度平均为 $200 \sim 300lx$；月光下的照度只有几个勒克斯。

国际照明委员会 CIE 对不同作业和活动推荐的照度如表 9-2 所示。

表 9-2　国际照明委员会 CIE 对不同作业和活动推荐的照度

作业或活动类型	照度范围/lx	作业或活动类型	照度范围/lx
室外入口区域	20～30～50	缝纫、绘图、检验室	500～750～1000
短暂停留交通区	50～75～100	辨色、精密加工和装配	750～1000～1500
衣帽间、门厅	100～150～200	手工雕刻、精细检验	1000～1500～2000
讲堂、粗加工	200～300～500	手术室、微电子装配	＞2000
办公室、控制室	300～500～750		

照度还可以直接叠加，例如如果房间有 3 盏灯，它们对桌面上 A 点的照度分别为 E_1、E_2、E_3，则 A 点的总照度 E 等于 3 个照度值之和，即 $E=E_1+E_2+E_3$，可写成通用表达式，即

$$E=\sum E_i \tag{9-5}$$

目前在英、美等国还在沿用英制的单位，照度的英制单位是英尺烛光（foot-candle），符号为 fc，1 平方英尺（ft^2）被照面上均匀地接受 1lm 光通量时，该被照面的照度为 1 英尺烛光（1fc），即 $1fc=1lm/ft^2=10.76lx$。

9.1.2.3　发光强度

光源在空间某一方向 α 上的光通量的空间密度，称为光源在这一方向上的发光强度（简称光强），以符号 I_α 表示，单位为坎德拉（cd）。因为光源发出的光线是向空间各个方向辐射的，因此，必须用立体角度作为空间光束的量度单位计算光通量的密度。图 9-2 所示是一个球体，其半径为 r。由球形几何学可知，被锥体截取的一部分球面面积 A 对球心形成的角称为立体角，以符号 Ω 表示，单位是球面度（Sr），且

$$\Omega=A/r^2 \tag{9-6}$$

当 $A=r^2$ 时，$\Omega=1Sr$，整个圆球面所对应的立体角为

$$\Omega=4\pi r^2/r^2=4\pi$$

综上所述，点光源在给定方向上的发光强度可定义为：光源在这一方向上的立体角内发射的光通量与该立体角之商，即

$$I_\alpha=\Phi/\Omega \tag{9-7}$$

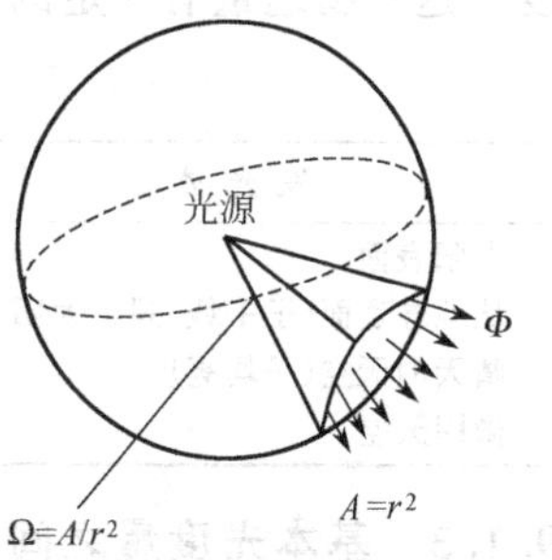

在数量上发光强度 1 坎德拉（cd）表示在 1 球面度（Sr）立体角内，均匀发出 1 流明（lm）的光通量，即 $1cd=1lm/1Sr$。坎德拉是我国法定单位制与国际 SI 制的基本单位之一，其他光度量单位都是由坎德拉导出的。

图 9-2　发光强度示意图

发光强度常用于说明光源和照明灯具发出的光通量在空间各方向或选定方向上的分布密度。例如，一只 40W 的白炽灯泡发出 350lm 光通量，在未加灯罩前，其平均光强为 $350/4\pi=28cd$；装上一个不透光的白色搪瓷灯罩后，原来向上发出的光通量，大都被灯罩朝下方反射，使下方的光通量密度增大，灯正下方的光强可提高到 70～80cd。可见，加灯罩后，灯泡发出的光通量并没有变化，只是光通量在空间的分布更集中了。

9.1.2.4　光亮度

在日常生活中，若在房间内的同一位置并排放一个白色和一个黑色的物体，虽然它们的照度一样，但看起来却会感觉白色物体要亮得多。这说明了被照物体表面的照度并不能直接表达人眼对它的视觉感觉，这是因为视觉上的明暗知觉取决于进入眼睛的光通量在视网膜上形成的物像上的照度。视网膜上形成的照度愈高，人眼就感到愈亮。白色物体的反光比黑色物体要强得多，所以感到白色物体比黑色物体亮得多。由此说明确定物体的明暗要考虑两个

因素：①物体（光源或受照体）在指定方向上的投影面积，这决定物像的大小；②物体在该方向的发光强度，这决定物像上的光通量密度。根据这两个条件，可以建立一个新的光度量——光亮度（简称亮度）。

光亮度是指发光体在视线方向单位投影面积上的发光强度。它是表征发光面发光强弱的物理量，以符号 L 表示，单位为坎德拉每平方米（cd/m^2）。表面亮度的定义式为

$$L_\theta = \frac{I_\theta}{A\cos\theta} \tag{9-8}$$

式中　L_θ——发光体沿 θ 方向的表面亮度，cd/m^2；

　　　I_θ——发光体沿 θ 方向的发光强度，cd；

　　　$A\cos\theta$——发光体在视线方向上的投影面，m^2。

1 坎德拉每平方米表示在 $1m^2$ 的表面积上，沿法线方向（$\theta=0°$）产生 1 坎德拉的光强，即 $1cd/m^2 = 1cd/1m^2$。

应当注意，光亮度在各个方向上常常是不一样的，所以在谈到一点或一个有限表面的光亮度时需要指明方向。

式（9-8）定义的光亮度是一个物理量，它与视觉上对明暗的直观感受还有一定的区别，例如在白天和夜间看同一盏交通信号灯时，感觉夜晚灯的亮度高得多，这是因为眼睛适应了晚间相当低的光亮度的缘故。实际上，信号灯的光亮度并没有变化。由于眼睛已适应了环境亮度，物体明暗在视觉上的直观感受就可能比它的物理光亮度高一些或低一些。把能直观感觉到的一个物体表面发光的属性称为"视亮度"，这是一个心理量，没有量纲。它与"光亮度"这一物理量有一定的相关关系。表 9-3 列出了几种发光体的亮度值。

表 9-3　几种发光体的亮度值

发 光 体	亮度/(cd/m^2)	发 光 体	亮度/(cd/m^2)
太阳表面	2.25×10^9	从地球表面观察月亮	2500
从地球表面(子午线)观察太阳	1.6×10^9	充气钨丝白炽灯表面	1.4×10^7
晴天的天空(平均亮度)	8000	40W 荧光灯表面	5400
微阴天空	5600	电视屏幕	1700~3500

9.1.3　基本光度量之间的关系

以上介绍的几个描述光的物理量，从不同的角度表达了物体的光学特征。光通量表征光源或发光体辐射能量的大小；发光强度用来描述光通量在空间的分布密度；照度说明受照物体的照明条件（受照面光通密度）；亮度则表示光源或受照物体的明暗差异，它们各自有不同的应用领域，并且可以互相换算，用专门的仪器进行测量，彼此间存在着一定的关系。

9.1.3.1　发光强度与照度的关系

当光源的直径小于它至被照面距离的 1/5 时，则可把该光源视为点光源。一个点光源在被照面上形成的照度，可以通过照度与发光强度的关系，利用发光强度计算而获得。

图 9-3 中，面 A_1、A_2、A_3 与点光源 O 的距离分别为 r、$2r$、$3r$，这三块面在光源处形成的立体角相同，则 A_1、A_2、A_3 的面积比等于它们与光源的距离之平方比，即 $1:4:9$。若点光源在图示方向的发光强度为 I，因三块面对应的立体角相同，落在这三块面上的光通量也相同，但由于它们的面积不同，故它们的照度不同。

由式（9-4）可知，照度 $E=\Phi/A$；而由式（9-7）得光强 $I_\alpha = \Phi/\Omega$，立体角 $\Omega = A/r^2$，则

$$E = \frac{\Phi}{A} = \frac{I_\alpha\Omega}{A} = \frac{I_\alpha A/r^2}{A} = \frac{I_\alpha}{r^2} \tag{9-9}$$

上式表明，某表面照度 E 与点光源在这个方向上的光强 I_a 成正比，与它至光源的距离 r 的平方成反比，这就是计算点光源产生照度的基本公式，称为距离平方反比定律。在图 9-3 中可以形象地看出这一定律的物理意义。

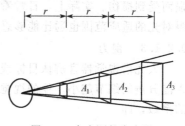

图 9-3　点光源的发光强度与照度的关系

9.1.3.2　亮度与照度的关系

光源的亮度和该光源在被照射面上所形成的照度之间，由立体角投影定律来定量，该定律适用于光源尺寸比它到被照射面的距离相对较大的场合。

$$E＝L\Omega\cos\theta \qquad (9-10)$$

上式称为立体角投影定律。它表明了发光表面上被照面上形成的照度，仅与发光表面的亮度 L 及其在被照面上形成的立体角投影 $\Omega\cos\theta$ 有关，而与发光表面的面积无关。

9.2　视觉与光环境

光射入人的眼睛后产生视觉，使人能看到物体的形状、色彩，感觉到物体的大小、质感和空间关系。可见光是视觉产生的前提，视觉依赖光。

9.2.1　人的视觉特性

9.2.1.1　视觉

视觉是指光射入人眼后产生的视知觉，它是看见明暗（光觉）、看见物体的形状（形态觉）、看见颜色（色觉）、看见物体运动（动态觉）和看见物体的远近深浅（深度觉和立体觉）等知觉的综合。视觉是人类接受外界信息的最重要途径，而采光是引起视觉的最重要的条件。人的视觉系统主要由眼睛、神经纤维和大脑三部分组成。

视觉形成的过程可分解为以下四个阶段：

① 光源发出光辐射；

② 外界景物照射下产生颜色、明暗和形体的差异，相当于形成二次光源；

③ 二次光源发出不同强度，颜色的光信号进入人眼瞳孔，借助眼球调视，在视网膜上成像；

④ 视网膜上接受的光刺激（即物像）变为脉冲信号，经视神经传给大脑，通过大脑的解释、分析、判断而产生视觉。

上述过程表明，视觉的形成既依赖于眼睛的生理机能和大脑积累的视觉经验，又和照明状况密切相关。

人眼的视网膜上布满了大量的感光细胞，感光细胞有两种：锥状细胞和杆状细胞。两种细胞分别在明、暗环境中起作用，这就形成了明、暗视觉。明视觉是指亮度在 1.2cd/m^2 以上的环境中人眼的视觉，这时候锥状细胞起作用，有颜色感觉，对外界亮度变化的适应能力强。暗视觉是指亮度在 0.01cd/m^2 以下的环境中人眼的视觉，这时是杆状细胞起作用，没有颜色感觉，也无法分辨物体的细节，对外界亮度变化的适应能力低。

9.2.1.2　亮度阈限

在呈现时间少于 0.1s，视角不超过 $1°$ 的条件下，其视觉阈限值遵守里科定律，即亮度×面积＝常数；也遵守邦森-罗斯科定律，即亮度×时间＝常数。这就是说，目标越小，或呈现时间越短，越需要更高的亮度才能引起视知觉。对于在眼中长时间出现的大目标，视觉阈限亮度为 10^6cd/m^2，这也是视觉可以忍受的亮度上限，超过这个数值，视网膜就会因辐射过强而受到损伤。实际上，日常看到的自然景物亮度差别一般在 1∶1000 以内。即使如此，人眼对光的适应范围也远比能够忍受的温度变化范围大很多。

9.2.1.3 视力

人凭借视觉器官辨认目标或细节的敏锐程度，叫做视觉敏锐度，医学上也叫视力。一个人能分辨的细节越小，他的视觉敏锐度就越高。在数量上，视觉敏锐度等于刚能分辨的视角的倒数，即

$$V = \frac{1}{\alpha_{\min}} \tag{9-11}$$

物体大小（或其中某细节的大小）对眼睛形成的张角，叫做视角如图 9-4 所示。在图中 d 代表目标大小，L 为由眼睛角膜到该目标的距离；视角 α 用下式计算

$$\alpha = \arctan \frac{d}{L} \text{rad}$$

当 α 较小时，用近似公式

$$\alpha = \frac{d}{L} \text{rad}$$

通常用"分"为单位表示视角大小，则

$$\alpha = \frac{180}{\pi} \times 60 \times \frac{d}{L} = 3440 \frac{d}{L} \text{分} \tag{9-12}$$

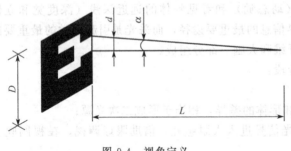

眼睛分辨细节的能力主要是中心视野的功能，这一能力因人而异。医学上常用兰道尔环或"E"视标检验人的视力。

视力随背景亮度、对比、细节呈现时间、眼睛的适应状况等因素而变化。在呈现时间不变的条件下，提高背景亮度或加强亮度对比，都能改善视觉敏锐度，看清视角更小的物体或细节。

图 9-4 视角定义

9.2.1.4 视野

当头和眼睛不动时，眼睛所能察觉到的空间范围叫做视野范围，简称视野，如图 9-5 所示。它分为单眼视野和双眼视野。单眼视野即单眼的综合视野在垂直方向约有 130°，向上 60°，向下 70°，水平方向约有 180°。双眼视野即双眼同时看到的范围要小一些，垂直方向与单眼相同，水平方向约 120°的范围。在视轴 1°范围内具有最高的视觉敏锐度，能分辨最微小的细部，称为"中心视野"。但由于这里没有杆状细胞，所以在黑暗环境中该范围不产生视觉。从中心视野往外至 30°范围是视觉清楚区域，视觉清晰度较好，称为"近背景视野"，这是观看物件总体时最有利的位置。人们通常习惯于站在离展品高度的 2.0～1.5 倍距离处观赏展品，就是为了使展品处于视觉清晰区域内。

视野范围是有限的，但通过眼球的转动和头部活动可得到弥补，这样就可以清晰地看到很大的物体了。

观察者头部不动但眼睛可以转动时，观察者所能看到的空间范围称视场。视场也有单眼视场和双眼视场之分。

9.2.1.5 视觉速度

从发现物体到形成视知觉需要一定的时间。这是因为光线进入眼睛，要通过瞳孔收缩、调视、适应、视神经传递光刺激、大脑中枢进行分析判断等复杂的过程，才能形成视觉印象。良好的照明可以缩短完成这一过程所需要的时间，从而提高工作效率。

把物体出现到形成视知觉所需时间的倒数，称为视觉速度（$1/t$）。实验表明，在

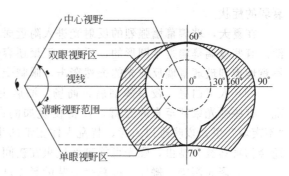

图 9-5　视野范围

照度很低的情况下，视觉速度很慢；随着照度的增加（100～1000lx）视觉速度上升很快；但达到一定的照度水平，也就是照度在1000lx以上，视觉速度的变化就不明显了。

9.2.1.6 颜色感觉

在明视觉条件下，波长在380～780nm范围内的可见光将会引起人们不同的颜色感觉。不同颜色感觉的波长范围和它的中心波长见表9-4。

表 9-4　光谱颜色波长及范围/nm

颜　色	波　长	波长范围	颜　色	波　长	波长范围
红	700	672～780	绿	510	495～566
橙	610	589～672	蓝	470	420～495
黄	580	566～589	紫	420	380～420

9.2.2 光污染

9.2.2.1 光污染的定义

所谓光环境污染是指有害物质或因子进入环境，并在环境中扩散、迁移、转化，使环境系统的结构与功能发生变化，对人类或其他生物的正常生存和发展产生不良影响的现象。它可以是人类活动的结果，也可以是自然活动的结果。所谓光环境干扰是指人类活动所排出的能量进入环境，达到一定的程度，产生对人类不良的影响。它是由能量产生的，是物理问题，而且具有局部性、区域性，在环境中不会有残余物质存在，当污染源停止作用后，污染也就立即消失。

所以原则上说，由光辐射所造成的环境污染是一种环境干扰。但由于它对人类的生存产生了不良影响，因此这里统称为光污染。目前对光辐射造成的环境污染的研究还不完善，因而也没有系统的防护措施。但医学上认为，光污染主要体现在波长100nm～1mm之间的光辐射，即紫外线辐射、可见光辐射及红外线辐射的潜在危害。

因此光污染的定义可描述为：逾量的光辐射对人类生活和生产环境造成不良影响的现象，主要包括波长100nm～1mm之间的光辐射。

9.2.2.2 光污染的分类

按光的物理特性分，有可见光污染、红外线污染和紫外线污染三类；按国际惯例，一般将光污染分为白亮污染、人工白昼、彩光污染三类。

（1）白亮污染　当阳光照射强烈时，城市里建筑物的玻璃幕墙、釉面砖墙、磨光大理石和各种涂料等装饰反射光线，十分炫眼夺目。经研究发现，长时间在白色光亮污染环境下工作和生活的人，视网膜和虹膜都会受到不同程度的损害，视力急剧下降，白内障的发病率高达45%。还会使人头昏心烦，甚至发生失眠、情绪低落、食欲下降、身体乏力等类似神经

衰弱的症状。

在夏天，玻璃幕墙强烈的反射光进入附近居民楼房内，增加了室内温度，影响正常的生活。有些玻璃幕墙是半圆形的，反射光汇聚还容易引起火灾。烈日下驾车行驶的司机会出其不意地遭到玻璃幕墙反射光的突然袭击，眼睛受到强烈刺激，很容易诱发车祸。

（2）人工白昼　夜幕降临后，商场、酒店上的广告灯、霓虹灯闪烁夺目，令人眼花缭乱。有些强光束甚至直冲云霄，使得夜晚如同白天一样，即所谓"人工白昼"。在这样的"不夜城"里，夜晚难以入睡，扰乱人体正常的生物钟，导致白天工作效率低下。人工白昼还会伤害鸟类和昆虫，强光可能破坏昆虫在夜间的正常繁殖过程。

（3）彩光污染　舞厅、夜总会安装的黑光灯、旋转灯、荧光灯以及闪烁的彩色光源构成了彩光污染。据测定，黑光灯所产生的紫外线强度大大高于太阳光中的紫外线，且对人体有害影响持续时间长。人如果长期接受这种照射，可诱发流鼻血、脱牙、白内障，甚至导致白血病和其他癌变。彩色光源让人眼花缭乱，不仅对眼睛不利，而且干扰大脑中枢神经，使人感到头晕目眩，出现恶心呕吐、失眠等症状。科学家最新研究表明，彩光污染不仅有损人的生理功能，还会影响心理健康。

因为光辐射的穿透性并不很强，所以与之有关的器官是眼睛和皮肤。其主要的急性作用是眼睛的光照性角膜炎及湿热性、光化学性视网膜损伤及皮肤的红斑与烧伤。迟发效应包括眼睛白内障的形成、视网膜变性及皮肤的加速老化和皮肤癌。

也许有人会说，这些娱乐场所并不常去，因而彩光污染与己无关。这是认识上的一个严重误区。造成彩光污染的污染源并不少见，且有一定程度上的普及性。

彩光污染首先表现在家庭装饰上。现代的人们为了营造浪漫温馨的家居气氛，常常在家里安装许多不同颜色的照明工具，其实这是不可取的。其次就是娱乐场所的各种用来营造气氛的光源，如黑光灯、旋转灯、荧光灯等。第三，来自于室内墙壁装修形成的视觉污染，主要是由于光色环境不良所造成。在我国，目前人均居住面积并不是很高，为了加大日常生活中的视觉空间，人们在装修中多采用镜面、瓷砖和白粉墙等，把自己置身于一个"强光弱色"的"人造视环境"中。这种强光环境所造成的污染可对人眼的角膜和虹膜造成伤害，抑制视网膜感光细胞功能的发挥，引起视疲劳和视力下降。我国高中生近视率高达60%，对此有关专家认为，"视觉环境是形成近视的主要原因，而不是用眼习惯"。

9.2.3　室内光环境评价

一个优良的光环境，应能使人感到舒适和谐，可减少视力疲劳，提高工作效率和学习效率，有益于人的身心健康。

评价一个光环境质量的好坏，不仅应包含带有物理指标的客观评价，还应包含人们对光环境的主观评价。为了建立人对光环境的主观评价与客观的物理指标之间的对应关系，各国的科学工作者通过大量的研究，其成果已被列入各国照明规范、照明标准或照明设计指南中，成为光环境设计和评价的依据和准则。制定照度标准的主要依据是视觉功效特性，同时还应考虑视疲劳、现场主观感觉和照明经济性等因素。另外，人工光环境还应从节约能源、保护环境的角度予以评价。

9.2.3.1　照度水平

人眼对外界环境明亮差异的感觉，取决于外界景物的亮度。但各种物体的反射特性不同，所以要规定适当的亮度水平就显得相当复杂。因此实践中还是以照度水平作为照明的数量指标。

我国近年来在新编照明设计标准时已考虑到使之与国际标准具有一致性，目前我国在建筑照明方面的通用标准是2004年12月1日开始实施的GB 50034—2004《建筑照明设计标准》（以下简称照明标准）。该标准主要有三大特点：①照度水平比 1992 年版的旧标准有较大提高；②对建筑照明的质量有了更高要求；③第一次规定了我国七类建筑主要照明场所的最大功率密度值（LPD），这七类建筑包括居住、办公、商业、旅馆、医院、学校和工业建筑，除居住建筑外，其他六类建筑照明场所的功率密度限定值在标准中被规定为强制性条文。该标准的颁布充分反映了为满足我国全面建设小康社会的新形势和新要求，有必要把照度水平和照明质量提升到一个新的水准，向国际先进水平靠拢，同时反映了照明用电必须致力于提高利用效率，最大限度地节约电能，促进资源和环境的保护，以适应我国的能源形势和经济社会的可持续发展的总要求。

（1）照明数量　照明数量一般指照度值。视觉工作所需照度值与识别物体的尺寸大小、识别物体与其背景的亮度对比及识别物体本身的亮度等因素有关。因此，照度值应根据识别物体大小、物体与背景的亮度对比及国民经济的发展情况等因素确定。一般按工作面上的照度值来规定所处环境的照明标准。不同的视觉工作对应的照度分级见表 9-5。

表 9-5　视觉工作对应的照度分级

视觉工作	照度分级/lx	附　注
简单视觉作业的照明	0.5 1 2 3 5 10 15 20 30	整体照明的照度
一般视觉作业的照明	50 75 100 150 200 300	整体照明的照度或整体照明和局部照明的总照度
特殊视觉作业的照明	500 750 1000 1500 2000 3000	整体照明的照度或整体照明和局部照明的总照度

（2）照明均匀度　一般照明时不考虑局部的特殊需要，为照亮整个假定工作面而设计均匀照明。所以，对一般照明还应当提出照明均匀度的要求。照明均匀度是以工作面上的最低照度与平均照度之比来表示。照度的不均匀将影响视野内亮度的不均匀，从而易导致视力疲劳。

我国照明标准中规定公共建筑的工作房间和工业建筑作业区域内的一般照明均匀度不得小于 0.7（CIE 和经济发达国家建议的数值是不小于 0.8）；房间或场所的通道和其他非作业区域的平均照度通常不宜低于作业区域平均照度的 1/3。一般来说，常常不需要也不希望整个室内的照度是均匀的，但当要求整个房间内任何位置都能进行工作时，则均匀的照度又是必不可少的。相邻房间之间的平均照度变化不应超过 5:1。

混合照明容易产生亮度不均匀，为此，混合照明中的一般照明的照度应控制在该总照度的 5%～10%，不宜低于 20lx。

（3）照明功率密度　照明功率密度是指单位建筑使用面积的照明总安装功率（包括光源、镇流器或变压器），单位为 W/m²。需要注意的是它是指每个使用房间（不含公共使用面积）的最大照明安装功率密度，而并非指整栋建筑的照明功率密度。

（4）空间照度　在交通区、休息区、大多数公共建筑以及居室等生活用房，照明效果往往用看人的容貌是否清晰、自然来评价。在这些场所，适当的垂直照明比水平面的照度更为重要。近年来已经提出两个表示空间照明水平的物理指标：平均球面照度和平均柱面照度。而平均柱面照度有更大的实用性。

9.2.3.2　亮度比

人的视野很广，在工作房间里，除工作对象以外，作业区、墙、顶棚、人、窗子和灯具等都会映入眼帘，它们的亮度对视觉产生重要影响。

（1）构成周围视野的适应亮度　在室内环境中，若周围视野与中心视野亮度相差过大，则当人的视觉从一处转向另一处时，眼睛被迫经过一个适应过程，如果这种适应过程次数增多，就会引起视觉疲劳，或产生眩光，降低视觉功效。

（2）房间主要表面的平均亮度　其分布均匀与否直接影响人对室内空间的形象感受。

因此，无论从可见度还是从舒适感的角度来讲，室内主要表面有合理的亮度分布都是十分必要的，它是对工作面照度的重要补充。

在工作房间，作业近邻环境的亮度应当尽可能低于作业本身亮度，但最好不低于作业亮度的1/3，这样视觉清晰度较好；而周围环境视野（包括顶棚、墙、窗户等）的平均亮度，应尽可能不低于作业亮度的1/10；灯和白天的窗户亮度，则应控制在作业亮度的40倍以内。要实现这个目标，最好统筹考虑照度和反射比这两个因素，因为亮度与二者的乘积成正比。对于长时间连续工作的房间（如办公室、阅览室等）内各表面反射比应符合表9-6所示的规定值；对于人工环境，这些表面的照度比（相对于工作面而言）应分别符合：顶棚0.25～0.9，墙面0.4～0.8，地面0.7～1.0。

表 9-6　表面反射比规定值

表面名称	反射比	表面名称	反射比
顶棚	0.6～0.9	地面	0.1～0.5
墙面	0.3～0.8	作业面、设备表面	0.2～0.6

9.2.3.3　光色和显色性

光的颜色和显色性在照明工程中十分重要，尤其在光色和显色性要求较高的场所。光源色的选择取决于光环境所要形成的气氛。光源色温不同，给人的感觉也不同。例如，照度水平低的"暖"色灯光（低色温）接近日暮黄昏的情调，能在室内创造亲切轻松的气氛；而希望能够使人们紧张、活跃、精神振奋地进行工作的房间，宜于采用照度水平高的"冷"色灯光（高色温）。

室内照明常用的光源按它们的相关色温可以分成三类，见表9-7。其中第Ⅰ类暖色调适用于居住类场所，如住宅、旅馆、饭店以及特殊作业或寒冷气候条件；第Ⅱ类在工作场所应用最为广泛；第Ⅲ类冷色调适用于高照度场所、特殊作业或温暖气候条件下。

表 9-7　不同相关色温光源的应用场所

光色分组	颜色特征	相关色温/K	适用场所举例
Ⅰ	暖	≤3300	客房、卧室、病房、酒吧、餐厅等
Ⅱ	中间	3300～5300	办公室、教室、阅览室、诊室、检查室、机加工车间、仪表装配
Ⅲ	冷	>5300	热加工车间、高照度场所

由于不同波长的光在视觉上所感受的色调，在舒适感方面有所不同。对小于3300K的暖色调的灯光在较低的照度下就可达到舒适感。而对大于5300K的冷色调的灯光则需要较高的照度才能适应，见图9-6。

物体的颜色随着照明条件的变化而变化。显色性主要用来表示光照射到物体表面时，光源对被照物体表面颜色的影响作用。物体表面色的显示除了取决于物体表面特征外，还取决于光源的光谱能量分布。不同的光谱能量分布，其物体表面显示的颜色也会有所不同。从建筑的功能，或从真实显示装修色彩的艺术效果来说，光源的良好显色性具有重要作用。如印染车间、彩色制版印刷、艺术品陈列等场所要求精确辨色；另外，顾客在商店选择商品、医生查看病人的气色，也都需要真实的显色。光源显色性的优劣用显色指数来表示。

由于人们一般习惯于在日光照射下来分辨颜色，所以在显色性比较中，以日光或接近日光光谱的人工光源作为标准光源，其显色性最好。若将日光的显色指数（R_a）定为100（最大值），则其他光源的显色指数均低于100。具有各种颜色的物体受某光源照射后的颜色效果若与在标准光源下相近，则认为该光源的显色性好，即显色指数高；反之，若物体被照射

后表面颜色出现明显失真，则说明该
光源与标准光源在显色性方面存在一
定的差别，其显色性差，显色指数也
低。一般认为 R_a 在 100～80 范围内，
显色性优良；R_a 在 79～50 范围内，显
色性一般；$R_a<50$，显色性较差。

根据《建筑照明设计标准》（GB
50034—2004）规定，长期工作或停留
的房间或场所，照明光源的显色指数
R_a 不宜小于 80。在灯具安装高度大于
6m 的工业建筑场所，R_a 可以低于 80，
但必须能够辨别安全色。

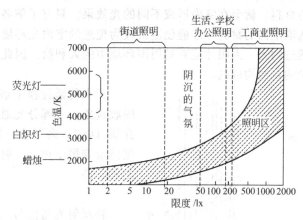

图 9-6　照度水平与光色舒适感的关系

光源的色温与显色性之间没有必然的联系，因为具有不同的光谱分布的光源可能有相同
的色温，但显色性可能差别很大；同样，色温有明显区别的光源，在某种情况下，还可能具
有大体相等的显色性。

9.2.3.4　眩光

当直接或通过反射看到亮度极高的光源，或者在视野中出现强烈的亮度对比时，就会感
受到使人昏花或刺眼的光，即眩光。产生眩光的原因有以下两种。

（1）由于视野内的亮度分布不适当，即在视野内出现了不同的亮度，形成过强的亮度对
比。比如在夜里，汽车大灯的灯光可使人睁不开眼，也无法分辨周围的物体。

（2）另一种原因是由于视野内亮度范围不合适，即视野内出现了太亮的发光体。例如夏
日晴天的天空，人们仰视天空时会感到刺眼，这不是由于出现了大的亮度对比，而是亮度过
高而引起的眩光。

一般根据眩光对视觉影响的程度，可分为失能眩光和不舒适眩光，失能眩光会导致视力
下降，甚至丧失视力；不舒适眩光则会使人感到不舒服，影响注意力的集中，时间长会增加
视觉疲劳。这两种眩光效应有时分别出现，但多半是同时存在的。不舒适眩光可以用统一眩
光值（UGR）来度量。统一眩光值是度量处于视觉环境中的照明装置发出的光对人眼引起
不舒适感主观反应的心理参量。对于室内光环境来说，不舒适眩光往往比失能眩光出现的机
会多，且更难解决。凡是能控制不舒适眩光的措施，一般均有利于消除失能眩光。因此控制
不舒适眩光更为重要，只要将不舒适眩光控制在允许限度内，失能眩光也就自然消除了。

眩光还有直接眩光与反射眩光之别。直接眩光是由灯具、灯泡、窗户等高亮度光源直接
引起的；反射眩光是由高反射系数表面（如镜面、光泽金属表面或其他表面）反射亮度造成
的，朝眼睛方向的规则反射产生的眩光叫做反射眩光。这些光反射到眼睛时掩蔽了作业体，
减弱了作业体与周围物体的对比，产生视觉困难，称为光幕反射或模糊反射，这种现象经常
在阅读光滑面纸张的书籍、杂志时发生，反射出的模糊亮斑会影响视觉。

眩光对人的生理和心理都有明显的危害，且会对劳动生产率有较大的影响，眩光如同噪
声一样，是一种环境污染。所以对眩光的研究与控制有着十分重要的意义。

9.3　室内环境光污染的控制

9.3.1　材料的光学性质

人们在建筑物内看到的光，绝大多数是经过墙壁或各种物件反射或透射的光。选用不同

的材料，就会在室内形成不同的光效果。只有了解各种材料的光学性质，根据不同的要求，选取不同的材料，才能创造出较为理想的室内光环境。借助于材料表面反射的光或材料本身透过的光，人眼才能看见周围环境中的人和物。因此可以说，光环境就是由各种反射与透射光的材料构成的。

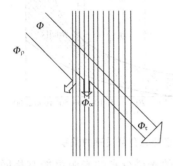

图 9-7　光的反射、吸收和透射

光在传播过程中遇到新的介质时，会发生反射、透射和吸收现象。一部分光通量被介质表面反射（Φ_ρ），一部分透过介质（Φ_τ），余下的一部分则被介质吸收（Φ_α），见图 9-7。根据能量守恒定律，入射光通量（Φ）应等于上述三部分光通量之和，即

$$\Phi = \Phi_\rho + \Phi_\tau + \Phi_\alpha \tag{9-13}$$

将反射光通量与入射光通量之比，定义为反射比 ρ（反射系数），即

$$\rho = \Phi_\rho / \Phi \tag{9-14}$$

透射光通量与入射光通量之比，定义为透射比 τ（透射系数），即

$$\tau = \Phi_\tau / \Phi \tag{9-15}$$

被吸收的光通量与入射光通量之比，定义为吸收比 α（吸收系数），即

$$\alpha = \Phi_\alpha / \Phi \tag{9-16}$$

则有

$$\rho + \tau + \alpha = 1 \tag{9-17}$$

从照明角度来看，反射比或透射比高的材料才有使用价值。表 9-8 列出了照明工程常用

表 9-8　灯光照明工程常用材料的 ρ 和 τ 值

材料名称	颜色	厚度/mm	ρ	τ	材料名称	颜色	厚度/mm	ρ	τ
1. 透光材料					水泥砂浆抹面	灰	—	0.32	
普通玻璃	无	3	0.08	0.82	混凝土地面	深灰	—	0.20	
普通玻璃	无	5~6	0.08	0.78	水磨石地面	白间绿	—	0.66	
磨砂玻璃	无	3~6	—	0.55~0.60	水磨石地面	白间黑灰	—	0.52	
					胶合板	本色	—	0.58	
乳白玻璃	白	1	—	0.60	3. 金属材料及饰面				
有机玻璃	无	2~6	—	0.85	光学镀膜的镜面玻璃			0.88~0.99	
小波玻璃钢瓦	绿	—		0.38					
玻璃钢采光罩	本色	3~4 层布	—	0.72~0.74	阳极氧化光学镀膜的铝			0.75~0.97	
聚苯乙烯板	无	3		0.78	普通铝板抛光			0.60~0.70	
聚氯乙烯板	本色	2		0.60					
聚碳酸酯板	无	3		0.74	酸洗或加工成毛面的铝板			0.70~0.85	
铁窗纱	绿	—		0.70					
2. 建筑饰面材料					铬			0.60~0.65	
大白粉刷	白	—	0.75	—					
乳胶漆	白	—	0.84	—	不锈钢			0.55~0.65	
调和漆	白,米黄	—	0.70	—					
调和漆	中黄	—	0.57	—	搪瓷	白		0.65~0.80	
普通砖	红	—	0.33	—					

材料的 ρ 和 τ 值，可供比较参考。除了定量的分析以外，还需要深入了解各种材料反射光或透射光的分布模式，以求在光环境设计中正确运用每种材料的不同控光性能，获得预期的照明效果。

9.3.1.1 反射

辐射由一个表面返回，组成辐射的单色分量的频率没有变化，这种现象叫做反射。反射光的强弱与分布形式取决于材料表面的性质，也同光的入射方向有关。

反射光的分布形式有规则反射与扩散反射两大类。扩散反射又可细分为定向扩散反射、漫反射、混合反射等。

9.3.1.2 透射

光线通过介质，组成光线的单色分量的频率不变，这种现象称为透射。例如玻璃、晶体、某些塑料、纺织品、水等都是透光材料，能透过大部分入射光。材料的透光性能不仅取决于其分子结构，还与它的厚度有关。例如非常厚的玻璃或水将是不透明的，而一张极薄的金属膜或许是透光的，至少可以是半透光的。

材料透射光的分布形式也可分为规则透射、定向扩散透射、漫透射和混合透射四种。

9.3.1.3 折射

光在透明介质中传播，当从密度小的介质进入密度大的介质时，光速减慢；反之，光速加快。由于光速的变化而造成光线方向的改变，这种现象就是折射。

光的折射规律为：

(1) 入射线、折射线与分界面的法线同处于一个平面内，且分居于法线的两侧；

(2) 入射角正弦和折射角正弦的比值，对确定的两种介质来说，是一个常数。

$$\frac{\sin i}{\sin r} = \frac{n_2}{n_1} \tag{9-18}$$

式中　n_1——第一种介质的折射率；

　　　n_2——第二种介质的折射率；

　　　i——入射角，见图 9-8；

　　　r——折射角。

由式 (9-18) 可以看出，光线通过两种介质的界面时，在折射率大的一侧，光线与法线的夹角较小。利用折射能改变光线方向的原理制成的折光玻璃砖、各种棱镜灯罩，能精确地控制光分布。

此外，当一束白光通过折射棱镜时，由于组成白光的单色光频率不同，则因折射而分离成各种颜色，这称为色散。有金属镀膜的磨光棱镜玻璃灯饰部件，就是因为色散而呈现出五光十色，装饰效果华丽夺目，如图 9-8 所示。

9.3.2 天然采光

9.3.2.1 采光标准

采光设计标准是评价天然光环境质量的准则，也是建筑采光设计的依据。我国于 2001 年 11 月 1 日起开始施行 GB/T 50033—2001《建筑采光设计标准》，其主要内容及其采光标准如下。

(1) 采光系数　采光设计的光源应以全阴天天空的漫射光作为标准。由于室外照度是经常发生变化的，它必然使得室内的照度也相应发生变化，故不能用照度的绝对值来规定采光数量，而是采用相对照度值来作为采光标准，该照度相对值称为采光系数，它是采光的数量评价指标，也是采光设计的依据。室内某一点的采光系数可按下式确定：

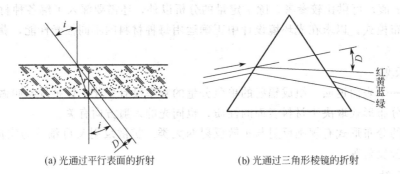

(a) 光通过平行表面的折射   (b) 光通过三角形棱镜的折射

图 9-8　光的折射

$$C = \frac{E_n}{E_w} \times 100\% \qquad\qquad (9\text{-}19)$$

式中　C——采光系数；

　　　E_n——在全阴天漫射光照射下，室内给定平面上某一点由天空漫射光所产生的照度，lx；

　　　E_w——在全阴天漫射光照射下，与 E_n 同一时间的室外照度，lx。

已知采光系数的标准值，可以根据室内要求的照度换算出需要的室外照度，也可以根据室外某时刻的照度值求出当时室内任一点的照度。

（2）采光系数标准值　不同情况视觉对象要求不同的照度，而照度在一定范围内越高越好。照度越高，工作效率越高。但是，照度越高投资就越大，因此确定采光系数标准值必须既考虑到视觉工作的需要，又照顾到经济上的可能性和技术上的合理性。采光标准综合考虑了视觉试验结果，经过对已建成建筑采光现状进行的现场调查、采光口的经济分析，我国光气候特性和国民经济发展等因素的分析，将视觉工作分为Ⅰ～Ⅴ级，提出了各级视觉工作要求的天然光照度最低值为 250lx、150lx、100lx、50lx、25lx。把室内天然光照度对应采光标准规定的室外照度值称为临界照度，用 E_y 值表示。E_y 值的确定将影响开窗的大小，人工照明使用时间等。经过不同临界照度值对各种费用的综合比较，考虑到开窗的可能性，采光标准规定我国Ⅲ类光气候区的临界照度值为 5000lx。确定这一值后就可将室内天然光照度换算成采光系数。

由于不同的采光类型在室内形成不同的光分布，故采光标准按采光类型，分别提出不同要求。顶部采光时，室内照度分布均匀，采用采光系数平均值。侧面采光时，室内光线变化大，故用采光系数最低值。采光系数标准值见表 9-9。对于有严格要求的视觉作业车间，必须严格遵循表 9-9 所规定的采光系数标准值。如对于特别精密机电产品加工、装配、检验、工作品雕刻、刺绣、绘画等车间，必须符合Ⅰ级采光等级。各类民用建筑采光等级见表 9-10，其相应的采光系数可根据采光等级由表 9-9 查取。

表 9-9　视觉作业场所工作面上的采光系数标准值

采光等级	视觉作业分类		侧 面 采 光		顶 部 采 光	
	工作精确度	识别对象的最小尺寸 d/mm	采光系数最低值 C_{min}/%	室内天然临界照度/lx	采光系数平均值 C_{av}/%	室内天然临界照度/lx
Ⅰ	特别精细	$d \leqslant 0.15$	5	250	7	350
Ⅱ	很精细	$0.15 < d \leqslant 0.3$	3	150	4.5	225
Ⅲ	精细	$0.3 < d \leqslant 1.0$	2	100	3	150
Ⅳ	一般	$1.0 < d \leqslant 5.0$	1	50	1.5	75
Ⅴ	粗糙	$d > 5.0$	0.5	25	0.7	35

表 9-10　各类民用建筑采光等级

建筑类型	采光等级	房间名称	建筑类型	采光等级	房间名称
居住建筑	IV	起居室(厅)、卧室、书房、厨房	图书馆建筑	III	阅览室、开架书库
学校建筑	III	教室、实验室、报告厅		IV	目录室
旅馆建筑	III	会议厅	博物馆、美术馆建筑	III	文物修复、复制、门厅、工作室、技术工作室
	IV	大堂、客房、餐厅、多功能厅		IV	展厅
医院建筑	III	诊室、药房、治疗室、化验室	各类建筑	V	走道、楼梯间、卫生间、过厅、餐厅(居住建筑)、书库(图书馆建筑)、库房(博物馆、美术馆建筑)
	IV	候诊室、挂号处、综合大厅、病房、医生办公室(护士室)			
办公建筑	II	设计室、绘图室			
	III	办公室、视屏工作室、会议室			
	IV	复印室、档案室			

（3）光气候分区　我国各地光气候有很大区别，若在采光设计中采用同一标准值显然是不合理的，为此，在采光设计标准中，将全国划分为五个光气候区，分别取相应的采光设计标准。表 9-9 中所列采光系数值适用于 III 类光气候区。各区具体标准为表 9-9 中所列值乘上各区的光气候系数。光气候系数见表 9-11。

表 9-11　光气候系数 K

光气候区	I	II	III	IV	V
K 值	0.85	0.90	1.00	1.10	1.20
室外天然光临界照度值	6000	5500	5000	4500	4000

（4）采光均匀度　采光均匀度是假定工作面上的采光系数的最低值与平均值之比。视野内照度分布不均匀，易使人眼疲乏，视功能下降，影响工作效率。因此，要求房间内照度分布应有一定的均匀度，故标准提出顶部采光时，I～IV 级采光等级的采光均匀度不宜小于0.7。侧面采光时，室内照度不可能做到均匀；顶部采光时，V 级视觉工作需要的开窗面积小，较难照顾到采光均匀度，故这两种情况下对均匀度均未作规定。

（5）合适的光反射比　对于办公、图书馆、学校等建筑的房间内，各表面的光反射比宜符合表 9-6 的规定。

（6）眩光限制　侧窗位置较低，对于工作视线处于水平场所极易形成不舒适眩光。故宜考虑侧窗不舒适眩光情况，具体值见表 9-12。顶部采光口位置高，常处于视野范围之外，不易引起不舒适眩光，故标准未作具体限制。

表 9-12　生产车间侧窗不舒适眩光评价

眩光评价	眩光等级	眩光评价值		适 用 场 所 举 例
		窗亮度/(cd/m²)	窗眩光指数 DGI[①]	
A	刚好无感觉	2000	20	精密仪器、仪表加工和装配车间，光学仪器加工和装配车间，工艺美术工厂雕刻、绘画车间
B	刚好有轻感觉	4000	23	精密机械加工和装配车间，纺织厂精纺、织造及检验车间、设计室、绘图室
C	刚好可接受	6000	25	机电装配车间，机修、电修车间，印刷厂装订车间、木工车间，电镀车间，油漆车间
D	刚好不舒适	7000	27	焊接车间，钣金车间，冲压剪切车间，有色冶金工厂冶炼车间，玻璃厂退火车间
E	刚好能忍受	8000	28	造纸厂原料处理车间，化工厂原料准备车间、配料间、原料间、大、小件贮存库

① DGI 为眩光指数，它与光源亮度及其周围表面亮度、光源与人眼视线的几何关系有关，具体计算见相关参考文献。

9.3.2.2 采光口

人们在建筑围护结构上（如墙和屋顶等处）开了各种形式的洞口，装上各种透明材料，如玻璃或有机玻璃等，这些装有透明材料的孔洞统称为采光口。采光口的功能第一是引进天然光；第二是沟通室内外的视线联系；第三是用于控制自然通风；第四是避免遭受自然界的侵袭。按照采光口所处位置，可分为侧窗（安装在墙上，称侧面采光）和天窗（安装在屋顶上，称顶部采光）两类。有的建筑同时兼有侧窗和天窗两种采光形式时，称为混合采光。

（1）侧窗　侧窗是在房间侧墙上开的采光口，这是最常见的一种采光形式，如图 9-9 所示。其特点是构造简单、布置方便、造价低廉、光线具有强烈的方向性、有利于形成阴影，对观看立体物件特别适宜，并可直接看到外界景物，扩大视野，故使用很普遍。它一般放置在 1m 左右高度。有时为了争取更多的可用墙面，或提高房间深处的照度，或由于其他原因，将窗台提高到 2m 以上，称高侧窗［如图 9-9（b）右侧］，高侧窗常用于展览建筑，以争取更多的展出墙面；用于厂房以提高房间深处照度；用于仓库以增加贮存空间。

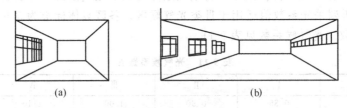

(a)　　　　　　　　　　　　(b)

图 9-9　侧窗的几种形式

（2）天窗　房屋屋顶设置采光口，称为天窗。天窗采光在工业厂房和公共建筑的大厅中应用广泛。天窗采光与侧窗采光相比，有以下特点：①采光效率较高，约为侧窗的 8 倍；②一般具有较好的照度均匀性（平天窗阳光直射处照度均匀性差一些）；③一般很少受到室外遮挡。按使用要求的不同，天窗又分为多种形式，如矩形天窗、锯齿形天窗、平天窗、横向天窗和井式天窗。

9.3.2.3 采光设计

房屋天然采光设计的任务是根据视觉作业特点所提出的各项要求，正确选择采光口形式，确定必须的采光口面积及位置，使室内获得良好的光环境，保证视觉作业顺利进行。设计时应综合考虑采光、自然通风、保温、隔热、泄爆等因素。以下介绍采光设计的主要步骤。

（1）收集资料　了解设计对象所处的周围环境以及室内采光要求与其他要求。

（2）选择采光口的形式　根据房间特征与使用要求，选择采光窗的形式，如单一类型采光形式（侧窗或天窗等），还是多种类型混用的采光形式。选择采光口形式的基本原则是以侧窗为主，天窗为辅。侧窗的采光优点较多，且对多层建筑，无法设天窗，只能设侧窗，对进深较大的单层多跨车间，可在边跨外墙上设侧窗，中间各跨设天窗。

（3）确定采光口位置及能开窗的面积　侧窗一般设置在建筑物的南北侧墙上，窗口朝南或朝北。天窗则应根据车间的剖面形式及与相邻车间的关系来确定其位置及尺寸。根据现有标准确定相应采光形式所需的窗口面积。

由窗地面积比确定的窗口面积，仅是一个估算值，实际窗口的采光效果，随具体情况不同会有很大差别。因此，不能把估算值作为最终确定的窗口面积，而需要进行验算。

（4）确定采光窗尺寸　对于侧窗，由于它还起到与外界视觉联系的作用，因此，窗的高宽比、窗台高度应适宜，并结合定型产品选择。对侧窗的尺寸有如下要求：

a. 窗玻璃面积宜占所处外墙面积的 20%～30%；

b. 窗宽与窗间墙比宜在 1.2∶1～3.0∶1 之间;

c. 窗台高度不宜超过 0.9m。

（5）进行采光计算和技术经济分析,布置采光口　由于采光面积是估算的,位置也不一定合适,在进行技术设计之后,还应进行采光计算,确定它是否满足采光标准的各项要求。

当采光设计初步方案满足了采光的技术要求后,应进行其他方面的分析,综合考虑通风、日照、美观和经济等方面的要求,才能最终确定采光设计方案是否可行。

9.3.3　人工照明

天然采光固然优点很多,但是,它的应用却要受到时间和地点的限制。建筑物内不仅夜间必须采用人工照明,在某些场合,白天也要采用人工照明。因此,如何利用人工照明来创造一个优美、明亮的光环境,是建筑设计、室内装饰设计以及电气照明设计中必须认真考虑的问题。

9.3.3.1　电光源

凡可以将其他形式的能量转化成光能,从而提供光通量的设备、器具统称为光源,而其中可以将电能转化成光能,从而提供光通量的设备、器具则称为照明电光源。由于照明电光源的发光条件不同,其光电特性也各异。

（1）电光源的特性与特性指标　电光源的工作特性可以由一些参数来描述,这些参数也是选择和使用光源的依据。常用照明电光源的主要光特性指标见表 9-13。

表 9-13　常用照明光源的主要光特性指标

照明光源种类	光视效能/(lm/W)	显色指数 R_a	色温/K	色表	频闪效应	寿命/h	再点燃时间
白炽灯	6.5～20	95～99	2800		无	1000	瞬间
卤钨灯	20～40	95～99	2800～3300	暖色		1500	
暖白色荧光灯	30～80	50～60	2900				1～4s
冷白色荧光灯	2～50	约58	4300	中间色			
日光色荧光灯	25～72	70～80	6500	冷色			
荧光高压汞灯	40～60	30～40	5500～6000		有	约5000	4～8min
高压钠灯	80～100	21～27	1900～2800	暖色			4～8min
低压钠灯	90～160	约48	约1900				8～10min
金属卤化物灯	64～80	85～95	4000～6500	冷色		约1500	4～8min
氙灯	24～34	约94	5000～6000			1000	1～2min

（2）电光源的种类　根据照明电光源的工作原理和发光形式的不同,可分为热辐射光源和气体放电光源两大类。

a. 热辐射光源　电流通过灯丝,将灯丝加热到白炽状态,产生热辐射从而发光的光源,称为热辐射光源,如白炽灯、卤钨灯。

① 白炽灯　白炽灯适用于家庭、旅馆、饭店及艺术照明、信号照明、投光灯照明以及不允许有频闪效应的工作场所,是迄今用量最大的一种光源。白炽灯发出的可见光以长波辐射为主,与天然光相比,其光色偏红,因此,白炽灯不适合用于需要仔细分辨颜色的场所。

② 卤钨灯　卤钨灯与一般白炽灯比较,体积小、效率较高、功率集中,因而可使照明灯具小型化,便于光的控制,故被广泛地应用在大面积照明与定向投影照明上。我们可以在广场、体育馆、展览馆、高大厂房等场所看到卤钨灯的应用效果。卤钨灯在点亮时,为了使在泡壁生成的卤化物处于气态,管壁温度可达 600℃ 左右,因此卤钨灯不能与易燃物接近,不适用于易燃、易爆及灰尘较多的场所。另外,卤钨灯的耐振性、耐电压波动性都比白炽灯差。

b. 气体放电光源　电流通过灯管中的气体,使某些元素的原子被电子激发而发射光的光源，称为气体放电光源。这种光源具有发光效率高、使用寿命长等特点，应用极其广泛。气体放电光源一般应与相应的附件配套才能接入电源使用。

放电光源按放电的形式分为：

① 弧光放电灯　这类光源主要利用弧光放电柱产生光。弧光放电的特点是阴极位降较小，因此也称热阴极灯，通常需要专门的启动器件和线路才能工作。荧光灯、钠灯、汞灯等均属于弧光放电灯。

② 辉光放电灯　这类光源由正辉光放电柱产生光。辉光放电的特点是阴极的次级发射大量电子，阴极位降较大（100V 左右），电流密度较小。这种灯也叫冷阴极灯，通常需要很高的电压。霓虹灯属于辉光放电灯。

由于这些照明光源都是人们用科学的方法研制而成，所以照明光源又称人工光源。

从各种灯的优缺点中可以看出，光效高的灯，往往单灯功率大，光通量因而很大，故难以应用在一些例如住宅这类的小空间中。近年来国际上先后出现了一些功率小、光效高、显色性能好的新光源，如紧凑型荧光灯、无电极荧光灯等，它们体积小，与 100W 白炽灯相近，灯头有时也做成白炽灯那样，附属配件安置在灯内，可以直接替换白炽灯，其显色指数达 80 左右，单灯光通量在 425～1200lm 范围内，很适宜用于低、小空间内，故在欧美已广泛取代白炽灯，应用于居住和公共建筑中。

为便于比较，现将常用照明电源的主要光电特性列于表 9-14 中。

表 9-14　常用照明电光源的主要特性比较

项　目　＼　光　源	普通白炽灯	卤钨灯	荧光灯	荧光高压汞灯	金属卤化物灯	高压钠灯
光效/(lm/W)	7～19	15～21	32～70	33～56	52～110	57～120
色温/K	2800	2850	3000～6500	6000	4500～7000	2000
显色指数 R_a	95～99	95～99	50～93	40～50	60～95	20～60
平均寿命/h	1000	800～2000	2000～5000	4000～9000	1000～20000	6000～10000
表面亮度	较大	大	小	较大	较大	较大
启动及再启动时间	瞬时	瞬时	较短	长	长	长
受电压波动的影响	大	大	较大	较大	较大	较大
受环境温度的影响	小	小	大	较小	较小	较小
耐振性	较差	差	较好	好	较好	较好
所需附件	无	无	电容器 镇流器 起辉器	镇流器	镇流器	镇流器
频闪现象	无	无	有	有	有	有
发热量/(4.187kJ/h) 1000lm(光源功率/W)	57(100)	41(500)	13(40)	17(400)	12(400)	8(400)
初始价格	最低	中	中	高	高	高
运行价格	最高	低	低	中	中	中

（3）电光源的选择　电光源的选择应以实施绿色照明工程为基点。绿色照明工程旨在节约能源、保护环境，有益于提高人们生产、工作、学习效率和生活质量，保护身心健康。其具体内容是：采用高光效、低污染的电光源，提高照明质量、保护视力、提高劳动生产率和能源有效利用率，达到节约能源、减少照明费用、减少火电工程建设、减少有害物质的排放，以达到保护人类生存环境的目的。所以，电光源的种类应根据对照明的要求、使用场所具体的环境条件和光源的光色特性、显色指数、光视效能、总光通量等特点综合合理地选

用，在选择光源时，应该慎重考虑以下几点因素。

a. 光谱特性 尽量选用显色性好的大功率节能光源。对显色性要求较高的房间，如美术馆、商店、餐厅等，应该选用平均显色指数大于 85 的光源。为了改善光色，还可采用混光照明。

b. 光色质量 由于各种光源的颜色各不相同，所产生的环境氛围及表现的环境艺术效果也不同。例如，白色光显得和谐，黄色光显得宁静，红色光显得热烈，淡蓝色光显得清爽，绿色光显得开阔。人们对灯光的颜色有温度感，这就是光源的色温。例如，色温低的光源呈现红、橙、黄色，是暖色型光源，因为它给人以热情、兴奋的感觉；色温高的光源呈现蓝、绿、紫色，是冷色型光源，因为它会给人以宁静、寒冷的感觉。

色温应与环境、情感相协调，光源则应满足人们的视觉舒适条件。日光色光源接近于自然光，有明亮的感觉，视觉开阔，使人精力集中，适用于办公室、会议室、教室、绘图室、设计室和图书馆等场所；冷白色光源的光色较高，光色柔和，使人有愉快、舒适、安详的感觉，适用于商店、医院、办公室、饭店、餐厅、候车室等场所；暖白色与白炽灯光色相近，红光成分较多，给人以温暖、健康、舒适的感觉，适用于住宅、宿舍、医院的病房和宾馆的客房等场所。

c. 光源启动特性 光源的启动时间和再启动时间对于选用光源也有一定影响。例如，高强度气体放电灯的启动时间和再启动时间都较长，不宜用于宴会厅等房间，也不宜用于应急照明，更由于它不能调光等原因，故不宜用于有调光要求及可能停电的场所。

d. 环境条件 环境条件常常限制光源的使用。例如，在有空调的房间内不宜使用发热量大的光源，如白炽灯、卤钨灯等，否则会增加室内冷负荷，从而增加空调的运行费用。又如，预热式荧光灯在低温时启动困难，当环境温度过低或过高时，其光通量的下降较多，因此，只能在环境温度为 10～40℃ 的房间内使用。

9.3.3.2 照明灯具

灯具是光源、灯罩及附件的总称，可分为装饰灯具与功能灯具两大类。装饰灯具一般采用装饰部件围绕光源组合而成，它以造型美观和美化室内环境为主，适当照顾效率和眩光等要求。功能灯具是指满足高效率、低眩光的要求而采用一系列投光设备的灯具。这种灯具的作用是重新分配光源的光通量，以提高光的利用率，避免眩光以保护视觉，并保护光源。在潮湿、腐蚀、易爆、易燃等特殊环境里，灯罩还起隔离保护作用。功能灯具的灯罩也有一定的装饰效果。

照明灯具品种繁多，数不胜数。国际照明委员会 CIE 推荐以照明灯具光通量子力学按上下空间的比例进行分类。即有直接、半直接、均匀漫射、半间接、间接 5 种灯具类型。

(1) 直接型灯具 这是用途最广泛的一种灯具。直接型灯具是指 90% 以上的光通量向下照射的灯具，所以灯具光通的利用率最高。工作环境照明应优先采用这类灯具。灯罩常用反光性能良好的不透光材料做成。

直接型灯具虽然效率较高，但也存在两个主要缺点：①由于灯具的上半部几乎没有光线，顶棚很暗，它和明亮的灯具开口形成严重的对比眩光。②光线方向性强，阴影浓重。当工作物受几个光源同时照射时，如处理不当就会造成阴影重叠，影响视看效果。

(2) 半直接型灯具 半直接型灯具既能将较多的光线照射到工作面上，又可在灯具上方发出少量的光线照亮顶棚，减小灯具与顶棚间的强烈对比，使环境亮度分布更加舒适。这类灯具常用半透明材料制成开口的样式，如上方留有较大的通风和透光空隙的荧光灯等。半直接型灯具也有较高的光通量利用率，如图 9-10 所示。

(3) 均匀漫射型灯具 最典型的均匀漫射型灯具是乳白玻璃球形灯罩，它采用漫射透光

图 9-10　半直接型灯具

材料制成封闭式的灯罩，将光线均匀地投向四面八方，光线柔和、造型美观，但对工作面而言，光通量利用率较低，光通量损失较大。将一对直接型和间接型的灯具组合在一起，或者用不透光材料遮住灯泡，而上下均敞口透光的灯具，其输出光通量分配也近于上下各半。因而这种灯具也叫"直接-间接型灯具"。

（4）半间接型灯具　这种灯具上半部分用透明材料，下半部分用漫射透光材料制成。它们主要用于民用建筑的装饰照明。由于大部分灯光投向顶棚和上部墙面，增加了室内的间接光，使光线更柔和宜人。但在使用过程中，上半部分很容易积灰，从而影响灯具的效率。

（5）间接型灯具　间接型灯具灯光全部投向顶棚，使顶棚成为二次光源。室内光线扩散性极好，几乎没有阴影和光幕反射，也不会产生直接眩光。但因射到工作面的光线全部来自反射光，故光通量利用率很低。在要求很高照度时，使用这种灯具很不经济。此种灯具一般用于照度要求不高，希望全室均匀照明、光线柔和宜人的场所，如医院、剧场、美术馆等公共建筑。

以上 5 类灯具各具特色，难以详述其优劣。只有根据功能要求和环境条件，对每类灯具的实用性和它对光环境的影响进行认真的分析，才能做出正确的选择，从而充分发挥每种灯具的照明效益。

现将上述几种类型灯具的光特性综合列于表 9-15，以便比较。

表 9-15　各种类型灯具的光照特性

类　型		直接型	半直接型	漫射型	半间接型	间接型
光通量近似分布	上半球	0%～10%	10%～40%	40%～60%	60%～90%	90%～100%
	下半球	100%～90%	90%～60%	60%～40%	40%～10%	10%～0%
特　点		光线集中，工作面上可获得充分照度	光线能集中在工作面上，空间也能得到适当照度。比直接型眩光小	空间各个方向光强基本一致，可达到无眩光	增加了反射光的作用，使光线比较均匀柔和	扩散性好，光线柔和均匀。避免了眩光，但光的利用率低

9.3.3.3　照明设计

照明设计主要是根据人们工作、学习和生活的要求，依据"安全、适用、经济、美观"的基本原则，人为地造成照明质量好、照度充足、使用安全和方便的光环境。工作照明可分为两类：一类是以满足视觉工作要求为主的室内工作照明，如工厂车间、学校等场所的照明，它主要是从功能方面考虑；另一种是以室内艺术环境观感为主的照明，如大型门厅、休息厅等处的照明，这类照明除满足照明功能处，还要强调艺术效果，以提供舒适的休息、娱乐场所。

（1）照明设计主要内容

a. 确定照明方式和照明种类　根据室内工作场与视觉工作需要选择合适的照明方式。

① 正常使用的照明系统　按照明设备的布局可分为四种照明方式。

ⅰ. 一般照明。不考虑特殊局部的要求，为照亮整个场地而设置的照明系统。灯具规则地布置，并能达到一定的水平照度均匀度。一般照明的平均照度应当不低于视觉作业所需要的照度。

ⅱ. 分区一般照明。根据需要，提高特定区域照度的一般照明。灯具相对集中地均匀布置在某些主要区域，因而这些区域有足够高的照度，其他区域的照度则低于主要作业区。

ⅲ. 局部照明。为满足某些部位的特殊需要，在较小范围或有限空间内，专门为照亮工作点而设置的照明方式。局部照明常设置在要求高照度或光线方向性有特殊要求的地方。但一般不许单独使用局部照明，否则会造成工作点与周围环境间亮度对比过大，不利于视觉工作。

ⅳ．混合照明。同一工作场所，既设有一般照明，又有局部照明，称为混合照明。在高照度时，这种照明方式是最经济的，也是目前工业建筑和对照度要求较高的民用建筑中大量采用的照明方式。

② 应急照明系统 应急照明系统按用途可分为三类。

ⅰ．疏散照明。为保证人们在发生事故时能快速而安全地离开室内所设的照明。在疏散通道地面上提供的照度应达到 1lx，最低不得小于 0.5lx。此外，在安全出口和疏散通道的显著位置还要设信号标志灯。

ⅱ．安全照明。在正常照明突然熄灭时，为保证有潜在危险场所的人们的人身安全而设的照明。安全照明在工作面上提供的照度应不小于正常照明系统提供照度的 5%，应在正常照明电源中断后 0.5s 给安全照明供电。

ⅲ．备用照明。正常照明发生事故时，能保证室内活动继续进行的照明。备用照明往往由一部分或全部由正常照明灯具提供，其照度一般为正常照明系统提供照度的 10%。

b. 确定照明标准 由室内视觉工作识别最小尺寸、识别对象与背景亮度对比等特征，并考虑房间照明方式，依据国家或行业制定的照明标准，从照明数量和质量两方面来确定室内照明标准。照度水平是光环境的基本数量指标。但是，大量的研究和实验表明，对提高可见度和舒适感来说，达到一定的照度水平后，改善质量比增加照度更为有效。需要考虑的质量因素是：对比显现、眩光、周围环境亮度、显色性等。

c. 计算照度、确定光源和安装功率 设计时应综合考虑室内光环境卫生的舒适与能耗问题，考虑光环境评价参数与照明节能指标综合确定。

（2）照明设计还应考虑以下内容。

① 选择或设计灯光的控制方案。

② 确定供电电压、电源。

③ 选择配电网络形式。

④ 选择导线型号、截面和敷设方式。

⑤ 选择和布置配电箱、开关、熔断器和其他电器设备。

⑥ 绘制照明布置平面图，汇总安装容量、开列设备材料清单，编制预算和进行经济分析。

（3）光源和灯具的选择 依据房间装修色彩、配光和光色的要求、环境条件等因素选择光源和灯具。

a. 光源的选择 不同光源在光谱特性、发光效率、使用条件和造价上都有各自的特点，应根据不同场所的具体情况确定光源的类型。

b. 灯具的选择 根据配光要求、环境条件和经济性来选择灯具。在满足人工光环境质量的条件下，应该尽可能采用效率高且空旷性能合理的灯具。在公共建筑中，还应考虑到它的艺术效果。悬挂高度对照度影响较大，因此，根据悬挂高度选择灯具的原则是：

① 当悬挂高度为 4～6m 时，宜采用配罩型灯具。

② 当悬挂高度为 6～12m 时，宜采用搪瓷深罩型灯具。

③ 当悬挂高度为 12～30m 时，宜采用镜面深罩型灯具。

④ 有扩散罩的灯具，仅用于悬挂高度不能满足限制眩光的工作地点以及对光照要求柔和的场所。

c. 灯具的布置 在照明设计中，当选用的照明灯具确定以后，就要进行光源和灯具了。

灯具的布置要根据建筑结构形式和视觉工作特点，房间的装修风格，家具、床位的摆设，车间内生产设备的分布情况来确定。它要求照亮整个工作场地，故希望工作面上照度均匀，一般可通过确定灯具的高度（h）和间距（l）的适当比例获得，即通常所说的距高比 l/h。它随灯具配光不同而异，具体值见表 9-16。

表 9-16　各类灯具的适当距高比

灯具类型	l/h	灯具类型	l/h
直接	1.0～1.2	半间接	2.0～3.0
半直接	1.0～1.5	间接	3.0～5.0
均匀漫射	1.5～2.0		

为了使房间四边的照度不致太低，应将靠墙的灯具至墙的距离减少到 0.2～0.31。当采用半间接和间接型灯具时，要求反射面照度均匀，因而在控制距高比中的高度时，不是灯具的计算高 h，而是灯具至反光表面的距离 h（如天棚）。如遇配光狭窄的灯具，则距高比应缩小；反之，则加大。荧光灯灯具 $l/h < 1.5$。各种灯具的具体距高比，可在有关灯具手册中查到。

在具体布光时，还应考虑照明场所的建筑结构形式、工艺设备、动力管道等情况，以及安全维修等技术要求。

（4）限制眩光　眩光是指由于亮度分布和亮度变化相差太大所造成的视觉不适或视力降低的现象。眩光是影响照明质量的重要因素。

a. 限制直接眩光　要避免眩光，首先是对直接眩光进行限制。眩光同光源亮度、背景亮度、光源位置等有关。前两项系与灯具类型有关，后一项则与灯具布置方式有关。通过灯具类型与灯具布置方式的综合考虑，可以避免或减缓室内眩光的产生。在已经确定了灯具类型的情况下，灯具布置方式是避免直接眩光的主要手段。限制灯具亮度范围则是采用灯具布置方法避免眩光的原则。

① 正确选择灯具类型　选择灯具时，在不影响视觉工作的前提下，减小光源的亮度或降低灯具的表面亮度，对可能会产生直接眩光的灯具，采用磨砂玻璃或乳白玻璃的光源灯泡或灯具，或对一些灯具采用透光的漫射材料将灯泡遮蔽。

② 提高背景亮度　产生反射眩光的原因主要是由于室内环境亮度对比过大以及光源通过光泽表面反射造成。可以通过适当提高环境亮度，减少亮度对比，以及采用无光泽的材料来加以解决。对于直接眩光限制等级为Ⅰ级的房间，当采用发光顶棚时，发光面的亮度在眩光角范围内不应大于 $500cd/m^2$。

③ 限制灯具悬挂高度　灯具的悬挂高度以不产生眩光为限，且注意防止碰撞和触电。灯具悬挂高度增加，眩光作用就减小。室内一般照明用的灯具相对地面的悬挂高度应不低于表 9-17 中的规定值。

④ 采用遮光角较大的灯具　对于直接型灯具的最小遮光角按表 9-18 确定。

b. 限制反射眩光　要避免反射眩光，主要是要限制室内环境亮度对比，以及减少光源通过光泽表面的反射。

① 尽量采用低亮度的光源和灯具，使反射影像的亮度降低。

② 选择布灯方案时，力求光源处在优选的位置上，使视觉工作不处于任何光源同眼睛形成的镜面反射角内。

③ 工作房间内采用无光泽的表面，以减弱镜面反射和它所形成的反射眩光。

④ 增加光源的数量，使引起反射的光源在工作面上形成的照度在总照度中的比例减小，从而使反射眩光的影响减弱。

表 9-17　室内一般照明器具最低的悬挂高度

序号	光源种类	照明器形式	灯具遮光角	光源功率/W	最低悬挂高度/m
1	白炽灯	有反射罩	10°~30°	≤60	2.0
				100~150	2.5
				200~300	3.5
				≥500	4.0
		乳白玻璃漫射罩		≤100	2.0
				150~200	2.5
				300~500	3.0
2	卤钨灯	有反射罩	10°~30°	≤500	6.0
				1000~2000	7.0
		有反射罩带格栅	>30°	≤500	5.5
				1000~2000	6.5
3	荧光灯	无反射罩		≤40	2.0
				>40	3.0
		有反射罩		≥40	2.0
4	荧光高压汞灯	有反射罩	10°~30°	<125	3.5
				125~250	5.0
				≥400	6.0
		有反射罩带格栅	>30°	≤250	4.0
				≥400	5.0
5	高压钠灯	搪瓷反射铝罩 抛光反射罩	10°~30°	250	6.0
				400	7.0
6	金属卤化物灯	搪瓷反射罩铝 抛光反射罩	10°~30°	250	6.0
				1000	7.5

表 9-18　直接形灯具的最小遮光角

灯具出口平均亮度 $L/(kcd/m^2)$	直接眩光限制等级			应用光源举例
	Ⅰ	Ⅱ	Ⅲ	
1~20	20°	10°	10°	荧光灯
20~50	25°	20°	15°	涂荧光粉或漫射光玻璃壳的高光强气体放电灯
50~500	30°	25°	20°	
≥500	35°	30°	30°	透明玻璃壳的高光强气体放电灯,透明玻璃壳的白炽灯、卤钨灯

（5）照明用电的稳定　保持照明供电电压的稳定是保持室内人工光环境稳定性的关键。一般应控制灯端电压不低于额定电压值。如果达不到要求时,在条件许可的情况下,应将动力和照明电源分开,甚至在照明电源上增设稳压设置。一般工作场所的室内照明,灯的端电压不宜高于额定电压的 105%,亦不宜低于 95%。在交流电路中,气体放电灯发出的光通量随电压的变化而波动,这对移动的物体会导致视觉失真。为了减轻这种影响,可将相邻灯管（泡）或灯具分别接到不同相位的线路上,以消除频闪现象。

9.4　室内光环境的检测

9.4.1　室内光环境的检测规定

9.4.1.1　检测的目的

在建筑现场进行光度的测量是评价光环境的重要手段。其目的主要有以下几个方面:

① 检测实际照明效果是否达到预期的设计要求；

② 了解不同光环境的实质，分析、比较设计经验；

③ 确定是否需要对照明进行改装和维修。

9.4.1.2　检测的内容

室内光环境测量的主要内容有：

① 工作面上的各点的照度和采光系数；

② 室内各表面，包括灯具和家具设备的亮度；

③ 室内主要表面的反射比，玻璃窗的透射比；

④ 灯光和室内表面的颜色。

9.4.1.3　检测的条件

为了得到正确的测量数据，在开始测量以前，必须先检查仪器是否经过校准，确定其误差范围。建议采用精度为 2 级以上的照度计和亮度计，允许的误差是±8％。

选择标准的测量条件也很重要。天然采光的采光系数测量，应当尽可能在全阴天进行。新建的照明设施要在开灯 100h 以后再测量其照明效果，因为前 100h 内灯的光通量衰减很快，光输出不够稳定。开始测量以前，灯也要预开一段时间，使灯的光输出稳定；通常白炽灯需要 5min，荧光灯需要 15min，HID 灯需要 30min。因为灯的光通量输出会随着电压的变化而波动，白炽灯尤为显著，所以测量时需要监视并记录照明电源的电压。

9.4.1.4　检测的报告

说明测量结果的实测调查报告，既要列出详实的测量数据，又要将测量时的各项实际情况记录下来，包括：

① 灯、镇流器和灯具的类型、功率和数量；

② 灯和灯具的使用龄期；

③ 房间的平、剖面图，注明灯具或窗户的位置；

④ 测量时的电源电压；

⑤ 室内主要表面的颜色和反射比；

⑥ 天气状况和窗玻璃的透射比；

⑦ 最近一次维修、擦洗照明设备的日期；灯和灯具的损坏与污染状况；

⑧ 测量仪器的型号和编号；

⑨ 测定日期、起止时间、测定人和记录人。

9.4.2　室内光环境的检测方法

9.4.2.1　光环境测量常用的仪器

(1) 照度计　光环境测量常用的物理测光仪器是光电照度计。最简单的照度计是由硒光电池和微电流计组成的，如图 9-11 所示。硒光电池是把光能直接转换为电能的光电元件。当光线照射到光电池上面时，入射光透过金属薄膜到达硒半导体层和金属薄膜的分界面上，在界面上产生光电效应。光电位差的大小与光电池受光表面的照度有一定的比例关系，这时如果接上外接电路，就会有电流通过，并且可以从微安表上指示出来。光电流的大小决定于入射光的强弱和回路中的电阻。

照度计的分类按光电转换器件来区分，主要有硒（硅）光电池和光电管照度计。其照度值有数字显示和指示针指示两种。无论何种照度计，均由光度探头、测量或转换线路以及示数仪表等组成。

(2) 亮度计　测量光环境或光源亮度用的光电亮度计有两类。一类是遮筒式亮度计，适合测量面积较大，亮度较高的目标，其构造原理如图 9-12 所示。筒的内壁是无光泽的黑色饰面，筒内还设有若干光阑遮蔽杂散反射光。在筒的一端有一个圆形的窗口，面积为 A；另一端设光电池 C。通过窗口，光电池可以接受到光亮为 L 的光源照射。

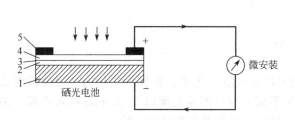

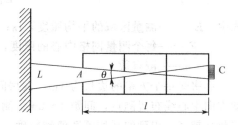

图 9-11　硒光电池和微电流计组成的照度计原理图
1—金属底板；2—硒层；3—分界面；
4—金属薄膜；5—集电环

图 9-12　遮筒式亮度计构造原理

如果窗口和光源的距离不大，窗口亮度就等于光源被测部分（θ 角所含面积）的亮度。

在用照度计和亮度计测量光亮度时，各种特性随时都有可能发生变化，使用时应严格按照说明书的要求使用。它们使用时的特征要求除以上描述的以外，还有绝对光谱响应的不稳定、零点漂移、测量距离变化引起的误差、磁场的影响、电源电压改变所引起的不稳定性以及换挡误差等因素，均影响它们的基本特性，在实际测量时应尽量控制与避免。为了获得精确的测量结果，要按照有关规定对它们进行测量和检测，定期去计量部门进行校准。

9.4.2.2　照度测量

（1）照度计的精度　计量器都有精度，精度又称为精确度，是系统误差与随机误差的综合表示，是测量结果与真实值之间接近程度的表示。照度计有一级精度和二级精度。一级精度允许的误差为 ±4%，二级精度允许的误差是 ±8%。测量中的误差值给灯照度测量带来了许多问题。以 600W 的投射灯为例，灯的出产照度为 1350lx，用一般照度计测量，当该照度计是以上限 +4% 为基准来评价灯的照度时，测量结果在 1350～1350+（1%～4%）lx 之间的不合格灯则会被判为合格；如果该照度计是以下限 −4% 为基准来评价灯的照度时，测量结果在 1350～1350−（1%～4%）lx 之间的则会被判为合格。±4% 搭配不合格灯可以达到 8%。因此，二级精度的照度计，通常不作为法定的照度检测仪表。

（2）照度计测量引起的误差　用数字照度计测量照度时，经常遇到数字不停变化的情况，变化幅度可达 1.6%～2.0%，让操作人员无法准确确定数据。即使在确保电源电压稳定的情况下，由于灯本身的细微变化、电网电压波动、环境温度的变化、硅光电池出现疲劳等均可以造成这种现象，特别是硅光电池出现的疲劳随测量时间而变化时。这是硅光电池的固有特性，它反映在光照度和其他工作条件不变时，照度计的响应值由大到小的变化。

（3）照度计数字跳动的处理　我国标准规定，照度计精度为 1 级时，允许误差为 ±4%，由于跨度为 8%，实际的操作似有过大之嫌，因此，在测量过程中常提出以下的建议：由于照度计随时间而变化，具有不稳定性，在照度计内设一个电子补偿线路，用于补偿照度计的响应值，使其达到即使随时受到日照的影响响应值也基本不变的效果。

灯光照度测量的误差分析，可以避免生产中对产品的错判或误判，减少损失，也可以使光计量校验人员在校量测量器具时做到心中有数。

（4）照度测量　在进行工作的房间内，应该在每个工作地点（例如书桌、工作台）测量照度，然后加以平均。对于没有确定工作地点的空房间或非工作房间，如果单用一般照明，通常选 0.8m 高的水平面作为照度测量面。将测量区域划分成大小相等的方格（或接近方

形），测量每格中心的照度 E_i，则平均照度等于各点照度的算术平均值，即

$$E_{av} = \frac{\sum\limits_{i=1}^{n} E_i}{n} \tag{9-20}$$

式中 E_{av}——测量区域的平均照度，lx；

E_i——每个测量网格中心的照度，lx；

n——测点数。

小房间每个方格的边长为1m，大房间可取 2～4m，走道、楼梯等狭长的交通地段沿长度方向中心线布置测点，间距 1～2m；测量平面为地平面或地面以上 150mm 的水平面。测点数目越多，得到的平均照度值越精确，不过也要花费更多的时间和精力。

当以局部照明补充一般照明时，要按人的正常工作位置来测量工作点的照度，将照度计的光电池置于工作面上或进行视觉作业的操作表面上。

测量数据可用表格记录，同时将测点位置正确地标注在平面图上，但最好是在平面图的测点位置直接记录数据。在测点数目足够多的情况下，根据测得数据画出一张等照度曲线分布图更为理想。

9.4.2.3 亮度测量

光环境的亮度测量应该是在实际工作条件下进行的。选一个工作地点作为测量位置，从这个位置测量各表面的亮度，将得到的数据直接标注在同一个位置、同一个角度拍摄的室内照片上或以测量位置为观测点的透视图上。

亮度计的放置高度，以观察者的眼睛高度为准，通常站立时为1.5m，坐下时为1.2m。需要测量亮度的表面是人经常注视，并且对室内亮度分布图式和人的视觉影响大的表面。这些表面主要有：

① 视觉作业对象；

② 贴临作业的背景，如桌面；

③ 视野内的环境：从不同角度看顶棚、墙面、地面；

④ 观察者面对的垂直面，例如在眼睛高度的墙面；

⑤ 从不同角度看灯具；

⑥ 中午和夜间的窗户。

测量窗户的亮度时，应对透射过窗户看到的天空和室外景物分别进行测量，估算出它们所占的相应的面积。

9.4.2.4 采光系数的测量

根据定义，采光系数是同一时刻室内照度与室外照度的比值。所以，测量采光系数需要两个照度计，一个测量室内照度，另一个测量室外照度。由于室内的照度随着室外照度的变化而变化，因此，最好是在一天中室外照度相对稳定的时间，即上午十时至下午二时之间进行测量，以减少因室内外两个读数时差所造成的采光系数测量误差。若使用采光系数计进行测量，则可消除这一误差。这种仪器有两个光电池接入，一个放在室内测点位置，另一个放在室外，仪器内装有除法器，可以随时计算两个光电池产生的光电流比值，直接显示出采光系数。

由于 CIE 天空是一个标准全阴天空，因此采光系数的测量最好是在全阴天进行。测室外照度的光电池应该平放在周围无遮拦的空旷地段或屋顶上，离开遮挡物的距离 l 至少有光电池平面以上遮挡物高度的六倍远。如果要在晴天时测量采光系数，必须用一个无光泽的黑色圆板或圆球遮住照射到室外和室内光电池上的日光。它距离光电池约 500mm，直径以形

成的日影刚好遮住光电池受光面为宜。在测量过程中，要及时移动遮光器的位置，避免有任何日光直射到光电池上。

采光系数测量的测点通常在建筑物典型剖面和 0.8m 高的水平工作面的交线上选定，间距一般是 2～4m，小房间间距取 0.5～1.0m。典型剖面是指房间中部通过窗中心和通过窗间墙的剖面，也可以选择其他有代表性的剖面。

9.4.2.5 反射比与投射比的测量

某表面的亮度取决于落在其上的光通量与该表面所能反射光线的能力，其反射的光的多少与分布形式则取决于该材料表面的性质，以反射光与入射光的比值来表示，这个比值称为该材料表面的反射比或反射率。完美的黑色表面的反射比为 0，亦即无论多少光落于其上都无亮度产生而全部被吸收；反之，完美白色表面的反射比为 1（反射率 100%，吸收率 0%）。

现场测光时，如果没有便携式的反射比仪和透射比仪，可以用照度计和亮度计来测量不同表面的反射比和窗玻璃透射比。方法如下：

① 选择一块适当的测量表面（不受直射光影响的漫反射面），将光电池紧贴在被测表面的一点上，受光面朝外，测出入射表面照度 E_i，然后将光电池翻转 180°，面向被测点，与被测面保持平行地渐渐移开，这时照度计读数逐渐上升。当光电池离开被测面相当距离（约 400mm，感光部分朝该表面且确定无阴影遮挡）时，照度趋于稳定（再远则照度开始下降），记下这时其所反射的照度 E_r。反射照度与表面照度之比即为该材料表面的反射比 ρ，即

$$\rho = E_r / E_i \tag{9-21}$$

② 照度计的光电池面向被测表面上一点，距离保持 400mm 左右，测得照度 E_r，将已知反射比 ρ_0 的样卡一张（均匀漫反射材料，面积＞300mm×300mm）盖在被测点上，测得照度为 E_0，则

$$\rho = (E_r / E_0)\rho_0 \tag{9-22}$$

③ 方法步骤同②，但用亮度计进行测量

$$\rho = (L_r / L_0)\rho_0 \tag{9-23}$$

式中 L_r、L_0——被测面和样卡的亮度。

④ 选择天空扩散光照射的窗户（如北向的窗），先将光电池置于窗玻璃外侧一点，面向天空，贴紧玻璃，测得入射光照度 E_i；再将光电池移入窗内，贴紧窗玻璃内侧的同一点，面向窗外，测得投射光照度 E_t，则透射比

$$\tau = E_t / E_i \tag{9-24}$$

应当注意，在现场测量反射比或透射比时，由于测量对象不是标准试件，所以同一类材料或表面要多测几个点，取其平均值。

9.4.2.6 颜色测量

表面颜色测量的方法主要有以下两种。

（1）目视比对法 由色觉正常的观测者用蒙塞尔标准色卡与被测表面逐一比对，选出与被测色最接近的色卡。从色卡标注的数据资料上确定被测色的色调、明度和彩度，还可以得知它的色坐标和反射比。按照规定，目视比对应在标准光源照射下，或在北向晴天天空光下进行。不过，在现场灯光下比对也有实用价值。

（2）用反射型色度计测量表面色 这种方法与入射型色度计的区别在于装有一个标准光源。将测光头置于被测表面，打开标准灯，即能测出在标准灯照射下表面色的色坐标。这种仪器还能测量两种颜色的色差，储存测量数据，或将测量数据输入外接计算机进行运算

处理。

对于光源色，过去常用色温表测量灯光的色表，一般摄影用的色温表精度不高，而且不能测量低温色（<2800K）温值。近年来研制的便携式入射型色度计，内装电脑处理测量数据，能直接显示灯光的色坐标的数字，使用方便。根据色坐标，在等温线图上很容易确定灯光的色温或相关色温。

目前使用比较广泛的现场测色的仪器还有彩色亮度计。这种测光与测色合为一体的精密仪器设有红、绿、蓝三种滤光器，它们分别与光电接收器匹配后的光谱响应符合 CIE1931 标准色度观察者光谱三刺激值（红、绿、蓝）。通过内装的微机控制、运算、处理，能直接指示出亮度、色坐标和色温等参数。它的优点是不接触被测表面，通过目视系统瞄准测量对象即可进行测量。另外，彩色亮度计测得的数据反映了一个室内环境在选用的光源照射下，经过各表面颜色相互反射后呈现的实际效果，因此更具有实用价值。

习题与思考题

1. 试说明光通量与发光强度，照度与亮度间的区别和联系。
2. 采光系数是否是选择天窗的唯一标准为什么？
3. 简述人眼的构造和功能。
4. 什么是明视觉？什么是暗视觉？
5. 简述眩光产生的原因和眩光的分类。
6. 照明标准是基于哪些方面来制定的？
7. 试述照度计的工作原理。
8. 试述照度、亮度、采光系数的测量方法。

10

室内声环境

本章摘要

本章通过介绍声学基本知识，了解听觉与声环境的关系，认识噪声危害的严重性，采用科学合理的手段、经济实用的材料对噪声进行有效的控制，并通过对室内声环境的物理测定，识别和评价环境噪声的影响。

声音的大小、音调的高低与音色的不同，都是与声音的物理特性密切相关的。了解和把握材料的结构特性，才能有效灵活地控制噪声的传播。噪声的控制主要是控制声源的输出和声音的传播途径，以及对接收者进行保护。在声源处降低噪声是最根本的措施。对室内环境噪声进行准确的测量和正确的评价，才能为控制噪声提供科学的理论依据。

10.1 声学基本知识

10.1.1 声音的产生

声音是由于物体的振动而产生的，具有一定的能量。例如在日常生活中，机器运转会发出声音，若用手去摸机器的壳体多便会感到壳体在振动。若切断电源，壳体在停止振动的同时，声音也会消失。通常把受到外力作用而产生振动辐射声音的物体称为声源。声源可以为固体，如各种机器；也可以是液体与气体，如流水声是液体振动的结果，风声是气体振动的结果。声源发声后必须通过媒介（气体、固体或液体）传播，人耳才能有声音感觉，真空不能传声。声音包含两方面的含义：在物理方面，它是一种压力的波动，这是客观声音；从生理学来讲，它是物理波动现象引起的听觉，这是主观声音。通常所讲的声音是指通过人耳获得的听觉，是由空气压力的波动而产生的机械波，声音的实质是物质的一种运动形式，这种运动形式称作波动。因此，声音又称作声波。

10.1.1.1 声波的波长（λ）

声波是"纵波"，它的传播方向和振动方向相同。当声源振动时，其邻近的空气分子受到交替的压缩和扩张，形成疏密相间的状态，空气分子时疏时密，依次向外传播如图 10-1 所示。

如果声源的振动是按一定的时间间隔重复进行的，也就是说振动是具有周期性的，那么就会在声源周围媒质中产生周期性的疏密变化。在同一时刻，从某一个最稠密（或最稀疏）的地点到相邻的另一个最稠密（或最稀疏）的地点之间的距离称为声波的波长，记为 λ，单位为米（m）。

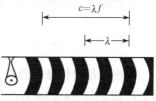

图 10-1 空气中的声波

10.1.1.2　声波的频率 (f)

物体每秒振动的次数，也就是声波每秒的疏密循环次数
称为频率，记为 f，单位为赫兹（Hz），$1Hz=1$（$1/s$）。

人耳能听到的声音其频率一般在 20Hz 至 20000Hz 之间。这个范围内的声音称为可听声，高于 20000Hz 的声音称为超声，低于 20Hz 的声音称为次声。蝙蝠、狗等动物可以听到超声，老鼠等动物可以听到次声。

在声频范围内，声波的频率愈高，声音显得愈尖锐，反之显得低沉。通常将频率低于 300Hz 的声音称作低频声；300～1000Hz 的声音称作中频声；1000Hz 以上的声音称作高频声。

10.1.1.3　声速 (c)

声音在介质中传播的速度称为声速，记为 c，单位为米每秒（m/s）。声速的大小与声源的特性无关，主要与介质的性质和温度的高低有关。同一温度下，不同介质中声速不同。在一般常温范围内，声速近似地为 340m/s。

10.1.1.4　声波的波长、频率与声速之间的关系

波长、频率和声速是描述声波的三个基本物理量，其相互关系为：

$$c=f\lambda$$

10.1.2　声波的特性

声音在传播过程中，除传入人耳引起声音大小、音调高低的感觉外，遇到各种障碍物，会依据障碍物的形状和大小，产生声波的反射、透射、折射和衍射等现象。声波的这些特性与光波十分相近。

10.1.2.1　垂直入射声波的反射和透射

当声波在传播中遇到尺寸比波长大得多的障碍板或界面时，一部分会经界面反射返回到原来的媒质中称为反射声波，一部分将进入另一种媒介中成为透射声波。

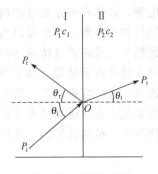

图 10-2　声波的折射

以平面声波为例，入射声波 P_i 垂直入射到媒质 I 和 II 的分界面，媒质 I 的特性阻抗为 P_1c_1，媒质 II 的特性阻抗为 P_2c_2，分界面位于 $X=0$。

10.1.2.2　斜入射波的入射、反射和折射

当平面声波垂直入射于两媒质的界面时，情况更为复杂，如图 10-2 所示，入射声波 P_i 与界面法向成 θ_i 角入射到界面上，这时反射波 P_r 与法向成 θ_r 角，在第二个媒质中，透射声波 P_t 与法向成 θ_t 角，透射声波与入射波不再保持同一传播方向，形成声波的折射。

反射定律：入射角等于反射角，即

$$\theta_i=\theta_r \tag{10-1}$$

折射定律：入射角的正弦与折射角的正弦之比等于两种媒质中的声速之比，即

$$\frac{\sin\theta_i}{\sin\theta_r}=\frac{c_1}{c_2} \tag{10-2}$$

这表明若两种媒质的声速不同，声波传入媒质 II 时方向就要改变。当 $c_2>c_1$ 时会存在某个 θ_i 值，$\theta_{ie}=\arcsin(c_1/c_2)$ 使得 $\theta_t=\pi/2$。即当声波以大于 θ_{ie} 的入射角入射时，声波不能进入媒质 II 中从而形成声波的全反射。

通常，将入射声波在界面上失去的声能（包括透射到媒质Ⅱ中去的声能）与入射声能之比称为吸声系数 α。由于能量与声压平方成正比，故有：

$$\alpha = 1 - |r_p|^2 \tag{10-3}$$

由于 r_p 的数值与入射方向有关，因此 α 也与入射方向有关。所以在给出界面的吸声系数时，需要注明是垂直入射吸声系数，还是无规入射吸声系数。

10.1.2.3　声波的散射与衍射

如果障碍物的表面很粗糙（也就是表面的起伏程度与波长相当），或者障碍物的大小不一与波长差不多，入射声波就会向各个方向散射。这时障碍物周围的声场是由入射声波和散射声波叠加而成。

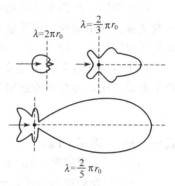

散射波的图形十分复杂，既与障碍物的形状有关，又与入射声波的频率（即波长与障碍物大小之比）密切相关。一个简单的例子，障碍物是一个半径为 r 的刚性圆球，平面声波自左向右入射。它的散射声波强的指向性分布如图 10-3 所示。当波长很长时，散射声波的功率与波长的四次方成反比，散射波很弱，而且大部分均匀分布在对着入射的方向。当频率增加，波长变短，指向性分布图形变得复杂起来。继续增加频率至极限情况时，散射波能量的一半集中于入射波的前进方向，而另一半比较均匀地散布在其他方向，形成如图 10-3 所示的图形（心脏形，再加上正前方的主瓣）。

图 10-3　刚性圆球的散射
声波强度的指向性分布

由于，总声场是由入射声波与散射声波叠加而成的，因此对于低频情况，在障碍物背面散射波很弱，总声场基本上等于入射声波，即入射声波能够绕过障碍物传到其背面形成声波的衍射。声波的衍射现象不仅在障碍物比波长小时存在，即使障碍物很大，在障碍物边缘也会出现声波衍射。波长越长，这种现象就越明显。例如，路边的声音屏障不能将声音（特别是低频声）完全隔绝就是由于声波的衍射效应。

10.1.3　声音的度量

10.1.3.1　声音的物理量度

噪声是声波的一种，它具有声波的一切物理性质，在工程应用中除了用声速、频率和波长来描述外，还常常用以下的物理量来表征其特性。

10.1.3.2　声强与声压

（1）声强　声强是衡量声波在传播过程中声音强弱的物理量，通常用 I 表示。其物理意义为：垂直于声音的传播方向，在单位时间内通过单位面积的声音的能量，即单位面积上的声功率，其数学表达式为

$$I = \frac{W}{S} \tag{10-4}$$

式中　W——声源的能量，W；

S——声源能量所通过的面积，m^2。

对平面波而言，在无反射的自由声场里，由于在声波的传播过程中，声源的传播路线相互平行，声波通过的面积大小相同，因此，同一束声波通过与声源距离不同的表面时，声强不变。

对球面波来说，随着传播距离的增加，声波所触及的面也随之扩大。在与声源相距 r 处，球表面的面积为 $4\pi r^2$，则该处的声强为

$$I = \frac{W}{4\pi r^2} \tag{10-5}$$

由此可知，对球面波而言，其声强与声源的能量成正比，而与到声源的距离的平方成反比，这个规律称为平方反比定律。

声音是能对人类的耳朵和大脑产生影响的一种气压变化，这种变化将天然的或人为的振动源（例如机械运转、说话时的声带振动等）的能量进行传递。人类最早对声音的感知是通过耳朵，普通人耳能听到的声音有一个确切数据的范围，该范围就称为"阈"。普通人耳能接收到的最小的声音称为"可闻阈"，其声强值约为 $10^{-12}\,W/m^2$，而普通人耳忍受的最强的声音称"痛阈"，其声强值约为 $1\,W/m^2$，超过这一数值，将引起人耳的疼痛。

（2）声压　所谓声压是指介质中有声波传播时，介质中的压强相对于无声波时介质压强的改变量。简单地说，声压就是声音所引起的空气压强的平均变化量，用 p 表示。其单位就是压强的单位，即 N/m^2，或帕（Pa），或 μbar（微巴）即 $1dyn/cm^2$（达因/厘米^2）。

声压与声强有着密切的关系。在无反射、吸收的自由声场中，某点的声强与该处的声压的平方成正比，而与介质的密度和声速的乘积成反比，即

$$I = \frac{p^2}{\rho_0 c} \tag{10-6}$$

式中　p——声压，Pa；

ρ_0——介质密度，kg/m^3，一般空气取 $1.225kg/m^3$；

c——介质中的声速，m/s；

$\rho_0 c$——又称介质的特性阻抗。

由上式可知，对于球面声波或平面声波（即自由声场），如果测得某一点的声强、该点处的介质密度及声速，就可计算出该点的声压。对应于声强为 $10^{-12}\,W/m^2$ 的可闻阈，声压约为 $2.0\times10^{-5}Pa$，即 $0.0002\mu bar$。

10.1.3.3　声强级与声压级

从上面可知，可闻阈与痛阈间的声强相差 10^{12} 倍。这样，如用通常的能量单位计算，数字过大，极为不便。况且声音的强弱，只有相对意义，所以改用对数标度。选定其 I_0 作为相对比较的声强标准。如果某一声波的声强为 I，则取比值 I/I_0 的常用对数来计算声波声强的级别，称为"声强级"，为了选定合乎实际使用的单位大小，规定声强级为

$$L_I = 10\lg\frac{I}{I_0} \tag{10-7}$$

这样定出的声强级单位称为 dB（分贝）。

国际上规定选用 $I_0 = 10^{-12}\,W/m^2$ 作为参考标准，即声强为 $10^{-12}\,W/m^2$ 的声音就是 0dB，而震耳的炮声 $I = 10^2\,W/m^2$，所相应的声强级为

$$L_I = 10\lg\frac{I}{I_0} = 10\lg\frac{10^2}{10^{-12}} = 10\lg10^{14} = 10\times14 = 140dB$$

测量声强较困难，实际测量中常常测出声压。利用声强与声压的平方成正比的关系，可以改用声压表示声音强弱的级别，即声压级为

$$L_p = 10\lg\frac{p^2}{p_0^2} = 10\lg\left(\frac{p}{p_0}\right)^2 = 20\lg\frac{p}{p_0} \tag{10-8}$$

声压级单位也是 dB（分贝）。

通常规定选用 $2\times10^{-5}Pa$ 作为比较标准的参考声压 p_0，这与上述所提的声强级规定的参考声强是一致的。

表 10-1 中列举了声强值、声压值和它们所对应的声强级、声压级以及与其相对应的声

学环境。

表 10-1　声强、声压和对应声强级、声压级以及与其相对应的声学环境

声强/(W/m²)	声压/Pa	声强级或声压级/dB	相应的环境
10^2	200	140	离喷气机口 3m 处
1	20	120	痛阈
10^{-1}	$2 \times 10^{1/2}$	110	风动铆钉机旁
10^{-2}	2	100	织布机旁
10^{-4}	2×10^{-1}	80	
10^{-6}	2×10^{-2}	60	相距 1m 处交谈
10^{-8}	2×10^{-3}	40	安静的室内
10^{-10}	2×10^{-4}	20	
10^{-12}	2×10^{-5}	0	人耳最低可闻阈

10.1.3.4　声功率和声功率级

为了直接表示声源发声能量的大小，还可引用声功率的概念，声源在单位时间内以声波的形式辐射出的总能量称声功率，以 W 表示，单位为 W。在建筑环境中，对声源辐射出的声功率，一般可认为是不随环境条件而改变的，属于声源本身的一种特性。

所有声源的平均声功率都是很微小的。一个人在室内讲话，自己感到比较合适时，其声功率大致是 $(1 \sim 5) \times 10^{-5} W$，400 万人同时大声讲话产生的功率只相当于一只 40W 灯泡的电功率。

与声压一样，它也可用"级"来表示，声功率级采用如下的表达式

$$L_W = 10 \lg \frac{W}{W_0} \tag{10-9}$$

式中，W_0 为声功率的参考标准，其值为 $10^{-12} W$。

表 10-2 列出了几种不同声源的声功率。

表 10-2　几种不同声源的声功率

声源种类	喷气飞机	气锤	汽车	钢琴	女高音	日常对话
声功率	10kW	1W	0.1W	$2 \times 10^{-3} W$	$(1 \sim 7.2) \times 10^{-3} W$	$(1 \sim 5) \times 10^{-3} W$

10.1.3.5　声波的叠加

如果两个不同的声音同时到达耳朵的话，那么耳朵将接受两个不同声波的压力。由于声级原本就是用对数表示的，所以简单的声级的分贝数相加不能正确地表示出声压级叠加的值。举个例子来说，声压级值均为 105dB 的两架喷气式飞机的电动机同时工作，它们叠加的最后声级值不是 210dB，210dB 这个值已经远远地超过了痛阈。

虽然声级不能直接相加，但是声强是能够直接相加的，声压的平方也是能够直接相加的。可以通过下面的公式得到：

当几个声音同时出现时，其总声强是各个声强的代数和，即

$$I = I_1 + I_2 + \cdots + I_n$$

而它们的总声压是各个声压平方和的平方根

$$p = \sqrt{p_1^2 + p_2^2 + \cdots + p_n^2}$$

当几个不同的声压级叠加时，要得到叠加后的声压级值，可用下式计算

$$\sum L_p = 10 \lg (10^{0.1 L_{p_1}} + 10^{0.1 L_{p_2}} + \cdots + 10^{0.1 L_{p_n}}) \tag{10-10}$$

式中　　　　　$\sum L_p$——各个声压级叠加的总和，dB；

L_{p_1}，L_{p_2}，…，L_{p_n}——为声源 1，2，…，n 的声压级，dB。

当有 M 个相同的声压级相叠加时，其总声压级为

$$\sum L_p = 10\lg(M \times 10^{0.1L_p}) = 10\lg M + L_p$$

从上式可知当两个相同的噪声相叠加时，仅比单个噪声的声压级大 3dB，如果两个噪声的声压级不同并假定二者的声压级之差为 E，即 $E = L_{p_1} - L_{p_2}$，则由式可得叠加后的声压级为

$$\sum L_p = 10\lg(1 + 10^{-0.1E}) + L_{p_1} \tag{10-11}$$

从上式可以看到，如果两上叠加的声音，其中一个声音比另外一个声音的声级要高出 10dB，那么那个小一点的声音对高一点的声音的最后声音效果产生的影响可以忽略。这个结论意味着，一个显著的声音，例如一个声级为 70dB 的声音，在类似的但是声级却是 90dB 的声音影响下不会被听到。在声级比较大的环境中，一个声级比较小的声音要被听到，那么其声音特征应有区别。

10.1.3.6　噪声的频程

噪声不是具有特定频率的纯音，而是由很多不同频率的声音混合而成的。而人的耳朵能识别的声音的频率从 20～20000Hz（赫），有 1000 倍的变化范围。为了方便起见，人们把该范围划分为几个有限的频段，即噪声测量中常说的频程。

建筑环境中常使用倍频程，倍频程就是两个频率之比为 2:1 的频程。目前通用的倍频程中心频率为：31.5Hz、63Hz、125Hz、250Hz、500Hz、1000Hz、2000Hz、4000Hz、8000Hz、16000Hz。这十个倍频程就把人耳能识别的声音全部包括进来，大大简化了测量。实际上，在一般噪声控制的现场测试中，往往只要用 63～8000Hz 八个倍频程也就够了，它所包括的频程见表 10-3。

表 10-3　声音的中心频率和频程划分

中心频率/Hz	63	125	250	500	1000	2000	4000	8000
频程/Hz	45～96	90～180	180～355	355～710	710～1400	1400～2800	2800～5600	5600～11200

10.2　听觉与声环境

10.2.1　人的听觉特性

人耳是一个传声器，可以接受有 10^7 数量级的声强动态范围。对于外界的不同强度的声音，可以自动调节，自动保护，世界上还没有一个仪器可以有这么大的动态范围和这样优异的自动控制功能。人耳是一个频率计，可以测出不同的频率。人耳也是一个频率分析器，可以从几个声源中辨出多种或单个声音。

音量、音调、音色是声音的三个主要属性，故称它们是声音的三要素。人耳对声音的方位、响度、音调及音色的敏感程度是不同的，存在较大的差异。

① 方位感：人耳对声音传播方向及距离、定位的辨别能力非常强。人耳的这种听觉特性称之为"方位感"。

② 响度感：对微小的声音，只要响度稍有增加人耳即可感觉到，但是当声音响度增加到某一值后，即使再有较大的增加，人耳的感觉却无明显的变化。通常把可听声按倍频关系分为 3 份来确定低、中、高音频段。即：低音频段 20Hz～160Hz、中音频段 160Hz～2500Hz、高音频段 2500Hz～20KHz。

③ 音色感：是指人耳对音色所具有的一种特殊的听觉上的综合性感受。

④ 掩蔽效应：人耳的听觉特性可以从众多的声音中聚焦到某一点上。如人们听交响乐时，把精力与听力集中到小提琴演奏出的声音上，其他乐器演奏的音乐声就会被大脑皮层抑制，使你听觉感受到的是单纯的小提琴演奏声。这种抑制能力因人而异，经常做听力锻炼的人抑制能力就强，把人耳的这种听觉特性称为"掩蔽效应"。多做这方面的锻炼，可以提高人耳听觉对某一频谱的音色、品质、解析力及层次的鉴别能力。

10.2.2 噪声及其危害

噪声是指人们不需要的声音。噪声可能是由自然现象产生的，也可能是由人们生活形成的。噪声可以是杂乱无序的宽带声音，也可以是节奏和谐的乐音。当声音超过人们生活和社会活动所允许的程度时就成为噪声污染。噪声污染的危害如下所述。

（1）损伤听力 在噪声污染环境下生活和工作，包括把"随身听"耳机的声音开得很大舞厅或摇滚乐厅震耳欲聋的乐声等高分贝噪声的作用下，都会损伤人们的听力。如果是噪声污染的时间不长，听觉会引起暂时性听阈上移，听力变得迟钝，这叫听觉疲劳。但是由于内耳的听觉器官未受损伤，听觉疲劳仅是暂时性的生理现象，经休息后可以恢复。然而，如果长期受到噪声污染，内耳器官受伤，听觉疲劳就不容易恢复，就会造成噪声性耳聋。在80dB以上的噪声环境下长期工作，容易造成耳聋或听力明显下降等职业病。从80dB以上算起，噪声每增加5dB，耳聋发病率一般会增加约10%。

（2）妨碍睡眠 噪声影响休息，妨碍睡眠是众所周知的、最常见的现象。有足够的休息和睡眠是生理上的需要，长期失眠会损害身体导致心理上的痛苦。一般情况下，夜间40dB的连续性噪声可使10%的人睡眠受到影响；而夜间40dB的突然性噪声也可使10%的人惊醒。突然性噪声的强度达60dB时则可使70%的人惊醒。由于睡眠对人是极其重要的生理调节，它可使人消除疲劳、恢复体力，因而是保证人体健康的必不可少的重要条件。一旦睡眠受到妨碍和干扰，第二天就会觉得疲倦，影响工作或学习效率。如果睡眠中被惊吓，就会出现心跳加剧、呼吸频繁、神经兴奋等紧张反应症状，久而久之就会导致神经衰弱，如失眠、多梦、耳鸣、记忆力减退等。

（3）危害儿童 噪声污染对儿童的危害最大，会严重危害儿童的智力发展。有资料表明，在吵闹环境下发育的儿童智力要比在安静环境下发育的儿童智力低约20%。此外，噪声污染还会影响胎儿的发育。由于噪声会使孕妇产生紧张心理，紧张反应之一是引起子宫血管收缩，从而使胎儿发育所必需的养料与氧气的供应受到影响。研究表明：闹市区居民的新生儿体重轻的比例一般比安静住宅区居民的新生儿体重轻的比例高；机场附近居民的新生儿畸形比例要比其他地区居民的新生儿畸形比例高。

（4）毁坏仪器设备和建筑结构 噪声对仪器设备的危害与噪声的强度频谱以及仪器设备本身的结构特性密切相关。当噪声超过135dB时，电子仪器的连接部位会出现错动，引线产生抖动，微调元件发生偏移，使仪器发生故障而失效。当噪声超过150dB时，仪器的元件可能失效或损坏。在特强噪声作用下，由于声频交变负载的反复作用，会使机械结构或固体材料产生声疲劳现象而出现裂痕或断裂。在冲击波的影响下，建筑物会出现门窗变形、墙体开裂、屋顶掀起、烟囱倒塌等破坏。当噪声达到140dB时，轻型建筑物就会遭受损伤。此外剧烈振动的空气锤、冲床、建筑工地的打桩和爆破等，也会使振源周围的建筑物受到损害。

（5）诱发疾病 长期受到噪声污染，除了可能导致耳聋外，还会引发其他疾病，如导致高血压和心血管病；易患胃溃疡和十二指肠溃疡；女性机能容易发生紊乱如月经失调，孕妇流产率增高等；平时还有头痛、头晕、神经衰弱、消化不良等症状。必须指出，一旦人们受到突发性的高强噪声污染（140~160dB），就会由于听觉器官受到急性外伤而引起鼓膜破裂流血，导致双耳完全变聋。而大于 170dB 的极强噪声污染，甚至可致人死亡。

10.2.3 室内声环境的评价

人们对于噪声的主观感觉与噪声强弱、噪声频率、噪声随时间的变化有关。如何结合噪声的客观物理量与主观感觉量，获得与主观响应相对应的评价，以评价噪声对人的干扰程度，是一个复杂的问题。这里所叙述的内容是基本公认的评价参数和评价方法。

10.2.3.1 等响曲线

声压是描述噪声的一个基本物理量，但人耳对声音的感受不仅和声压有关，而且也和频率有关，声压级相同而频率不同的声音听起来往往是不一样的。根据人耳的这一特性，人们仿照声压级的概念，引出一个与频率有关的响度级，其单位为方（phon），就是取 1000Hz 的纯音作为基准声音，若某噪声听起来与该纯音一样地响，则该噪声的响度级（方值）就等于这个纯音的声压级（dB 值）。如果某噪声听起来与声压级 60dB、频率 1000Hz 的基准声音同样响，则该噪声的响度级就是 60phon。也就是说，响度级是声音响度的主观综合感觉评价指标，它把声压级和频率用一个单位统一起来了。

利用与基准声音比较的方法，就可以得到在人耳可以听到的范围内纯音的响度级，将频率不同，但听起来响的程度一样的声音的声压级值连成一条曲线，这条关系曲线就是等响曲线，它是通过对大量的正常人所做的心理试验找出同 1000Hz 声音听起来一样响的其他频率的纯音所具有的声压级，如图 10-4 所示。

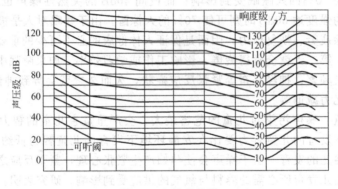

图 10-4 等响曲线

图中每一条曲线相当于频率和声压级不同、但响度相同的声音，亦即相当于一定响度级（phon）的声音，最下面的曲线是可闻阈曲线，最上面的曲线是痛阈曲线，在这两根曲线间，是正常人耳可以听到的全部声音。例如：声音 1 的频率为 3500Hz，声压级 $L_{p_1}=33$dB；声音 2 的频率为 10000Hz，声压级 $L_{p_2}=40$dB；声音 3 的频率为 100Hz，声压级 $L_{p_3}=52$dB，三种声音在人的耳朵听来，其响度是一样的，由它们组成的曲线就为等响曲线。从等响曲线可以看出，人耳对高频声，特别是 2000~5000Hz 的声音敏感，而对低频声不敏感。例如，同样的响度级 40phon，对于 1000Hz 的声音声压级为 40dB，对 3500Hz 的声音，其声压级为 33dB，而对 100Hz 的声音来说，其声压级为 52dB。

在声学测量仪器中，参考等响曲线，为模拟人耳对声音响度的感觉特性，在声级计上设计了三种不同的计权网络，即 A、B、C 网络，每种网络在电路中加上对不同频率有一定衰减的滤波装置。C 网络对不同频率的声音衰减较小，它代表总声压级，B 网络对低频有一事实上程度的衰减，而 A 网络则让低频不敏感，这正与人耳对噪声的感觉相一致，所以近年来，人们在噪声测量中，往往就用 A 网络测得的声级来代表噪声的大小，称 A 声级，并记作 dB（A）。

房间内允许的噪声级称为室内噪声标准。噪声标准的制定应满足生产或工作条件的需要，并能消除噪声对人体的有害影响，同时也与技术经济条件有密切的关系，无原则地提高标准将导致浪费，这是应该注意的。

10.2.3.2 噪声评价曲线

基于人耳对各种频率的响度感觉不同，以及各种类型的消声器对不同频率噪声的降低效果不同（一般对低频声的消声效果均较差），因此应该给出不同频带允许噪声值。近年来国际标准化组织提出了用噪声评价曲线（即 noise rating，简称 NR 或 N 曲线）作标准来评价公众对户外噪声的反应，实际上，也用 NR 曲线中的数值作为工业噪声的限值。NR 曲线中序号的含义是曲线通过中心频率为 1000Hz 的声压级数值。这种曲线可以看出，低频的允许值较高，也就是根据人耳对低频敏感程度较弱以及低频的消声处理比较困难而制订的。

NR 数值与声级 L_A 存在一定的相关性，它们之间有如下的近似关系

$$L_A = NR + 5$$

近年来，各国规定的噪声标准都以 A 声级或等效连续 A 声级作为标准，如标准规定为 90dB（A），则根据上式可知相当于 NR85。由此可见，NR85 曲线上各倍频程声压级的值即为允许值。

10.3 室内环境噪声的控制

由于噪声的存在给人类带来了不幸和烦恼，尤其是目前有些声源人类还无法控制。我们有调节温度、控制光波、改善大气质量的仪器和设备，随着这些仪器的出现给人类带来了福音，但令人遗憾的是控制噪声的仪器和设备还很少，没有可行的声级控制器可安装在家庭和工作场所，显然这是一大空白，也是我们今后研究的重点项目。实际上，大多数噪声都是机械运动，设备运行发出的声响，这些声音千变万化，所以无法控制声级。

解决上述问题要考虑下列途径，对影响较大的重点声源要严加控制，采取措施确定可行的治理方案。要宣传教育人们正确的理解噪声危害，让他们知道怎样控制噪声，怎样避免噪声的危害。

10.3.1 吸声材料和结构

10.3.1.1 多孔吸声材料

多孔吸声材料是目前应用最广泛的吸声材料。这些材料可以为松散的，也可以加工成棉絮状或采用适当的黏结剂加工成毡状或板状。多孔吸声材料种类很多，按成型形状可分为制品类和砂浆类；按材料可以分为玻璃棉、岩棉、矿棉等；按多孔性形成机理及结构状况又可分为纤维状、颗粒状和泡沫塑料等。

多孔吸声材料的吸声原理是：当声波传播到任何一个物体的表面时，总会有一部分能量被吸收，转化为热能。多孔吸声材料的结构特性是材料中有许多微小间隙和连续气泡，具有一定的通气性能。当声波入射到材料表面时，一部分在材料表面上反射，一部分则透入到材料内部向前传播。在传播过程中，引起孔隙中的空气运动，与形成孔壁的固体筋络发生摩擦，由于黏滞性和热传导效应，将声能转变为热能而耗散掉。此外，声波在多孔性吸声材料内经过多次反射进一步衰减，当进入多孔性吸声材料内的声波再返回时声波能量已经衰减很多，声波的这种反复传播过程，就是能量不断转换耗散的过程，如此反复，直到平衡，这样，材料就"吸收"了部分声能。

由此可见，只有材料的孔隙对表面开口，孔孔相连，且孔隙深入材料内部，才能有效地吸收声能。大量的工程实践和理论分析表明，影响多孔性吸声材料吸声性能的主要因素有：材料的厚度、材料的容重或空隙率、材料的流阻、温度和湿度。

在实际工作中，为防止松散的多孔材料飞散，常用透声织物缝制成袋，再内充吸声材料，为保持固定几何形状并防止对材料的机械损伤，可在材料间加筋条（龙骨），材料外表面加穿孔护面板，制成多孔材料吸声结构。

10.3.1.2 共振吸声结构

在室内声源所发出的声波的激励下，房间壁、顶、地面等围护结构以及房间中的其他物体都将发生振动。振动着的结构或物体由于自身的内摩擦和与空气的摩擦，要把一部分振动能量转变成热能而消耗掉，根据能量守恒定律，这些损耗掉的能量必定来自激励它们振动的声能。因此，振动结构或物体都要消耗声能，从而降低噪声。结构或物体有各自的固有频率，当声波频率与它们的固有频率相同时，就会发生共振。这时，结构或物体的振动最强烈，振幅和振动速度都达到最大值，从而引起的能量损耗也最多，因此，吸声系数在共振频率处为最大。利用这一特点，可以设计出各种共振吸声结构，以更多的吸收噪声能量，降低噪声。

10.3.1.3 薄膜与薄板共振吸声结构

在噪声控制工程及声学系统音质设计中，为了改善系统的低频特性，常采用薄膜或薄板结构，板后预留一定的空间，形成共振声学空腔；有时为了改进系统的吸声性能，还在空腔中填充纤维状多孔吸声材料，这一类结构统称为薄膜或薄板共振吸声结构。皮革、人造革、塑料薄膜等材料具有不透气、柔软、受张拉时有弹性等特性。这些薄膜材料可与其背后封闭的空气形成共振系统。共振频率由单位面积膜的质量、膜后空气层厚度及膜的张力大小决定。实际工程中，膜的张力很难控制，而且长时间使用后膜会松弛，张力会随时间变化。

薄膜吸声结构的共振频率通常在 200～1000Hz 范围，最大吸声系数均为 0.3～0.4，一般把它作为中频范围的吸声材料。

当薄膜作为多孔材料的面层时，结构的吸声特性取决于膜和多孔材料的种类以及安装方法。一般说来，在整个频率范围内吸声系数比没有多孔材料只用薄膜时普遍提高。

把胶合板、硬质纤维板、石膏板、石棉水泥板、金属板等板材周边固定在框上，连同板后的封闭空气层，也构成振动系统。薄板共振吸声结构的吸声原理与薄膜吸声结构基本相同，区别在于薄膜共振系统的弹性恢复力来自于薄膜的张力，而板结构的弹性恢复力来自板自身的刚性。常用的薄膜、薄板结构的吸声系数见表 10-4 及表 10-5。

表 10-4　薄膜共振结构的吸声系数（α_s）

吸声结构	背衬材料厚度/mm	倍频程中心频率/Hz					
		125	250	500	1000	2000	4000
帆布	空气层 45	0.05	0.10	0.40	0.25	0.25	0.20
	空气层 20＋矿棉 25	0.20	0.50	0.65	0.50	0.32	0.20
人造革	玻璃棉 25	0.20	0.70	0.90	0.55	0.33	0.20
聚乙烯薄膜	玻璃棉 50	0.25	0.70	0.90	0.90	0.60	0.50

10.3.1.4 穿孔板共振吸声结构

由穿孔板构成的共振吸声结构被称作穿孔板共振吸声结构。工程中有时也按照板穿孔的多少将其分为单孔共振吸声结构和多孔共振吸声结构。穿孔板共振器是噪声控制中使用非常

表 10-5　薄板共振结构的吸声系数 (α_s)

材　料	构造/cm	倍频程中心频率/Hz					
		125	250	500	1000	2000	4000
三夹板	空气层厚 5,框架间距 45×45	0.21	0.73	0.21	0.19	0.08	0.12
三夹板	空气层厚 10,框架间距 45×45	0.59	0.38	0.18	0.05	0.04	0.08
五夹板	空气层厚 5,框架间距 45×45	0.08	0.52	0.17	0.06	0.10	0.12
五夹板	空气层厚 10,框架间距 45×45	0.41	0.30	0.14	0.05	0.10	0.16
刨花压轧板	板厚 1.5,空气层厚 5,框架间距 45×45	0.35	0.27	0.20	0.15	0.25	0.39
木丝板	板厚 3,空气层厚 5,框架间距 45×45	0.05	0.30	0.81	0.63	0.70	0.91
木丝板	板厚 3,空气层厚 10,框架间距 45×45	0.09	0.36	0.62	0.53	0.71	0.89
草纸板	板厚 2,空气层厚 5,框架间距 45×45	0.15	0.49	0.41	0.38	0.51	0.64
草纸板	板厚 3,空气层厚 10,框架间距 45×45	0.50	0.48	0.34	0.32	0.49	0.60
胶合板	空气层厚 5	0.28	0.22	0.17	0.09	0.10	0.11
胶合板	空气层厚 10	0.34	0.19	0.17	0.09	0.12	0.11

广泛的一种共振吸声结构。为了阐述穿孔板共振吸声结构的原理,可先了解单孔共振吸声结构,如图 10-5（空腔共振吸声结构）所示。

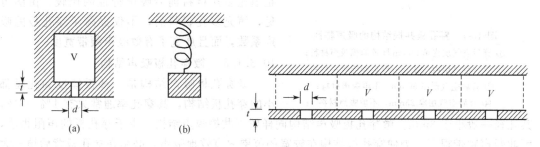

图 10-5　空腔共振吸声结构　　　　　图 10-6　穿孔板结构

单孔共振吸声结构是一个中间封闭有一定体积的空腔,并通过有一定深度的小孔和声场空间相连〔见图 10-5 (a)〕。当孔的深度 t 和孔径 d 比声波波长小得多时,孔中的空气柱的弹性形变很小,可以看成一个无形变的质量块（质点）,而封闭空腔 V 的体积比孔颈大得多,随声波作弹性振动,起着空气弹簧的作用。于是整个系统类似于图 10-5 (b) 中的弹簧振子,称为亥姆霍兹共振器。

当外界入射声波频率 f 和系统的固有频率 f_0 相等时,孔颈中的空气柱就由于共振而产生剧烈振动。在振动中,空气柱和孔颈侧壁摩擦而消耗声能,从而起到了吸声的效果。

亥姆霍兹共振器的特点是吸收低频噪声并且频率选择性强。因此多用在有明显音调的低频噪声场合。若在口颈处加一些诸如玻璃棉之类的多孔材料,或加贴一层尼龙布等透声织物,可以增加颈口部分的摩擦阻力,增宽吸声频带。

在板材上,以一定的孔径和穿孔率打上孔,背后留有一定厚度的空气层,就成为穿孔板共振吸声结构,见 10-6 图（穿孔板结构）。这种吸声结构实际上可以看作是由单腔共振吸声结构的并联而成。板的穿孔面积越大,吸声的频率越高。空腔越深或板越厚,吸声的频率越低。一般穿孔板吸声结构主要用于吸收低中频噪声的峰值。吸声系数约为 0.4~0.7。

工程上一般取板厚 2~5mm,孔径 2~4mm,穿孔率 1%~10%,空腔深（即板合空气层厚度）以 10~25cm 为宜。尺寸超过以上范围,多有不良影响,例如穿孔率在 20% 以上时,几乎没有共振吸声作用,而仅仅成为护面板了。

在确定穿孔板共振吸声结构的主要尺寸后,可制作模型在实验室测定其吸声系数,或根据主要尺寸查阅手册,选择近似或相近结构的吸声系数,再按实际需要的减噪量,计算应铺设吸声结构的面积。

为了提高穿孔板的吸声性能与吸声带宽，可以采用如下方法：

① 空腔内填充纤维状吸声材料；

② 降低穿孔板孔径，提高孔口的振动速度和摩擦阻尼；

③ 在孔口覆盖透声薄膜，增加孔口的阻尼；

④ 组合不同孔径和穿孔率、不同板厚度、不同腔体深度的穿孔板结构。

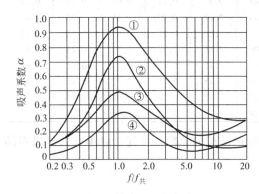

图 10-7　穿孔板共振结构的吸声特性
① 背后空气层内填 50mm 厚玻璃棉吸声材料；
② 背后空气层内填 25mm 厚玻璃棉吸声材料；
③ 背后空气层厚 50mm，不填吸声材料；
④ 背后空气层厚 25mm，不填吸声材料

工程中，常采用板厚度为 2～5mm，孔径为 2～10mm，穿孔率在 1%～10%，空腔厚度 100～250mm 的穿孔板结构。

在穿孔板背后填充一些多孔的材料或敷上声阻较大的纺织物等材料，便可改进其吸声特性。填充吸声材料时，可以把空腔填满，也可以只填一部分，关键在于要控制适当的声阻率。图 10-7（穿孔板共振结构的吸声特性）所示，是填充多孔材料前后吸声特性的比较。由图可见，填充多孔材料后，不仅提高了穿孔板的吸声系数，而且展宽了有效吸声频带宽度。

10.3.1.5　微穿孔板吸声结构

微穿孔板吸声结构是一种板厚度和孔径都小的穿孔板结构，其穿孔率通常只有 1%～3%，其孔径一般小于 3mm。微穿孔板吸声结构同样属于共振吸声结构。由于穿孔板的声阻很小，因此吸声频带很窄。为使穿孔板结构在较宽的范围内有效地吸声，必须在穿孔板背后填充大量的多孔材料或敷上声阻较高的纺织物。但是，如果把穿孔直径减小到 1mm 以下，则不需另加多孔材料也可以使它的声阻增大，这就是微穿孔板。微穿孔板吸声结构的理论是我国著名声学专家、中科院院士马大猷教授于 20 世纪 70 年代提出来的，与穿孔板结构的吸声机理基本相同。

与普通穿孔板吸声结构相比，其特点是吸声频带宽，吸声系数高；缺点是加工困难、成本高。微穿孔板吸声结构也可以组合成双层或多层的结构使用，以进一步提高吸声性能。

微穿孔板可用铝板、钢板、镀锌板、不锈钢板、塑料板等材料制作。由于微穿孔板后的空气层内无需填装多孔吸声材料，因此不怕水和潮气，不霉、不蛀、防火、耐高温、耐腐蚀、清洁无污染，能承受高速气流的冲击，因此，微穿孔板吸声结构在吸声降噪和改善室内音质方面有着十分广泛的应用。

10.3.2　建筑隔声

当声波在传播途径中遇到匀质屏障物（如木板、金属板、墙体等）时，由于介质特性阻抗的变化，使部分声能被屏障物反射回去，一部分被屏障物吸收，只有一部分声能可以透过屏障物辐射到另一空间去，透射声能仅是入射声能的一部分。由于反射与吸收的结果，从而降低噪声的传播。由于传出去的声能总是或多或少地小于传进来的能量，这种由屏障物引起的声能降低的现象称为隔声。具有隔声能力的屏障物称为隔声结构或隔声构件。

10.3.2.1　隔声量

（1）透射系数　将透射声强 I_t 与入射声强 I_i 之比定义为透射系数，即：

$$\tau = \frac{I_t}{I_i}$$

一般隔声结构的透射系数通常是指无规入射时各入射角透射系数的平均值。透射系数越小，表示透声性能越差，隔声性能越好。

（2）隔声量　隔声量的定义为墙或间壁一面的入射功率级与另一面的透射声功率级之差。隔声量等于透射系数的倒数取以 10 为底的对数：

$$\text{TL} = 10\lg \frac{1}{\tau} \tag{10-12}$$

或

$$\text{TL} = 10\lg \frac{I_i}{I_t} = 20\lg \frac{p_i}{p_t} \tag{10-13}$$

式中，p_i、p_t 分别为入射声压和透射声压。

隔声量的单位为 dB，隔声量又叫透射损失或传声损失，记作 TL。隔声量通常由实验室和现场测量两种方法确定。隔声构件隔声量的大小与隔声构件的材料、结构和声波的频率有关。现场测量时，因为实际隔声结构传声途径较多，即受侧向传声等原因的影响，其测量值一般要比实验室测量值低。

（3）平均隔声量　隔声量是频率的函数，同一隔声结构，不同的频率具有不同的隔声量。在工程应用中，通常将中心频率为 125～4000Hz 的 6 个倍频程或 100～3150Hz 的 16 个 1/3 倍频程的隔声量作算术平均，叫平均隔声量。平均隔声量作为一种单值评价量，在工程设计应用中，由于未考虑入耳听觉的频率特性以及隔声结构的频率特性，因此尚不能确切地反映该隔声构件的实际隔声效果，例如，两个隔声结构具有相同的平均隔声量，但对于同一噪声源可以有不同的隔声效果。

（4）隔声指数　隔声指数（I_a）是国际标准化组织推荐的对隔声构件的隔声性能的一种评价方法。隔声结构的空气隔声指数按以下方法求得：

先测得某隔声结构的隔声频率特性曲线，如图 10-8 中曲线 1 或曲线 2，它们分别代表两种隔声墙的隔声特性曲线；图中还绘出了一簇参考折线，其走向是：100～400Hz 是每倍频程增加 9dB，400～1250Hz 是每频程增加 3dB，1250Hz～4000Hz 为平直线。每条折线右边标注的号数相对于该折线上 500Hz 所对应的隔声量。把所测得的隔声曲线与一簇参考折线相比较，求出满足下列两个条件的最高一条折线，该折线的号数即为隔声指数 I_a 值。

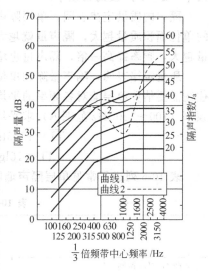

图 10-8　隔声墙空气声隔声
指数用的参考曲线

① 在任何一个 1/3 倍频程上，曲线低于参考折线的最大差值不得大于 8dB。

② 对全部 16 个 1/3 倍频程（100～3150Hz），曲线低于折线的差值之和不得大于 32dB。

用平均隔声量和隔声指数分别对图中两条曲线的隔声性能进行评价比较。可以求出两种声墙的平均隔声量分别为 41.8dB 和 41.6dB，基本相同。按这上述方法求得它们的隔声指数分别为 44 和 35，显然隔声墙 1 的隔声性能要优于隔声墙 2。

（5）插入损失　插入损失定义为：离声源一定距离某处测得的隔声结构设置的声功率级 L_{W1} 和设置后的声功率级 L_{W2} 之差值，记作 IL，即

$$\text{IL} = L_{W1} - L_{W2} \tag{10-14}$$

插入损失通常在现场用来评价隔声罩、隔声屏障等隔声结构的隔声效果。

10.3.2.2 单层匀质密实墙的隔声

隔声技术中，常把板状或墙状的隔声构件称为隔板或隔墙，简称墙。仅有一层隔板的称单层墙；有两层或多层，层间有空气或其他材料的，称为双层墙或多层墙。

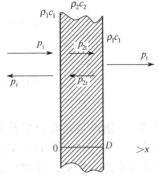

图 10-9 单层隔声墙

（1）隔声的质量定律　有关隔声的质量定律可通过以下公式推导说明：设隔墙无限大，将空气介质分左右两个部分，单位面积的质量为 m，当平面声波 p_i 从左向右垂直入射时，隔墙的整体随声波振动，隔墙振动向右辐射形成透射声波 p_t，向左辐射为反射声波 p_r，见图 10-9。

声波穿透隔墙必须通过两个界面：一个是从空气到固体的界面，另一个是从固体到空气的界面。设墙厚为 D，特征阻抗为 $R_2 = \rho_2 c_2$，空气的特征阻抗是 $R_1 = \rho_1 c_1$。

对于一般的固体材料，如砖墙、木板、钢板、玻璃等，隔声量可以写成：

$$TL = 20 \lg \frac{\omega m}{2 \rho_1 c_1} \tag{10-15}$$

式中　ω——声波的圆频率。

隔声的质量定律表明，单层隔声墙的隔声量和单位面积的质量的常用对数成正比。隔墙的单位面积质量越大，隔声量就越大，m 增加一倍，隔声量增加 6dB；同时频率越高，隔声量越大，频率提高一倍，隔声量也增加 6dB。

质量定律表明，隔声量除和单位面积的墙体质量有关，还和声波的频率有关，实际中，往往需要估算单层墙对各频率的平均隔声量。下面的经验公示表示把隔声量按主要的入射声频率（100~3200Hz 范围内）求平均，用平均隔声量 TL 表示，则：

$$\overline{TL} = 13.5 \lg m + 14 \qquad (m \leqslant 200 kg/m^2)$$

$$\overline{TL} = 16 \lg m + 8 \qquad (m > 200 kg/m^2)$$

表 10-6 列出了常见单层隔声墙隔声量的实测值和按上式的计算值。

表 10-6　常用单层隔声墙的隔声量

结 构 名 称	面密度 /(kg/m²)	倍频程中心频率/Hz						TL/dB	
		125	250	500	1000	2000	4000	测定	计算
1/4 砖墙，双面粉刷	118	41	41	45	40	46	47	43	42
1/2 砖墙，双面粉刷	225	33	37	38	46	52	53	44	46
1/2 砖墙，双面木筋板条加粉刷	280	—	52	47	57	54	—	50	47
1 砖墙，双面粉刷	457	44	44	45	53	57	56	49	51
1 砖墙，双面粉刷	530	42	45	49	57	64	62	53	52
100mm 厚木筋板条墙双面粉刷	70	17	22	35	44	49	48	35	39
150mm 厚加气混凝土砌块墙双面粉刷	175	28	36	39	46	54	55	43	43

（2）单层隔声墙的频率特性　单层匀质密实墙的隔声性能与入射波的频率有关，其频率特性取决于隔声墙本身的单位面积的质量、刚度、材料的内阻尼以及墙的边界条件等因素。严格的从理论上研究隔声墙的隔声性能是相当复杂和困难的。

单层匀质密实墙典型的隔声频率特性如图 10-10 所示。

频率从低端开始，隔声量受劲度控制，隔声量随频率增加而降低；随着频率的增加，质量效率的影响亦增加，在某些频率上，劲度和质量效应相抵消而产生共振现象。隔声曲线进入由墙板各种共振频率所控制的频段，这时墙的阻尼起作用，图中 f_0 为共振基频。一般的建筑结构中，共振基频 f_0 为很低，为 $5\sim20\,Hz$ 左右，这时板振动幅度很大，隔声量出现极小值，大小主要取决于构件的阻尼，称为阻尼控制；当频率继续增高，则质量起重要控制作用，这时隔声量随质量和频率的增加而增加，这就是所谓的质量定律，称质量控制区；而在吻合临界频率 f_c 处，隔声量有一个较大的降低，形成"吻合谷"。从图中看出，在主要声音频率范围内，隔声量受质量定律控制。

10.3.2.3 双层隔声结构

由质量定律可知，增加墙的厚度，从而可增加单位面积的质量，即可以增加隔声量，但是仅依靠增加的厚度来提高隔声量是不经济的，如果把单层墙一分为二，做成双层墙，中间留有空气层，则墙的总重量没有变，但隔声量却比单层的提高了。

双层结构能提高隔声能力的主要原因是空气层的作用。空气层可以看作与两层墙板相连的"弹簧"，声波入射到第一层墙透射到空气层时，空气层的弹性形变具有减振作用，传递给第二层墙的振动大为减弱，从而提高了墙体的总隔声量。双层结构的隔声量可以用单位面积质量等于双层墙两层墙体单位面积质量之和的单层墙的隔声量，加上一个空气层的隔声量来表示，如图 10-11 所示。

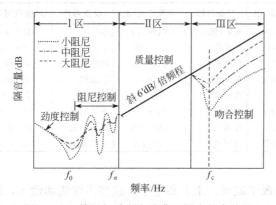

图 10-10 单层匀质密实墙典型隔声频率特性

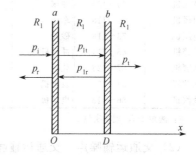

图 10-11 双层墙示意图

10.3.2.4 隔声间

在高噪声环境下，例如，在汽轮发电机房内建造一个具有良好的隔声性能的控制室，能有效地减少噪声对工作人员的困扰；又例如，在耳科临床诊断中的听力测试室，需要一个相当安静即本底噪声很低的环境，必须用特殊的隔声构件建造一个测听室，防止外界噪声的传入。另一种情况的声源较多，采取单一噪声控制措施不易奏效，或者采用多种措施治理成本较高，就把声源围蔽在局部空间内，以降低噪声对周围环境的污染。这些由隔声构件组成的具有良好隔声性能的房间统称为隔声间或隔声室。

隔声间一般采用封闭式的，它除需要有足够声量的墙体外，还需要设置具有一定隔声性能的门、窗等。

隔声间通常包括隔声、吸声、消声器、阻尼和减震等几种噪声控制措施的综合治理装置，它是多种声学构件的组合，因此，衡量一个隔声间的效果，不能只看其中一个声学构件的降噪效果，而要看它的综合降噪指标。用于评价隔声间综合降噪效果的一个物理量是插入损失 IL，它是被保护者所在处安装隔声间前后的声压级之差，即

$$IL = L_1 - L_2 - TL + 10\lg\frac{A}{S} \qquad (10\text{-}16)$$

式中　A——隔声间内表面的总吸声量，m^2；

　　　S——隔声间内表面的总面积，m^2；

　　　TL——隔声间的平均隔声量。

隔声间的插入损失一般约 20～50dB。由于门的隔声量低，使总的隔声量由墙体的 50dB 降到 30dB。这说明，对于隔声要求比较高的房间，必须重视门窗的隔声设计。

10.3.3　噪声控制

10.3.3.1　城市环境噪声源分类

城市环境噪声按噪声源的特点分类，可分为四大类：工业生产噪声、建筑施工噪声、交通运输噪声和社会生活噪声。

(1) 工业生产噪声　工业生产噪声是指工业企业在生产活动中使用固定的生产设备或辅助设备所辐射的声能量。它不仅直接给工人带来危害，而且干扰周围居民的生活环境。一般工厂车间内噪声级大约在 75～105dB，也有部分在 75dB 以下，少数车间或设备的噪声级高达 110～120dB。生产设备的噪声大小与设备种类、功率、型号、安装状况、运输状态以及周围环境条件有关。表 10-7 给出部分工业设备的噪声级范围。

表 10-7　常见工业设备声级范围

设备名称	声级范围/dB	设备名称	声级范围/dB	设备名称	声级范围/dB	设备名称	声级范围/dB
织布机	96～106	锻机	89～110	风铲(镐)	91～110	卷扬机	80～90
鼓风机	80～126	冲床	74～98	剪板机	91～95	退火炉	91～100
引风机	75～118	车床	75～95	粉碎机	91～105	拉伸机	91～95
空压机	73～116	砂轮	91～105	磨粉机	91～95	细纱机	91～95
破碎机	85～114	冲压机	91～95	冷冻机	91～95	整理机	70～75
球磨机	87～128	轧机	91～110	抛光机	96～105	木工园锯	93～101
振动筛	93～130	发电机	71～106	锉锯机	96～100	木工带锯	95～105
蒸汽机	86～113	电动机	75～107	挤压机	96～100	飞机发动机	107～160

注：测距 1m，现场实测。

(2) 交通运输噪声　交通运输噪声来源于地面、水上和空中，这些声源流动性大，影响面广。随着社会经济的发展，公路、铁路、航运、高速公路、地铁、高架道路、高架轻轨的建设迅速发展，交通运输工具成倍增长，交通运输噪声污染也随之增加。

道路交通噪声包括机动车发动机噪声、车轮与路面摩擦噪声、调整行驶量车体带动空气形成的气流噪声以及鸣笛声。为降低道路交通噪声，我国制定了机动车辆噪声标准，如《汽车定置噪声限值》(GB 16170—1996)、《摩托车和轻便摩托车噪声限值》(GB 16169—1996)、《拖拉机噪声限值》(GB 6376—86)；多数城市实施了机动车禁鸣的措施。

铁路运输噪声对环境的影响面相对道路交通噪声要小一些。但是，随着客货运量的增加和提速，铁路噪声的污染也日益突出。城市高架轨道交通的发展，其噪声污染已引起各方面的关注，磁悬浮列车在 100km/h 的行驶速度下，其噪声比传统的列车低 10dB，约 72dB，在 400km/h 时，约 94dB。

随着民航运输的发展，飞机噪声已成为影响城市环境的污染源之一。尽管人们花了近半个世纪的努力去降低飞机噪声，但航空噪声仍居高不下。我国近年来民航事业迅速发展，飞机噪声已引起有关部门的重视，已经制定了机场周围环境噪声标准及测量方法。

(3) 建筑施工噪声　建筑施工噪声主要来源于各种建筑机械噪声。建筑施工虽然对某一地区是暂时的，但对整个城市来说是常年不断的。打桩机、混凝土搅拌机、推土机、运料机等的噪声都在 90dB 以上，对周围环境造成严重的污染。主要建筑施工机械的噪声级见表 10-8。

表 10-8　建筑施工机械噪声/dB

机械名称	距声源 10m		距声源 30m	
	范围	平均	范围	平均
打桩机	93～112	105	84～102	93
混凝土搅拌	80～96	87	72～87	79
地螺钻	68～82	75	57～70	63
铆抡	85～98	91	74～86	80
压缩机	82～98	88	73～86	78
破土机	80～92	85	74～80	76

（4）社会生活噪声　社会生活噪声是指人为活动所产生的除工业生产噪声、交通运输噪声和建筑施工噪声之外的干扰周围生活环境的声音；商业、文娱、体育活动场所等的空调设备、音响系统、保龄球等发出的噪声。在我国许多城市中，营业舞厅、卡拉 OK 厅的噪声级在 95～105dB，不仅严重影响娱乐者，而且严重干扰附近居民的休息和睡眠。

社会生活噪声中不可忽视的另一类为来源于家用电器的噪声，如空调、冰箱、洗衣机的噪声等，它们的声级范围见表 10-9。

表 10-9　家用电器噪声/dB

名称	声级范围	名称	声级范围	名称	声级范围
洗衣机	50～80	电风扇	40～60	吹风机	45～75
除尘器	60～80	电冰箱	40～50	高压锅(喷气)	58～65
钢琴	60～95	窗式空调	50～65	脱排油烟机	55～60
电视	55～80	缝纫机	45～70	食品搅拌机	65～75

10.3.3.2　城市规划与噪声控制

在我国《环境噪声污染防治法》中规定："地方各级人民政府在制定城乡建设规划时，应当充分考虑建设项目和区域开发、改造中所产生的噪声对周围生活环境的影响，统筹规划，合理安排功能区和建设布局，防止或者减轻环境噪声污染。"合理的城市规划，对未来的城市环境噪声控制具有非常重要的意义。

（1）居住区规划中的噪声控制

a. 居住区中道路网的规划　居住区道路网规划设计中，应对道路的功能与性质进行明确的分类、分级。分清交通性干道和生活性道路，前者主要承担城市对外交通和货运交通。它们应避免从城市中心和居住区域穿过，可规划成环形道等形式从城市边缘或城市中心区边缘绕过。在拟定道路系统，选择线路时，应兼顾防噪因素，尽量利用地形设置成路堑式或利用土堤等来隔离噪声。必须要从居住区穿过时，可选择下述措施：①将干道转入地下，其上布置街心花园或步行区；②将干道设计成半地下式；③沿干道两侧设置声屏障，在声屏障朝干道侧布置灌木丛、矮生树，这样既可绿化街景，又可减弱声反射；④在干道两侧也可设置一定宽度的防噪声绿带，作为和居住用地隔离的地带。这种防噪绿带宜选用常绿的或落叶期短的树种，高低配植组成林带，方能起减噪作用，这种林带每米宽减噪量约为 0.1～0.25dB。降噪绿带的宽度一般需要 10m 以上。这种措施对于城市环线干道较为适用。

生活性道路只允许通行公共交通车辆、轻型车辆和少量为生活服务的货运车辆。必要时可对货运车辆的通行进行限制，不禁拖拉机行驶。在生活性道路两侧可布置公共建筑或居住建筑，但必须仔细考虑防噪布局。当道路为东西向时，两侧建筑群宜采用平行式布局，路南侧如布置居住建筑，可将次要的辅助房间，如厨房、卫生间、储藏室等朝街面北布置，或朝街一面设计为外廊式并装隔声窗。路北侧可将商店等公共建筑或一些无污染、较安静的第三产业集中成条状布置临街处，以构成基本连续的防噪障壁，并方便居民生活。当道路为南北向时，两侧建筑群布局可采用混合式。路西临街布置低层非居住性障壁建筑，如商店等公共建筑，住宅垂直道路布置。这时公共建筑与住宅应分开布置，方能公共建筑起声屏障的作用，路东临街布置防噪居住建筑。建筑的高度应随着离开道路距离的增加而逐渐增高，可利用前面的建筑作为后面建筑的防噪障壁，使暴露于高噪声级中的立面面积尽量减少。

b. 工业区远离居住区　在城市总体规划中，工业区应远离居住区。有噪声干扰的工业区须用防护地带与居住区分开，布置时还要考虑主导风向。现有居住区内的高噪声级的工厂应迁出居住区，或改变生活性质，采用低噪声工艺或经过降噪处理来保证邻近住房的安静，等效声级低于 55dB 及无其他污染的工厂，宜布置在居住区内靠近道路处。

c. 居住区中人口控制规划　城市噪声随着人口密度的增加而增大。美国环保发布的资料指出，城市噪声与人口密度之间有如下关系：

$$L_{dn} = 10 \lg \rho + 22 \tag{10-17}$$

式中　ρ——人口密度，人/km²；

L_{dn}——昼夜等效声级，dB。

(2) 道路交通噪声控制　城市道路交通噪声控制是一个涉及城市规划建设、噪声控制技术、行政管理等多方面的综合性问题。从世界各国的经验看，比较有效的措施是研究低噪声车辆，改进道路的设计，合理规划城市，实施必要的标准和法规。

a. 低噪声车辆　目前，我国绝大多数载重汽车和公共汽车噪声是 88~91dB，一般小型车辆为 82~85dB。因此，85dB 为低噪声重型车辆的指标。整车噪声降低到 80dB 以下，要求其他主要噪声源在 7.5m 处低于 GBJ 118—1988《民用建筑隔声设计规范》的数值，见表 10-10。

表 10-10　汽车部件噪声级

部件名称	噪声级/dB	部件名称	噪声级/dB
发动机(包括齿轮箱)	≤77	传动轴	≤69
进气	≤69	冷却风扇	≤69
轮胎	75~77	排气	≤69

电动汽车加速性能较好，特别适用于城市中启动和停车频繁的公共交通车辆。典型的电动公共汽车，在停车时的噪声级为 60dB，45km/h 行驶的噪声级为 76~77dB。电动公共汽车的噪声比一般内燃机公共汽车噪声低 10~12dB，其主要噪声为轮胎噪声。因此，应加速机动车辆的更换，我国到 2010 年，预期车辆的年更换率为 10%~20%。

b. 道路设计　随着车流量的增加，车速的增高，尤其是高速公路的发展，道路两侧的噪声将增高。因此，在道路规划设计中必须考虑噪声控制问题。如前所提及的道路布局、声屏障设置等必须考虑外，还必须考虑路面质量问题等。国外已普及低噪声路面，我国正在积极研制和推广。在交叉路口采用立体交叉结构，减少车辆的停车和加速次数，可明显降低噪声。在同样的交通流量下，立体交叉处的噪声比一般交叉路口噪声低 5~10dB。又如在城市道路规划设计时，应多采用往返双行线。在同样运输量时，单行线改为双行线（单方向行驶），噪声可以减少 2~5dB。

c. 合理城市规划，控制交通噪声　影响城市交通噪声的重要因素是城市交通状况，合理地进行城市规划和建设是控制交通噪声的有效措施之一。表 10-11 列出一些常用措施的实用效果。

表 10-11 利用城市规划方法控制交通噪声

控制噪声方法	实用效果
居住区远离交通干线和重型车辆通行道路	距离增加 1 倍,噪声降低 4～5dB
利用商店等公共场所做临街建筑,隔离噪声	噪声降低 7～15dB
道路两侧采用专门设计的声屏障	噪声降低 5～15dB
减少交通流量	流量减一倍,噪声降低 3dB
减少车辆行驶速度	每减少 10km/h,噪声降低 2～3dB
减少车流量中重型车辆比例	每减少 10%,噪声降低 1～2dB
增加临街建筑的窗户隔声效果	噪声降低 5～20dB
临街建筑的房间合理布局	噪声降低 10～15dB
禁止汽车使用喇叭	噪声降低 2～5dB

（3）噪声管理 城市噪声污染行政管理的依据是环境噪声污染防治法,人们期望生活在没有噪声干扰的安静环境中,但完全没有噪声是不可能的,也没有必要,人在没有任何声音的环境中生活,不但不习惯,还会引起恐惧,因此要把强大噪声降低到对人无害的程度,把一般环境噪声降低到对脑力活动或休息不致干扰的程度,这就需要有一个噪声控制标准,20世纪 70 年代以来,我国已制定了一系列噪声标准。

许多地方政府,也根据国家声环境质量标准,划定本行政区域内各类声环境质量标准的适用区域,并进行管理。

为了保证制定的声环境质量标准的实施,保障人民群众在适宜的声环境中生活和工作,必须防治噪声污染。1989 年国务院颁布了《中华人民共和国环境噪声污染防治条例》,1996年全国人大通过了《中华人民共和国环境噪声污染防治法》（1997 年 3 月 1 日起实施）,该法中明确规定,所谓"环境噪声污染,是指产生的环境噪声超过国家规定的环境噪声排放标准,并干扰他人正常生活、工作、学习的现象",有关的主要规定有:

a. 城市规划部门在确定建设布局时,应当依据国家声环境质量和民用建筑隔声设计规范,合理规定建筑物与交通干线的防噪声距离,并提出相应的规划设计要求。

b. 建设项目可能产生环境噪声污染的,建设单位必须提出环境影响报告书,规定环境噪声污染的防治措施,并按国家规定的程序报环境保护政策主管部门批准。

c. 建设项目的环境污染防治设施必须与主体工程同时设计、同时施工、同时投产使用。建设项目在投入生活或使用之前,其环境噪声污染防治措施必须经原审批环境影响报告书的环境保护行政和管理部门验收,达不到国家规定要求的,该建设项目不得投入生活或者使用。

d. 产生环境噪声污染的企业、事业单位,必须保持防治环境噪声污染设施的正常使用,拆除或者闲置环境噪声污染防治设施的,必须事先报经所在地的县级以上地方人民政府环境保护行政主管部门批准。

e. 对于在噪声敏感建筑物集中区域内造成严重环境噪声污染的企业事业单位,限期治理。限期治理的单位必须按期完成任务。

f. 国家对环境噪声污染严重的落后设备实行淘汰制。

g. 在城市范围内从事生产活动确需排放偶发强噪声的,必须事先向当地公安机关提出申请,经批准后方可进行。

h. 在城市范围内向周围生活环境排放工业噪声的,应当符合国家规定的工业企业厂界环境噪声排放标准。

i. 在城市市区范围内向周围生活环境排放建筑施工噪声的,应当符合国家规定的建筑施工场界环境噪声排放标准。

j. 建设经过已有噪声敏感建筑物区域的高速公路和城市高架、轻轨道路、有可能造成环境噪声污染的项目，应当设置声屏障或者采取其他有效的控制环境噪声污染的措施。

k. 在已有的城市交通干线的两侧建设噪声敏感建筑物的，建设单位应当按国家规定，隔一定的距离，并采取减轻、避免交通噪声影响的措施。

l. 新建营业性文化娱乐场所的边界噪声必须符合国家规定的环境噪声排放标准，不符合国家规定的环境噪声排放标准的，文化行政主管部门不得核发文化经营许可证，工商行政管理部门不得核发营业执照。

m. 禁止任何单位、个人在城市市区噪声敏感建筑物集中区域内使用高音广播喇叭。在城市市区街道、广场、公园等公共场所组织娱乐、集会等活动，使用音响器材可能产生干扰周围生活环境的，其音量大小必须遵守当地公安机关的规定。

一些城市和地区根据当地情况，还制定适用于本地区的标准和条例，例如许多城市规定市区内禁放鞭炮，主要街道或市区内所有街道机动车辆禁鸣喇叭等。

10.4 室内噪声环境检测

10.4.1 噪声标准

噪声的危害已被人们所共识，那么对建筑声环境来说，噪声应该控制到什么程度呢？即有害噪声需要降低到什么程度？这将涉及到噪声允许标准问题。确定噪声允许标准，应根据不同场合的使用要求和经济与技术上的可能性，进行全面、综合的考虑。例如长年累月暴露在高噪声下作业的工人，听力会受到损害，大量的调查研究和统计分析得到：40 年工龄的工人作业在噪声强度为 80dB 的环境下，噪声性耳聋（只考虑受噪声影响引起的听力损害，排除年龄等其他因素）的发生率为 0%；当噪声强度为 85dB 时，发生率约为 10%；90dB 时约为 20%；95dB 时约为 30%。如果单纯从保护工人健康出发，工业企业噪声卫生标准的限值应定在 80dB。但就现在的工业企业状况、技术条件和经济条件都不可能达到这个水平，世界上大多数国家都把限值定在 90dB。如果暴露时间减半，允许声级可提高 3dB，但任何情况下均不得超过 115dB。

噪声允许标准通常有由国家颁布的国家标准（GB）和由主管部门颁布的部颁标准及地方性标准。我国现已颁布与建筑声环境有关的主要噪声标准有：国家标准 GB 3096—1993《城市区域环境噪声标准》，GBJ 118—1988《民用建筑隔声设计规范》，GBJ 87—1985《工业企业噪声控制设计规范》，GB 12348—1990《工业企业厂界噪声标准》，GB 12523—1990《建筑施工场界噪声限值》，GB 12525—1990《铁路边界噪声限值及其测量方法》，GB 9660—1988《机场周围飞机噪声环境标准》和卫生部与劳动部联合颁布的《工业企业噪声卫生标准（试行草案）》等。此外，在各类建筑设计规范中，也有一些有关噪声限值的条文。

在住宅、学校、医院、旅馆等民用建筑中，使用者在日常使用活动中会产生相互间干扰的噪声。因此，制定噪声允许标准不是去限制使用者日常生活产生的噪声，而是制定建筑隔声标准来保证相邻住户和房间之间有足够的隔声，以防止相互间的干扰。GBJ 118—1988《民用建筑隔声设计规范》明确规定了民用建筑室内允许噪声级见表 10-12。

10.4.2 噪声的测量

什么才算安静的环境？噪声应该降低到什么水平？并不是说越安静越好、噪声应该"彻底消除"。这是因为：一方面，不要说"彻底消除"，就是想把噪声多降低一些也往往存在很大的困难，有时是技术上办不到，有时是经济上不许可。另一方面，人们在不同的生活和生产活动时，例如在夜间睡眠和白天工作时，在脑力劳动和体力劳动时，是能够容忍不同的噪

表 10-12　民用建筑室内允许噪声级/dB（A）

建筑类别	房间名称	时间	特殊标准	较高标准	一般标准	最低标准
住宅	卧室、书房（或卧室兼起居室）	白天		≤40	≤45	≤50
		夜间		≤30	≤35	≤40
	起居室	白天		≤45	≤50	≤50
		夜间		≤35	≤40	≤40
学校	有特殊安静要求的房间			≤40	—	—
	一般教室			—	≤50	—
	无特殊安静要求的房间			—	—	≤55
医院	病房、医务人员休息室	白天		≤40	≤45	≤50
		夜间		≤30	≤55	≤40
	门诊室			≤55	≤55	≤60
	手术室			≤45	≤45	≤50
	听力测听室			≤25	≤25	≤30
旅馆	客房	白天	≤35	≤40	≤45	≤50
		夜间	≤25	≤30	≤35	≤40
	会议室		≤40	≤45	≤50	
	多用途大厅		≤40	≤45	≤50	—
	办公室		≤45	≤50	≤55	≤55
	餐厅、宴会厅		≤50	≤55	≤60	

声水平的。因此，在经过大量的噪声测量和心理实验后，才有今天的噪声标准。通常环境噪声测量的目的是了解被测环境是否满足允许的噪声标准或噪声超标情况，以便采取相应的控制措施。

10.4.3　测量噪声常用的仪器

常用的噪声测量仪器主要有：声级计、脉冲积分声级计、声频频谱仪、声级记录仪和噪声统计分析仪等。本节重点介绍声级计。

声级计是声学测量中最常用的噪声测量仪器。在把噪声信号转换成电信号时，可以模拟人耳对声波反应速度的时间特性，对不同频率及不同响度的噪声作出相应的特性反应，描述出不同的反应曲线。

10.4.3.1　声级计的工作原理

声级计由传声器、放大器、衰减器计权网络、检波器、对数变换器、示波器、声级记录仪及显示仪表等部分组成，其组成框图如图 10-12 所示。

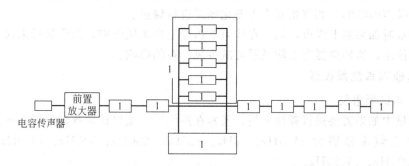

图 10-12　声级计组成框图

声压由电容传声器接收后，将声压信号转换成电信号，传至前置放大器。由于传声器接收的信号一般是微弱的，在进行分析前必须加以放大，因此，传来的电信号在前置放大器需作阻抗变换，再送到输入衰减器。衰减器是用来控制量程的，通常以每级衰减 10dB 作为换挡单位。由衰减器输出的信号，再输入放大器进行定量放大；为了模拟人耳听觉对不同频率声音有不同灵敏度这一感觉，在声级计中设计了特殊的滤波衰减器，它可以按照等响曲线对不同频率的音频信号进行不同程度的衰减，这部分称为计权网络。计权网络分为 A、B、C、D 几种，通过计权网络测得的声压级，被称为计权声压级或简称为声压级；对应不同计权网络分别称为 A 声级（L_A）、B 声级（L_B）、C 声级（L_C）和 D 声级（L_D），并分别记为 dB（A）、dB（B）、dB（C）和 dB（D）。由于 A 网络对于高频声反应敏感，对低频声衰减强，这与人耳对噪声的感觉最接近，故在测定对人耳有害的噪声时，均采用 A 声级作为评定指标。放大后的信号由计权网络进行计权，在计权网络处可外接滤波器，这样可以做频谱分析。输出的信号由输出衰减器衰减到额定值，随即送到输出放大器放大，使信号达到相应的功率输出。输出信号直接连接到示波器，通过观察示波器所反映出的波形，来控制检波（均方根检波电路，其作用是将非正弦电压信号加以平方，并在 RC 电路中取平均值，最后给出平均电压的开方值）工作。然后送出有效值电压，由于声压级采用的是对数关系，所以电压值通过对数变换，输出显示仪表可接收的电压，推动电表，显示所测的声压级分贝值；同时，将信号传送到声级记录仪，记下测量所得的结果。

10.4.3.2 声级计的分类

根据精度的不同，声级计可分为两类：一类是普通声级计，它对传声器要求不高。动态范围较狭窄，一般不与带通滤波器相联用；另一类是精密声级计，其传声器要求频响范围广、灵敏度高，稳定性能好，且能与各种带通滤波器配合使用，放大器输出可直接和声级记录仪、录音机等相连接，可将噪声信号显示或储存起来。

10.4.3.3 使用声级计的注意事项

（1）声级计每次使用前都要用声级校正设备对其灵敏度进行校正。常用的校正设备有声级校正器，它发出一个 1000Hz 的纯音。当校正器套在传声器上时，在传声器膜片处产生一个恒定的声压级（通常为 94dB）。通过调节放大器的灵敏度，进行声级计读数的校正。另一种校正设备为"活塞发声器"，同样产生一个恒定声压级（通常为 124dB）。活塞发声器的信号频率为 125Hz，所以在校正时，声级计的计权网络必须放在"线性"挡或"C"挡。

（2）除特殊场合外，测量噪声时一般传声器应离开墙壁、地板等反射面一定的距离。在进行精密测量时，为了避免操作者干扰声场，可使用延伸电缆，操作者可远离传声器。

（3）背景噪声较大时会产生测量误差。如果被测噪声出现前后其差值在 10dB 以上，则可忽略背景噪声的影响，如背景噪声无变化则需进行修正。

（4）测量时如果遇上强风，风会在传声器边缘上产生风噪声，给测量带来误差。在室外有风情况下使用，给传声器套上防风罩可减少风噪声的影响。

10.4.4 其他噪声测量仪器

10.4.4.1 声级频谱仪

噪声测量中如果需要进行频谱分析，通常在声级计中配以倍频程滤波器。根据规定使用十挡，即中心频率分别为 31.5Hz、63Hz、125Hz、250Hz、500Hz、1000Hz、2000Hz、4000Hz、8000Hz、16000Hz。

10.4.4.2 脉冲积分声级计

脉冲积分声级计是在一般的声级计的基础上增加了 CPU，即增加了储存和计算功能；可以按一定采样间隔在一段时间内连续采样，最后计算出统计百分数声级和等效连续 A 声级；可以进行等效噪声级、单爆发声暴露级、振动级等测量，实际上已成了一台噪声分析仪，用于环境噪声的测量十分方便。

10.4.4.3 声级记录仪

声级记录仪是常用的记录设备之一。它能记录直流和交流信号，可用于记录一段时间内噪声的起伏变化，以便于对环境噪声作出准确评价，如分析某时段交通噪声的变化情况；也可用来记录声压级衰变过程，如测量房间的混响时间。

磁带记录仪（录音机）可以把噪声记录在磁带上加以保存或重放。

10.4.4.4 噪声统计分析仪

噪声统计分析仪是一种数字式谱线显示仪，能把测量范围的输入信号在短时间内同时反映在一系列信号通道显示屏上，这对于瞬时变化声音的分析很有用处。通常用于较高要求的研究、测量。噪声统计分析仪型号很多，其中有电池可携带的小型实时分析仪，并具有储存功能，对现场测量，特别是测量瞬息变化的声音很方便。

随着计算机技术的不断发展，计算机应用于声学测量越来越广泛，经传声器接收、放大器放大后的模拟信号，通过模数转换成为数字信号，再经数字滤波器滤波或快速傅里叶变换（FFT）就可获得噪声频谱，对此由计算机作各种运算、处理和分析，可以得到各种所需的信息。最终结果可以方便地存储、显示或通过打印机打印输出，做到测量过程自动化，使显示结果直观化，大大节省人力，提高测量效率。可以预计，将来的环境噪声的测量，将把计算机作为接收系统分析、处理数字信号的核心设备。

10.4.5 测量噪声的方法

噪声的测量是分析噪声产生的原因、制定降低或消除噪声的措施必不可少的一种技术手段。环境噪声不论是空间分布还是随时间的变化都很复杂，在测量时，随着被测对象、测量环境、检测和控制的目的的不同，噪声测量的方法也有所区别。工程中测量噪声时被测量常常是声源的声功率和声压级两个参数。

声功率是衡量声源每秒辐射出多少能量的量，它与测点距离以及外界条件无关，是噪声源的重要声学参数。测量声功率的方法有混响室法、消声室或半消声室法、现场法。用这三种方法测量空调设备或机器噪声的声功率，所依据的原理就是声强的定义，即垂直于声音的传播方向，在单位时间内通过单位面积的声音的能量。由于声强级在测量过程中使用不太方便，因此，常常用声压级来替代声强级，其数学表达式为：

$$L_p = L_W - 10 \lg S \tag{10-18}$$

式中 L_p——声压级，dB；

L_W——声功率级，dB；

S——垂直于声传播方向的面积，m^2。

现场测量法，一般是在机房或车间内进行，分为直接测量和比较测量两种。直接测量法是用一个假定空心的且壁面足够薄的封闭物体将声源包围起来，测量该物体表面上各测点的声压级，测量表面平均声压级 L_p，然后确定声功率级 L_W。

$$L_p = \lg \frac{1}{n} \left(\sum_{i=1}^{n} 10^{0.1 L_{pi}} \right) \tag{10-19}$$

$$L_W = (L_p - K) + 10 \lg \frac{S}{S_0} \tag{10-20}$$

式中 L_p——假定的测量物体表面上各测点的平均声压级，dB，基准值为 20×10^{-5} Pa；

L_{pi}——在假定的测量物体表面上测量所得到的各测点的声压级，dB；

n——测点数；

K——环境修正值；

S——测量表面面积，m²；

S_0——基准面积，取 1m²。

比较法测量空调设备或机器本身辐射噪声，是采取利用经过实验室标定过声功率的任何噪声源作为标准噪声源（一般可用频带宽广的小型高声压级的风机），在现场中将标准声源放在待测声源附近位置，对标准噪声源和待测声源各进行一次同一包围物体表面上各点的测量，对比测量两者的声压级，从而得出待测机器声功率。

$$L_W = L_{WS} + (L_p - L_{pS}) \qquad (10\text{-}21)$$

式中 L_W——声源声功率级，dB；

L_{WS}——标准声源声功率级，dB；

L_p——所测的平均声压级，dB；

L_{pS}——标准声源的平均声压级，dB。

工业企业噪声的测量，分为工业企业内部生产噪声的测量和对周围环境造成影响的噪声测量。生产车间内噪声的测量包括车间内部环境噪声和机器本身（噪声源）辐射噪声的测量，机器本身噪声的测量按照前述方法测量。而对直接操作机器的工人健康影响的噪声测量，传声器应置于操作人员常在位置，高度约为人耳高处，但测量时人需离开。如为稳态噪声，则测量 A 声级，记为 dB（A），如为不稳态噪声，则测量等效连续 A 声级（是用一个相同时间内声能与之相等的连续稳定的 A 声级来表示该段时间内噪声的大小的方法）或测量不同 A 声级下的暴露时间，计算等效连续 A 声级。如果车间内各处 A 声级波动小于 3dB，则只需在车间内选择 1～3 个测点；若车间内各处声级波动大于 3dB，则应按声级大小，将车间分成若干区域，任意两区域的声级差应大于或等于 3dB，而每个区域内的声级波动必须小于 3dB，每个区域取 1～3 个测点。这些区域必须包括所有工人为观察或管理生产过程而经常工作、活动的地点和范围。测量时使用慢挡，取平均数；要注意减少气流、电磁场、温度和湿度等环境因素对测量结果的影响。如果要观察噪声对工人长期工作的听力损失情况，则需做频谱的测量。

对周围环境影响的噪声测量，要沿生产车间和非生产性建筑物外侧选取测点。对于生产车间测点应距车间外侧 3～5m，对于非生产性建筑物测点应距建筑物外侧 1m，测量时传声器应离地面 1.2m，离窗口 1m。如果手持声级计，应使人体与传声器距离 0.5m 以上。测量应选在无雨、无雪时（特殊情况除外），测量时声级计应加风罩以避免风噪声干扰，同时也要保持传声器清洁。四级以上大风天气应停止测量。非生产场所室内噪声测量一般应在室内居中位置附近选 3 个测点取其平均值，测量时，室内声学环境（门与窗的启与闭，打字机、空调器等室内声源的运行状态）应符合正常使用条件。

习题与思考题

1. 声强和声压有什么关系？声强级和声压级是否相等？为什么？

2. 简述噪声对建筑环境及人类的危害？

3. 某房间有三个声源，它们的声压级分别为 83dB、92dB、88dB，房间的总声压级是多少？

4. 多孔吸声材料的吸声原理是什么？

5. 为了提高穿孔板的吸声性能与吸声带宽，可以采用哪几种方法？

6. 城市噪声的分类是什么？

7.《中华人民共和国环境噪声污染防治法》(1997 年 3 月 1 日起实施)，该法中明确规定，所谓"环境噪声污染，是指产生的环境噪声超过国家规定的环境噪声排放标准，并干扰他人正常生活、工作、学习的现象"，其有关的主要规定有哪几种？

11

实　验

11.1　实验一　室内空气中氨（NH₃）的测定——靛酚蓝分光光度法

11.1.1　目的

（1）学会利用靛酚蓝分光光度法测定空气中氨的浓度；

（2）掌握空气中氨的靛酚蓝分光光度法测定的原理；

（3）掌握空气采样器的使用方法。

11.1.2　原理

空气中氨吸收在稀硫酸中，在亚硝基铁氰化钠及次氯酸钠存在下，与水杨酸生成蓝绿色的靛酚蓝染料，根据着色深浅，比色定量。

11.1.3　仪器和设备

（1）大型气泡吸收管：有 10mL 刻度线，出气口内径为 1mm，与管底距离应为 3～5mm。

（2）空气采样器：流量范围 0～2L/min，流量稳定。使用前后，用皂膜流量计校准采样系统的流量，误差应小于±5%。

（3）具塞比色管：10mL。

（4）分光光度计：可测波长为 697.5nm，狭缝小于 20nm。

11.1.4　试剂

（1）吸收液 $[c(H_2SO_4)=0.005mol/L]$　量取 2.8mL 浓硫酸加入水中，并稀释至 1L。用时再稀释 10 倍。

（2）水杨酸 $[C_6H_4(OH)COOH]$ 溶液（50g/L）　称取 10.0g 水杨酸和 10.0g 柠檬酸钠（$Na_3C_6O_7 \cdot 2H_2O$），加水约 50mL，再加 55mL 氢氧化钠溶液 $[c(NaOH)=2mol/L]$，用水稀释至 200mL。此试剂稍有黄色，室温下可稳定一个月。

（3）亚硝基铁氰化钠溶液（10g/L）　称取 1.0g 亚硝基铁氰化钠 $[Na_2Fe(CN)_5 \cdot NO \cdot 2H_2O]$，溶于 100mL 水中。贮于冰箱中可稳定一个月。

（4）次氯酸钠溶液 $[c(NaClO)=0.05mol/L]$　取 1mL 次氯酸钠试剂原液，用碘量法标定其浓度。然后用氢氧化钠溶液 $[c(NaOH)=2mol/L]$ 稀释成 0.05mol/L 的溶液。贮于冰箱中可保存两个月。

次氯酸钠溶液浓度的标定方法如下。

称取 2g 碘化钾（KI）于 250mL 碘量瓶中，加水 50mL 溶解，加 1.00mL 次氯酸钠（NaClO）试剂，再加 0.5mL 盐酸溶液 [50%（体积分数）]，摇匀，暗处放置 3min。用硫代硫酸钠标准溶液 $[c(\frac{1}{2}Na_2S_2O_3)=0.100mol/L]$ 滴定析出的碘，至溶液呈黄色时，加 1mL 新配制的淀粉指示剂（5g/L），继续滴定至蓝色刚刚褪去，即为终点，记录所用硫代硫酸钠标准溶液体积，按下式计算次氯酸钠溶液的浓度。

$$c(\text{NaClO}) = c\left(\frac{1}{2}\text{Na}_2\text{S}_2\text{O}_3\right) \times V/1.00 \times 2$$

式中　$c(\text{NaClO})$——次氯酸钠试剂的浓度，mol/L；

$c\left(\frac{1}{2}\text{Na}_2\text{S}_2\text{O}_3\right)$——硫代硫酸钠标准溶液浓度，mol/L；

V——硫代硫酸钠标准溶液用量，mL。

（5）氨标准溶液

① 标准贮备液：称取 0.3142g 经 105℃ 干燥 2h 的氯化铵（NH_4Cl），用少量水溶解，移入 100mL 容量瓶中，用吸收液稀释至刻度，此液 1.00mL 含 1.00mg 氨。

② 标准工作液：临用时，将标准贮备液用吸收液稀释成 1.00mL 含 1.00μg 氨。

11.1.5　采样

用一个内装 10mL 吸收液的大型气泡吸收管，以 0.5L/min 流量，采气 5L，及时记录采样点的温度及大气压力。采样后，样品在室温下保存，于 24h 内分析。

11.1.6　分析步骤

（1）标准曲线的绘制　取 10mL 具塞比色管 7 支，按下表制备标准系列管。

氨标准系列

管　号	0	1	2	3	4	5	6
标准工作液/mL	0	0.50	1.00	3.00	5.00	7.00	10.00
吸收液/mL	10.00	9.50	9.00	7.00	5.00	3.00	0
氨含量/μg	0	0.50	1.00	3.00	5.00	7.00	10.00

在各管中加入 0.50mL 水杨酸溶液，再加入 0.10mL 亚硝基铁氰化钠溶液和 0.10mL 次氯酸钠溶液，混匀，室温下放置 1h。用 1cm 比色皿，于波长 697.5nm 处，以水作参比，测定各管溶液的吸光度。以氨含量（μg）作横坐标，吸光度为纵坐标，绘制标准曲线，并计算标准曲线的斜率［标准曲线的斜率应为（0.081±0.003）吸光度/mg 氨］，以斜率的倒数作为样品测定计算因子 B_s（μg/吸光度）。

（2）样品测定　将样品溶液转入具塞比色管中，用少量的水洗吸收管，合并，使总体积为 10mL。再按制备标准曲线的操作步骤测定样品的吸光度。在每批样品测定的同时，用 10mL 未采样的吸收液作试剂空白测定。如果样品溶液吸光度超过标准曲线范围，则取部分样品溶液，用吸收液稀释后再显色分析。计算样品浓度时，要考虑样品溶液的稀释倍数。

11.1.7　结果计算

（1）将采样体积换算成标准状况下的采样体积

$$V_0 = V\frac{t_0}{t} \times \frac{p}{p_0}$$

式中　V_0——换算成标准状况下的采样体积，L；

V——采样体积，L；

t_0——标准状况的热力学温度，273K；

t——采样时采样点现场的温度（t）与标准状况的热力学温度之和，$(t+273)$K；

p_0——标准状况下的大气压力，101.3kPa；

p——采样时采样点的大气压力，kPa。

（2）空气中氨浓度计算

$$c = \frac{(A - A_0) B_s}{V_0}$$

式中　c——空气中氨浓度，mg/m^3；

　　　A——样品溶液的吸光度；

　　　A_0——空白溶液的吸光度；

　　　B_s——计算因子，$\mu g/$吸光度；

　　　V_0——标准状况下的采样体积，L。

11.1.8　注意事项

(1) 采样管材质应选用玻璃或聚四氟乙烯，其他材质采样管对氨气有吸附。

(2) 蒸馏水应使用无氨蒸馏水。

11.2　实验二　室内空气中可吸入颗粒物（PM$_{10}$）的测定——撞击式称重法

11.2.1　目的

(1) 学会利用撞击式称重法测定空气中可吸入颗粒物的浓度；

(2) 掌握空气中可吸入颗粒物撞击式称重法测定原理。

11.2.2　原理

利用两段可吸入颗粒物采样器，以 13L/min 的流量分别将粒径$\geq 10\mu m$的颗粒采集在冲击板的玻璃纤维纸上，粒径$\leq 10\mu m$的颗粒采集在预先恒重的玻璃纤维滤纸上，取下再称其质量，根据采样标准体积和粒径 $10\mu m$ 颗粒物的量，测得出可吸入颗粒物的浓度。检测下限为 $0.05mg/m^3$。

11.2.3　仪器

(1) 可吸入颗粒物采样器　仪器由分级采样器、采样时间控制器、恒流抽气泵和采样支架等部件配套组成。$D_{50} \leq (10 \pm 1)\mu m$，几何标准差 $\delta_g = 1.5 \pm 0.1$。

(2) 分析天平　1/10000 或 1/100000。

(3) 皂膜流量计。

(4) 秒表。

(5) 镊子。

(6) 干燥器。

11.2.4　材料

玻璃纤维纸或合成纤维滤膜。直径 50mm；外周直径 53mm，内周直径 40mm 两种。在干燥器中平衡 24h，称量到恒重 w_1。

11.2.5　流量计校准

采样器在规定流量下，流量应稳定。使用时，用皂膜流量计校准采样系列在采样前和采样后的流量，流量误差应小于 5%。

按第 7 章图（7-1）将流量计、皂膜计及抽气泵连接进行校准，记录皂膜计两刻度线间的体积（mL）及通过的时间，体积按下式换算成标准状况下的体积（V_s），以流量计的格数对流量作图。

$$V_s = V_m (p_b - p_v) T_s / p_s T_m$$

式中　V_m——皂膜两刻度线间的体积，mL；

p_b——大气压，kPa；

p_v——皂膜计内水蒸气压，kPa；

p_s——标准状况下压力，kPa；

T_s——标准状况下温度，℃；

T_m——皂膜计温度，K（273＋室温）。

11.2.6　采样

将校准过流量的采样器入口取下，旋开采样头，将已恒重过的 ϕ50mm 的滤纸安放在冲击环下，同时于冲击环上放置环形滤纸，再将采样头旋紧，装上采样头入口，放于室内有代表性的位置，打开开关旋钮计时，将流量调至 13L/min，采样 24h，记录室内温度、压力及采样时间，注意随时调节流量，使保持 13L/min。

采样后，小心取下采样滤纸，尘面向里对折，放于清洁纸袋中，再放于样品盒内保存待用。

11.2.7　分析步骤

将采过样的滤纸，置于干燥器中平衡 24h，称量至质量恒重 w_2。采样前后滤纸称重结果之差（w_2-w_1），即为可吸入颗粒物的质量 w（mg），称量后将样品滤纸放进铝箔袋中，低温保存，做颗粒物成分分析用。

11.2.8　结果计算

（1）将采样体积换算成标准状况下的采样体积 V_0。

$$V_0=V\frac{T_0}{T}\times\frac{p}{p_0}$$

式中　V_0——换算成标准状况下的采样体积，L；

　　　V——采样体积 $V=$流量（13L/min）×时间（min），L；

　　　T_0——标准状况的热力学温度，273K；

　　　T——采样时采样点现场的温度（t）与标准状况的热力学温度之和，（$t+273$）K；

　　　p_0——标准状况下的大气压力，101.3kPa；

　　　p——采样时采样点的大气压力，kPa。

（2）按下式计算出空气中可吸入颗粒物浓度 c（mg/m³）。

$$c=w/V_0$$

式中　V_0——换算成标准状况下的采样体积，L；

　　　w——颗粒物的质量（w_2-w_1），mg。

11.2.9　注意事项

（1）采样前，必须先将流量计进行校准。采样时准确保持 13L/min 流量。

（2）称量空白及采样的滤纸时，环境及操作步骤必须相同。

（3）采样时必须将采样器部件旋紧，以免样品空气从旁侧进入采样器，造成错误的结果。

11.3　实验三　室内空气中甲醛（HCHO）的测定——AHMT 比色法

11.3.1　目的

（1）学会利用 AHMT 比色法测定空气中甲醛的浓度；

（2）掌握空气中甲醛 AHMT 比色法测定原理；

(3) 进一步熟练空气采样器的使用。

11.3.2 原理

空气中甲醛被吸收液吸收，在碱性溶液中与 4-氨基-3-联氨-5-巯基-三氮杂茂（AHMT）发生反应，经高碘酸钾氧化形成紫红色化合物，通过比色定量。

11.3.3 仪器和设备

(1) 气泡吸收管　有 5mL 和 10mL 刻度线。

(2) 空气采样器　流量范围 0～2L/min。

(3) 具塞比色管　10mL。

(4) 分光光度计　具有 550nm 波长，并配有 10mm 比色皿。

11.3.4 试剂和材料

(1) 吸收液　称取 1g 三乙醇胺，0.25g 偏重亚硫酸钠和 0.25g 乙二胺四乙酸二钠溶于水中并稀释至 1000mL。

(2) 氢氧化钾溶液（5mol/L）　取 28g 氢氧化钾溶于适量蒸馏水中，稍冷后，加蒸馏水至 100mL。

(3) AHMT 溶液　取 0.25g AHMT 溶于 0.5mol/L 盐酸溶液中，并稀释到 50mL，此溶液置于棕色试剂瓶中，放暗处，可保存半年。

(4) 1.5% 高碘酸钾溶液　取 1.5g KIO_4 于 100mL0.2mol 氢氧化钠溶液中，置于水浴上加热使其溶解。

(5) 碘溶液 $\left[c\left(\frac{1}{2}I_2\right) = 0.1000\text{mol/L} \right]$　称量 30g 碘化钾，溶于 25mL 水中，加入 127g 碘。待碘完全溶解后，用水定容至 1000mL。移入棕色瓶中，暗处贮存。

(6) 1mol/L 氢氧化钠溶液　称量 40g 氢氧化钠，溶于水中，并稀释至 1000mL。

(7) 0.5mol/L 硫酸溶液　取 28mL 浓硫酸缓慢加入水中，冷却后，稀释至 1000mL。

(8) 硫代硫酸钠贮备溶液 $\left[c(Na_2S_2O_3) = 0.1000\text{mol/L} \right]$　称取 25.0g 硫代硫酸钠（$Na_2S_2O_3 \cdot 5H_2O$），溶于 1000mL 新煮沸但已冷却的水中，加入 0.2g 无水碳酸钠，贮于棕色细口瓶中，放置一周后备用。如溶液呈现浑浊，必须过滤。

(9) 硫代硫酸钠标准溶液 $\left[c(Na_2S_2O_3) = 0.05\text{mol/L} \right]$　取 250mL 硫代硫酸钠贮备液置于 500mL 容量瓶中，用新煮沸但已冷却的水稀释至标线，摇匀。

标定方法：吸取三份 10.00mL 碘酸钾标准溶液分别置于 250mL 碘量瓶中，加 70mL 新煮沸但已冷却的水，加 1g 碘化钾，振摇至完全溶解后，加 10mL 盐酸溶液，立即盖好瓶塞，摇匀。于暗处放置 5min 后，用硫代硫酸钠标准溶液滴定溶液至浅黄色，加 2mL 淀粉溶液，继续滴定溶液至蓝色刚好褪去为终点。硫代硫酸钠标准溶液的浓度按下式计算：

$$c = \frac{0.1000 \times 10.00}{V}$$

式中　c——硫代硫酸钠标准溶液的浓度，mol/L；

V——滴定所耗硫代硫酸钠标准溶液的体积，mL。

(10) 0.5% 淀粉溶液　将 0.5g 可溶性淀粉，用少量水调成糊状后，再加入 100mL 沸水，并煎沸 2～3min 至溶液透明。冷却后，加 0.1g 水杨酸或 0.4g 氯化锌保存。

(11) 甲醛标准贮备溶液　取 2.8mL 含量为 36%～38% 甲醛溶液，放入 1L 容量瓶中，加水稀释至刻度。此溶液 1mL 约相当于 1mg 甲醛。其准确浓度用下述碘量法标定。

甲醛标准贮备溶液的标定：精确量取 20.00mL 待标定的甲醛标准贮备溶液，置于 250mL 碘量瓶中。加入 20.00mL $\left[c\left(\frac{1}{2}I_2\right) = 0.1000\text{mol/L} \right]$ 碘溶液和 15mL1mol/L 氢氧化钠

溶液，放置 15min，加入 0.5mol/L 硫酸溶液，再放置 15min，用 $[c(Na_2S_2O_3)=0.1000mol/L]$ 硫代硫酸钠溶液滴定，至溶液呈现淡黄色时，加入 1mL0.5％淀粉溶液继续滴定至恰使蓝色褪去为止，记录所用硫代硫酸钠溶液体积（V_2，mL）。同时用水做试剂空白滴定，记录空白滴定所用硫代硫酸钠标准溶液的体积（V_1，mL）。甲醛溶液的浓度用下式计算。

$$甲醛溶液浓度(mg/mL)=(V_1-V_2)\times c_0 \times 15/20$$

式中　V_1——试剂空白消耗 $[c(Na_2S_2O_3)=0.1000mol/L]$ 硫代硫酸钠溶液的体积，mL；

$\quad\quad V_2$——甲醛标准贮备溶液消耗 $[c(Na_2S_2O_3)=0.1000mol/L]$ 硫代硫酸钠溶液的体积，mL；

$\quad\quad c_0$——硫代硫酸钠溶液的准确物质的量浓度，mol/L；

$\quad\quad 15$——甲醛的当量；

$\quad\quad 20$——所取甲醛标准贮备溶液的体积，mL。

两次平行滴定，误差应小于 0.05mL，否则重新标定。

(12) 甲醛标准溶液　临用时，将甲醛标准贮备溶液用水稀释成 1.00mL 含 10μg 甲醛、立即再取此溶液 10.00mL，加入 100mL 容量瓶中，加入 5mL 吸收原液，用水定容至 100mL，此液 1.00mL 含 1.00μg 甲醛，放置 30min 后，用于配制标准色列管。此标准溶液可稳定 24h。

11.3.5　采样

用一个内装 5mL 吸收液的气泡吸收管，以 1.0L/min 流量，采气 20L。并记录采样时的温度和大气压。

11.3.6　分析步骤

(1) 标准曲线的绘制　取 7 支具塞比色管，按下表制备标准色列管。

甲醛标准色列

管　号	0	1	2	3	4	5	6
标准溶液/mL	0.00	0.10	0.20	0.40	0.80	1.20	1.60
吸收溶液/mL	2.00	1.90	1.80	1.60	1.20	0.80	0.40
甲醛含量/μg	0.00	0.20	0.40	0.80	1.60	2.40	3.20

各管加入 1.0mL 5mol/L 氢氧化钾溶液，1.0mL0.5％AHMT 溶液，盖上管塞，轻轻颠倒混匀三次，放置 20min。加入 0.3mL1.5％高碘酸钾溶液，充分振摇，放置 5min。用 10mm 比色皿，在波长 550nm 下，以水作参比，测定各管吸光度。以甲醛含量为横坐标，吸光度为纵坐标，绘制标准曲线，并计算标准曲线的斜率，以斜率的倒数作为样品测定计算因子 B_s（μg/吸光度）。

(2) 样品测定　采样后，补充吸收液到采样前的体积。准确吸取 2mL 样品溶液于 10mL 比色管中，按制作标准曲线的操作步骤测定吸光度。

在每批样品测定的同时，用 2mL 未采样的吸收液，按相同步骤作试剂空白值测定。

11.3.7　结果计算

(1) 将采样体积换算成标准状况下采样体积

$$V_0=V\frac{T_0}{T}\times\frac{p}{p_0}$$

式中　V_0——换算成标准状况下的采样体积，L；

$\quad\quad V$——采样体积，L；

T_0——标准状况的热力学温度，273K；

T——采样时采样点现场的温度（t）与标准状况的热力学温度之和，（$t+273$）K；

p_0——标准状况下的大气压力，101.3kPa；

p——采样时采样点的大气压力，kPa。

（2）空气中甲醛浓度计算

$$c=\frac{(A-A_0)B_s}{V_0}\times\frac{V_1}{V_2}$$

式中　c——空气中甲醛浓度，mg/m³；

A——样品溶液的吸光度；

A_0——空白溶液的吸光度；

B_s——用标准溶液绘制标准曲线得到的计算因子，μg/吸光度；

V_0——换算成标准状况下的采样体积，L；

V_1——采样时吸收液体积，mL；

V_2——分析时取样品体积，mL。

11.3.8　注意事项

日光照射能使甲醛氧化，在采样时，要尽量选用棕色吸收管。在样品运输和存放过程中，都应采取避光措施。

11.4　实验四　室内空气中苯（C_6H_6）的测定——气相色谱法

11.4.1　目的

（1）掌握空气中苯的测定方法和原理；

（2）学会气相色谱分析仪的使用。

11.4.2　原理

空气中苯用活性炭管采集，然后用二硫化碳提取出来。用氢火焰离子化检测器的气相色谱仪分析，以保留时间定性，峰高定量。

11.4.3　试剂和材料

（1）苯　色谱纯。

（2）二硫化碳　分析纯，需经纯化处理，保证色谱分析无杂峰。

（3）椰子壳活性炭　20~40目，用于装活性炭采样管。

（4）纯氮　99.99%。

11.4.4　仪器和设备

（1）活性炭采样管　用长 150mm，内径 3.5~4.0mm，外径 6mm 的玻璃管，装入 100mg 椰子壳活性炭，两端用少量玻璃棉固定。装好管后再用纯氮气于 300~350℃ 温度条件下吹 5~10min。然后套上塑料帽封紧管的两端。此管放于干燥器中可保存 5d。若将玻璃管熔封，此管可稳定三个月。

（2）空气采样器　流量范围 0.2~1L/min，流量稳定，使用时用皂膜流量计校准采样系统在采样前和采样后的流量，流量误差应小于 5%。

（3）注射器　1mL。体积刻度误差应校正。

（4）微量注射器　1μL，10μL。体积刻度误差应校正。

（5）具塞刻度试管　2mL。

（6）气相色谱仪　配备氢火焰离子化检测器。

（7）色谱柱　0.53mm×30mm 宽径非极性石英毛细管柱。

11.4.5　采样和样品保存

在采样地点打开活性炭管，两端孔径至少 2mm，与空气采样器入气口垂直连接。以 0.5L/min 的速度，抽取 20L 空气。采样后，将管的两端套上塑料帽，并记录采样时的温度和大气压力，样品可保存 5d。

11.4.6　分析步骤

（1）色谱分析条件　使用毛细管柱或填充柱，柱温 65℃，对填充柱载气的流量为 40mL/min，对毛细管柱载气的流量为 30mL/min。检测器的温度为 250℃，氢气流量为 46mL/min，空气流量为 400mL/min。

（2）绘制标准曲线和测定计算因子　在与样品分析的相同条件下，绘制标准曲线和测定计算因子。

用标准溶液绘制标准曲线：在 5.0mL 容量瓶中，先加入少量二硫化碳，用 $1\mu L$ 微量注射器准确取一定量的苯（20℃时，$1\mu L$ 苯质量 0.8787mg）注入容量瓶中，加二硫化碳至刻度，配成一定浓度的贮备液。临用前取一定量的贮备液用二硫化碳逐级稀释成苯含量分别为 $2.0\mu g/mL$、$5.0\mu g/mL$、$10.0\mu g/mL$、$50.0\mu g/mL$ 的标准液。取 $1\mu L$ 标准液进样，测量保留时间及峰高。每个浓度重复 3 次，取峰高的平均值。分别以 $1\mu L$ 苯的含量（$\mu g/mL$）为横坐标（μg），平均峰高为纵坐标（mm），绘制标准曲线。并计算回归线的斜率，以斜率的倒数 B_s（$\mu g/mm$）作样品测定的计算因子。

（3）样品分析　将采样管中的活性炭倒入具塞刻度试管中，加 1.0mL 二硫化碳，塞紧管塞，放置 1h，并不时振摇。取 $1\mu L$ 进样，用保留时间定性，峰高（mm）定量。每个样品作三次分析，求峰高的平均值。同时，取一个未经采样的活性炭管按样品管同时操作，测量空白管的平均峰高（mm）。

11.4.7　结果计算

（1）将采样体积按下式换算成标准状况下的采样体积

$$V_0 = V\frac{T_0}{T} \times \frac{p}{p_0}$$

式中　V_0——换算成标准状况下的采样体积，L；

$\quad V$——采样体积，L；

$\quad T_0$——标准状况的热力学温度，273K；

$\quad T$——采样时采样点现场的温度（t）与标准状况的热力学温度之和，（$t+273$）K；

$\quad p_0$——标准状况下的大气压力，101.3kPa；

$\quad p$——采样时采样点的大气压力，kPa。

（2）空气中苯浓度计算

$$c = \frac{(h-h')B_s}{V_0 E_s}$$

式中　c——空气中苯的浓度，mg/m^3；

$\quad h$——样品峰高的平均值，mm；

$\quad h'$——空白管的峰高，mm；

$\quad B_s$——由 11.4.6（2）得到的计算因子，$\mu g/mm$；

$\quad E_s$——由实验确定的二硫化碳提取的效率；

V_0——标准状况下采样体积，L。

11.4.8 注意事项

(1) 二硫化碳在使用前应进行提纯。

(2) 采样器采样前或采样过程中发现流量有较大的波动时，应使用皂膜流量计进行流量校正。

(3) 二硫化碳和苯属有毒、易燃物质，在使用过程中应注意安全。

11.5 实验五 室内空气中总挥发性有机化合物（TVOC）的测定 ——气相色谱法

11.5.1 目的

(1) 进一步掌握和巩固空气中总挥发性有机化合物（TVOC）的测定方法和原理；

(2) 进一步掌握和熟练气相色谱分析仪的使用与操作。

11.5.2 原理

选择合适的吸附剂（Tenax-GC 或 Tenax-TA），用吸附管采集一定体积的空气样品，空气流中的挥发性有机化合物保留在吸附管中。采样后，将吸附管加热，解吸挥发性有机化合物，待测样品随惰性载气进入毛细管气相色谱仪。用保留时间定性，峰高或峰面积定量。

11.5.3 试剂和材料

(1) VOCs 为了校正浓度，需用 VOCs 作为基准试剂，配成所需浓度的标准溶液或标准气体，然后采用液体外标法或气体外标法将其定量注入吸附管。

(2) 稀释溶剂 液体外标法所用的稀释溶剂应为色谱纯，在色谱流出曲线中应与待测化合物分离。

(3) Tenax-TA 吸附管

11.5.4 仪器和设备

(1) 毛细管柱 长 50m、内径 0.32mm 石英柱，内涂覆二甲基聚硅氧烷，膜厚 1～5μm，程序升温 50～250℃，初始温度 50℃，保持 10min，升温速率 5℃/min，分流比 (1：1)～(10：1)。

(2) 注射器 10μL、1mL 若干个。

(3) 空气采样器 0～2L/min，流量稳定。

(4) 气相色谱仪 配备氢火焰离子化检测器。

(5) 热解吸仪 能对吸附管进行二次热解吸，并将解吸气用惰性气体载带进入气相色谱仪。

11.5.5 采样和样品保存

在采样地点打开吸附管，与空气采样器入气口用塑料或硅橡胶管连接，采样管垂直安装在呼吸带。打开采样泵，调节流量，以 0.5L/min 的速度抽取约 10L 空气，精确计时。采样后，应将吸附管的两端套上塑料帽或将其放入可密封的金属管、玻璃管中。记录采样时的时间、流量、温度和大气压力。

11.5.6 分析步骤

(1) 样品的解吸和浓缩 将吸附管安装在热解吸仪上，加热，使有机蒸气从吸附剂上解吸下来，并被载气流带入冷阱，进行预浓缩，载气流的方向与采样时的方向相反。然后再以低流速快速解吸，经传输线进入毛细管气相色谱仪。传输线的温度应足够高，以防止待测成分凝结。

解吸条件如下：

温度—300℃   流量—40mL/min

时间—10min   载气—氮气（纯度不小于 99.99%）

（2）色谱分析条件　可选择膜厚度为 $1\sim5\mu m$ 的 $50m\times0.22mm$ 的石英柱，固定相可以是二甲基硅氧烷或 7% 的氰基丙烷、7% 的苯基、86% 的甲基硅氧烷。柱操作条件为程序升温，初始温度 50% 保持 10min，以 5℃/min 的速率升温至 250℃。

（3）标准曲线的绘制

a. 气体外标法　用泵准确抽取 $100\mu g/m^3$ 的标准气体 100mL、200mL、400mL、1L、2L、4L、10L 通过吸附管，制备标准系列。

b. 液体外标法　取 $1\sim5\mu L$ 含液体组分 $100\mu g/mL$ 和 $10\mu g/mL$ 的标准溶液注入吸附管，同时用 100mL/min 的惰性气体通过吸附管，5min 后取下吸附管密封，制备标准系列。

用热解吸气相色谱法分析吸附管标准系列，以扣除空白后峰面积的对数为纵坐标，以待测物质量的对数为横坐标，绘制标准曲线。

（4）样品分析　每支样品吸附管按绘制标准曲线的操作步骤进行分析，用保留时间定性，峰面积定量。

11.5.7　结果计算

（1）将采样体积换算成标准状况下的采样体积

$$V_0 = V\frac{T_0}{T}\times\frac{p}{p_0}$$

式中　V_0——换算成标准状况下的采样体积，L；

　　　V——采样体积，L；

　　　T_0——标准状况的热力学温度，273K；

　　　T——采样时采样点现场的温度 (t) 与标准状况的热力学温度之和，$(t+273)$K；

　　　p_0——标准状况下的大气压力，101.3kPa；

　　　p——采样时采样点的大气压力，kPa。

（2）TVOC 的计算

a. 应对保留时间在正己烷和正十六烷之间所有化合物进行分析。

b. 计算 TVOC，包括色谱图中从正己烷到正十六烷之间的所有化合物。

c. 根据单一的校正曲线，对尽可能多的 VOCs 定量，至少应对十个最高峰进行定量，最后与 TVOC 一起列出这些化合物的名称和浓度。

d. 计算已鉴定和定量的挥发性有机化合物的浓度 S_{id}。

e. 用甲苯的响应系数计算未鉴定的挥发性有机化合物的浓度 S_{un}。

f. S_{id} 与 S_{un} 之和为 TVOC 的浓度或 TVOC 的值。

g. 如果检测到的化合物超出了 b 中 TVOC 定义的范围，那么这些信息应该添加到 TVOC 值中。

（3）空气样品中待测组分的浓度计算

$$c = \frac{F-B}{V_0}\times1000$$

式中　c——空气样品中待测组分的浓度，$\mu g/m^3$；

　　　F——样品管中组分的质量，μg；

　　　B——空白管中组分的质量，μg；

V_0——标准状况下的采样体积，L。

11.5.8 注意事项

（1）采集室外空气空白样品，应与采集室内空气空白样品同时进行，地点宜选择在室外上风口处。

（2）对其余未识峰，可以甲苯计。

（3）当与挥发性有机化合物有相同或几乎相同的保留时间的组分干扰测定时，通过选择适当的气相色谱柱，或通过更严格地选择吸收管和调节系统的条件，将干扰减到最低。

11.6 实验六 室内放射性氡气（Rn）的测定——闪烁瓶法

11.6.1 目的

（1）掌握闪烁瓶法测定空气中氡的方法；

（2）了解闪烁瓶法测定空气中氡的仪器结构、掌握其使用方法。

11.6.2 原理

闪烁室型原理是用泵将空气引入圆柱形有机玻璃制成的闪烁瓶中，也可以预先将闪烁瓶抽成真空，在现场打开开关，以实现无动力采样。含氡空气样品进入闪烁瓶中，氡和衰变子体发射的 α 粒子使闪烁室壁上的 ZnS（Ag）晶体产生闪光，由光电倍增管把这种光信号转变为电脉冲，经电子学测量单元通过脉冲放大、甄别后被定标线路记录下来，贮存于连续探测器的记忆装置中。单位时间内的电脉冲数与氡浓度成正比，因此可以确定氡浓度。

11.6.3 仪器

典型的测量装置由探头（闪烁瓶、光电倍增管和前置单元电路组成）、高压电源和电子学分析记录单元组成。探头由闪烁瓶、光电倍增管和前置放大单元组成。结构参见第 7 章图 7-2。

（1）闪烁瓶 内壁均匀涂以 ZnS（Ag）涂层。

（2）探测器 由光电倍增管和前置放大器组成；光电倍增管必须选择低噪声、高放大倍数的光电倍增管，工作电压低于 1000V。前置单元电路应是深反馈放大器，输出脉冲幅度为 0.1～10V。

（3）高压电源 输出电压应在 0～3000V 范围连续可调，波纹电压不大于 0.1%，电流应不小于 100mA。

（4）记录和数据处理系统 由定标器和打印机组成，也可接 X-Y 绘图仪。

11.6.4 采样和测量步骤

（1）采样点 选择能代表待测空间的最佳采样点。记录好采样器的编号、采样时间、采样点的位置。

（2）采样 将抽成真空的闪烁瓶带到待测点，然后打开阀门约 10s 后，关闭阀门，带回实验室待测。记录采样时间、气压、温度、湿度等。

（3）稳定性和本底测量 在测定的测量条件下，进行本底稳定性测量和本底测量。

（4）样品测量 将待测已采样的闪烁瓶避光保存 3h，在规定的测量条件下进行计数测量。根据测量精度的要求，选择适当的测量时间。

（5）测量后必须及时用无氡气的气体清洗闪烁瓶，以保持本底状态。

11.6.5 结果计算

$$c_{Rn} = \frac{K_s(n_c - n_b)}{V(1 - e^{\lambda t})}$$

式中　c_{Rn}——刻度所需 ^{222}Rn 浓度，Bq/m³；

　　　K_s——刻度因子，Bq/cpm；

n_c，n_b——分别表示样品和本底的计数率，（次/min）；

　　　V——刻度系统的体积，m³；

　　　t——样品封存时间，h；

　　　λ——氡的衰变常数 0.1813，1/h。

参 考 文 献

1 崔九思. 室内空气污染监测方法. 北京：化学工业出版社，2002

2 姚运先等. 室内环境监测. 北京：化学工业出版社，2005

3 周中平等. 室内污染检测与控制. 北京：化学工业出版社，2002

4 宋广生. 室内环境质量评价及检测手册. 北京：机械工业出版社，2003

5 宋广生. 室内空气质量标准解读. 北京：机械工业出版社，2003

6 朱天乐. 室内空气污染控制. 北京：化学工业出版社，2003

7 张国强等. 室内装修—谨防人类健康杀手. 北京：中国建筑工业出版社，2003

8 徐东群. 居住环境空气污染与健康. 北京：化学工业出版社，2005

9 陈冠英. 居室环境与人体健康. 北京：化学工业出版社，2005

10 王炳强. 室内环境检测技术. 北京：化学工业出版社，2005

11 曲建翘等. 室内空气质量检测方法指南. 北京：中国标准出版社，2002

12 中国室内装饰协会室内环境监测工作委员会. 室内环境污染治理技术与应用. 北京：机械工业出版社，2005

13 袭著革. 室内空气污染与健康. 北京：化学工业出版社，2003

14 崔九思. 室内环境检测仪器及应用技术. 北京：化学工业出版社，2004

15 王喜元. 建筑室内放射污染控制与检测. 南京：东南大学出版社，2004

16 李升峰等. 城市人居生态环境. 贵阳：贵州人民出版社，2002

17 陆书玉. 环境影响评价. 北京：高等教育出版社，2001

18 李新. 建筑材料对室内空气质量的影响及其评价：[硕士学位论文]. 重庆：重庆大学，2004.

19 李新，魏锡文，王中琪，石建屏. 建筑材料放射性对居室环境质量的影响. 建材技术与应用，2004，6：14

20 黄晨. 建筑环境学. 北京：机械工业出版社，2005

21 陈刚. 建筑环境测量. 北京：机械工业出版社，2005

22 徐科峰等. 建筑环境学. 北京：机械工业出版社，2003

23 吴曙球. 建筑物理. 天津：天津科学技术出版社，1997

24 廖耀发. 建筑物理. 武汉：武汉大学出版社，2003

25 李井永. 建筑物理. 北京：机械工业出版社，2005

26 洪宗辉. 环境噪声控制工程. 北京：高等教育出版社，2001

27 曹孝振. 建筑中的噪声控制. 北京：国防工业出版社，2004

28 盛美萍. 噪声与震动控制技术基础. 北京：科学出版社，2001

29 阴振勇. 建筑装饰照明设计. 北京：中国电力出版社，2005